Ein frohes
Weihnachtsfest und
die besten Wünsche
für das Jahr 2007

Familie Lüll

Jessen/Schulze

Botanik in Frage und Antwort

„Begriffen hast Du, doch damit ist's nicht getan,
Nun lern es auch, dann erst gehört es Dir an.

Es ist ein Unterschied: begriffen und gelernt;
Beim ersten Schritt ist man noch weit vom Ziel entfernt.

Doch ist auf rechter Bahn der erste Schritt getan,
Dann kommt das Ziel von selbst, hält nur der Schritt nicht an.

Das recht Begriffene ist leicht zu lernen nun;
Doch lernen musst Du es, sonst kannst Du es nicht tun."

(F. Rückert in „Weisheit des Brahmanen")

Botanik
in Frage und Antwort

Über 1300 Fragen und Antworten
15., überarbeitete Auflage

von

Hans Jessen †
Berufsschuldirektor

und

Helmut Schulze
Studiendirektor i. R.

Verlag M. & H. Schaper

Die Deutsche Bibliothek – CIP-Einheitsaufnahme

Jessen, Hans:
Botanik in Frage und Antwort: über 1300 Fragen und Antworten / von Hans Jessen und Helmut Schulze. – 15. Aufl. – Alfeld; Hannover: Schaper, 2001
ISBN 3-7944-0195-6

0292 deutsche bibliothek

Gedruckt in der Bundesrepublik Deutschland

Satz, Druck und buchbinderische Verarbeitung: Dobler-Druck, Alfeld
ISBN 3-7944-0186-7

Vorwort zur 15. Auflage

In der Vorbereitung für diese neue Auflage erwies es sich als unumgänglich, den taxonomischen Teil des Buches gründlich zu überarbeiten. Zwar waren und sind taxonomische Klassifikationen niemals völlig richtig oder weitgehend falsch, sondern nur mehr oder weniger angebracht und befürwortbar. Jedoch brachten u. a. DNA-Sequenz-Analysen und weitere moderne Methoden der Wissenschaft zwingend notwendige Umstellungen mit sich, die vor allen Dingen den Lernenden vorerst nicht zur Freude gereichen werden.

Deshalb erschien es auch angebracht, eine Übersicht kontroverser Pflanzenfamilien zusätzlich in unser Buch einzufügen. Gibt es jetzt doch gelegentlich die Situation, in der Literatur unterschiedliche Familienangaben für ein und dieselbe Gattung zu finden.

Übersichten der wichtigsten Gattungen von Farn- und Samenpflanzen wurden hingegen in die Neuauflage nicht mehr übernommen. Über sie kann man sich in speziellen Wörterbüchern zweckmäßiger informieren.

Obschon für jeden wissenschaftlichen Pflanzennamen die schriftliche Form als Norm gilt, wurden die Betonungszeichen zum Zweck „richtiger" Aussprache beibehalten. Sie können zuweilen recht dienlich sein.

In den morphologischen, anatomischen und physiologischen Bereichen kam es erneut unter besonderer Berücksichtigung jüngerer Forschungs- und Untersuchungsergebnisse zu Ergänzungen und Erweiterungen.

Die neue Auflage möge weiterhin ihren Benutzern dienlich sein.

Wesel, im Februar 2001

Helmut Schulze

Vorwort zur 1. Auflage

Dieses Buch ist keine Rückkehr zu der alten Lehrform, die für die Vermittlung eines Wissensgebietes nur die Lehrerfrage mit der darauffolgenden Schülerantwort gelten ließ. Es soll vielmehr durch die Art seiner Gestaltung Lehrern und Schülern und allen, die sich in der allgemeinen Botanik zurechtfinden wollen, ein helfender Kamerad sein.

Bei der Fülle des Unterrichtsstoffes, der von allen Schulen bewältigt werden soll, muss ein Weg gefunden werden, der das Lernen erleichtert, der aber weder den Stoff kürzt noch die Unterrichtszeit vermehrt. Dieser Weg liegt in der Umgestaltung der Darbietung des Stoffes.

Für das heute oft noch gepflegte freie Lehrgespräch ist keine Daseinsberechtigung mehr, denn es bedeutet Zeitverlust und führt meistens zur Ergebnislosigkeit wie auch der Vortrag des Lehrers. Bei allem Zugeständnis der unterrichtlichen Freiheit kann aber nicht auf die unterrichtlichen Grundelemente verzichtet werden, die schon vor einem halben Jahrhundert im **Auffassen, Verstehen** und **selbständigen Darstellen** erblickt wurden.

Und darin liegt der zu beschreitende Weg, dass nämlich der Schüler wieder zum **Lernenden** wird, dass er zur **selbständigen Weiterbildung** angeregt wird, dass der Stoff aber auch in straffer Konzentration und Prägnanz dargeboten wird.

Die Jugend drängt selbst zur Sachlichkeit und inhaltvollen Kürze; sie will gerne lernen, wenn nur geeignete Lernmittel zur Verfügung stehen, die ohne Umschweife das Wesentliche bringen. Dieses Buch entstand durch die Anregungen von Lernbegierigen aus allen Bildungsschichten, die selbst erkannten, dass es ihnen schwerfällt, in der Botanik auf eine konkrete Frage in einem zusammenhängenden Satz und unter Verwendung der fachwissenschaftlichen Ausdrücke zu antworten, und dass manches ausgesprochen wird, was nur oberflächlich geahnt ist und nicht als etwas Gewusstes treffend formuliert werden kann. So soll dieses „Kleine Botanische Lexikon" in Frage und Antwort **ein Buch zum Lernen und Wiederholen** sein, bei gleichzeitiger Übung der deutschen Sprache.

Das große Gebiet der Botanik ist in diesem Buche nicht in die üblichen Gebiete aufgeteilt. Das Buch ist vielmehr ein **botanischer Gang durch Beruf und Alltag,** der viele Fragen aufweist, die aber selten beantwortet werden können. Und das will dieses Buch; es will ein **Kamerad sein,** mit dem man sich unterhalten kann, der etwas fragt, aber auch kurze präzise Antworten gibt.

Allein das Lesen der Fragen ist eine Wiederholung des botanischen Stoffgebietes und lässt die Vielfalt der Problemstellungen bei jedem Stichwort erkennen, so dass man sich angesprochen fühlt und selbst Antwort geben muss oder sie unter der angegebenen Hinweiszahl erhält. Und das zu wiederholten Malen geübt – ist Lernen.

Ich erachte es als meine Pflicht, Fräulein Anni Weniger für ihre wertvolle Mitarbeit bei der Gestaltung und Ausführung dieses Buches herzlich zu danken.

Hans Jessen

Schwelm, im Frühjahr 1955

Der Aufbau des Buches

Dieses Buch ist kein Lexikon im üblichen Sinne, das zu einem Stichwort eine Erklärung gibt, es ist mehr – ein doppeltes Buch: einmal ein **botanisches Lehr- und Lernbuch** und dann ein **Nachschlagebuch**, das dem Lernenden hilft, von verschiedenen Vorstellungen aus an ein Stoffgebiet oder an eine Frage heranzukommen.

Es besteht aus zwei Teilen:

Diese Art eines Nachschlagewerkes erleichtert dem Lernenden das Finden des Wesentlichen, lässt ihn aber auch die vielfältig auftauchenden Fragen bei einem Pflanzenteil oder einem physiologischen Vorgang erkennen. Dadurch wird das notwendige Lernen und vor allem die Wiederholung des Begriffenen und Gelernten ermöglicht. Wer sich im Zusammenhang über botanische Sachgebiete unterrichten will, findet aufgezeichnet:

Das Buch enthält weitere botanische Sachgebiete:

Einleitung

1 Die **Biologie** ist die Wissenschaft von den Lebewesen und gliedert sich
2, 3 in **Mikrobiologie** (Wissenschaft von den Kleinlebewesen), **Botanik** oder
4 **Phytologie** (Wissenschaft von den Pflanzen), **Zoologie** (Wissenschaft von
5 den Tieren) und **Anthropologie** (Wissenschaft von den Menschen).

Die Botanik hat eine Reihe von Teilgebieten, nämlich

6 1. die **Morphologie.** Sie beschäftigt sich unter anderem mit dem äußeren Bau von Wurzeln, Stengeln und Blättern. Einer der Begründer der Pflanzenmorphologie ist Johann Wolfgang von Goethe gewesen.

7 2. Die **Anatomie** behandelt in der Botanik die innere Beschaffenheit der
8, 9 Pflanzen und umfasst **Zytologie** (Zellenlehre) und **Histologie** (Gewebelehre). Die **Organographie** (beschreibende Wissenschaft von den Organen, hier von den Pflanzenorganen) wäre ohne Morphologie und Anatomie nicht denkbar.

10 3. Die **Physiologie** erforscht die Lebenserscheinungen, wie Stoffwechsel, Wachstum und Entwicklung, Vermehrung und Reizbarkeit.

11 4. Die **biologische Systematik**, hier **Pflanzensystematik**, betreibt Verwandtschaftforschung und stellt in diesem Bemühen Systeme auf.
12 Dabei ist sie angewiesen auf die **Taxonomie**, deren eigentliche Aufgabe die Beschreibung, Benennung und Ordnung der Arten ist. International sieht man die Taxonomie aber auch zuweilen lediglich als Synonym der Systematik an (Taxonomy in generally taken as a synonym of systematics or biosystematics). Die Ordnungsarbeiten liefern
13 entweder **künstliche** (willkürlich aufgebaute) oder **natürliche Sys-**
14 **teme.** Nur letztere beziehen sich betont auf die von der Natur vorgegebene Verwandtschaftlichkeit bestimmter Lebewesen. Neuere Wege führen zu synthetischen Systemen, die beide Ordnungsverfahren kombiniert anbieten, und auch zur numerischen Taxonomie; sie wiederum zielt auf Anwendbarkeit im Computerbereich ab. Die Chemotaxonomie bedient sich der Biochemie. Das hat zu teilweise erheblichen Änderungen im Pflanzensystem geführt, wie im taxonomischen Teil dieses Buches unter Beweis gestellt wird. Während früher makroskopisch und qualitativ erfassbare Merkmale entscheidend waren, führen heute die Wege über beide Mermalsspektren weit hinaus zu DNA-Sequenzanalysen mittels quantitativer und EDV-gestützter Methoden.

15 5. Die **Pflanzensoziologie** ist die Lehre von den Pflanzengesellschaften. Als Vegetationskunde gehört sie zur

16 6. **Pflanzengeographie** oder **Geobotanik.** Diese befasst sich unter anderem auch mit Verbreitung und Standort der Pflanzen.

17 7. Die **Ökologie** (Begriffsprägung von E. Haeckel, Jena, um die vorletzte Jahrhundertwende) wird heutzutage entsprechend ihrer Bedeutung oft erwähnt. In diesem Buch beziehen wir uns nur auf Pflanzenökologie. Sie befasst sich mit den Beziehungen einzelner Pflanzen (Autökologie) sowie ganzer Pflanzengruppen (Synökologie) zu ihrer belebten und unbelebten Umwelt.

Im weiteren Gesamtfeld ökologischer Bestrebungen gibt es heute sogar Begriffe wie

Ökointelligenz = Nutzung aller Erkenntnisse zur Umweltschonung (z. B. richtige Düngung, Nützlingseinsatz im Pflanzenschutz).

Ökosubstitution = Austausch ökorelevanter Faktoren (z. B. Energie statt Chemie, etwa Abflammen statt Herbizid).

Ökosubvention = Gesellschaft übernimmt Kosten für Umstellung auf umweltschonende Produktionsverfahren.

Ökomarketing = Mehrkosten werden vom Verbraucher akzeptiert und neue Produktionsverfahren zur Imagesteigerung genutzt.

18 8. Die **Phytopathologie** nimmt sich der Pflanzenkrankheiten an. Ihre Einmündung in den praktischen Pflanzenschutz ist offensichtlich.

19 9. **Phänologie** heißt Erscheinungslehre. Der Phänologe beobachtet klimaabhängige Lebensrhythmen, so etwa beginnende Belaubung, Eintritt des Laubfalls, Aufblüh- und Fruchtreifezeiten.

20 10. **Ontogenie** bedeutet Entwicklungsgeschichte des Individuums, des Einzelwesens, während seines Einzeldaseins, seiner Ontogenese. Der Gegensatz dazu kann gesehen werden in der

21 11. **Phylogenie.** Das ist Stammesgeschichte der Lebewesen und wesentlich für die Aufstellung natürlicher Systeme mit Hilfe der Lehre von
22 der **Evolution.** Die Evolutionslehre bemüht sich, die stattgefundene Entwicklung vom Niederen zum Höheren zu beweisen.

23 12. Die **Palaeobotanik** erforscht das Pflanzenleben der Vorzeit.

24 Die **Deszendenztheorie** oder **Abstammungslehre** besagt im Zeichen der Evolutionslehre, dass die jetzt auf der Erde wohnenden Lebewesen von anderen, einfacher gebauten, vorzeitlichen irgendwie abstammen. Sie ist eine der Grundlagen der biologischen Forschung und beruht auf zahlreichen Beweisen, z. B. auf

1. systematischen Beweisen
2. morphologischen Beweisen
3. physiologischen Beweisen unter Einbeziehung molekularer Daten
4. geographischen Beweisen
5. paläobotanischen und paläozoologischen Beweisen
6. direkten Beweisen für die Veränderlichkeit der Arten.

25 Verschiedene Merkmale **unterscheiden das Tier von der Pflanze,** aber keines reicht für sich allein aus, um eine endgültige Bestimmung festzulegen: Die Pflanze hat eine sogenannte offene Form, d. h., ihr Wachstum, ihre Entwicklung ist niemals abgeschlossen. Bei der Pflanze sind alle Teile selbständig, der Tierkörper wird aber in der Regel von einem Zentralorgan beherrscht.

25a Die pflanzlichen Zellen sind **Dermatoblasten.** Sie haben feste
25b Zellulosewände; die Tierzellen, **Gymnoblasten,** sind aber nur dünn

umhäutet. Pflanzen haben grüne Farbstoffe, die sie befähigen, ihre Körpersubstanz aus anorganischen Verbindungen aufzubauen und dadurch unabhängig von den Tieren leben zu können. Fortbewegung (Ortsveränderung) ist bei den meisten Pflanzen gering. Die Stoffaufnahme aus dem Boden erfolgt aus Nährlösungen (Osmotrophie).

Tiere besitzen keinen grünen Farbstoff und benötigen zu ihrer Ernährung organische Verbindungen, sind also mittelbar oder unmittelbar von der Pflanze abhängig. Die Fortbewegungsmöglichkeit der meisten Tiere ist beträchtlich. Es können feste Stoffe aufgenommen werden (Phagotrophie).

26 Den **Pilzen** fehlt der grüne Farbstoff, sie sind daher wie die Tiere auf organische Nahrung angewiesen. Da sie aber feste Zellwände besitzen und sich in ihren Fortpflanzungsweisen zweifellos den Pflanzen anschließen, werden sie traditionell zu den Pflanzen gerechnet. Im Hinblick auf ihre Stoffaufnahme kann man Pilze auch als vakuolisierte osmotrophe Dermatoblasten bezeichnen, abgesehen von Ausnahmen. Allerdings tritt bei der Zellteilung der Pilze im Gegensatz zur sonst üblichen „Norm" keinerlei Furchung auf, dafür entstehen neue Zellwände dann durch innere Sekretion.

Präzise und endgültige Begriffsbestimmungen der Pflanze und des Tieres zu geben, ist nicht möglich. Prinzipiell handelt es sich um ernährungsphysiologisch differenzierte Organisationstypen. Da die Pflanzen, wie schon ausgeführt, im Regelfall photoautotrophe Organismen sind, ist die Botanik eigentlich Biologie der Photoautotrophen. Im Rahmen der Botanik behandelt man aber auch jene heterotrophen Gruppen, die sich von autotrophen ableiten oder zum stammesgeschichtlichen Verständnis der Autotrophen beitragen. Näheres zu Autotrophie und Heterotrophie ist nachzulesen bei Nr. 116 und 117.

Als Pflanzen bezeichnet man althergebracht Bakterien, Algen, Pilze, Flechten, Moose, Farne und Samenpflanzen. Neuere Auffassungen sind im Text über Taxonomie zu finden, siehe insbesondere S. 67 u. 68.

Die Welt der Lebewesen unterscheidet sich von der anorganischen (unbelebten) Welt dadurch, dass sich die einzelnen Teile der Organismen gegenseitig in ihrer Entwicklung selbst beeinflussen. Die zwischen lebenden Zellen, Geweben und Organen einer Pflanze durch die Plasmodesmen vorhandenen Beziehungen stellen ein Kontinuum dar, das man
27 als **Symplast** bezeichnet.

28 Die organische Welt kennt die sogenannte **Restitution.** Man versteht darunter die auch im Tierreich vorkommende Wiederbildung verlorener oder ausgeschalteter Organe oder Organteile durch den Organismus.

Der Ersatz solcher Teile bei den Pflanzen durch Auswachsen bereits vorgebildeter, ruhender Anlagen oder durch eine völlig adventive Neubil-
29 dung wird **Regeneration** genannt.

Hierhin gehört z. B. die Bildung von Wundkallus an verletzten Spross- und Wurzelteilen.

Eine vollständige Regeneration zu ganzen Pflanzen liegt vor bei Blattstecklingen.

30 In diesem Zusammenhang ist die **Transplantation** von Geweben zu erwähnen, das Veredeln, bei dem nach verschiedenen Verfahren die Gewebe nahe verwandter Pflanzen (Unterlage und Edelreis) zum Verwachsen gebracht werden.

Embryonale Zellen besitzen noch die Fähigkeit, alle Teile und Gewebe der erwachsenen Pflanze aufzubauen. Sie sind wie alle Keimzellen
31 **totipotent.** Von einem gewissen Zeitpunkt ab tritt aber eine Arbeitsteilung der Zellen untereinander ein, d. h., für die einzelne Zelle wird eine ganz bestimmte Entwicklungsweise in verschiedene Richtungen festgelegt. Diese Bestimmung für eine Entwicklungsrichtung nennt man
32 **Determination.**

33 **Polarität** wird in der Biologie als physiologische und morphologische Ungleichwertigkeit zweier Pole oder Oberflächen in einem lebenden System definiert. Z. B. bilden in feuchter Luft waagerecht an Fäden hängende Steckhölzer an den „Spitzenenden" Austriebe, an den „Basisenden" aber Wurzeln. Strukturelle Grundlagen der Zellpolarität werden im wandständigen Plasma vermutet.

34 Vor einem Jahrzehnt meinte man, es würde etwa 400 000 **lebende Pflanzenarten** auf der Erde geben. Von diesen seien etwa 235 000 Samenpflanzen (800 nacktsamige, 180 000 zweikeimblättrige, 54 000 einkeimblättrige). Es folgen 15 000 Farn-, 30 000 Moos-, 35 000 Algen- und 50 000 Pilzspecies. Nicht zu vergessen sind bereits bekannte Flechten (vielleicht 20 000 Arten insgesamt), ungefähr 4000 Bakterien- und nicht minder viele Blaualgenarten. Alljährlich kommen noch neu entdeckte Pflanzen hinzu. Andere wiederum sterben aus.

Angaben zur Biodiversität (Organismenvielfalt) sind ohnehin stets unsicher, zumal diesbezüglich die Biosphäre noch ziemlich unerforscht ist. Unlängst hat der Amerikaner E. O. Wilson die Gesamtheit aller Lebewesen-Arten (Tier-, Pflanzen- und Mikrobenarten) auf etwa 1,4 Millionen geschätzt. Davon fallen allein 700 000 Arten auf die Insekten. Jüngere Schätzungen gehen von 500 000 lebenden Pflanzenarten aus, wobei allein die Samenpflanzen einen Artenanteil von etwa zwei Drittel haben dürften.

35 Die Frage, ob **Viren** zu den Lebewesen zu zählen sind, hat seit ihrer Entdeckung in der Diskussion über die Entstehung des Lebens eine große Rolle gespielt. Obgleich sie eine der wichtigsten Eigenschaften des Lebens – die Selbstvermehrungsfähigkeit – aufweisen, dürfen deshalb die Viren nicht ohne weiteres zu den eigentlichen Lebewesen gerechnet werden.

Viren haben keinen eigenen Stoff- und Energiewechsel (z. B. keine Atmung), sind aber zur Abänderung befähigt, und ihre Vermehrung ist ausschließlich aus dem lebenden Plasma ihres Wirtsorganismus möglich; sie leben nicht selbst, sondern „sie werden gelebt". Man spricht auch von „geborgtem" Leben.

Das Plasma tritt nicht ungeformt auf, sondern fast stets in Zellen. Die Zelle mit ihrer plasmatischen Substanz verfügt über Eigenschaften der Materie, die nur bei ganz bestimmter Ordnung vieler Moleküle auftreten und Leben garantieren. Für sich allein würden diese Moleküle meist tote Substanz sein. Daher ist ein lebendes System mehr als die Summe seiner Teile. Das bewirkt, dass Leben kein Zustand, sondern steter Vorgang ist.

36 Als **Lebenserscheinungen** sind zu beobachten:

1. der Stoffwechsel; er ist die Aufnahme, Verarbeitung und Abgabe von Stoffen, das Atmungsgeschehen kann hinzugerechnet werden,
2. die Produktivität, also Wachstum, Entwicklung, Vermehrung und Fortpflanzung,
3. die Reizbarkeit, d. i. die Fähigkeit, auf Reize zu reagieren.

37 Die **Entstehung des Lebens** ist ungeklärt, es bestehen verschiedene Hypothesen:

1. die Lebenskeime stammen aus dem Kosmos (Panspermie),
2. die Urzeugungshypothese nimmt die Entstehung aus Anorganischem an.

Die Entstehung aus Unbelebtem, einstmals stattgefunden, widerspricht nicht mehr der Erfahrung der Biochemiker, wobei wir davon ausgehen müssen, dass alle Lebewesen auf eine einzige stammesgeschichtliche Wurzel zurückführbar sind (monophyletischer Ursprung).

Eine gegenseitige Beeinflussung der Zellen und Gewebe ist eine Notwendigkeit für jede Entwicklung und Gestaltung eines vielzelligen Organismus. Diese Beeinflussung oder Korrelation, die noch nicht ganz ergründet ist, kann für die Entwicklung anregend oder hemmend sein; im letzteren Fall bestimmt sie die Lebensdauer, das Altern und den Tod.

Es scheint das natürliche Schicksal jeder lebenden Zelle zu sein, dass sie mit der Zeit altert und nach einer im einzelnen verschieden begrenzten Lebensdauer dem Tod verfällt.

38 Die Ursachen der **Alterung** können mannighafter Art sein. Schon anorganische Kolloidlösungen zeigen ja die Erscheinung des „Alterns", d. h. die mit der Zeit fortschreitende Tendenz zur Zusammenballung und Ausflockung ihrer Teilchen. Vielleicht ist auch die notwendige dauernde Entfernung der Stoffwechselendprodukte aus Zellen nicht immer so vollständig, dass es nicht doch zu einer langsamen Anhäufung von Stoffwechselschlacken kommt, die das feine Gefüge des Plasmas nicht unverändert lassen können. Teilweise wurde angenommen, sehr kleine und langsam wirkende Viren (Slow Viruses) seien am Alterungsprozess beteiligt. Neue Forschunen lassen die Vermutung aufkommen, in den Chromosomenendabschnitten, den sogenannten Telomeren, sei die Anzahl der möglichen Zellteilungen festgelegt. Man hofft, darauf künftig einwirken zu können.

39 Der **gewaltsame Tod** kann eintreten durch Plasmolyse, die Loslösung des Plasmas von der Zellwand durch ein Plasmolytikum (z. B. zu hohe Nährlösungskonzentration).

Bei Einzellern erfolgt bei der Fortpflanzung häufig eine Zweiteilung der Zelle, worauf jede Hälfte wieder zur alten Größe heranwächst. Bei dieser Zweiteilung bleiben keine restlichen Körperteile übrig, es gibt also bei ihnen keine Leiche und somit keinen Tod.

Einzeller sind daher potentiell unsterblich, wenn sie nicht durch anderweitige Einflüsse zugrunde gehen.

Bei Vielzellern tritt eine Differenzierung und Arbeitsteilung unter den Zellen auf. Nur ein kleiner Teil wird zu Fortpflanzungsorganen ausgestaltet, während die Körperzellen vegetative Aufgaben übernehmen. Der vegetative Organismus verfällt nach einer gewissen Zeit dem Tode, während die Fortpflanzungszellen über den Weg der Embryobildung überleben und Ausgangspunkte neuer Entwicklungen werden. Dass
40 der **normale Tod** höherer Organismen nur die Körperzellen betrifft, ist also eine Folge der Arbeitsteilung zwischen den Zellen. Er wird korrelativ bei manchen Pflanzen von den Fortpflanzungsorganen ausgelöst.

Die Ausbildung von Blüten und Früchten kann das Leben des übrigen Organismus verkürzen bzw. dessen Tod herbeiführen (Einjahrsblumen, Agaven).

Gewisse einjährige Pflanzen, die normalerweise nach der Blütezeit absterben, können zwei- und mehrjährig gezogen werden, wenn man die Blütenbildung verhindert. Agaven wachsen jahrelang rein vegetativ, sterben aber sehr rasch ab, wenn sie endlich zur Blüte gekommen sind
40a **(Hapaxanthie).** Das ist auch bei *Bromeliaceen* der Fall. In den Jahren 1995 und 1996 stand die Hapaxanthie der Bambusart Thamnocálamus spatháceus *(Fargésia muríelae)* in der Diskussion. Es wurden blühende Exemplare mit anschließend letalen (tödlichen) Folgen beobachtet. An sich gilt diese Art als besonders problemlos, war allerdings in der ersten Hälfte des vorigen Jahrhunderts bei uns kaum in Kultur. Recherchen ergaben, dass gleich nach 1900 einige Pflanzen der Art aus dem asiatischen Raum (China?) nach Amerika (USA) gelangten und dort fleißig vegetativ vermehrt wurden. Daraus resultierende Nachkömmlinge gelangten auch nach Europa und wurden in gleicher Weise vermehrt. Folglich dürften sehr viele dieser Exemplare auf wenige Mutterpflanzen zurückzuführen sein, wenn nicht sogar auf eine einzige, ausgerüstet mit entsprechendem Erbgut, womit der länderweit übereinstimmende Blühtermin verständlich wäre. In Dänemark blühten Pflanzen, vermutlich von anderen Ausgangspflanzen stammend, um 1970. Samen derselben lieferten eine Nachkommenschaft, die unter dem Sortennamen „Simba" erhältlich ist. Sie und ihre ungeschlechtlichen Nachkommen dürften wiederum Jahrzehnte mit der Blüte auf sich warten lassen.

Von der hapaxanthen Palme *Córypha umbraculífera* geht die Kunde um, dass ein Exemplar erst nach 300-jährigem Dasein geblüht haben soll.

Wenn ausdauernde Pflanzen alljährlich blühen (die meisten Stauden,
40b fast alle Gehölze), spricht man von **Pollakanthie.** Das macht den besonderen Wert dieser Pflanzen aus, sofern es sich um ausdrucksvolle Blüten

handelt. Die in gärtnerischer Literatur zu findenden Bezeichnungen Monokarpie und Polykarpie für Hapaxanthie und Pollakanthie sind in der Botanik unüblicher.

40c Davon unabhängig kann extreme **Langlebigkeit** vor allem bei Bäumen oder Sträuchern vorkommen. Das ist nicht verwunderlich, denn die Gegebenheit des Spitzenwachstums an sich und die Ausbildung weitgehend lebloser zentraler Holzkörper können langer Lebensdauer förderlich sein. Extremfälle sind *Sequóia* und *Sequoiadéndron* (Mammutbäume) in Arizona und Colorado, *Pínus aristáta* (Grannen- oder Borstenkiefer), gleichfalls dort beheimatet, sowie *Dracǣna dráco* (Drachenbaum) mit Exemplaren auf Teneriffa. Die Altersbestimmung erfolgt heute mit Borspantechnik (Auszählung der Jahresringe nach Entnahme) und Radiokarbon-Methode. Vor einigen Jahren ist von *Lárrea tridentáta,* einem Jochblattgewächs aus Amerika, die Rede gewesen. Obschon dieses Laubgehölz nicht gerade imposant wirkt, soll es gleichfalls sehr alt werden können. Sicher verbürgt dürften die mehr als 3000 Jahre einiger Mammutbäume sein. Die Grannenkiefer hat es in einem Beispielsfall schon weit über 4000 Lebensjahre gebracht.

Oft zielt die Entwicklung und Differenzierung einer Zelle auf deren
41 **vorzeitigen Tod** ab, besonders dann, wenn die Zelle erst im toten Zustand ihre Aufgabe für den Pflanzenkörper erfüllen kann. Das ist der Fall bei den Gefäßen, Sklerenchymzellen und Sklerenchymfasern und Korkzellen.

42 Als **Viren** bezeichnet man infektiöse Stoffe, die bei Menschen, Tieren und Pflanzen Veränderungen (Krankheiten) hervorrufen können. Ein Virus ist ein winzig kleines Gebilde mit einer Molekularmasse von 200 000 (Insektenviren), 500 000 (Maul- und Klauenseuche), bis etwa 40 000 000, das unter bestimmten Bedingungen auch kristallines Gefüge annehmen kann. Seine Größe schwankt zwischen 10 bis über 1000 nm. Außerhalb der Wirtszellen vorkommende komplette Viruspartikel nennt man Virionen.

Ein Virus kann aufgebaut sein aus einer Ribonukleinsäure-(RNA-) oder Desoxyribonukleinsäure-(DNA-)Kette, die dann von einem Eiweißmantel umgeben wird. Der eigentliche infektiöse Stoff ist die RNA bzw. DNA.
Viren können mitunter auch latent (verborgen) existieren, indem ihre genetische Information fester Bestandteil der Wirts-DNA wird, aus deren Verband sie sich unter bestimmten Umständen wieder lösen können (Lippenbläschen-Herpes).

Die kleinsten Erreger von Infektionskrankheiten, Viroide, sind lediglich kurze RNA-Stücke, haben ein Molekülgewicht um 130 000, müssen „passende" Enzyme in den Wirtszellen vorfinden und scheinen verschiedene Pflanzenkrankheiten (u. a. Stauchekrankheit und chlorotische Blattfleckenkrankheit der Chrysanthemen) hervorzurufen. Zunehmende Virusausbreitung durch vegetativ vermehrte Surfinia-Petunien ist vornehmlich bedingt durch 2 Pathogene (Krankheitserreger), Potyviren und Tobamoviren. Erstere, 680–900 nm lang, beweglich und stäbchenförmig, sind nicht-persistierend, können nur 1 Stunde lang Neuinfektion bewirken. Tobamoviren hingegen sind starr, etwa 300 nm lang, haben lange Lebensdauer und keine Vektoren (Überträger). Übertragung deshalb nur durch Pflanzenkontakt und Samen, auf denen sie haften können. Viel Ärger bereitete in letzter Zeit das Tospo-Virus (Tomato spottet wilt virus = TSWV = Tomatenbronzeflecken-Virus), das vornehmlich von Thripsen verbreitet wird und eine Vielzahl von Kulturpflanzen befällt, so auch Impatiens-Arten bzw. -Hybriden.

43 **Bakteriophagen** sind besonders hoch organisierte, relativ große Viren, die jeweils aus einem DNA-haltigen „Köpfchen" und einem „Schwanz" mit gemeinsamer Eiweißhülle bestehen. Die Schwänze heften sich an die Oberfläche von Bakterienzellen, die Köpfcheninhalte ergießen sich in die Bakterienleiber. Befallene Bakterien können tödlich erkranken. Aus dem Gesagten geht hervor, dass Bakteriophagen als obligate Parasiten von Prokaryoten definiert werden können, die anderen Viren hingegen als obligate Parasiten von Eukaryoten.

43a Zum Virusnachweis bedient man sich ganz modern der **PCR** (polymerase chain reaction), der Polymerase-Kettenreaktion (schnell durchführbar, sensitiv, hohe Spezifität, geeignet auch zum Nachweis von Bakterien und Pilzen). Verfahren basiert auf Ebene von Nukleinsäuren (NS) der Pathogene. Bestimmte NS-Bereiche werden durch ein Enzym (eben die Polymerase) vervielfältigt. Aus geringsten Substanzen fallen genügend Mengen an, die gut und sicher detektiert (aufgedeckt) werden können.

43b Der **ELISA** (enzyme linked immunosorbent assay) ist ein enzymverstärkter serologischer Nachweis. Er beruht auf sehr spezifischer Bindung von Antikörpern (Protein-Moleküle des Immunsystems von Wirbeltieren). Antikörpergewinnung aus dem Blut von mit Pflanzenviren geimpften Kaninchen. Im zumeist gehandhabten DAS-ELISA (double antibody sandwich ELISA) werden die Viruspartikel in Polystyrol-Platten mit 96 Vertiefungen (Mikrotiterplatten) nachgewiesen, und zwar nur diejenigen Viren, für die spezifische Antiseren zur Verfügung stehen (letztere sind sehr teuer, 200–1000,– DM pro ml Antiserum). Wesentlich ist dabei, dass man einen an ein Enzym gebundenen Zweit-Antikörper hinzugibt. Lässt man dann ein für das Enzym spezifisches Substrat einwirken, wird letzteres umgewandelt. Eine positive Reaktion geht mit Gelbfärbung einher, die anschließend photometrisch ausgewertet werden kann.

Beim Biotest an krautigen Pflanzen nutzt man die Übertragbarkeit vieler Viren durch Abreiben von Pflanzenpreßsaft auf bestimmte Wirtspflanzen (Tabak- und Melde-Arten, Gräser usw.), die dann gegebenenfalls viruskrank werden und entsprechende Symptome zeigen (weniger modern, aber kostengünstig und sensitiv, jedoch unspezifisch, während ELISA nur jeweils ein Virus nachweist).

Die Viren können normalerweise nur im Elektronenmikroskop betrachtet werden (EM-Nachweis).

43c Den **EM-Nachweis** wählt man bei unspezifischen Symptomen oder selten auftretenden Virosen (Viruskrankheiten). Man bedient sich des Negativ-Kontrastverfahrens (Anlagerung von Viruspartikeln aus Pflanzenpresssaft an sehr dünnen Plastikfilm auf EM-Objektträgernetzchen. Partikel im Gegensatz zum restlichen Film nicht anfärbbar. Sichtbarmachung geschieht mit Schwermetallsalzen, die von bilderzeugenden Elektronenstrahlen nicht geradlinig durchstrahlt werden können und kontrasterzeugend wirken). Dieses EM-Verfahren ist der zur Zeit schnellstmögliche Virusnachweis.

44 Die Teile eines **Millimeters** nennt man:
45 Eintausendstel Millimeter = 1 µm = 1 Mikrometer
46 Einmillionstel Millimeter = 1 nm = 1 Nanometer
47 Einzehnmillionstel Millimeter = 1 Å = 1 Ångström

Im besten Lichtmikroskop sind 2 Punkte gerade noch getrennt erkennbar, wenn sie mindestens 0,2 µm voneinander entfernt sind. Die Auflösungsgrenze beim Elektronenmikroskop liegt bei 0,005 µm, bei Hochleistungselektronenmikroskopen heute sogar bei 0,0002 µm.

Von „optischer Mikroskopie mit atomarer Auflösung" spricht man jetzt
47a gelegentlich, wenn vom **„SIAM"** die Rede ist (Scanning Interferometric Apertureless Microscope). Von einer schmalen, vibrierenden und reflektierenden Abtastspitze ausgehendes Licht wird erfasst: zunächst Veränderung des elektrischen Feldes an der Nadelspitze. Dadurch Vibrationserzeugung, die wiederum Interferenzen beim erfassten Licht bewirkt. Die Abtastspitze muss extrem nahe über die Oberfläche des zu untersuchenden Objekts geführt werden (Nahfeld-Rastermikroskopie). Ein IBM-Institut bei New York entwickelte das Gerät, das im Vergleich zur herkömmlichen Mikroskopie eine 500mal höhere Auflösung erreicht (Sichtbarmachung von Strukturen, die nur wenige nm groß sind).

48 **Viren vermehren** sich nur in der lebenden Zelle durch identische Reduplikation. Sie erteilen mit ihren RNA- oder DNA-Ketten der Wirtszelle „Befehl" zu entsprechender Stoffproduktion. Deshalb nennt man Viren auch zuweilen „entartete Gene", die, wenn sie in den Wirt gelangt sind, den höchstentwickelten Parasitismus bewirken, den wir kennen. Folglich haben Viren keinen selbständigen Stoffwechsel nötig. In den meristematischen Zellen der Pflanzen findet man nur wenige oder überhaupt keine Viren, da dort keine ausgebildeten Leitbündel vorhanden sind, was die Virusausbreitung durch die ohnehin starke Teilungsaktivität des Bildungsgewebes beträchtlich verzögert. Deshalb kann man mittels Meristemvermehrung gegen Viruskrankheiten vorgehen.

48a In diesem Zusammenhang sei kurz auf **Computer-Viren** eingegangen. Terminus technicus 1981 von Prof. Adelman (USA) nach Diskussion mit Fred Cohen über selbstreproduzierende Programme. Man erkannte, dass Computer-Viren in manchen Eigenschaften biologischen Viren recht ähnlich sind. Der Informatiker Prof. Brunnstein (BRD) grenzt aber seit Jahren auch sprachlich (im Artikel) deutlich ab (der Computer-Virus, aber das biologische Virus) und scheint hiermit einen sehr brauchbaren Vorschlag gemacht zu haben.

Nomenklatur

49 Ausgangspunkt für die heutige **Nomenklatur**, die Namengebung, sind Linnés „Species plantarum" aus dem Jahr 1753.

Die Frage der Regelung der wissenschaftlichen Pflanzennamen ist auf vielen internationalen Kongressen behandelt worden, z. B. 1867 in Paris, 1905 in Wien, 1930 in Cambridge, 1938 in Berlin, 1950 in Stockholm, 1952 in Utrecht und London, 1975 in Leningrad, 1981 in Sidney, später in Berlin und Tokio. Die deutsche Übersetzung des Tokyo Code von 1994 wurde von Dr. Werner Greater und Dr. Paul Hiepko vorgenommen und liegt seit 1995 vor.

50 Die heute gültigen **„Internationalen Nomenklaturregeln"** für die Bota-
51 nik sind niedergelegt im **„Internationalen Code der Botanischen Nomenklatur".**

52 (Ein „Code" [franz.] ist ein Gesetzbuch, aber auch ein Schlüssel zum Entziffern chiffrierter Schriften).

53 Der **Code** enthält Grundsätze, Regeln und Empfehlungen für die Benennung der Pflanzen.

Für die Kulturpflanzen sind grundsätzlich die Vorschriften des botanischen Code gültig, jedoch sind besondere Bestimmungen zusätzlich notwendig geworden. Sie beziehen sich auf die in der Kultur entstandenen Veränderungen, auf die Sorten und deren wünschenswerte Registrierung, auf die Namen von Bastarden sowie auf die Priorität.

Sie sind festgelegt im „International Code of Nomenclature for Cultivated Plants", Utrecht 1980, dessen Wortlaut nach den Beschlüssen der Internationalen Gartenbaukongresse in London (1952) und Scheveningen (1953) von Nomenklatur-Kommissionen bzw. -Ausschüssen für Kulturpflanzen in Utrecht (1956), Edinburgh (1960) und Cambridge (1969) konzipiert wurde. Die deutsche Fassung ist dann herausgegeben worden vom Arbeitskreis Nomenklatur der Deutschen Gartenbauwissenschaftlichen Gesellschaft mit Genehmigung des International Bureau for Plant Taxonomy and Nomenclature, Utrecht. Verbindlich ist derzeitig die Herausgabe von 1995. Sie liegt aber bis heute weder in deutscher noch französischer Übersetzung vor.

54 Dem Code ist eine Liste der **„Nomina conservanda"** beigegeben, Gattungsnamen, die nicht verändert werden dürfen.

Diese Liste ist jedoch in der Erkenntnis, dass durch sie ein Stillstand in der Forschung eintreten würde, auf dem Internationalen Botaniker-Kongress 1954 in Paris seinerzeit abgelehnt worden. An ihre Stelle tritt eine Liste solcher Namen von Arten der Handelspflanzen, die nicht mehr
55 gebraucht werden dürfen. Mit dieser Liste der **„Nomina specifica rejicienda"** ist der Praxis wohl auch besser gedient.

56 **Synonyme** sind Nebennamen, Beinamen, Doppelnamen, gleichbedeutende Namen. Sie sind dadurch entstanden, dass zwei Wissenschaftler vollkommen unabhängig voneinander, auch zu verschiedenen Zeiten, ein

und derselben Pflanze je einen Namen gegeben und in die Botanik eingeführt haben. Im allgemeinen ist dann nach dem **Prioritätsgrundsatz** der
57 ältere, also der zuerst gegebene Name, gültig.

Hat sich die Eingruppierung aus taxonomischen Gründen, aus Gründen der Einordnung also, geändert, so tritt trotz des Vorrechts der ältere Name zurück und wird zum Synonym.

57a Die **Grundsätze** besagen, dass der Nomenklatur-Code einfach sein und auf so klaren und überzeugenden Gesichtspunkten beruhen soll, dass jedermann ihn begreift und veranlasst wird, ihn anzunehmen.

Es sind die wesentlichen

58 **Absichten der Nomenklatur:**

1. Beständigkeit der Namen anzustreben,
2. Formen und Namen, die zu Irrtümern oder falschen Deutungen Anlass geben oder Verwirrung in der Wissenschaft anrichten können, zu verwerfen und zu vermeiden.

Die botanische Nomenklatur befasst sich mit:

59 1. Fachausdrücken, den **Termini,** die zur Bezeichnung der Kategorien der taxonomischen Einheiten Verwendung finden und durch die jeweilige Rangstufe dieser Kategorien kenntlich gemacht werden.
2. Namen, die zur Benennung der einzelnen taxonomischen Einheiten dienen (Sippe und Rangstufe).

60 Solche taxonomischen Einheiten werden als **Taxa** bezeichnet. Jedes Taxon hat nur einen Namen, ausgenommen lt. Artikel 18.5 einige Familien, die üblicherweise nicht nach der Regel die Endung *-ácae* tragen (*Pálmae, Gramineae, Compósitae* u. a.). Sie dürfen den alten Namen behalten, daneben aber zweckmäßiger die auf *-áceae* endigenden entsprechenden Namen führen.

61 Die **botanischen Namen** werden den als neu erkannten Pflanzenarten (-gattungen usw.) gegeben, wobei die Benennung von Botanikern (Wissenschaftlern) festgelegt wird.

Die Benennung eines Taxons (= Sippe + Rangstufe) hat nicht eine Aussage über seine Merkmale oder seine Geschichte zum Zweck, sondern sie soll nur Verständigungsmittel für dieses Taxon sein.

Unter „Name“ wird ein solcher verstanden, der gültig veröffentlicht ist, gleichgültig, ob er legitim (den Nomenklaturregeln entsprechend) oder illegitim (regelwidrig) ist.

Es heißt u. a.: „Eine wirksame Veröffentlichung (Publikation) im Sinne des Code ist nur gegeben durch Verteilung (Verkauf, Tausch, Schenkung) gedruckter Schriften. Mitteilung neuer Namen in einer öffentlichen Sitzung, Aufstellung solcher in Sammlungen oder öffentlichen Gärten oder Ausgabe von Mikrofilmen, die von Manuskripten hergestellt sind, stellen keine wirksame Veröffentlichung dar.“

Ferner gilt: „Ein Name eines Taxons rezenter (lebender) Pflanzen ist nur dann als gültig veröffentlicht anzusehen, wenn er

1. den Bedingungen der wirksamen Veröffentlichung entspricht und
2. wenn ihm eine Beschreibung des Taxons oder ein (direkter oder indirekter) Hinweis auf eine frühere wirksam veröffentlichte Beschreibung beigegeben ist."

Jede Pflanze wird als zu einer Anzahl von Kategorien (Gruppen) gehörig behandelt, die eine fortlaufende Folge voneinander untergeordneter oder übergeordneter Rangstufen bilden.

Die Grundkategorie dieser Folge ist die Art *(species).*

Die Hauptkategorien oberhalb der Art sind in aufsteigender Reihenfolge: Gattung *(genus);* Familie *(familia);* Ordnung *(ordo);* Klasse *(classis);* Abteilung *(divisio);* das bedeutet, jede Art gehört zu einer Gattung, jede Gattung zu einer Familie usw.

In einigen Gattungen werden Sektionen *(sectiones)* und in einigen Familien Tribus *(tribus)* unterschieden.

In gleicher Weise kann nach denselben Grundsätzen die Art unterteilt werden; hierbei sind die gebräuchlichsten Kategorien in absteigender Reihenfolge: Unterart *(subspecies = ssp.); Varietät (varietas = var.) und Form (forma = f.).*

Die **botanischen Namen** sind aus der lateinischen oder alt-
62 griechischen Sprache sowie aus latinisierten **Vernacularnamen** (Vern. N.), d. h. aus volkstümlichen Bezeichnungen der Eingeborenen fremder Länder, zusammengesetzt. Eine genaue und verbindliche Fest-
63 legung der **botanischen Namen** ist folgendermaßen begründet:

1. die deutschen Namen sind nicht einheitlich genug,
2. eine große Anzahl von Pflanzen hat keinen deutschen Namen,
3. die Wissenschaftler, Botaniker und Forscher und alle Berufe, die mit Pflanzen zu tun haben (Apotheker), müssen zur Vermeidung von Verwechslungen die botanischen Namen verwenden,
4. der Verkehr mit dem Ausland verlangt sie,
5. der Verkehr der Gärtner untereinander wird durch die botanischen Namen erleichtert,
6. in Fachzeitschriften und Preislisten sind Pflanzen und Samen mit botanischen Namen bezeichnet.

64 Die **Namen der Pflanzen können etwas aussagen** über:

1. die Eigenschaft der Pflanze oder ihrer Teile, z. B. heißt *Adiántum* das „Unbenetzbare", denn das Wasser rollt wie silberne Kügelchen von den Adiantumblättchen ab; *trícolor* bedeutet dreifarbig.
2. die Herkunft der Pflanze, *Castánea* z. B. bedeutet der aus Kastana in Thessalien (Griechenland) stammende Baum,
3. die Ähnlichkeit mit anderen Pflanzen, Tieren oder Gegenständen. *Delphínium* deutet darauf hin, daß die Knospe des Rittersporns einem Delphin ähnelt. Der Artname *platanoídes* drückt die Platanenähnlichkeit aus,

4. die Ehrung eines Forschers oder Züchters. *Begónia* ist benannt nach Michel Begon, der Gouverneur von St. Domingo (Mittelamerika) war. *Magnólia* hat ihren Namen zu Ehren von Prof. Pierre Magnol erhalten,
5. die Verwendung der Pflanze, *officinális* heißt, die Pflanze wird arzneilich, in Apotheken gebraucht. Officina ist im Lateinischen die Werkstatt, die Arzneiküche.

65 Die **Familiennamen** werden mit großen Anfangsbuchstaben geschrieben und endigen im Regelfall auf *-áceae*.

66 Alle **Gattungsnamen** werden immer mit großen Anfangsbuchstaben geschrieben.

67 Alle **Artbezeichnungen** (Speciesnamen) und **Varietätnamen** werden allgemein mit kleinen Anfangsbuchstaben geschrieben, auch wenn sie von Eigennamen abgeleitet sind.

68 Die **Sortennamen** kommen aus der gärtnerischen Praxis. Als
69 **Sorten** bezeichnet der Gärtner die Ergebnisse von Züchtungen, darum gibt der Züchter auch die Namen, die von den zuständigen Internationalen Registerstellen anerkannt werden. Man schreibt Sorten stets mit großen Anfangsbuchstaben und setzt sie in Einzelanführungsstriche '...'. Wesentlich ist, dass beide Striche (Häkchen) oben sind und doppelte (Gänsefüßchen) nicht verwendet werden, z. B. *Cýclamen pérsicum* 'Leuchtfeuer'. Wünschenswert ist ferner eine im Vergleich zum botanischen Namen andere Schriftart.

In der botanischen Literatur werden die üblichen Anführungsstriche „..." verwendet, um falsch gebrauchte Namen zu kennzeichnen, z. B. „Flieder" für *Sambucus; „Mimose" für Acácia.*

Frühere Sortennamen in lateinischer Form werden mit großen Anfangsbuchstaben geschrieben, aber in 'Einzelanführungsstriche' '...' gesetzt, z. B. *Thúja orientális* 'Elegantissima'.

Die **Sortennamen** kommen aus der Praxis im Land-, Forst- und Gartenbau und sollen ein landesüblicher oder ein „Phantasie"-Name sein und sich von einem botanischen Beiwort in lateinischer Form deutlich unterscheiden.

Ein Name hat nach dem „Internationalen Code der Nomenklatur für Kulturpflanzen" nur Bestand, wenn er gültig veröffentlicht oder offiziell registriert worden ist.

Die gültige Veröffentlichung (Publikation) wird bewirkt durch Verkauf oder Verteilung gedruckter oder ähnlich mechanisch vervielfältigter Schriften, die sowohl den Namen als auch die Beschreibung oder Definition der betreffenden Pflanzen (mit oder ohne Abbildung) oder einen Hinweis auf eine frühere veröffentlichte Beschreibung oder Definition in irgendeiner Sprache geben, die sich lateinischer Buchstaben (Antiqua) bedient. Die Erwähnung eines Sortennamens in einem Katalog oder eine Liste ohne Beschreibung oder Definition oder ohne Hinweis darauf ist keine gültige Veröffentlichung, sogar dann nicht, wenn eine Abbildung beigegeben ist.

Die Registrierung durch eine international anerkannte zuständige Registerstelle gilt als gleichbedeutend mit einer gültigen Veröffentlichung.

Besteht keine internationale Registerstelle, so kann durch den Internationalen Ausschuss für Gartenbau-Nomenklatur und Registrierung der Name angenommen werden.

Der Name und die Beschreibung oder Definition müssen veröffentlicht werden in einer gärtnerischen oder botanischen Zeitschrift oder in einer Monographie (Schrift über ein Sondergebiet), einem Handbuch, einer gedruckten Liste registrierter Namen oder in einem anderen Standardwerk (Musterwerk) oder in einem Katalog, dessen Erscheinungsdatum bekannt ist; hierbei sollte möglichst der Züchter, Erhaltungszüchter oder Ersteinführer angegeben werden. Es ist wünschenswert, dass das Werk ausreichend dauerhaft hergestellt ist und dass Exemplare davon in Bibliotheken deponiert werden. Es ist auch wünschenswert, dass ein getrocknetes Exemplar der Pflanze in dem Herbarium eines Instituts niedergelegt wird, wenn möglich unter Beigabe einer farbigen Illustration. Fleischige Teile, z. B. Früchte, sollten in einer konservierenden Flüssigkeit aufbewahrt werden.

Problematisch sind sogenannte abgeleitete Sorten, beispielsweise Mutationen aus geschützten Sorten. Wem steht der Lohn (die Leihgebühr) für die Mutation zu, dem Züchter der Ursprungssorte oder dem Entdecker der abgeleiteten Sorte? Nach neuem EU-Recht darf der Finder einer Mutation nicht ohne Züchter-Zustimmung über die Vermarktung entscheiden, was laut nationalem Recht bislang nicht so gewesen ist. Die EU-Verordnung vom 27. 4. 1995 besagt, dass eine abgeleitete Sorte irgendwie (phaenotypisch) von der Ursprungssorte unterscheidbar sein muss, aber genotypisch mit jener übereinstimmen soll. Die RELP-Technik und das RAPD-Verfahren machen heute Genotyp-Identifikationen möglich.

Bei RELP (Restriction Enzyme Length Polymorphism) ist der gestückelte DNA-Code lesbar. Die enzymatisch bewirkte Stückelung ergibt unterschiedlich lange Chromosomenstücke, die dann elektrophoretisch sortiert werden und vorher markiert wurden. Abschließend färbt man das Sortierfeld an und führt Vergleiche mit einer Referenz-DNA an. Das ganze Verfahren eignet sich leider nicht für Serienuntersuchungen. Diese sind aber bei RAPD (Random Amplified Polymorphic DNA) möglich. Hier erfolgt eine Zerlegung der aus einer Pflanzenzelle isolierten Chromosomen mittels Temperaturwechsel, und man setzt sogenannte Primer ein, die für das Entstehen genau definierbarer Stücke sorgen, welche dann auf dem gleichen Weg wie beim anderen Verfahren identifiziert werden.

Über weitere Verfahren der Gen-Technik lese man nach auf Seite 279–284.

70 **Die Kulturpflanzen erhalten Namen auf drei systematischen Rangstufen.**

Namen auf diesen Rangstufen sind die:

1. der **Gattung** oder der intergenerischen (zwischen Gattungen stehenden) Bastardgruppen (Bastardgattung), d. h.
   a) gewöhnliche Gattungsnamen, z. B. *Lilium,*
   b) Namen, die auf bigenerische (Gattung × Gattung) Bastardgruppen angewendet werden, z. B. × *Fatshédera (Fátsia × Hédera);* × *Mahobérberis (Mahónia × Bérberis).* Dem neuen Gattungsnamen wird das Kreuzungszeichen × vorangesetzt.
   c) Namen, die auf multgenerische (Gattung × mehrere Gattungen) Bastardgruppen angewendet werden, z. B. × *Potinára (Sophronítis × Brassávola × Cattlēya x Lǣlia).* Dem neuen Gattungsnamen wird das Kreuzungszeichen × vorangesetzt. Die Endung *-ara* besagt, dass eine Kreuzung in ganz bestimmter Kombinationsfolge vorliegt.

Die Bastardnatur kann man auch kennzeichnen, indem man statt Malzeichen die Vorsilbe -notho (abgekürzt n) beim Namen eines intergenerischen Bastards oder im Namen eines interspezifischen Bastards einsetzt (gr. nothos = Bastard). Alle Bastard-Taxa werden ohnehin als Nothotaxa bezeichnet.

d) Namen von Pfropfchimären (Pfropfbastarden), die aus Angehörigen verschiedener Gattungen gebildet sind, z. B. + *Laburnocýtisus (Labúrnum + Cýtisus).* Dem neuen Gattungsnamen wird das Zeichen + vorangestellt.

2. der **Art** oder interspezifischen (zwischen 2 oder mehreren Arten stehenden) Bastardgruppe (Bastardart), d. h.

   a) der gewöhnliche Artname, z. B. *Lílium aurátum.*

   b) oder für einen interspezifischen Bastard ein dem Artnamen vergleichbarer Name, z. B. *Lílium* × *parkmánnii (= Lílium speciósum* × *Lílium aurátum).* Dem neuen Artnamen wird das Kreuzungszeichen x vorangesetzt.

   c) der Formelname für die Nachkommenschaft einer interspezifischen Kreuzung auf somatischer Basis (Protoplastenfusion als parasexueller Vorgang), z. B. *Nicotriana gláuca* (×) *Nicotiana langsdórfii.* Das Kreuzungszeichen wird in runde Klammern gesetzt. Somatische Kreuzungen lassen sich auch intergenerisch handhaben.

   d) Namen von Pfropfchimären (Pfropfbastarden), die aus Angehörigen verschiedener Arten derselben Gattung gebildet sind, z. B. *Syrínga + correláta (Syrínga* × *chinénsis + Syrínga vulgáris).* Dem neuen Artnamen wird das Zeichen + vorangestellt.

3. der **Varietät** oder der **Sorte** (Cultivar, Kulturvarietät = cv.). Cultivar ist die internationale Bezeichnung für die Gruppe, die in verschiedenen Ländern unter verschiedenen Namen bekannt ist, z. B. „variety" in Englisch; „variété" in Französisch; „variedad" in Spanisch; „Sorte" in Deutsch; „sort" in skandinavischen Sprachen und in Russisch „ras" oder „varieteit" in Holländisch; „razza" in Italienisch. Es steht jedem frei, die Bezeichnung Cultivar oder eine gleichwertige zu gebrauchen.

   Anmerkung im Code: „Der Ausdruck ‚Varietät', soweit er auf kultivierte Pflanzen angewendet wurde, umfasste oft sowohl Material aus der Wildflora als auch nur in Kultur bekanntes Material. Es wird in diesem Code empfohlen, dass der Ausdruck ‚Varietät' (abgekürzt var.) nur auf Pflanzen beschränkt bleibt, die wildwachsend vorkommen und Namen in lateinischer Form nach den Vorschriften des ‚Internationalen Code der Botanischen Nomenklatur' erhalten können."

   Die Rangstufe der Sorte haben auch:

   a) die **Linie,** das ist eine sich geschlechtlich vermehrende einheitliche Population (eine Vielheit von nicht völlig gleichen Individuen), die ausschließlich durch Samen oder Sporen vermehrt wird und deren Beständigkeit durch die Auslese auf einen Standard hin weiter erhalten wird. Die Abkürzung ln. kann dem Sortennamen vorangestellt werden, z. B. Petúnia ln. 'Rosy Morn'.

b) der **Klon** (griechisch = Zweig, Spross, Ableger, der zur Vermehrung abgeschnitten wird); er ist ein einheitliches Material, das ausschließlich vegetativ, z. B. durch Stecklinge, Teilungen, Pfropfungen u. a. vermehrt wird. Von Meriklonen spricht man im Bereich der Gewebekultur (Meristeme = Bildungsgewebe).

71 Als Grundlage der **Einteilung des Pflanzenreiches** dienen international übliche Gepflogenheiten, wobei dem Internationalen Code der Botanischen Nomenklatur Rechnung getragen wird.

72 Eine **Familie** ist eine Gruppe von Gattungen, die sich in bestimmten Merkmalen entsprechen.

73 Als **Gattung,** *genus,* bezeichnet man eine Gruppe von Arten, die eine Anzahl gemeinsamer Merkmale aufweisen.

74 Als **Art,** *species,* bezeichnet man die wichtigste systematische Einheit. Zu einer Art gehören die Pflanzen, die in allen wesentlichen Merkmalen übereinstimmen, z. B. in Form und Wuchs der unterirdischen Organe, der Stengel, Blätter, Blüten, Früchte und Samen. Unwesentlich sind Größenverhältnisse, Farbe und Behaarung. Jedoch ist eine fruchtbare Fortpflanzungsgemeinschaft offensichtlich. Die Chromosomensätze der Vertreter einer Art sind kongruent, stimmen überein.

Jede Art stellt ein Typengemisch dar und ist samenbeständig. Scharfe Grenzen zwischen wesentlichen und unwesentlichen Merkmalen lassen sich nicht ziehen.

In der Zoologie definiert man heute die Art nicht selten als eine Population, deren Mitglieder sich unter natürlichen Bedingungen frei miteinander paaren. Im Prinzip stimmt damit eine Definition überein, die aus botanischer Sicht befriedigt: „Eine Art ist ein geschlossener Genpool, eine Gemeinschaft von Organismen, die keine Gene mit anderen Arten austauschen." Würde man sich darauf ausrichten, könnten wir z. B. einige Eichenarten und manche Species der Gattung Solix nicht mehr als „echte" Arten bezeichnen, da es bei ihnen spontan entstandene Hybriden gibt. Dürfte man in solchen Fällen von „Semispecies" (Halbarten) sprechen?

Thomas Eisner (amerik. Biologe, geb. 1929) bedient sich folgender Metapher: „Wir können uns nicht mehr damit begnügen, eine biologische Art lediglich als eine einzigartige Kombination von Genen zu betrachten. Auf Grund der jüngsten Fortschritte in der Gentechnik müssen wir sie zugleich als ein Depot übertragbarer Gene begreifen. Eine Art ist nicht bloß ein Buch mit festem Einband in der Bibliothek der Natur, sondern zugleich eine Loseblättersammlung, deren einzelne Seiten, die Gene, für eine selektive Übertragung auf andere Arten und deren Modifikationen zur Verfügung stehen könnten."

75 Als **Unterart,** *subspecies,* werden Pflanzen mit erblich gewordenen, unwesentlich von der Art abweichenden Merkmalen bezeichnet.

Für die Abgrenzung systematischer Gruppen haben morphologischer Bau, anatomische Kennzeichen und physiologische Erscheinungen Bedeutung.

Ob eine Pflanze als Art, Unterart, Varietät, Kulturvarietät (Sorte) oder Form aufgefasst werden soll, entscheiden Systematiker und der Internationale Ausschuss für Gartenbau-Nomenklatur und Registrierung.

76 Die erbliche Abänderung einer Art kann auch eine **Varietät** sein, die Sorte ist ein züchterisches Ergebnis.

77 Für die unteren systematischen Einheiten, **Rasse,** Sorte u. a., läßt sich eine abgestufte Begriffsbildung nicht aufstellen.

78 **Artbastarde** sind Pflanzen, die durch Kreuzung von Arten der gleichen
79 Gattung entstanden sind. Ein **Gattungsbastard** ist z. B. die Kreuzung
80 zwischen Rettich *(Ráphanus)* und Kohl *(Brássica)* = Rapko. **Rassen-**
bastarde sind Bastarde zwischen Rassen einer Art.

81 Ein **Bastard** ist allgemein das Ergebnis einer Kreuzung von Pflanzen verschiedener Varietäten, Unterarten, Arten oder Gattungen.

82 Bastarde entsprechen **Hybriden.**

Bei einem unterschiedlichen Merkmal je Elternteil spricht man von
83 **monohybrider Bastardierung;** bei zwei, drei oder mehreren Merkmalen
von **di-, tri-** oder **polyhybrider Bastardierung.**

84 Das bekannteste **künstliche System** ist das von dem Schweden Karl
v. Linné aufgestellte **Sexualsystem.** Es wurde so genannt, weil die Geschlechtsorgane die Grundlage für die Einordnung bildeten. Es umfaßte 24 Klassen, von denen die Klassen 1–23 die Blütenpflanzen (Phanerogamen) und die 24. Klasse die Pflanzen ohne sichtbare Geschlechtsorgane (Kryptogamen) einreihten. Linné schuf auch die heute
85 noch übliche **binäre Nomenklatur,** das ist die Benennungsweise für Tiere
und Pflanzen, die dem Gattungsnamen die Artbezeichnung im engeren Sinn, das Epitheton, hinzufügt. Unser Botanisches Wörterbuch für Gärtner und Floristen bringt Details über Linnés Schaffen und Lebensweg und auch Erläuterungen zum Sexualsystem.

86 Festgelegte botanische Abkürzungen

fam. (Fam.) *família* (Familie)
gen. (Gatt.) *génus* (Gattung)
spec. = sp. *spécies* (Art)
subspec. = ssp. *súbspecies* (Unterart)
var. (var.) *varíetas* (Varietät)
f. *fórma* (Form)
l. *lúsus* (Spielart)
cv. *cultivar* (Kulturvarietät = Sorte)
syn. *Synoným* (Nebenname)
off. *officinárum* (der Apotheken)
obs. *obsolétus* (nicht mehr gebräuchlich)
nom. nud. *nómen núdum* (nackter Name, dem keine regelgemäße Beschreibung der Pflanze beigegeben wurde)
ln. (Linie)
cl. (Klon)
fol. *fólium* (Blatt)
fol. var. *fóliis variegátis* (mit bunten Blättern)
fol. mac. *fóliis maculátis* (mit gefleckten Blättern)
fol. marg. *fóliis marginátis* (mit geränderten Blättern)
fol. arg. *fóliis argénteis* (mit silbrigen Blättern)
fol. aur. *fóliis āūreis* (mit goldgelben Blättern)
fl. *flos, floris* (die Blume [Blüte], der Blume)
fl. pl. *flóre pléno* (mit gefüllter Blüte)
fr. *frúctu* (mit Frucht)
hort. *hortórum* (der Gärten)
hortul. *hortulanórum* (der Gärtner, Mehrzahl 2. Fall)
Die Abkürzungen von fol. bis fr. spielen heute nur noch phytographisch (pflanzenbeschreibend) eine Rolle (Diagnosenlatein).

P-Generation = Parental-Generation = Eltern-Generation
F_1-Generation = 1. Filial-Generation = 1. Tochter-Generation
F_2-Generation = 2. Filial-Generation = 2. Tochter-Generation

87 Gärtnerisch-botanische Zeichen

⊙	Einjährige Pflanze
⚇	Zweijährige Pflanze
♃	Staude
h	Halbstrauch
ħ	Strauch
♄	Baum
♂	männlich
♀	weiblich
☿	zwittrig
×	Bastard (Hybride)
+	Pfropfbastard (Chimäre)
I bis XII:	Januar bis Dezember (Blühzeiten)
○	Sonne (vollsonnig)
◐	Halbschatten ($^1/_2$schattig)
●	Schatten (vollschattig)
⁞	Einfassung
⌓	Polsterpflanze
△	Steingartenpflanze
⩙	Ufer- und Sumpfpflanze
≋	Wasserpflanze
⌇↓	Hängepflanze
⌇↑	Kletterpflanze
⌇→	Kriechpflanze
⊽	Topfpflanze
⌂	Gewächshaus
Ⓦ	Warmhaus
Ⓚ	Kalthaus
⏢	Kasten
┄	Aussaat an Ort
⌃	Winterschutz
⚒	rauchhart
☠	Giftpflanze
⁂	Fruchtschmuck
✂	Schnitt für Vasenschmuck
/	veredelt auf
⌀	Durchmesser

Übersicht über die Pflanzen

88 **Schizophyten, Spaltpflanzen,** werden primitivste Organismen genannt. Sie vermehren sich durch einfache Zellteilung (Spaltung) und haben daher ihren bezeichnenden Namen. Von einer sexuellen Vermehrung ist bei ihnen nichts Sicheres bekannt. Hierher gehören Bakterien und Blaualgen, die Prokaryoten sind (siehe Nr. 129).

88a **Phycophyta, Algenpflanzen,** sind ein- bis vielzellige, unterschiedlich gefärbte, autotrophe Lebewesen. Im Gegensatz zu den Spaltpflanzen lassen sich bei den Algenpflanzen echte Zellkerne und größtenteils auch Geschlechtsvorgänge beobachten. Chlorophyllhaltige Einzeller unter den
88b Phycophyten werden auch **Protophyta** genannt.

88c **Mycophyta, Pilzpflanzen,** sind chlorophyllfrei, daher heterotroph
Abb. 1 und im allgemeinen farblos. Die Zellen haben häufig aus Chitin beste-
S. 31 hende Membranen und besitzen wie die nachfolgenden Kategorien wohldefinierbare Zellkerne. Die Vermehrung der Pilzpflanzen erfolgt durch Sporen. Über heutige systematische Eingruppierung der Pilz-„Pflanzen" siehe S. 67 u. 68.

89, 90 **Thallophyten, Lagerpflanzen,** sind nach dem **Thallus** benannt, das ist ein liegender Pflanzenkörper, noch ohne Wurzeln, Stengel und echte Blätter. Man findet bei Lagerpflanzen eine geschlechtliche Fortpflanzung, aber ihre Sporangien und Gametangien sind noch nicht wie bei den Bryophyten von einer eigenen Hülle steriler Zellen umgeben. Der Begriff „Lagerpflanzen", der u. a. Pilze und Algen einschließt, ist nur noch in älterer Literatur zu finden.

Alle Einzeller (also chlorophyllfreie und chlorophyllhaltige Algen und sämtliche Protozoen) kann man wohl mit Einschluss der Schizophyten
90a zur Gruppe der **Protisten** zusammenfassen. Der Begriff, 1866 von E. Haeckel geprägt, hat heute nur noch historische Bedeutung.

91 **Bryophyten, Moospflanzen,** sind, da ihnen die Wurzeln noch fehlen
Abb. 2 und nur Rhizoide ausgebildet werden, eigentlich Thallophyten.
S. 31 Jedoch gibt es Arten, die bereits Stämmchen und Blättchen ausgebildet haben. Man findet bei ihnen schon dem Gasaustausch dienende Luftspalten und einfache Leitbündel. Sie besitzen Zellulosewände, sind immergrün und autotroph und bilden als Assimilationsprodukt Stärke. Ihre stets vielzelligen Sporangien und Gametangien haben Hüllen steriler Zellen. Die Makrosporangien sind, ebenso wie bei den Pteridophyten, die sog. Archegonien, nach denen die Bryophyten
92 und Pteridophyten auch **Archegoniaten** genannt werden.

93 **Pteridophyten, Farnpflanzen,** sind wie die Spermatophyten **Rhizo-**
94 **phyten,** das heißt, sie besitzen echte Wurzeln im Gegensatz zu den
95 **Arrhizophyten,** den Thallophyten und Bryophyten, und sind **Kormo-**
96 **phyten,** denn unter **Kormus** versteht man einen Pflanzenkörper, der aus Wurzeln, Stengeln und Blättern besteht. Die Epidermis der oberirdischen Teile ist mit einer Kutikula und Spaltöffnungen versehen. Der Pflanzenkörper ist von Leitbündeln durchzogen. Die sporangientragenden

97, 98 Blätter sind die **Sporophylle,** die manchmal zu **Sporophyllständen** vereinigt sind.

99 **Kryptogamen** nannte Linné die „unsichtbar ehelichenden" Pflanzen. Zu ihnen zählte er die damals noch wenig bekannten Algen, Pilze, Moos- und Farnpflanzen. Die höheren Kryptogamen, die bereits Leitungsgefäße besitzenden Pteridophyten, hießen später **Gefäßkryptoga-**
100 **men.**

Da bei ihnen neue Pflanzen aus Sporen entstehen, bezeichnet man sie
101 auch als **Sporophyten** oder **Sporenpflanzen.**

102 **Phanerogamen** nannte Linné in seinem künstlichen Geschlechtssystem die Blütenpflanzen. Er ordnete sie nach der Geschlechtsverteilung in den Blüten und nach der Zahl und dem Wuchs der Staubgefäße.

Die Phanerogamen, „die sichtbar ehelichenden" Pflanzen sowie hier im
103 besonderen die Siphonogamen, bezeichnet man heute als **Spermatophyten** oder **Samenpflanzen.**

104 Abb. 4 S. 32 Die **Siphonogamen** sind die „schlauchbildenden" Pflanzen, der Pollen lässt nach der Bestäubung einen Pollenschlauch keimen, der die generativen Pollenkerne zur Befruchtung in die Samenanlage leitet, im Ge-
105 gensatz zu den **Asiphonogamen,** den Moosen und Farnen. Allerdings bilden auch Nacktsamer keine Pollenschläuche aus.

106 Abb. 3 S. 32 **Spermatophyten** sind hochentwickelte Kormophyten, die sich durch Blüten- und Samenbildung auszeichnen. Sie bilden den Höhepunkt in der pflanzlichen Entwicklung. Man unterteilt sie in Nacktsamer und Decksamer.

107 Abb. 5 S. 33 **Nacktsamige Pflanzen** haben frei zugängliche, nackte, an den Fruchtblättern sitzende Samenanlagen, die nicht in einem schützenden Fruchtknoten eingeschlossen sind und deshalb auch keine Narbe haben. Die nackten Samenanlagen werden durch den Wind mit den Pollenkörnern bestäubt, z. B. bei den mehrkeimblättrigen Nadel-
108 hölzern, den Palmfarngewächsen (die die **„Palmwedel"** liefern) und bei Ginkgo bíloba.

109 Abb. 6 S. 33 **Bedecktsamige Pflanzen** (Decksamer) haben ihre Samenanlagen immer in einem von den Fruchtblättern gebildeten Gehäuse, dem Fruchtknoten. Die Samenanlagen sind also bedeckt und von den Pollenkörnern nicht unmittelbar zu erreichen. Sind die Pollenkörner auf den oberen, äußeren Teil des Fruchtknotens, auf die Narbe gelangt, so keimen sie und bringen mit Pollenschläuchen die männlichen Geschlechtszellen durch den Griffel zur weiblichen Eizelle im Inneren der Samenanlage. Letztere wird nach erfolgter Befruchtung zum Samenkorn, der Fruchtknoten zur Frucht.

110 Abb. 7 S. 33 **Koniferen, Zapfenträger,** gehören zu den Nacktsamern und bilden die Gruppe der **mehrkeimblättrigen Pflanzen,** der **Polykotylen.** Ihre fast immer mehrjährigen Blätter sind sehr klein und derb und haben Nadel-, Borsten- oder Schuppenform. Die männlichen Blüten bilden Kätzchen, die weiblichen sind in Zapfen vereinigt. Bei der Gattung *Táxus* aber kann man von einer Zapfenbildung nicht sprechen, denn das

Samenkorn ist von einem roten, fleischigen Becher, dem Samenmantel
111 oder **Arillus,** umgeben. Der **Arillus** ist als einziger Teil der ganzen Pflanze frei von dem Giftstoff Taxin und dient der Samenverbreitung durch die Vögel. Sämtliche Táxusarten sind gemeinsam mit Koniferen Nadelhölzer.

112 Um **Nadelhölzer** zu unterscheiden, stellt man die Hauptmerkmale gegenüber: Stamm, Nadelform, Zapfen, Deckschuppen, Samenflügel und Blattnarben.

113 **Dikotyle** Pflanzen sind Decksamer und besitzen bis auf einige Ausnah-
Abb. 8 men (z. B. *Cýclamen*) zwei am Embryo seitenständig angelegte Keim-
S. 34 blätter (Anomalitäten siehe bei 381, 381a, 381b und 228b). Die **Haupt-**
114 **wurzel** ist oft eine langlebige **Pfahlwurzel.** Die Leitbündel sind im Stengelquerschnitt kreisförmig angeordnet. Sie besitzen Kambium; dadurch ist die Möglichkeit eines echten Dickenwachstums gegeben.

Die Blätter sind vielgestaltig, meist gestielt, netznervig und häufig zusammengesetzt.

Die Kelch- und Kronblätter sind meist in der Fünf- oder Vierzahl vorhanden.

115 **Monokotyle** Pflanzen sind gleichfalls Decksamer und besitzen nur ein Keimblatt, das bei Gräsern als Saugorgan zur Aufnahme der Nährstoffe aus dem Endosperm, dem Nährgewebe, dient.

Die Hauptwurzel ist kurzlebig und wird frühzeitig durch zahlreiche sproßbürtige Wurzeln ersetzt (Homorrhizie im Gegensatz zur Allorrhizie dikotyler Pflanzen).

Die Leitbündel liegen zerstreut im Stengelquerschnitt. Sie besitzen kein Kambium, daher ist auch kein sekundäres Dickenwachstum möglich.

Die Blätter sitzen der Achse meist wechselständig mit breiter Basis oder Scheide auf. Sie haben in der Regel einfache, ganzrandige, lineare Formen und sind meist streifennervig.

Die Blüten sind vorherrschend dreizählig.

Zu den Einkeimblättrigen gehören z. B. Gräser, Palmen, Aronstabgewächse, Liliengewächse, Orchideen.

Jedes einzelne der aufgezählten Merkmale für sich allein gibt in den meisten Fällen nicht die Möglichkeit, eine Pflanze einzuordnen, da ein Merkmal der Einkeimblättrigen auch auf die Zweikeimblättrigen zutreffen kann und umgekehrt.

Die Beziehungen zwischen diesen beiden sind also nicht derart, dass man sie als selbständige, ihrer Herkunft nach voneinander unabhängige Gruppen betrachten könnte.

Geht man diesen Beziehungen nach, so erscheint eine Ableitung der Einkeimblättrigen von den Zweikeimblättrigen, und zwar von der ursprünglichen Unterklasse der *Magnoliídae (Polycárpicae)* möglich, da bei diesen monokotyle Merkmale auftreten.

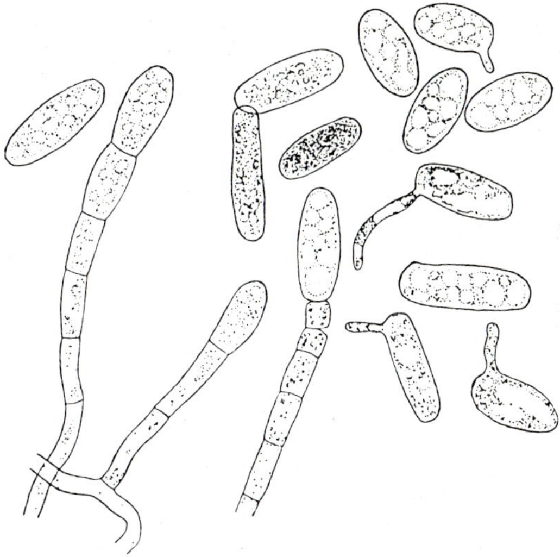

Abb. 1
Beispiel für einen Pilz. Hortensienmehltau (mikroskopisches Erscheinungsbild).

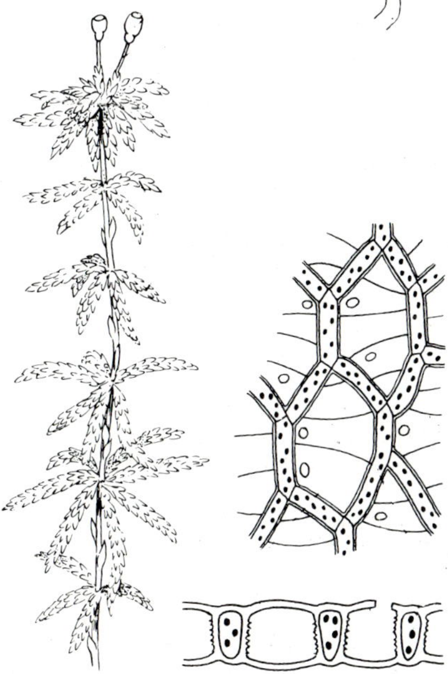

Abb. 2
Eine Moospflanze, links normales Erscheinungsbild, rechts Blattzellen und darunter Luftspalten, gezeichnet während der mikroskopischen Beobachtung. Nach Jacob.

Abb. 3
Junge Samenpflanze (Blütenpflanze) als Kormophytenbeispiel.

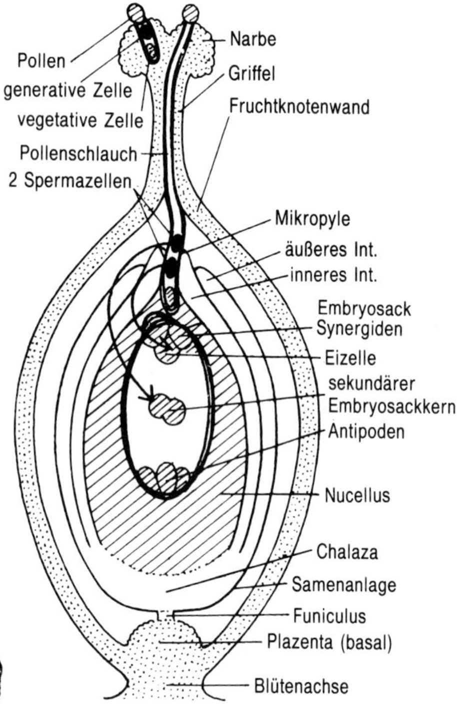

Abb. 4
Ein Pollenschlauch auf dem Weg zur Eizelle (Schema).

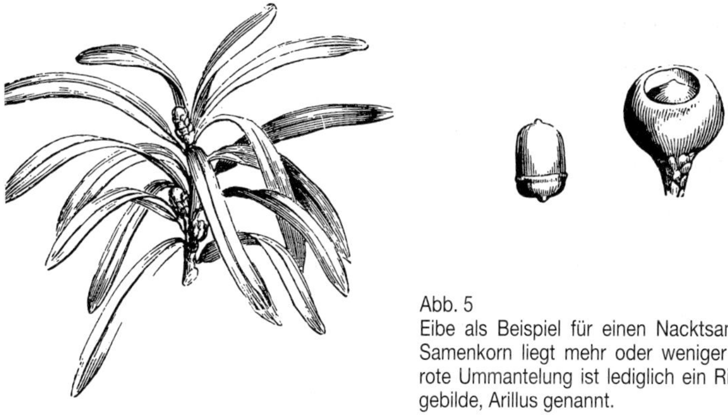

Abb. 5
Eibe als Beispiel für einen Nacktsamer. Das Samenkorn liegt mehr oder weniger frei. Die rote Ummantelung ist lediglich ein Ringwulstgebilde, Arillus genannt.

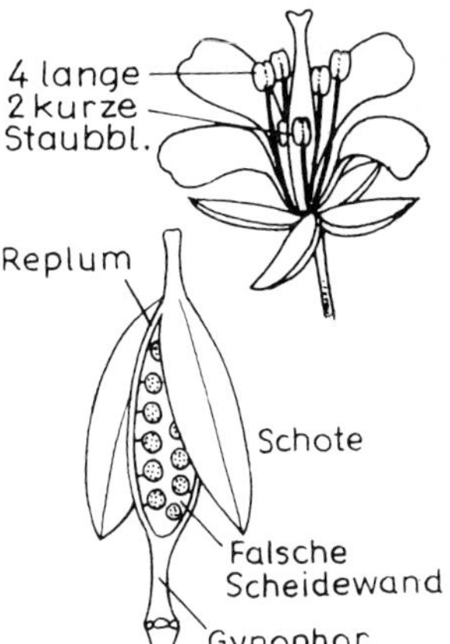

Abb. 6
Blüte und zur Reifezeit aufklappende Frucht am Beispiel eines Kreuzblüters.

Abb. 7
Nadelholzkeimling mit zahlreichen Keimblättern.

Abb. 8
Zweikeimblättrige Pflanzenarten. Sämlinge mit Keim- und ersten Laubblättern. 1 Laburnum anagyroide (Goldregen), 2 Koelreuteria paniculata (Blasenbaum), 3 Acer platanoides (Spitzahorn).

116 **Autotrophe Pflanzen** sind grüne Pflanzen, die in der Lage sind, sich in rein anorganischer Nährlösung zu entwickeln. Sie bauen sich selber organische Verbindungen auf, zumal sie zur Photosynthese befähigt sind und folglich Kohlenhydrate produzieren können. Neben der eben durch die Photosynthese bedingten C-Autotrophie hat eine beachtliche Anzahl dieser Pflanzen auch eine N- Autotrophie, in dem sie in der Lage sind, Luftstickstoff zu nutzen.

117 Im Gegensatz zu diesen stehen die **Saprophyten, heterotrophe,** niedere Lebewesen (Bakterien, Pilze), die nicht von nur anorganischen Substanzen leben können, sondern die noch mindestens den Zusatz fertiger organischer Kohlenstoff- und Stickstoffverbindungen verlangen. Saprophyten sind typische Leichenzersetzer.

Die Grenzen zwischen Autotrophie (korrekter eigentlich Photoautotrophie) und Heterotrophie sind fließend, da autotroph nur die chlorophyllhaltigen Teile der Pflanzen sind, auch manche Pflanzen wahlweise von der einen Form zur anderen übergehen können. Einige Bakterienarten sind nur C-, nicht aber gleichzeitig N-heterotroph.

118 **Parasiten** oder **Schmarotzer** sind gleichfalls heterotroph. Sie haben auch kein Chlorophyll, sind aber nicht leichenzersetzend tätig, sondern von lebender Substanz zehrend (Schädlinge, Krankheitserreger) und kommen unter Samenpflanzen seltener vor. Sofern Parasiten Pathogenität
118a (Fähigkeit, Krankheiten zu erzeugen) besitzen, nennt man sie **Pathogene.**
118b Zu **Pathovaren** kann es kommen, wenn bestimmte Pathogenitätsfaktoren auf verschiedene taxonomisch definierte Erreger (Serovare) übertragen werden und diese dann mit neuer Virulenz aufwarten. Das ist vor allem im bakteriologischen Bereich der Fall. Virulenz ist gemeinhin Ansteckungsfähigkeit. Man kann aber mit dem Begriff den jeweiligen Pathogenitätsgrad ausdrücken. So spricht man oft von mehr oder weniger hochvirulenten Erregern.

119 Ein **Halbschmarotzer** (Hemiparasit) ist z. B. die auf Bäumen lebende Mistel; sie bildet dank ihres Chlorophyllgehaltes die Kohlenhydrate selbst, entnimmt aber mit ihren Saugorganen dem Baum, ihrem Wirt, Was-
119a ser und Nährsalze. **Zoophage** (tierfressende) Pflanzen, auch Karnivore (fleischfressende) oder insektivore (insektenfressende) Pflanzen genannt, z. B. die Sonnentau-Arten, müssen gleichfalls zu den Hemiparasiten gerechnet werden.

119b Von **Mixotrophie** spricht man, wenn z. B. in Gewässern schwebende (Plankton-)Algen trotz eigener Photosynthese auch gelöste organische Verbindungen aus dem Wasser aufnehmen. Im Prinzip sind aber auch Misteln und fleischfressende Pflanzen mixotroph.

120 **Epiphyten** sind **Überpflanzen,** die nicht im Boden wurzeln, sondern sich auf Bäumen ansiedeln, um ihre Blätter in günstiges Licht zu bringen (z. B. Orchideen in tropischen Regenwäldern). Sie entnehmen ihrer Unterlage keine Nährstoffe, sondern sind nur „Aufsitzer", also nicht mit Saprophyten oder Parasiten zu verwechseln.

Humussammelnde Epiphyten sind z. B. *Asplénium nídus* und *Platycérium*-Arten. Letztere haben besondere Mantel- oder Nischenblätter, mit denen sie Humus und Wasser ansammeln.

121 Erdorchideen oder terrestrische Orchideen sind **terrestrische,** d. h. **erdbewohnende Pflanzen.**

122 **Lianen** sind im Boden wurzelnde Pflanzen mit tauartigen verholzten Stämmen, die klimmend, schlingend, meist recht schnell, nach Licht streben. Zu ihnen gehören z. B. die Rotangpalme *(Cálamus)*, einige Aráceae *(Mónstera, Philodéndron, Scindápsus)* und einige *Ficus-Arten*.

123 **Kletterpflanzen** sind Gewächse, die ohne eigene säulenförmige Stämme in kurzer Zeit an fremden Sprossen, Baumstämmen und Ästen emporklettern (Beispiele siehe 318–324).

124 **Geschützte Pflanzen** sind die in Deutschland selten vorkommenden oder in ihrer Existenz bedrohten Pflanzen. Als gesetzliche Grundlagen wären zu nennen: Grundgesetz, Artikel 12, Naturschutzgesetze, Pflanzenschutzgesetz. Das Reichsnaturschutzgesetz aus dem Jahre 1935 ist 1976 durch das Bundesnaturschutzgesetz abgelöst worden. Als Rahmengesetz wurde es nachfolgend novelliert. Die jetzige Fassung gilt seit dem 1. 1. 1987. Inzwischen ist das EG-Recht zum Natur- und Artenschutz sehr kompliziert geworden und nur noch für Juristen durchschaubar. In der BRD und in vielen anderen Ländern wurden in jüngerer Vergangenheit „Rote Listen" angelegt. Sie lassen einen Überblick über Gefährdungsgrade zu und sind Basis für Artenschutzprogramme. Letztere werden auf Landesebene entwickelt. Artenschutz versteht sich als Populationsschutz (positive Beeinflussung des Artenbestandes, Wiedereinbürgerung) und Biotopschutz (Gestaltung, Pflege und Siche-
124a rung der Lebensräume). Nach Schwerdtfeger ist ein **Biotop** eine durch Selbstregulierung charakterisierte Lebensstätte von Organismen-
124b arten einer Lebensgemeinschaft, einer **Biozönose.** Unter einer **Synusie**
124c (spr. Sünu**sih**) hingegen verstehen wir vegetationskundlich eine kleinere Einheit innerhalb einer durch gleiche Wuchsform ausgezeichneten Formation: Gruppe von Pflanzen mit gleichen ökologischen Bedürfnissen, die dem Mikroklima entsprechen. Artenzusammensetzung ist dabei nicht zu berücksichtigen. Eine Synusie kann z. B. einer bestimmten Schicht (Stockwerk) der Formation entsprechen (Strauch-, Kraut-, Moosschicht).

125 **Unkraut** nennt man jede krautige Pflanze, die auf Kulturland oder im Garten wächst, ohne absichtlich dort ausgesät oder angepflanzt worden zu sein. Ein Unkraut gilt als Feind der Kulturpflanze, weil es ihr Licht, Luft, Wasser und Nahrung nimmt. Für Unkraut stehen in alternativer Sicht die Wörter Nutzkraut oder Wildkraut.

125a Eine relativ neue Bezeichnung ist die der **Repositionspflanzen.** Darunter versteht man Gewächse zur Pflanzung in freier Landschaft. Sie dienen u. a. zur Rekultivierung von Ufervegetation, Uferbefestigung, Wasserklärung.

125b **Offizinelle Pflanzen** sind solche Gewächse, die arzneilich verwendbar sind. Lat. officina ist die Werkstatt (der Apotheker).

Ein Salernitanerspruch aus dem 13. Jahrhundert lautete: „Cur moriatur homo, cui Salvia crescit in horto? Contra vim mortis non est medicamen in hortis." (Warum ist der Mensch sterblich, dem Salbei wächst im Garten? Gegen den Tod ist kein Kraut gewachsen.) Eine vergebliche Arbeit war es in den ersten botanischen Gärten, so in Salerno, Pflanzen wider den Tod zu ermitteln.

126 Eine Grobeinteilung der Pflanzen ausschließlich nach äußeren Merkmalen ergibt die folgenden **morphologischen Organisationsstufen:**

1. Protophyten: Chlorophyllhaltige Einzeller (Beispiele: viele Grünalgen-Arten);
2. Thallophyten: Vielzeller, teilweise schon über Zellkolonien hinausgehend und gewebeartige Organisation erreichend (Beispiele: höher organisierter Pilze und Tange);
3. Bryophyten: Übergänge zwischen Thallophyten und Kormophyten (die Moose);
4. Kormophyten: Differenzierung in Wurzeln, Stengel und Blätter (Beispiele: viele Farnpflanzen und praktisch fast alle Samenpflanzen).

Siehe auch Seite 67 u. 68.

Anhang (Einteilung von Pflanzen nach Aussehen, Beschaffenheit oder Verwendungszweck)

1. Die gröbste „volkstaxonomische" Einteilung kann für „Pflanzen gemeinhin" lauten: Kräuter – Sträucher – Bäume.
2. Unkräuter lassen sich in der Praxis differenzieren in Einjährige – Zweijährige – Ausdauernde oder auch nicht voll umfassend in Breitblattunkräuter – Samenunkräuter – „Wurzelunkräuter".
3. Der Obstbau führt an: Beerenobst – Kernobst – Steinobst – Schalenobst. Unter letzterem versteht man im Handel Haselnüsse, aber auch Walnüsse, die nach Botanik-Verständnis Steinfrüchte sind.
4. Der Gemüsebau kann zufrieden sein mit Wurzel- und Knollengemüse – Blatt- und Stielgemüse – Sprossgemüse – Hülsengemüse – Fruchtgemüse – Zwiebelgemüse – Kohlgemüse.
   Konsequent ist das nicht in jedem Fall, denn Hülsen sind ebenfalls Früchte und China-Kohl kann auch als Blattgemüse angesehen werden.
5. Die Einteilungsmöglichkeiten in Baumschule und Zierpflanzenbau sind sehr vielfältig. Sie hier allesamt anzuführen, würde Seiten füllen und letztlich doch keine Allgemeinverbindlichkeit liefern.

Es bleibt aber festzustellen, dass die angeführten Ordnungspraktiken gleichfalls Verallgemeinerungseinheiten für bestimmte Aussagen schaffen und somit der botanischen Taxonomie in gewisser Weise ebenbürtig sind.

Taxonomie

Die *Taxonomie* beschreibt, benennt und ordnet die Arten. Dabei kommt sie zwangsläufig zu Systemen, die entweder *künstlich* (willkürlich) oder unter strenger Beachtung biologischer Systematik im Sinn der Verwandtschaftsforschung *natürlich* aufgebaut sein können. Der Verwandtschaftsforschung und den darauf basierenden Systemen, etwa
127 dem **Englerschen** System, sind im Bemühen eines „richtigen" Erkennens
und Einordnens Grenzen gesetzt. Das diesem Buch zugrunde gelegte
128 System ist ein modernes **synthetisches Ordnungsverfahren.** Es erfasst auf
breiter Basis natürliche Sippen, berücksichtigt die Entstehungswege dieser Sippen, schreckt aber nicht davor zurück, gewisse übereinstimmende Gruppen mehr oder weniger willkürlich taxonomisch zusammenzufassen.
128a In diesem Sinne spricht man neuerdings von **Organisationstypen,** die
Organisationsgruppen beeinhalten und vielfach Organisations- bzw. Entwicklungsstufen entsprechen oder Letzteren übergeordnet sind. Das wird in den folgenden Darlegungen mehrmals praktiziert werden. Berücksichtigungen von DNA-Daten spielen dabei eine immer größere Rolle.

Taxonomische Kategorien	Endungen	Taxonomische Einheiten (Beispiele)
(deutsch, lateinisch)		(Beispiele, Zweitbezeichnungen in Klammern)
Reich = regnum	-a	Eukarya
Unterreich = subregnum	-biónta	Cormobiónta
Abteilung = phylum bzw. divisio	-phýta oder	Spermatophýta
	-mycóta bei Pilzen	Eumycóta
	-ota bei Bakterien	Posibacterióta
Unterabt. = subphylum bzw. subdivisio	-phýtina	Magnoliophýtina (Angiospérmae)
Klasse = classis	-phýceae (bei Algen)	Phaeophýceae
	-mycétes bei Pilzen	Ascomycétes
	-ópsida (bei Moosen, Farnen und Samenpflanzen)	Equisetópsida Magnoliópsida (= Dicotyledóneae)
Unterklasse = subclassis	-ídae	Asterídae
Ordnung (Reihe) = ordo	-áles	Asteráles
Familie = familia	-áceae	Asteráceae (= Compósitae)

Überordnungen enden mit -ánae, Unterfamilien mit -oídeae. Nur in wenigen Bereichen wird aus Übersichtlichkeitsgründen in dieser Auflage auf Überordnungen Bezug genommen. Unterhalb der Unterfamilien sind genormte Endungen nicht mehr möglich, abgesehen von den Tribus (-eae) und Subtribus (-inae).

129 Bakterien und Blaualgen sind **Prokaryóten** und haben nicht echte (nicht von Hüllen umschlossene) Zellkerne. Alle anderen Lebewesen, mithin alle anderen „Pflanzen" und sämtliche „Tiere",

130 sind **Eukaryóten** und besitzen echte Zellkerne.

Die **Merkmale** der wichtigsten Unterabteilungen, Klassen, Unterklassen, Ordnungen und Familien folgen der Taxonomie unter den gleichen Hinweiszahlen

Die wichtigsten **Abteilungen** umfassen: Bakterien und Blaualgen, Algen, Pilze, Moose, Farne, Samenpflanzen. Siehe aber auch Nr. 252a.

131

Schizophýta

Organisationstyp Bakterien und Organisationstyp Prokaryotische Algen lauten die Differenzierungen in moderner Sicht. Man kann heute aber auch diese Organisationstypen als Überreich definieren und nachfolgend angepasst differenzieren (siehe dazu Nr. 252a).

132 **Reich Archaēa**

Es sei hierzu angeführt, dass man neuerdings bemüht ist, eine Gruppe von Bakterien (z. B. Methanbakterien) als eigenes Reich (Archaea) zu führen. Diese Bakterien können in großer Hitze und hohem Säure- und Salzgehalt leben. Die Archaebakterien fristen ihr Leben unter archaischen Bedingungen, stehen aber den Eukaryoten verwandtschaftlich näher als die nachfolgend abzuhandelnden Eubakterien. Archaea lassen sich differenzieren in 2 Abteilungen: Crenarchaeóta und Euryarchaeóta.

132a Nach der **Endosymbionten-Theorie** können vor Millionen von Jahren Archaebakterien evolutive Grundlage für einen bedeutenden Fortschritt gewesen sein, indem es zur Bildung von Urkaryoten mit schon ± echten Zellkernen kam. Diese Urkaryoten, so folgert man, endocytierten (nahmen auf) überlebende Prokaryoten, wahrscheinlich Blaualgen und atmende stabförmige Bakterien. So soll es zur Entwicklung von Plastiden (z. B. Chloroplasten) und Mitochondrien gekommen sein. Noch heute haben Plastiden und/oder Mitochondrien in der lebenden Eukaryoten-Zelle eigenständiges Dasein. Sie verfügen über eigene DNA sowie über typische Doppelmembranen und lösen sich im Gegensatz zum Zellkern ihrer Wirtszelle bei deren Teilungsvorgängen nicht auf, „überlebten" also bis zur Jetztzeit als Endocytobionten. Selbst gegenwärtig kommt es laufend zur Neubildung von Endocytobiosen. Beispiel: Anwesenheit von Grünalgen der Gattung *Chlorella* (Zoochlorellen) im grünen Pantoffeltierchen *Paramecium bursaria.* Es gibt auch Forscher, die nicht von Endosymbionten auf dem Weg zur Entstehung der Eukaryoten-Zelle gedanklich ausgehen, sondern von zunehmenden Kompartimentierungsfolgen in der Stammesgeschichte primitiver Ausgangsformen.

132b **Reich Bactéria**

Eubakterien werden die Organismen dieses Reichs genannt und derzeitig sehr kontrovers taxonomisch behandelt (man lese hierzu bei 132g nach). Entscheidend für die praktische Übersicht ist weiterhin eine Orientierung auf die Gram-Färbung (siehe Nr. 1070), was eine Aufstellung zweier Abteilungen bewirkt:

Posibacterióta und **Negibacterióta.**

132c **Posibacterióta**

1. Kokken (Kugelgestalt)

   Familien:

   a) *Peptococcáceae* (u. a. Erdbewohner)

   b) *Streptococcáceae* (u. a. Milchsäurebildner)

   c) *Micrococcáceae* (sehr kleine Vertreter)

2. Nicht sporenbildende Stäbchen

   Familie:

   Lactobacilláceae (Milchsäurebildner)

3. Sporenbildende Stäbchen

   Familie:

   Bacilláceae (hierher gehören gefährliche Krankheitserreger und, für Pflanzenernährung interessant, Harnstoffzersetzer)

4. Coryneforme Bakterien und Actinomycetáles (stark abgewandelte Gestalt möglich, auch Verzweigung)

   Familien:

   Propionáceae (u. a. in Darm und Pansen bei Wiederkäuern), *Mycobacteriáceae* (heute zu den Actinomycetáles gerechnet, teilweise gefährliche Krankheitserreger)

   Actinomycetáceae (u. a. weit verbreitet im Boden)

   Streptomycetáceae (teilweise Antibiotika-„Lieferanten")

5. Mycoplasmen, auch PPLO (pleuropneumonia – like organisms) genannt. Keine Zellwände, deshalb Gram-Färbung hier nicht möglich; filtrierbar, weil nur Größe von etwa 0,3 µm (Größenminium für Lebewesen). Wenn Bakterien durch Antibiotika Fähigkeit zur Zellwandbildung verlieren, bilden sie sogenannte L-Formen, die Mycoplasmen ähneln.

132d **Negibacterióta**

1. Anaerobe Kokken und Stäbchen

   Familien:

   a) *Veillonelláceae* (u. a. in Speichel und Pansen vorkommend)

   b) *Bacteroidáceae,* zu denen typische Darmbewohner gehören

2. Fakultativ anaerobe Stäbchen

   Familien:

   a) *Enterobacteriáceae* mit einer Reihe von Krankheitserregern

   b) *Vibrionáceae* (Leuchtbakterien gehören hierher, aber auch ein Krankheitserreger)

3. Aerobe Kokken und Stäbchen

Familien:

a) *Neisseriáceae* (Krankheitserreger)

b) *Pseudomonadáceae* (u. a. Essigsäurebakterien)

c) *Azetobacteráceae* (frei lebende und N_2 der Luft bindende Bakterien)

d) *Rhizobiáceae* (Knöllchenbakterien der Schmetterlingsblütler)

4. Spirillen (Spirilláles). Es sind gekrümmte, starre Stäbchen mit Geißeln

   Familie:

   Spirilláceae (in Flüssigkeiten schnell beweglich)

5. Spirochaeten (sehr lange bis zu 500 µm, aber sehr dünne Mykroben)

   Familien:

   a) *Spirochaetáceae* (meist in Gewässern lebend)

   b) *Treponemáceae* (teils harmlose Bakterien, teils Krankheitserreger)

6. Anhängsel tragende Bakterien sind Formen unterschiedlicher Verwandtschaft (Beispiele: Eisen- und Manganbakterien)
7. Scheidenbakterien (in Scheiden befinden sich die Mikroben kettenförmig angeordnet)
8. Cytophagáles führen gleitende Bewegungen aus und bauen im Boden Zellulose ab
9. Myxobacteriáles, zu Aggregaten vereinigt, auf Erde oder Mist lebend
10. Rickettsiáles, sehr klein, früher zu den Viren gerechnet, Krankheitserreger
11. Chemolithoautotrophe Bakterien

    Familie:

    Nitrobacteráceae (wichtige Nitrit- und Nitratbildner im Boden)

12. Phototrophe Rhodospirillales (Besitz von Photosynthesepigmenten)

    Familien:

    Rhodospirilláceae (schwefelfreie Purpurbakterien)

    Chromatiáceae (schwefelhaltige Purpurbakterien, teilweise recht groß)

    Chlorobiáceae (schwefelfreie grüne Bakterien)

Es wird jetzt noch eingegangen auf Krankheitserreger, die weder Bakterien noch Viren im eigentlichen Sinne sind, nämlich auf

Virinos, Viroide und Prionen

„Unkonventionelle", zwar noch nicht isolierte Viren hingegen scheinen sogenannte Virinos zu sein. Sie tarnen sich mit Eiweiß des Wirtes (daher keine Antikörperbildung bei Befall) und sind abzugrenzen von Viroiden, einzelsträngigen RNA-Molekülen, die nicht mit Proteinen assoziiert sind und verantwortlich für verschiedene pflanzliche Krankheiten gemacht werden können. Prionen (proteinaceus infectious particles nach Prusiner) sind eiweißhaltige infektiöse Agenzien. Sie stellen das molekularbiologische Dogma, nach dem Nukleinsäure als kleinster gemeinsamer Nenner allen Lebens gilt, in Frage. Prionen scheinen die Verursacher der heute so in Rede stehenden spongiformen Enzephalopathien zu sein, als da u. a. sind Scrapie (Traberkrankheit der Schafe, schon seit 250 Jahren bekannt), Bovine Spongiforme Enzephalopathie (BSE, Mad-Cow-Syndrom = Rinderwahn von den Engländern genannt, erstmals in der wissenschaftlichen Literatur 1985 erwähnt), Creutzfeldt-Jakob-Disease (CJD, bei Menschen nach 1920 beschrieben) und die Spongiforme Enzephalopathie bei Katzen (FSE, tritt seit 1990 in Großbritannien auf). Prionproteine (PrP) sind sehr hitzefest und trotzen auch UV- und Röntgenstrahlen. Im menschlichen und tierischen Körper können zwei PrP-Typen, normale, harmlose, genabhängige und zellwandständige PrP^{C} und in der Zelle befindliche krankmachende PrP^{SC}, vorkommen. Letztere unterscheiden sich nur in der räumlichen Anordnung der Peptidketten von PrP^{C}, welches im Fall der Krankheitsentstehung zu PrP^{SC} umgewandelt wird. Dann wird allmählich das Recycling zellulärer Baustoffe unterbunden. Die Folgen sind zunehmende Nervenschädigungen, schlimme Krankheitsbilder und in jedem Fall tödlicher Ausgang.

Mit an Sicherheit grenzender Wahrscheinlichkeit ist die ursprüngliche Quelle der BSE die Scrapie. Industrielle Tierhaltung ebnete den Erregern (Prionen) den Weg. Über das Füttern von Tiermehl, bei dessen Herstellung nicht ausreichende Erhitzung stattfand, gelang der Sprung vom Schaf zum Rind. Inwieweit BSE auf Menschen übertragbar ist oder nicht, steht gegenwärtig im Mittelpunkt von Diskussion und Forschung. Zumindest scheint der Erreger eine „miserable Infektiosität" (Diesner) zu haben. Die Meinung Dieringers, von ihm angeblich elektronenmikroskopisch nachgewiesene winzig kleine, kugelförmige Partikel seien die BSE-Erreger, die Prionen hingegen lediglich pathologische Abfallprodukte, fließt in die Diskussion ein und stellt unter Beweis, wie kontrovers die Auffassungen zur Zeit sind. Vorrangig sollte man auf das Eindämmen der BSE-Seuche bedacht sein. Gegenwärtig gibt es neues Ungemach. Man glaubt an die Möglichkeit des Ausbreitens der Erreger über Stallmist und Gülle im Bereich der Weiden. Das europaweite Beenden der Tiermehlfütterung ab Ende 2000 wäre dann nur von begrenzter Wirksamkeit. Nachdem im November 2000 auch in der BRD ein BSE-Rind nachgewiesen wurde, meinte der renommierte Virologe Albert Ostermann, bei uns sei ohnehin schon manches befallene Rind verzehrt worden. Die Wahrscheinlichkeit ist Anfang 2001 größer geworden.

Über die möglichen Zusammenhänge zwischen BSE und CJD bestehen, wie schon gesagt, weiterhin Unklarheiten. 10–15 % der Creutzfeldt-Jakob-Fälle dürften allerdings genetisch bedingt sein (Mutation im PrP-Gen). Man geht jetzt davon aus, dass es sich bei den in letzter Zeit nachgewiesenen CJD-Fällen bei Menschen auch um eine Variante (vCJD) handeln kann und schließt ferner orale (durch den Mund) BSE-Infektionsmöglichkeiten bei Schafen nicht mehr aus. Sehr spekulativ ist die Erörterung, anderweitige Prionen seien für Alzheimer- und Parkinson-Krankheit und auch Rheuma ursächlich verantwortlich zu machen. Inzwischen gelang es

Weissman in Zürich, transgene Mäuse (PrP-null-Mäuse) vorzuweisen. Sie sind nicht mehr in der Lage, PrP^C zu bilden. Sollte Letzteres nicht lebensnotwendig sein, was erst noch zu ermitteln ist, können in nicht gar so ferner Zukunft Therapiemöglichkeiten zu erwarten sein. Die Firma Boehringer entwickelt gegenwärtig ein Verfahren, Blut verdächtiger Tiere auf Befall zu untersuchen. Bisher ist der Nachweis nur an geschlachteten Tieren möglich gewesen.

Mitunter wird von einigen Wissenschaftlern (u. a. Kandler, München) angenommen, das ohnehin multifaktoriell bedingte Waldsterben könne auch (sekundär?) auf Viren und/oder Rickettsien bzw. Mycoplasmen zurückzuführen sein. Im Herbst 1996 kam bei einem Kongress des Europäischen Forstinstituts in Freiburg/Breisgau zur Sprache, dass die in den verflossenen Jahren heiß diskutierten „neuartigen Waldschäden", in-
132e korrekt als **„Waldsterben"** bezeichnet, weitaus weniger gravierend sind, als man bislang annahm. Ihr Zustandekommen in den 70er Jahren brachte man im Kongress auf Trockenheit, die damals geherrscht haben soll, vornehmlich in Verbindung. Außerdem weiß man heute, dass Nadelhölzer noch bei 60 % Nadelverlust wenig beeinträchtigt werden, Laubhölzer sind bezüglich des Laubverlustes noch viel unempfindlicher. Diese Erkenntnis lässt den derzeitigen Waldzustand obendrein positiver erscheinen, als man bislang verlauten ließ. Ganz abgesehen davon ist unübersehbar, dass viele Waldbäume im Vergleich zu früher in den verflossenen Jahrzehnten ein zügigeres Wachstum zeigten. Die Zeit ist aber dennoch nicht gekommen, um völlige Entwarnung geben zu können. Auch die Fragestellung, in welchem Ausmaß Kraftfahrzeugabgase sich unmittelbar oder mittelbar nachteilig auf die Baumbestände auswirken können, bedarf weiterer Untersuchungen. Das angedeutete luxurierende Wachstum der Bäume gibt Hinweise auf N-Hypertrophie, also Nitratüberschüsse im Boden, die wiederum mit Stickstoffoxiden der Abgase in Zusammenhang stehen werden. Im N-Überschuss befindliche Pflanzen jedoch sind zumindest anfällig. Ob der Wald ein gesundgewordener Kranker in jeder Beziehung geworden ist, bleibt also weiterhin in der Tat eine offene Frage.

132f **Bakterienkrankheiten** sollen nun aufgelistet werden.

Ausgerichtet ist die Aufstellung auf die wissenschaftlichen Artbezeichnungen der Krankheitserreger in alphabetischer Anordnung. Bei den Krankheitsbezeichnungen kann es namentlich im phytomedizinischen Bereich auffallen, dass einige Krankheitserreger mehrere Pflanzenarten befallen können und sich dann auch unterschiedliche Krankheitsbezeichnungen ergeben.

– Bakterienkrankheiten im human- und veterinärmedizinischen Bereich

wissenschaftl. Namen des Erregers	Krankheitsbezeichnung	krank werden können
Actinomyces bovi	Aktinomykose „Strahlenpilz"-Krankheit	Tiere, Menschen

Bacillus anthracis	Milzbrand	Tiere, Menschen
Bacillus licheniformis	Lebensmittelvergiftung	Menschen
Borrelia burgdorferi	Borreliose	Menschen
Brucella abortus	Bangsche Krankheit	Tiere, Menschen
Brucella melitensis	Maltafieber	Tiere, Menschen
Chlamydia psittaci	Ornithose (Psittakose) Papageienkrankheit	Vögel, Menschen
Clostridium botulinum	Lebensmittelvergiftung (Botulismus)	Menschen
Clostridium histolyticum	Hepatitis, Gasbrand	Tiere, Menschen
Clostridium novyi	Gasbrand	Menschen
Clostridium perfringens	Gasbrand, auch Lebensmittelvergiftung	Menschen
Clostridium tetani	Wundstarrkrampf	Menschen
Corynebacterium diphtheriae	Diphtherie	Menschen
Corynebacterium pseudotuberculosis	Pseudotuberkulose	Wiederkäuer
Coxiella burnetii	Q-Fieber	Rind, Ziege, Schaf, Menschen
Erysipelothrix rhusiopathiae	Rotlauf	Schweine
Helicobacter pylori	Geschwüre (Magen, Zwölffingerdarm)	Menschen
Klebsiella pneumoniae	Lungenentzündung	Menschen
Legionella pneumophila	Legionärskrankheit	Menschen
Listeria monocytogenes	Listeriose	Menschen
Malleomyces mallei	Rotz	Pferde, Menschen
Mycobacterium avium	Tuberkulose	Geflügel
Mycobacterium bovis	Tuberkulose	Rinder
Mycobacterium leprae	Lepra	Menschen
Mycobacterium paratuberculosis	Paratuberkulose	Rinder, Schafe
Mycobacterium tuberculosis	Tuberkulose	Menschen
Mycoplasma mycoides subsp. mycoides	Lungenseuche (Pleuropneumonie)	Rinder
Mycoplasma pneumoniae	atyp. Pneumonie	Menschen
Neisseria gonorrhoeae	Tripper	Menschen
Neisseria meningitidis	epid. Genickstarre	Menschen
Pasteurella multocida	Geflügelcholera	Geflügel
Pseudomonas aeruginosa	Darm-, Harnweg-, Hirnhaut-, Mittelohrentzündungen Lebensmittelvergiftung	Menschen

Rickettsia prowazekii	Flecktyphus	Menschen
Salmonella enteritidis	Lebensmittelvergiftung	Menschen
Salmonella paratyphi A, B, C	Paratyphus	Menschen
Salmonella typhi	Typhus	Menschen
Salmonella typhimurium	Lebensmittelvergiftung	Menschen
Shigella dysenteriae	Ruhr	Menschen
Staphylococcus aureus	Eitererreger Lebensmittelvergiftung	Menschen
Streptococcus agalactiae	Gelber Galt infektiöse Mastitis	Rinder
Streptococcus equi subsp. equi	Druse	Pferde
Streptococcus mutans	einer der Karieserreger	Menschen
Streptococcus pyogenes	Scharlach (Mitbeteiligung), Angina, Tonsillitis, Kindbettfieber, Sepsis	Menschen
Treponema pallidum	Syphilis	Menschen
Vibrio cholerae (besonders Typ El-Tor)	Cholera	Menschen
Yersinia pestis	Pest	Nagetiere, Menschen

EHEC-Bakterien infizierten in jüngster Vergangenheit im süddeutschen Raum namentlich Kleinkinder. Diese Bakterien gehören an sich zur Gruppe der relativ harmlosen Coli-Bakterien, wurden aber vielleicht von Bakteriophagen parasitiert und als Folge davon offenbar virulent (krankheitserregend). Das Kürzel EHEC steht für **e**netero**h**ämorrhagische **E**scherichia **c**oli. Inzwischen gibt es 8 weitere Pathovare (siehe Nr. 118 b) von E. coli, die beschrieben worden sind. Ganz neu ist die Vermutung einiger Forscher, Chlamydia pneumoniae, eine Bakterienart, die gelegentlich in der menschlichen Lunge pathogen sein kann, müsse auch zum Teil für Arterienverkalkung verantwortlich gemacht werden.

– Bakterienkrankheiten im phytomedizinischen Bereich

wissenschaftl. Name des Erregers	Krankheitsbezeichnung	befallen werden können
Agrobacterium tumefaciens	Krebsgeschwülste (Wurzelkropf)	mehrere Arten
Corynebacterium fascians	kropfähnliche Wucherungen (Sproßstauchungen)	mehrere Arten
Corynebacterium michiganense	Welke	Tomaten

Erwinia amylovora	Feuerbrand	Arten der Rosaceen
Erwinia cacticida	Nassfäule	Kakteen
Erwinia carotovora	kann verursachen	
	Stengelfäule	Chrysanthemen
	Nassfäule	Zimmer-Calla
	Nassfäule	Sansevieria
	Naßfäule des Wurzelstocks	Schwertlilien
Erwinia carotovora subsp. carotovora	Rübenfäule	Möhre
Erwinia chrysanthemi	Stengelfäule	Chrysanthemen
Erwinia tracheiphila	Welke	Gurken
Pseudomonas caryophylli	Stengelriss- oder Spaltenkrankheit und Welke	Nelken
Pseudomonas marginalis	Bakterienfäule	mehrere Arten
Pseudomonas syringae	Kelch- und Stielfäule	u. a. Rosen
Ralstonia solanacearum	sich sehr ausbreitende Bakteriose	mehrere Arten
Xanthomonas campestris	Welke und Stengelfäule	mehrere Arten
Xanthomonas campestris subsp. pelargonii	Blattfleckenkrankheit und Stengelfäule	Pelargonien
Xanthomonas hyacinthi	Gelber Rotz	Hyazinthe

Ganz ohne Zweifel gibt es noch einige Bakterienkrankheiten mehr im pflanzlichen Bereich. Jedoch ist unverkennbar, dass Human- und Veterinärmediziner mit einer weitaus größeren Fülle pathogener Bakterien zu tun haben, so dass in jenem Gebiet unsere Liste erst recht keinen Anspruch auf Vollständigkeit erhebt. Bei pflanzenpathogenen Bakterien wiederum ist in gar nicht so seltenen Fällen eine sichere Artbestimmung noch nicht gelungen.

Eine listenmäßige Erfassung der Virus- und Pilzkrankheiten erfolgte auch in dieser Auflage nicht. Solche Aufgabe wäre zu umfangreich und würde bei weitem den Rahmen unseres Buches überschreiten.

132g Ein umfassendes **neues Bakteriensystem** wird in den nächsten Jahren in Gebrauch kommen. Die Bakteriensystematik war seit ihrem Beginn ein Tummelplatz der Eitelkeit (Linzenmeier). In der zweiten Hälfte unseres Jahrhunderts ist es zu wesentlich besseren Darstellungen gekommen. Es standen und stehen Bergey's Manuals (siehe Literaturnachweis) im Vordergrund, ohne jemals unumstrittene Verbindlichkeit erhalten zu haben. Über in die Zukunft weisende Arbeiten hat freundlicherweise Herr Prof. Stackebrandt, Geschäftsführer der DSMZ (Deutsche Sammlung von Mikroorganismen und Zellkulturen GmbH) in Braunschweig, dem Verfasser folgende Zeilen mitgeteilt: „In der Tat hat es in der Bakteriensystematik gravierende Änderungen gegeben, die darauf beruhen, dass die Grundlage nicht mehr der Phänotyp, sondern der Genotyp der Mikroorganismen ist.

Diese revolutionären Änderungen haben noch keinen Einzug in Textbücher gefunden, da die Rearrangements noch stattfinden.

Im Gegensatz zu vergangenen Jahrzehnten, innerhalb derer die Mikrobiologie mit einer Vielzahl von taxonomischen Systemen gelebt hat, basiert die neue Systematik auf der Sequenzanalyse von Genen, vor allem auf der der 16S rDNA. Fast alle der gültig beschriebenen 4000 Bakterienarten sind bisher analysiert worden, so dass wir hevorragende Kenntnisse über die Genealogie der Prokaryonten besitzen. Zur Abgrenzung von Taxa werden aber nach wie vor phänotypische Merkmale verwendet, die genetisch stabil erscheinen, wie z. B. Zellwandzusammensetzung, Fettsäuren, Menaquinone, Polyamine und polare Lipide. Änderungen haben sich vor allem auf dem Niveau zwischen Art und Phylum ergeben, während sich die in der Bakteriologie definierte Art als stabil erwiesen hat."

133 **Cyanophýceae** heißt die alleinige Klasse der blaugrünen Algen, Spaltalgen oder Cyanophyta.

Sie repräsentiert die heutige Abteilung Cyanobacterióta in Nachbarschaft zu Posi- und Negíbacterióta. Allesamt gehören in das Reich Procárya.

Wesentliche Ordnungen der Cyanobakterien:

Chroococcáles, Ossillatoriáles, Nostocáles.

134 Phycophýta

Algen mit Zellen auf der Organisationsstufe von Euzyten, folglich auch als **Organisationstyp Eukaryotische Algen** definierbar. Das hat dann taxonomische Änderungen zur Folge, die nachstehend teilweise in Klammern gesetzt und typographisch hervorgehoben erwähnt werden.

135 **Klasse: Euglenophýceae (Abt. Euglenophýta)**

Gattung:
Eugléna, „Augenfleck"-Alge

136 **Klasse: Pyrrhophýceae (Abt. Dinophýta)**

Arten:
Peridínium tabulátum – *Ornithocérus spléndidus* – *Cerátium cornútum*

137 **Klasse: Chrysophýceae** (heute zur **Abt. Chrysophýta** gehörend)

I. Ordnung: Chrysomonadáles
Gattungen:
Chromulina – *Urogléna* – *Synúra* – *Prymnésium*

II. Ordnung: Chrysocapsáles
Art:
Hydrúrus fœ̄tidus

III. Ordnung: Chrysotrichāles
Gattung
Phaeothámnion

137a Klasse: **Bacillariophýceae** (Diatómeae, Kieselalgen, lassen sich der **Abt. Chrysophýta** zuordnen)
Gattungen:
Pleurosigma-Pinnulária – Navícula – Asterionélla – Coscinodiscus

138 Klasse: **Xanthophyceae** (lassen sich der **Abt. Chrysophýta** zuordnen)
Gattungen:
Botrýdium – Capitulariélla – Vauchéria

139 Klasse: **Chlorophýceae,** Grünalgen (Abt. Chlorophýta)
Ordnung: Volvocáles
Gattungen:
Vólvox – Chlamydomónas
Ordnung: Chlorococcáles
Gattungen:
Chlorélla – Chlorocóccum

Klasse: Ulvophyceae
Ordnung: Ulotricháles
Art:
Ulva lactúca, Meersalat

Klasse: Cladophorophyceae
Ordnung: Cladophoráles
Gattungen:
Cladóphora – Chlorochýtrium
Ordnung: Chaetophoráles
Gattungen:
Stigeoclónium – Trentepóhlia
Ordnung: Oedogoniales
Gattung:
Oedogónium

Klasse: Bryopsidophyceae
Gattungen:
Acetabulária – Caulérpa

Klasse: Zygnematophýceae (Conjugátae)
Jochalgen
Gattungen:
Mesotǣnium, „Rotschneealge"– Desmídium – Clostérium – Cosmárium

139a **Klasse: Charophýceae** Armleuchteralgen
Gattungen:
Chára – Nitélla

140 **Klasse: Phaeophýceae,** Braunalgen (lassen sich der **Abt. Chrysophýta** zuordnen).

I. Ordnung: Ectocarpáles
Gattung:
Ectocárpus

II. Ordnung: Sphacelariáles
Gattung:
Sphacelária

III. Ordnung: Cutleriáles
Gattungen:
Cutléria – *Aglaożonia*

IV. Ordnung: Laminariáles, Zuckertang
Gattung:
Laminária, Zuckertang

V. Ordnung: Dictyotáles, Gabeltang
Gattung:
Dictyóta, Gabeltang

VI. Ordnung: Fucáles, Tange
Arten:
Fúcus serrátus, Sägetang – *Fúcus vesículus,* Blasentang – *Sargássum,* Beerentang

141 **Klasse: Rhodophýceae,** Rotalgen **(Abt. Rhodophýta)**

Gattungen:
Chóndrus, Perltang – *Batrachospérmum,* Froschlaichalge – *Delessería,* Delesserie – *Gelídium* (aus dem das Nährsubstrat **Agar-Agar** gewonnen wird)

Die in jüngster Vergangenheit vorgenommene **Neuordnung der Algen** geht vom **Organisationstyp Eukaryotische Algen,** wie schon erwähnt, auch über zu Umgruppierung und teilweiser Neubenennung von Ordnungen. Darauf wird nicht weiter eingegangen. Bei Muschelvergiftungen können bestimmte Arten der Dinophyten, sogenannte Dinoflagellaten, allerdings ins Gerede kommen. Sie bilden das Muschel- (besser Dinoflagellaten-)Gift Saxitoxin. Die starke Anreicherung dieser Algen in den Mantelhöhlen der Muscheln ist saisonal abhängig (Monate ohne r).

Pilze (Fungi)

142 lassen sich unterteilen in zwei Organisationstypen:

a) Schleimpilze
b) Pilze

} vielfach noch **Mycophyta** genannt, jedoch spielt sich in der mykologischen Taxonomie eine Entwicklung ab, wie sie bei den Bakterien bereits angedeutet wurde. Allerdings ist die Datenbank der molekularen Sequenzen bei den Pilzen noch wesentlich kleiner.

143 **Organisationstyp Schleimpilze**

Myxomycetes im alten Sinne. Interessant ist *Fulígo várians,* Lohblüte (Gerberlohe). Heute kann man drei Abteilungen evtl. vorschlagen, von denen die dritte (Plasmodiophoromycóta) mit ihrer einzigen Klasse (Plasmodiophoromycétes) *Plasmodióphora brássicae,* den Erreger der Kohlhernie, enthält.

143a **Organisationstyp Pilze**

Abteilung: Oomycóta (z.T. Zellulosezellwände habend)

Klasse: Oomycetes

I. Ordnung: Saprolegniáles
II. Ordnung: Leptomitáles
III. Ordnung: Peronosporáles
Familie: Peronosporáceae (hierher Erreger des falschen Mehltaus)

Abteilung: Eumycóta (im Regelfall Chitinzellwände habend)

144 **I. Klasse: Chytridiomycétes** (früher **Phycomycétes)**

I. Ordnung: Chytridiáles mit
Familie: Olpidiáceae (hierher *Olpídium brássicae,* Erreger der Schwarzbeinigkeit des Kohls)
II. Ordnung: Blastocladiáles
III. Ordnung: Monoblepharidáles

146b **II. Klasse: Zygomycétes**

I. Ordnung: Mucoráles
II. Ordnung: Endogonáles
III. Ordnung: Entomophthoráles

145 **III. Klasse: Ascomycétes** (Schlauchpilze)

1. Unterklasse: Endomycetídae

I. Ordnung: Endomycetáles
Familie: Saccharomycetáceae
Arten: *Saccharomýces cerevísiae* (Bäcker- und Bierhefe)
Saccharomýces ellipsoídeus (Weinhefe)
II. Ordnung: Protomycetáles

II. Unterklasse: Taphrinomycetídae
(hierher u. a. Erreger der Hexenbesen und Narrentaschen)

146 **III. Unterklasse: Ascomycetídae**

I. Ordnung: Eurotiáles (u. a. *Aspergíllus, Penicíllium)*
II. Ordnung: Erysipháles (Mehltaupilze)
III. Ordnung: Pezizáles (u. a. Morchel)
IV. Ordnung: Leotiáles (u. a. *Sclerotínia)*
V. Ordnung: Phacidiáles (u. a. *Botrýtis-Pilze)*
VI. Ordnung: Lecanoráles
VII. Ordnung: Sphaeriáles (u. a. Rotpustelpilze)

VIII. Ordnung: X y l a r i á l e s
IX. Ordnung: C l a v i d i p i t á l e s (Mutterkornpilze)
X. Ordnung: D o t h i d e á l e s (u. a. *Fusiclădium)*

147 **IV. Klasse: Basidiomycétes**

I. Unterklasse: Heterobasidiomycetídae
I. Ordnung: U s t i l a g i n á l e s (Brandpilze)
II. Ordnung: T i l l e t i á l e s (Brandpilze)
III. Ordnung: U r e d i n á l e s (Rostpilze)
IV. Ordnung: A u r i c u l a r i á l e s
V. Ordnung: T r e m e l l á l e s
VI. Ordnung: E x o b a s i d i á l e s

II. Unterklasse: Homobasidiomycetídae
I. Ordnung: P o r i á l e s
II. Ordnung: H y m e n o c h a e t a l e s
III. Ordnung: T h e l e p h o r á l e s
IV. Ordnung: C a n t h a r e l l á l e s
V. Ordnung: P o l y p o r á l e s
VI. Ordnung: A g a r i c á l e s
VII. Ordnung: R u s s u l á l e s
VIII. Ordnung: B o l e t á l e s
IX. Ordnung: L y c o p e r d á l e s

Deuteromycétes (Fúngi imperfécti)

Pilzgruppe, der das sexuelle (perfekte) Stadium fehlt und die folglich nicht die „Hauptfruchtform" bringt, sondern nur durch die „Nebenfruchtform" (Konidien) charakterisiert ist, wohl aber septierte Pilzfäden besitzt. In manchen Fällen dürfte das sexuelle Stadium dieser Pilze noch nicht beobachtet worden sein. Meist wird es sich im Grundprinzip um Ascomyceten handeln. Viele Fúngi imperfécti sind Krankheitserreger (Beispiele: *Septória ápii,* Erreger einer Selleriekrankheit, sowie die beim Menschen Hautkrankheiten hervorrufende Gattung *Trichophýton*).

148 **Lichénes,** Flechten, werden heute als Abteilung oder Organisationstyp aufgefasst und bestehen aus einem Verband von Pilzfäden und Algen (Symbiose). An dieser Symbiose sind beteiligt: *Cyanophýceae, Chlorophýceae, Ascomycétes* und *Basidiomycétes.*

149 Bryophýta

Die Bryophyten kann man gemeinsam mit den Pteridophyten und Spermatophyten als **Organisations-Typ Moose und Gefäßpflanzen** darbieten.

I. Klasse Anthocerotópsida, Hornmoose

150 **II. Klasse: Marchantiópsida** (Hepaticópsida), Lebermoose

Ordnung: M a r c h a n t i á l e s , Lebermoose

Gattung:
Marchántia, Lebermoos

150a **III. Klasse: Jungermaniópsida**
Gattungen:
Blásia – Frullánia – Jungermánia

151 **IV. Klasse: Bryópsida (Musci),** Laubmoose
I. Unterklasse: Andreaeídae, Steinmoose
Gattung:
Andreaea, Steinmoos
II. Unterklasse: Sphagnídae, Torfmoose
Familie: Shagnáceae
Gattung:
Sphágnum, Torfmoos
III. Unterklasse: Brydae, Haubenmoose
Gattungen:
Funária, Seilmoos – *Leucóbryum,* Weißmoos – *Mníum,* Sternmoos – *Polýtrichum,* Haarmoos

152
Pteridophýta

Urfarne, Bärlappgewächse, Schachtelhalme und Farne verkörpern gemeinsam mit den Moosen und Samenpflanzen den **Organisationstyp Moose und Gefäßpflanzen** und lassen sich in das **Unterreich Cormobiónta** und in das **Reich Eukarya** einfügen. Siehe aber auch S. 69.

153 **I. Klasse: Psilophytópsida,** Urfarne

Ordnungen u. a.: Psilophytáles, Nacktfarne. Familien und Gattungen werden hier nicht aufgeführt, da sie vor mehr als 350 Millionen Jahren lebten.

154 **II. Klasse: Psilotópsida**

Ordnung: Psilotáles, Nacktfarne, noch einige Vertreter als niedere, ausdauernde Kräuter ohne Wurzeln.

155 **III. Klasse: Lycopodiópsida,** Bärlappe
Abb. 9 **I. Unterklasse: Lycopodiídae**
S. 56 Ordnung: Lycopodiáles
Familie: Lycopodiáceae, Bärlappgewächse
Gattung:
Lycopódium, Bärlapp

II. Unterklasse: Selaginellídae
Ordnung: Selaginelláles
Familie: Selaginelláceae, Mooskrautgewächse
Gattung:
Selaginélla, Mooskraut

Abb. 10 S. 56 **III. Unterklasse: Lepidodendrídae**
Ordnungen u. a.: Lepidodendráles, Rindenbäume, beherrschten in der Steinkohlenzeit das Landschaftsbild. Zu ihnen gehörten als
Familien: Sigillariáceae, Siegelbäume, und Lepidodendráceae, Schuppenbäume

156 Abb. 11 S. 56 **IV. Klasse: Equisetópsida (Articulátae),** Schachtelhalme
I. Ordnung: Equisetáles
1. Familie: Equisetáceae, Schachtelhalmgewächse
Gattung:
Equisétum, Schachtelhalm
2. Familie: Calamitáceae, Röhrenbäume, ausgestorben
II. Ordnung: Sphenophylláles, Keilblattgewächse, ausgestorben

157 **V. Klasse: Pteridópsida (Filicópsida),** Farne

157a Abb. 12 S. 56 **I. Unterklasse: Ophioglossídae** (derbwandige Sporangien)
Ordnung: Ophioglossáles
Familie: Ophioglossáceae, Natterzungengewächse
Gattungen:
Botrýchium, Mondraute
Ophioglóssum, Natterzunge

157b **II. Unterklasse: Marattiídae**
Ordnung: Marattiáles
Familie: Marattiáceae, Marattiengewächse
Gattungen:
Maráttia, Marattie
Angiópteris, Angiopteris (kl. Fam. *Angiopteridáceae* erlaubt)

157c **III. Unterklasse: Filicídae** (Pteridídae) dünnwandige Sporangien
I. Ordnung: Gleicheniáles
Familie: Gleicheniáceae, Gleicheniengewächse
Gattung:
Gleichénia, Gleichenie
II. Ordnung: Schizaeáles
Familie: Schizaeáceae, Schizaeagewächse
Gattungen:
Anémia, Anemie (kl. Fam. Anemiáceae erlaubt)
Lygódium, Kletterfarn (kl. Fam. Lygodiáceae erlaubt)
III. Ordnung: Cyatheáles
Familie: Cyatheáceae, Cyatheagewächse
Gattung:
Cyáthea, Cyathee
IV. Ordnung: Dicksoniáles
Familie: Dicksoniáceae, Dicksoniengewächse
Gattungen:
Cibótium, Cibotium

Cúlcita, Culcita (kl. Fam. Culcitáceae erlaubt)
Dicksónia, Dicksonie
Familie: Dennstaedtiáceae, Schüsselfarngewächse
Gattungen:
Microlépia, Mikrolepie
Pterídium, Adlerfarn (kl. Fam. Pteridiáceae oder Hypolepidáceae erlaubt)
V. Ordnung: Hymenophylláles
Familie: Hymenophylláceae, Hautfarngewächse
Gattungen:
Hymenophýllum, Hautfarn
Trichómanes, Haarfarn
VI. Ordnung: Pteridáles
Familie:
Parkeriáceae, Parkeriengewächse
Adiantáceae, Frauenhaarfarngewächse
Sinopteridáceae, deutscher Name?
Pteridáceae, Saumfarngewächse
VII. Ordnung: Polypodiáles
Familie: Polypodiáceae, Tüpfelfarngewächse
Gattungen:
Polypódium, Tüpfelfarn
Platycérium, Geweihfarn
VIII. Ordnung: Aspidiáles
Familien:
Aspidiáceae, Schildfarngewächse
Aspleniáceae, Streifenfarngewächse
Athyriáceae, Frauenfarngewächse
IX. Ordnung: Blechnáles
Familie: Blechnaceae, Rippenfarngewächse
X. Ordnung: Davalliáles
Familie: Oleandráceae
Gattungen:
Nephrólepsis, Nierenschuppenfarn (kl. Fam. Nephrolepidáceae erlaubt)
Oleándra

157d **IV. Unterklasse: Osmundídae**
Ordnung: Osmundáles
Familie: Osmundáceae, Königsfarngewächse

157e **V. Unterklasse: Marsileídae**
Ordnung: Marsileáles
Familie: Marsileáceae, Kleefarngewächse

157f **VI. Unterklasse: Salviniídae**
Ordnung: Salviniáles
Familie: Salviniáceae, Schwimmfarngewächse

158 # Spermatophýta

Samenpflanzen gehören in das **Unterreich Cormobíonta** und in das **Reich Eukarya.** Samenpflanzen kann man in die **Organisationsstufen Nacktsamer** und **Bedecktsamer** (Decksamer) unterteilen. Siehe aber auch S. 69.

1. Unterabteilung: Cycadophýtina

159 **Cycadophýtina** sind **gymnosperme** Pflanzen (Nacktsamer)

160 **I. Klasse: Lyginopteridópsida** oder **Pteridospérmae,** Samenfarne, sind ausgestorbene Pflanzen.

161 **II. Klasse: Cycadópsida**

Abb. 13 S. 56 Familie: Cycadáceae, Palmfarngewächse

Gattungen:

Bowénia, Bowenie – *Ceratozámia,* Ceratozamie – *Cýcas,* Cycas – *Dióon,* Dioon – *Encephalártos,* Brotpalmfarn – *Macrozámia,* Makrozamie – *Stangéria,* – *Zámia,* Zamie

Encephalártos, Macrozámie und *Zamia* heute mitunter als *Zamiáceae* geführt.

162 **III. Klasse: Bennettitópsida,** ausgestorbene Pflanze

163 **IV. Klasse: Gnetópsida**

Familien: Welwitschiáceae, Gnetáceae, Ephedráceae

164 ## 2. Unterabteilung: Coniferophýtina

Coniferophýtina sind **gymnosperme** Pflanzen (Nacktsamer)

164a **I. Klasse: Ginkgoópsida**

Abb. 14 S. 57 Familie: Ginkgoáceae

Gattung:

Ginkgo, ein lebendes Fossil

164b **II. Klasse: Pinópsida**

165 **I. Unterklasse: Pinídae** (Coníferae), Zapfenträger

Ordnung: Pinález

Familien:

a Abb. 15 S. 57 Araucariáceae, Araukariengewächse

Gattung:

Ágathis, Kaurifichte – *Araucária,* Araukarie

b Abb. 16 S. 57 Pináceae, Kieferngewächse

Gattungen:

Ábies, Tanne – Cédrus, *Zeder* – *Keteléeria,* Keteleerie – *Lárix,* Lärche – *Pícea,* Fichte – *Pínus,* Kiefer – *Pseudolárix,* Goldlärche – *Pseudotsúga,* Douglasie – *Tsúga,* Hemlockstanne

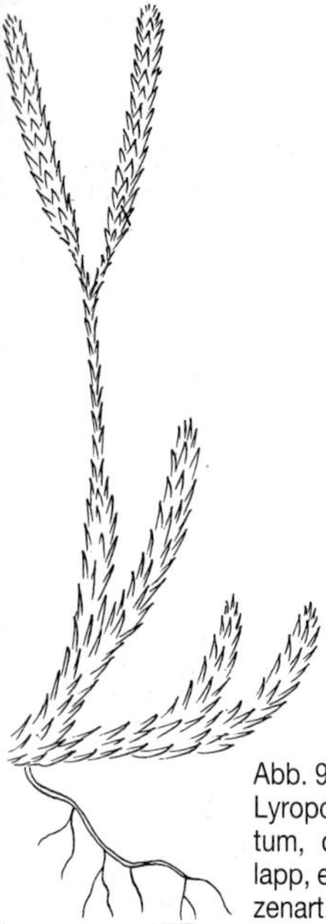

Abb. 9
Lyropodium clavatum, der Kreuzbärlapp, eine Farnpflanzenart.

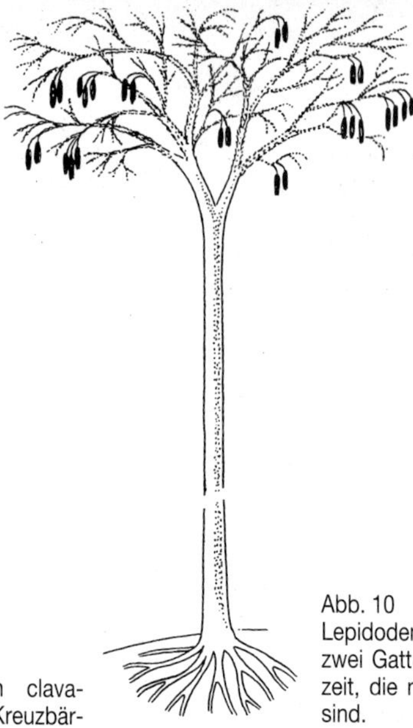

Abb. 10
Lepidodendron und Sigillaria, zwei Gattungen aus der Karbonzeit, die nur noch fossil bekannt sind.

Abb. 11
Equisetum (Schachtelhalm), Vegetationskörper (ober- und unterirdisch).

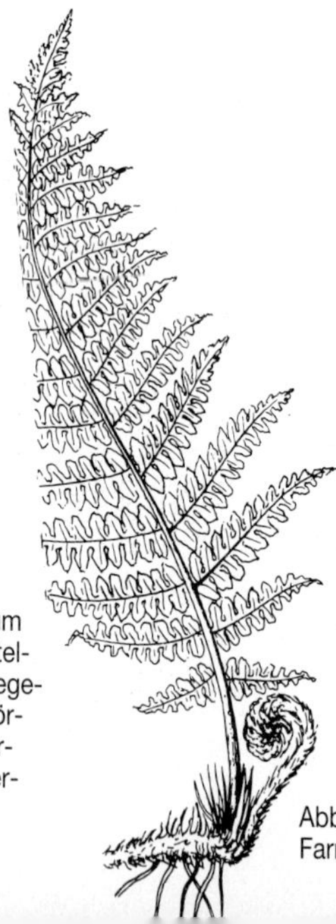

Abb. 12
Farnpflanze, zu den Filicopsida gehörig.

Abb. 13
Palmfarn (Cycas revoluta).

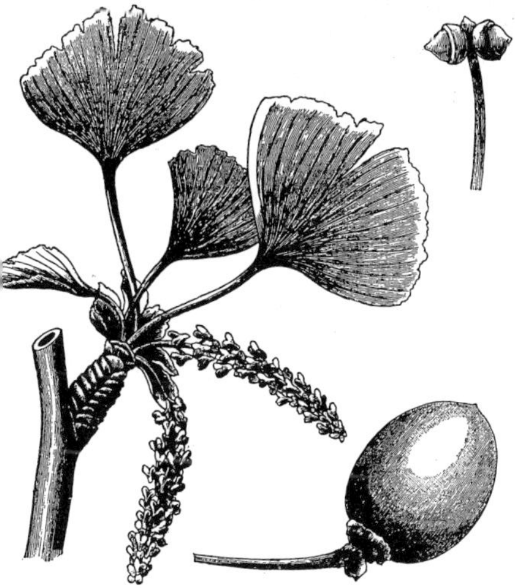

Abb. 14
Ginkgo biloba. Trieb mit männlichen Blütenständern, weibliche Blüte und „Frucht".

Abb. 15
Araucaria heterophylla.

Abb. 16
Abies alba (Weißtanne). Zweig mit Staub- und „Fruchtblüten" und halb entblätterten Zapfen.

c Taxodiáceae, Taxodiumgewächse
Gattungen:
Cryptoméria, Sicheltanne – *Cunninghámia,* Spießtanne – *Glyptostróbus,* Glyptostrobus – *Metasequóia,* „Ur-Mammutbaum" – *Sciadópitys,* Schirmtanne – *Sequoiadéndron,* Mammutbaum – *Taxódium,* Sumpfeibe

d Cupressáceae, Zypressengewächse
Gattungen:
Tetraclínis, Gliederzypresse – *Chamaecýparis,* Scheinzypresse – *Cupréssus,* Zypresse – *Juníperus,* Wacholder – *Calócedrus* (Heydéria), Flusszeder – *Thúja,* Lebensbaum – *Thujópsis,* Hibalebensbaum

e Podocarpáceae, Steineibengewächse
Gattungen:
Dacrýdium, „Maniu" – *Podocárpus,* Steineibe

f Cephalotaxáceae, Kopfeibengewächse
Gattung:
Cephalotáxus, Kopfeibe

166 **II. Unterklasse: Taxídae**
Ordnung: Taxáles
Familie: Taxáceae, Eibengewächse
Gattungen:
Táxus, Eibe – *Torréya,* Nusseibe

167 **III. Unterklasse: Cordaitídae**
Ausgestorbene Pflanzen, die in der Karbonzeit waldbildend auftraten

168 3. Unterabteilung: Magnoliophýtina (Angiospérmae)

Magnoliophytina sind **angiosperme** Pflanzen (Decksamer)

I. Klasse: Magnoliópsida (Dicotyledóneae), Einfurchenpollen-Zweikeim-
169 blättrige

170 **I. Unterklasse: Magnoliídae = Polycárpicae,** jede Blüte mit etlichen freistehenden Fruchtblättern

171 Ordnung: Magnoliáles
Familien:
a Magnoliáceae, Magnoliengewächse
b Myristicáceae, Muskatnußbaumgewächse
c Ordnung: Lauráles
Familie:
Lauráceae, Lorbeerbaumgewächse

171d **II. Diverse isolierte Ordnungen**
172 Ordnung: Piperáles
Familie: Piperáceae, Pfeffergewächse
173 Ordnung: Aristolochiáles
Familie: Aristolochiáceae, Osterluzeigewächse
173a IV. Ordnung: Rafflesiáles
Familie: Rafflesiáceae, Rafflesiengewächse

174 **III. Unterklasse: Nymphaeídae**
175 Ordnung: Nymphaeáles
Familien:
a Nymphaeáceae, Seerosengewächse
b Ceratophylláceae, Hornblattgewächse

176 **II. Klasse: Rosópsida (Dicotyledóneae)**, Dreifrurchenpollen – Zweikeimblättrige („Eudicots")
176a **I. Unterklasse: Ranuculídae**
176b Ordnung: Ranunculáles
Familien:
c Ranunculáceae, Hahnenfußgewächse
d Berberidáceae, Sauerdorngewächse
177 Ordnung: Papaveráles
Familie: Papaveráceae, Mohngewächse

177a **(Über)Ordnung:** Nelumbonánae
177b Familie: Nelumbonáceae, Lotosblumengewächse

178 **II. Diverse sehr isolierte (Über)Ordnungen**
178a (Über)Ordnung: Platanánae
Familie: Platanáceae, Platanengewächse
b Ordnung: Buxáles
c Familie: Buxáceae, Buchbaumgewächse

179 **(Über)Ordnung:** Proteánae
Familie: Proteáceae

180 **Unterklasse: Caryophyllídae**
181 Ordnung: Caryophylláles
Familien:
a Caryophylláceae, Nelkengewächse
b Phytolaccáceae, Kermesbeergewächse
c Aizoáceae, Mittagsblumengewächse
d Cactáceae, Kakteen

e Portulacáceae, Portulakgewächse
f Nytagináceae, Wunderblumengewächse
g Chenopodiáceae, Gänsefußgewächse
h Amarantháceae, Amarantgewächse
182 Ordnung: Polygonáles
Familie: Polygonáceae, Knöterichgewächse
183 Ordnung: Plumbagináles
Familie: Plumbagináceae, Bleiwurzgewächse
184 Ordnung: Nepentháles
Familien:
a Nepentháceae, Kannenstrauchgewächse
b Droseráceae, Sonnentaugewächse

184c **IV. Unterklasse: Rosídae**
185 Ordnung: Hamamelidáles
Familien:
a Hamamelidáceae, Zaubernussgewächse
b Cercidiphylláceae, Katsurabaumgewächse
186 Ordnung: Dilleniáles
Familie: Paeoniáceae, Pfingstrosengewächse
187 Ordnung: Saxifragáles
Familien:
a Saxifragáceae, Steinbrechgewächse
b Grossulariáceae, Stachelbeergewächse
c Crassuláceae, Dickblattgewächse
d Haloragáceae, Meerbeerengewächse
188 Gunneráles
Familie: Gunneráceae
189 Ordnung: Cunoniáles
Familien:
a Staphyleáceae, Pimpernußgewächse
b Oxalidáceae, Sauerkleegewächse
190 Ordnung: Geraniáles
Familie: Geraniáceae, Storchschnäbelgewächse
191 Ordnung: Rosáles
Familie: Rosáceae, Rosengewächse
192 Ordnung: Rhamnáles
Familien:
Rhamnáceae, Kreuzdorngewächse
193 Ordnung: Elaeagnáles
Familie: Elaeagnáceae, Ölweidengewächse
194 Ordnung Vitales
Familie: Vitáceae, Weinrebengewächse

195 Ordnung: Fagáles
Familien:
a Fagáceae, Buchengewächse
b Betuláceae, Birkengewächse
196 Carpináceae, Heinbuchengewächse
197 Coryláceae, Haselstrauchgewächse
198 Ordnung: Casuarináles
Familie: Casuarináceae, Känguruhbaumgewächse
199 Ordnung: Myricáles
Familie: Myricáceae, Gagelstrauchgewächse
200 Ordnung: Juglandáles
Familie: Juglandáceae, Walnussbaumgewächse
201 Ordnung: Urticáles
Familien:
a Urticáceae, Brennnesselgewächse
b Ulmáceae, Ulmengewächse
c Moráceae, Maulbeerbaumgewächse
d Cannabidáceae, Hanfgewächse
202 Ordnung: Fabáles (Leguminósae)
Familien:
a Mimosáceae, Mimosengewächse
b Caesalpiniáceae,
c Fabáceae, Schmetterlingsblütler
203 Ordnung: Begoniáles
Familie: Begoniáceae, Schiefblattgewächse
204 Ordnung: Cucurbitáles
Familie: Cucurbitáceae, Kürbisgewächse
205 Ordnung: Myrtáles
Familien:
a Myrtáceae, Myrtengewächse
b Punicáceae, Granatapfelgewächse
c Melastomatáceae, Schwarzmundgewächse
d Onagráceae, Nachtkerzengewächse
e Lythráceae, Weiderichgewächse
f Trapáceae, Wassernussgewächse
206 Ordnung: Rutáles
Familien:
a Rutáceae, Rautengewächse
b Simaroubáceae, Bittereschengewächse
206c Ordnung: Anacardiáles
Familie: Anacardiáceae, Sumachgewächse
207 Ordnung: Sapindáles
Familien:
a Sapindáceae, Seifenbaumgewächse

b Hippocastanáceae, Rosskastaniengewächse
c Aceráceae, Ahorngewächse

208 Ordnung: Capparáles
Familien:
a Capparáceae, Kaperngewächse
b Brassicáceae, Kreuzblütler
c Resedáceae, Resedagewächse
209 Ordnung: Caricáles
Familie: Caricáceae, Melonenbaumgewächse
210 Ordnung: Tropaeoláles
Familie: Tropaeoláceae, Kapuzinerkressengewächse
211 Ordnung: Cistales
Familie: Cictáceae, Zitronengewächse
212 Ordnung: Malváles
Familien:
a Malváceae, Malvengewächse
b Sterculiáceae, Sterkuliengewächse
c Tiliáceae, Lindengewächse
213 Thymelaeáles
Familie: Thymelaeáceae, Seidelbastgewächse
214 Ordnung: Violáles
Familien:
a Violáceae, Veilchengewächse
b Passifloráceae, Passionsblumengewächse
c Salicáceae, Weidengewächse
215 Ordnung: Guttiferáles
Familie: Clusiáceae, Johanniskrautgewächse
216 Ordnung: Lináles
Familien:
a Lináceae, Leingewächse
b Erythroxyláceae, Kokostrauchgewächse
217 Ordnung: Euphorbiáles (Tricóccae)
Familie: Euphorbiáceae, Wolfsmilchgewächse
218 Ordnung: Celastráles
Familie: Celastráceae, Spindelbaumgewächse
219 Ordnung: Santaláles
Familien:
a Santaláceae, Sandelholzbaumgewächse
b Loranthá ceae, Mistelgewächse

220 **V: Unterklasse: Asteridae**
221 Ordnung: Cornáles

Familien:
a Cornáceae, Hartriegelgewächse
b Hydrangeáceae, Hortensiengewächse
222 Ordnung: Aquifoliáles
Familie: Aquifoliáceae, Stechpalmengewächse
223 Ordnung: Theáles
Familien:
a Theáceae, Teestrauchgewächse
b Actinidiáceae, Strahlengriffelgewächse
c Clethráceae, Scheinellergewächse
224 Ordnung: Lecytidáles
Familie: Lecytidáceae, Krukenbaumgewächse
225 Ordnung: Sarraceniáles
Familie: Sarraceniáceae, Sarraceniengewächse
226 Ordnung: Ericáles
Familien:
a Pyroláceae, Wintergrüngewächse
b Ericáceae, Heidekrautgewächse
c Empetráceae, Krähenbeerengewächse
227 Ordnung: Ebenáles
Familien:
a Ebenáceae, Ebenholzgewächse
b Styracáceae, Styraxbaumgewächse
c Sapotáceae, Sapotagewächse
228 Ordnung: Primuláles
Familien:
a Primuláceae, Primelgewächse
b Myrsináceae, Myrsinengewächse
229 Ordnung: Balsamináles
Familie: Balsamináceae, Balsaminengewächse
230 Ordnung: Polemoniáles
Familie: Polemoniáceae, Sperrkrautgewächse
231 Ordnung: Gentianáles
Familien:
a Gentianáceae, Enziangewächse
b Loganiáceae, Loganiengewächse
c Buddlejaceae, Schmetterlingsstrauchgewächse
d Apocynáceae, Hundsgiftgewächse
e Asclepiadáceae, Seidenpflanzengewächse
f Rubiáceae, Krappgewächse
232 Ordnung: Solanáles
Familien:
a Solanáceae, Nachtschattengewächse
b Convolvuláceae, Windengewächse
c Cuscutáceae, Kleeseidegewächse

233 Ordnung: Borragináles
Familien:
a Boragináceae, Boretschgewächse
b Hydrophylláceae, Wasserblattgewächse

234 Ordnung: Oleáles
Familie: Oleáceae, Ölbaumgewächse

235 Ordnung: Scrophulariáles
Familien:
a Scrophulariáceae, Braunwurzgewächse
b Globulariáceae, Kugelblumengewächse
c Orobancháceae, Sommerwurzgewächse
d Plantagináceae, Wegerichgewächse
e Bignoniáceae, Trompetenbaumgewächse
f Acantháceae, Akanthusgewächse
g Gesneriáceae, Gesneriengewächse
h Lentibulariáceae, Wasserschlauchgewächse
i Callitricháceae, Wassersterngewächse

236 Ordnung: Lamiáles
Familien:
a Lamiáceae, Lippenblütler
b Verbenáceae, Verbenengewächse

237 Ordnung: Hippuridáles
Familie: Hippuridáceae, Tannenwedelgewächse

238 Ordnung: Dipsacáles
Familien:
a Dipsacáceae, Kardengewächse
b Caprifoliáceae, Geißblattgewächse
c Valerianáceae, Baldriangewächse

239 Ordnung: Araliáles
Familien:
a Araliáceae, Araliengewächse
b Apiáceae, Doldengewächse

240 Ordnung: Campanuláles
Familien:
a Campanuláceae, Glockenblumengewächse
b Loboliáceae, Lobeliengewächse
c Menyantháceae, Bitterkleegewächse

241 Ordnung: Asteráles
Familien: Asteráceae, Korbblütler
Näheres hierzu s. S. 108–109.

241d **III. Klasse: Liliópsida (Monocotyledóneae),** Einkeimblättrige („Monocots")

242 **I. Unterklasse: Alismatídae** (Helóbiae)

a I. Ordnung: Alismatáles
Familien:

b Alismatáceae, Froschlöffelgewächse
c Butomáceae, Butomusgewächse
II. Ordnung: Hydrocharitáles
d Familie: Hydrocharitáceae, Froschbissgewächse
e III. Ordnung: Najadáles
Familien:
f Najadáceae, Nixenkrautgewächse
g Potamogetonáceae, Laichkrautgewächse
h Scheuchzeriáceae, Scheuchzeriengewächse
i Aponogetonáceae, Wasserährengewächse

243 **II. Unterklasse: Arídae**
a Ordnung: Acoráles
Familie: Acoráceae, Kalmusgewächse
b Ordnung: Aráles
Familien:
c Aráceae, Aronstabgewächse
d Lemnáceae, Wasserlinsengewächse

244 **III. Unterklasse: Liliídae**
Überordnung Liliánae
a I. Ordnung: Discoreáles
Familien:
Dioscoreáceae, Yamswurzelgewächse
b II. Ordnung: Asparagáles
Familien:
Anthericáceae, Grasliliengewächse
Funkiáceae (Hostáceae), Funkiengewächse
Hemerocallidáceae, Tagliliengewächse
Ruscáceae, Mäusedorngewächse
Uvulariáceae, Goldglockengewächse
Phormiáceae
Asphodeláceae, Affodilgewächse
Convallariáceae, Maiglöckchengewächse
Asparagáceae, Spargelgewächse
Dracaenáceae, Drachenbaumgewächse
Agaváceae, Agavengewächse
Hyacintháceae, Hyazinthengewächse
Alliáceae, Lauchgewächse
Alstroemeriáceae, Inkaliliengewächse
Amaryllidáceae, Amaryllisgewächse
c III. Ordnung: Liliáles
Familien:
Liliáceae, Liliengewächse
Iridáceae, Schwerliliengewächse
d Colchicáceae, Herbstzeitlosengewächse

e IV. Ordnung: Orchidáles
Familien:
Orchidáceae, Orchideen
f Cypripediáceae, Frauenschuhorchideen
245 **Überordnung Pandanánae**
a Ordnung: Cyclantháles
Familie: Cyclantháceae, Scheibenblumengewächse
b Ordnung: Pandanáles
Familie: Pandanáceae, Schraubenbaumgewächse

246 **IV. Unterklasse: Arecídae**
246a I. Ordnung: Arecáles
Familie: Arecáceae, Palmengewächse

246b **V. Unterklasse: Commelinídae**
247 **Überordnung Bromeliánae**
Ordnung: Bromeliáles
Familien:
Bromeliáceae, Ananasgewächse
247a Ordnung: Zingiberáles
Familien:
b Zingiberáceae, Ingwergewächse
c Musáceae, Bananengewächse
d Strelitziáceae, Strelitziengewächse
e Cannáceae, Blumenrohrgewächse
f Marantáceae, Marantengewächse
247g Ordnung: Typháles
Familien:
h Typháceae, Rohrkolbengewächse
i Sparganiáceae, Igelkolbengewächse
248 **Überordnung Commelinánae**
a Ordnung: Commelináles
Familie: Commelináceae, Commelinengewächse
b Ordnung: Poáles
Familie: Poáceae, Süßgräser
249 **Überordnung Juncánae**
a Ordnung: Juncáles
Familie: Juncáceae, Binsengewächse
b Ordnung: Cyperáles
Familie: Cyperáceae, Riedgräser

250 **Zusammenfassende Grobeinteilung der Samenpflanzen**

Im Gesamtrahmen botanischer Taxonomie nehmen Samenpflanzen den bedeutendsten Platz ein. In Zusammenfassung des taxonomisch bereits Dargebotenen und zum besseren Verständnis der vom Buchbenutzer sicherlich öfter gefragten Samenpflanzen-Kriterien soll die folgende Grobeinteilung dienen.

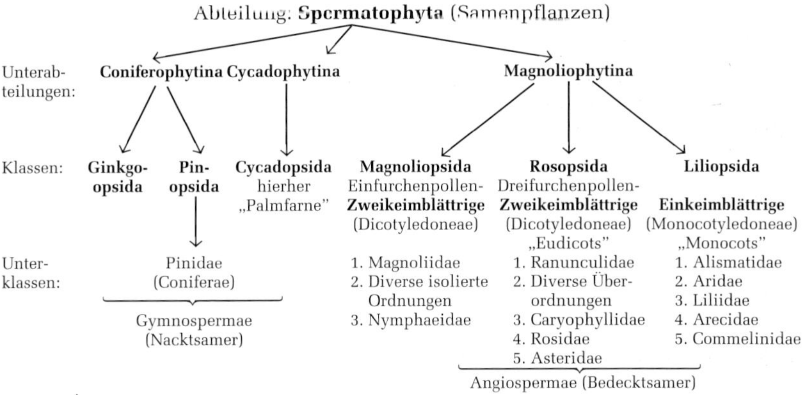

Es folgen nun zusammenfassende Übersichten derjenigen Organismen, die althergebracht als „Pflanzen" bezeichnet werden.

251 **Übersicht der Reiche, Abteilungen und Organisationstypen**
(Nach Ehrendorfer, verändert und gekürzt)

Taxon	Organisationstyp
Archaea	Prokaryoten
Abt. Ctenarchaeota	Bakterien
Abt. Euryarchaeota	
Bacteria	
Abt. Posibacteriota	
Abt. Negibacteriota	
Abt. Cyanobacteriota, Cyanophyta	Prokaryotischer Algen
Eucarya	Eukaryoten
Abt. Acrasiomycota	Nukleare DNA mit Histonen-komplexiert
Abt. Myxomycota	Schleimpilze
Abt. Plasmodiophoromycota	
Abt. Oomycota	Algenpilze im engeren Sinn
Abt. Eumycota	Pilze „Chitinpilze" u. Flechten
Abt. Euglenophyta	Eukaryotische Algen
Abt. Dinophyta	
Abt. Chrysopyta	
Abt. Rhodophyta	
Abt. Chlorophyta	
Abt. Bryophyta	Moose und Gefäßpflanzen (Farn- und Samenpflanzen)
Abt. Pteridophyta	
Abt. Spermatophyta	

Die Übersicht bietet 3 „Reiche" dar. Es besteht die Tendenz, den Begriff des Reichs abzuwerten. Bei den eukaryotischen Algen wurden nur die wesentlichen Abteilungen genannt.

252 Jäger hingegen brachte eine **Zusammenfassung der Hauptgruppen, Gruppen und weiteren Untergruppierungen** schon im Jahre 1987 heraus und ging von 2 Überreichen, 4 Reichen und 16 Abteilungen aus. Sie unterscheidet sich erkennbar von der in diesem Buch vertretenen taxonomischen Konzeption, nach Ehrendorfer kann aber neben zusätzlicher Information ebenfalls als „pflanzliche" Gesamtübersicht dienen. **„Mehr-**
252a **Reiche"-Konzeptionen** sind im Übrigen sehr aktuell.

Die Taxa-Endungen weichen bei Jäger teilweise von denen Ehrendorfers ab.

Imperium (Überreich) Procaryóta
I. Reich Archaebacteriobióta
1. Abt. Archaebactéria

II. Reich Bacteriobióta
2. Abt. Bactéria
3. Abt. Cyanobactéria

Imperium (Überreich) Eucaryóta/Reich Planobióta (III. Reich)
1. Abt. Myxomycóta (Schleimpilze)
2. Abt. Oomycóta (Algenpilze)
3. Abt. Chytridiomycóta

Imperium (Überreich) Eucaryóta/Reich Aplanobióta (IV. Reich)
4. Abt. Eumycóta (Echte Pilze)
5. Abt. Rhodophyta (Rotalgen)

Imperium (Überreich) Eucaryota/Reich Planobióta (Fortsetzung)
6. Abt. Cryptophýta } Algenabteilungen
7. Abt. Dinophýta } Algenabteilungen
8. Abt. Chromophýta } Algenabteilungen
9. Abt. Euglenophýta } Algenabteilungen
10. Abt. Chlorophýta } Algenabteilungen
11. Abt. Bryophýta (Moorpflanzen)
12. Abt. Pteridophýta (Farnpflanzen)
13. Abt. Spermatophýta (Samenpflanzen)
UAbt. Coniferophýtina (Gabel- und nadelbl. Nacktsamer)
UAbt. Cycadophýtina (Fiederbl. Nacktsamer)
UAbt. Angiospermophýtina (Bedecktsamer)
Kl. Dicotyledóneae (Zweikeimblättler)
Kl. Monocotyledóneae (Einkeimblättler)

Die Einschiebung des Reichs Aplanobióta zwischen die 3. und 6. Abteilung der Planobióta rechtfertigt Jäger mit entwicklungsgeschichtlichen Aspekten.

Merkmale der wichtigsten Unterabteilungen, Klassen, Unterklassen, Ordnungen und Familien

Die Ordnungsmerkmale sind stets für sämtliche Familien einer Ordnung gültig, folglich immer im Zusammenhang mit den Familienmerkmalen zu bewerten. Sind die Merkmale einer Familie nicht aufgeführt, so entsprechen sie im Wesentlichen der Ordnung und der Klasse.

Die hier angegebenen Hinweiszahlen entsprechen den im Abschnitt Taxonomie (Seiten 39–66) und den im Frageteil unter den jeweiligen Stichwörtern der Klassen, Unterklassen, Ordnungen und Familien verzeichneten Nummern. Bezug auf Taxonomie-Zahlen ist angebracht.

Die Zeichen der Blütenformeln sind unter 458 erklärt.

Folgende Abkürzungen werden verwendet: Pfl. = Pflanzen; B. = Blätter; Bl. = Blüte; K = Kelch; Kb. = Kelchblätter; Stbb. = Staubblätter; Frb. = Fruchtblätter; Frkn. = Fruchtknoten; Fr. = Frucht. Siehe auch festgelegte botanische Zeichen Seite 26 und 27.

131 **Organisationstyp Bakterien**

Abb. 17 S. 71

„Spaltpilze", überall in Wasser, Boden, Luft und Staub. Sehr klein, einzellig, kugelig, stäbchenförmig, spiralig; Kernregion ohne Kernwand („Kernäquivalente"), kein echtes Chlorophyll, Zellen verzweigt und unverzweigt. Zweiteilung. Geschlechtliche Fortpflanzung nicht sicher bekannt. Sporen widerstandsfähig. Heterotroph, saprophytisch, parasitisch (s. auch 1063–1076 ff.). Gelegentlich Autotrophie vorkommend.

Taxonomische Details s. S. 40 u. 41.

133 **Organisationstyp Prokaryotische Algen (Cyanophýceae)**

Abb. 19 S. 72

Blaualgen, überall verbreitet als gallertartige Massen oder feinfädige Überzüge in Süßwasser, Boden und an Baumrinde. Ein- oder vielzellig, fadenförmig, Zellwände aus Zellulose, oft verschleimt. Äußeres Plasma enthält Chlorophyll. Kernregion ohne Kernwand; Zweiteilung. Geschlechtliche Fortpflanzung nicht sicher bekannt. Autotroph. Fädige Arten bilden vereinzelt auch farbstofflose Zellen (Heterocysten). Letztere dienen zur Luftstickstoffbindung und -nutzung (siehe S. 73).

Taxonomische Details s. S. 47

135 **Klasse: Euglenophýceae** (Organisationstyp Eukaryotische Algen)

Geißelalgen, in jedem Gewässer (Meer, Pfütze, Jauchegrube). Einzellige Planktonorganismen mit echtem Zellkern. Eine oder mehrere Geißeln für freie Bewegung. Protoplast nackt, durch dichtere Plasmahaut abgegrenzt, auch mit Membran umgeben. Leben frei ohne Kolonien. Chromatophoren. Meistens autotroph. Pulsierende Vakuolen. Vielfach mit rotem Augenfleck, Vermehrung durch Teilung.

Taxonomische Details s. S. 47

136 **Klasse: Pyrrhophýceae** (Organisationstyp Eukaryotische Algen)

Die Zellen leben einzeln, tragen zwei lange Geißeln und führen gelbbraune bis rötliche Chromatophoren, die auch Chlorophyll enthalten. Teilweise Bepanzerung. Vegetative Vermehrung durch Längsteilung. Geschlechtliche Fortpflanzung vorkommend, gleichfalls, wie bei Euglenophyceen, Dauerform-(Cysten-)Bildung.

Taxonomische Details s. S. 47

137 **Klasse: Chrysophýceae** (Organisationstyp Eukaryotische Algen)

Überwiegend Einzeller, gelbbraun bis braun, Chlorophyll a und c (kein b).

Taxonomische Details s. S. 47

137a **Klasse: Bacillariophýceae = Diatómeae**
(Organisationstyp Eukaryotische Algen)

Kieselalgen. Schalenrückstände (Diatomeenerde) = Kieselgur. Zweiteilung und geschlechtliche Fortpflanzung. Wegen der sehr feinen Schalenstrukturen mancher Kieselalgen nutzt man sie recht oft zur Überprüfung des Auflösungsvermögens von mikroskopischen Objektiven. Z. B. hat die Art *Amphipléura pellúcida* etwa 40 Transapikalstreifen auf 10 µm Länge. Solche Strukturen können nur erkennbar gemacht werden mittels allerbester Objektive und zusätzlicher Handhabung.

138 **Klasse: Xanthophýceae** (Organisationstyp Eukaryotische Algen)

Mannigfaltige Organisationsformen bei den einzelnen Arten. Nur Chlorophyll a nachweisbar, ferner eine Reihe anderer typischer Farbstoffe. Geschlechtliche Fortpflanzung.

139 **Klasse: Chlorophýceae** (Organisationstyp Eukaryotische Algen)

Abb. 18 S. 71

Grünalgen, im Süßwasser, an Küsten von Meeren, im feuchten Boden. Vertragen Austrocknung. Teils einzellig, teils vielzellig, vielfach beweglich, immer mit grünen Chlorplasten. Ungeschlechtliche Vermehrung durch nackte Zoosporen, geschlechtlich durch Kopulation. ♂ Gameten stets begeißelt, ♀ Gameten können auch unbewegliche Eier sein. Chemotaktische Anlockung. Zu den Grünalgen zählten früher Jochalgen, lebend in Süßwasser und Torfsümpfen mit saurer Reaktion. Einzellig oder unverzweigte, nicht festgewachsene Fäden. Chlorophyll und stärkehaltige Zellen. Wände aus Zellulose. Ungeschlechtliche Vermehrung durch Zellteilung, geschlechtliche durch Konjugation. Beim Auskeimen der Zygote Reduktionsteilung. Gameten unbegeißelt. Zoosporen fehlen.

139a Armleuchtergewächse der **Klasse Charophýceae** bilden fußhohe Wiesen in Teichen und Bächen. Armleuchterartige grüne Süßwasseralgen. Thallus in Knoten und Internodien gegliedert, quirlförmig verzweigt. Internodien bestehen aus einer mehrkernigen Zelle. Knoten mehrzellig. Wachstum mit Scheitelzelle. Ungeschlechtliche Vermehrung fehlt, geschlechtliche durch Oogamie.

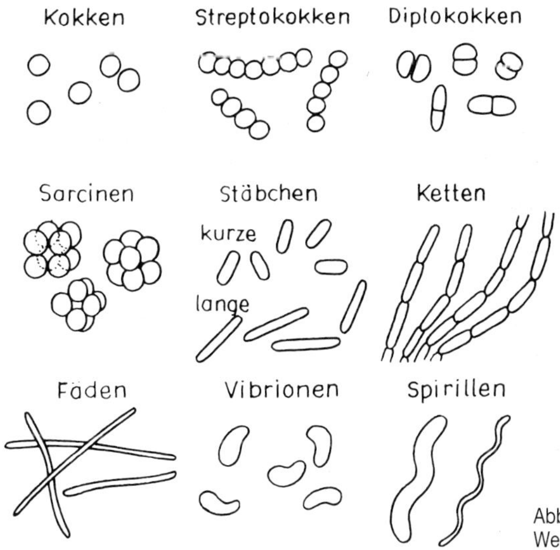

Abb. 17
Wesentliche Bakterienformen.

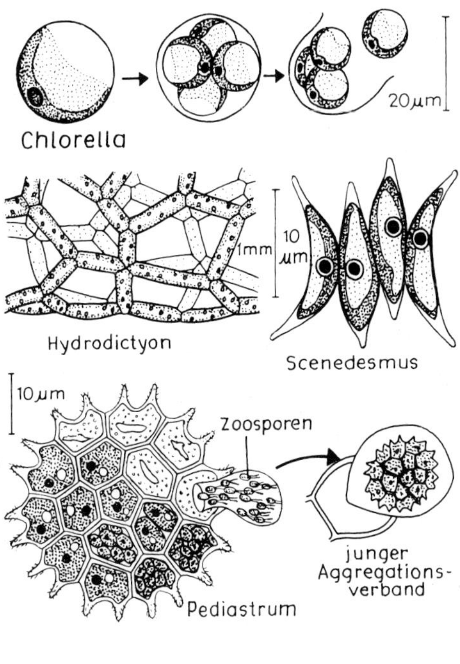

Abb. 18
Einige Grünalgen. Nach Jacob.

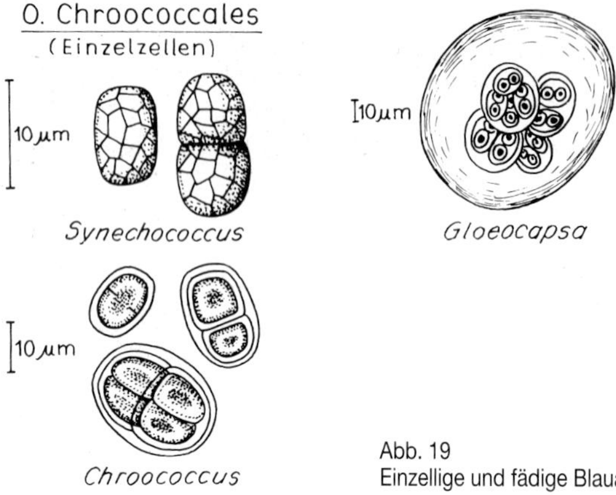

Abb. 19
Einzellige und fädige Blaualgen. Nach Jacob.

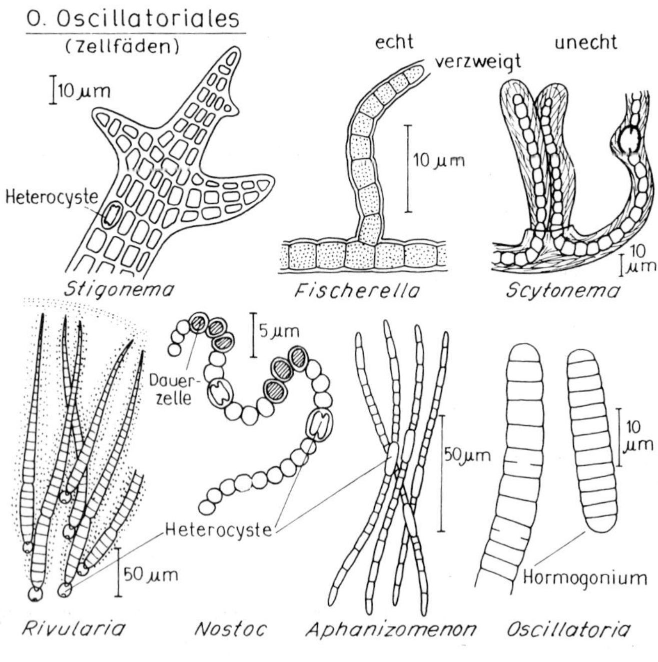

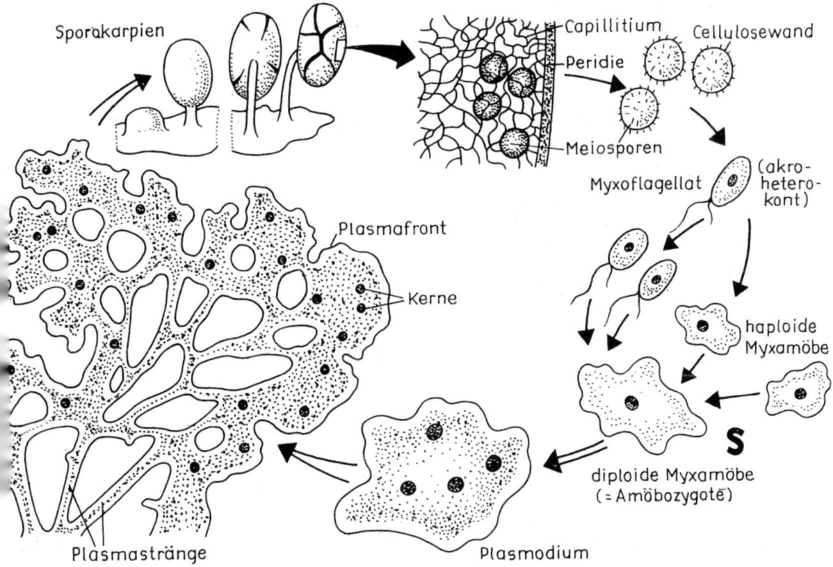

Abb. 20
Entwicklungsgang von Schleimpilzen.

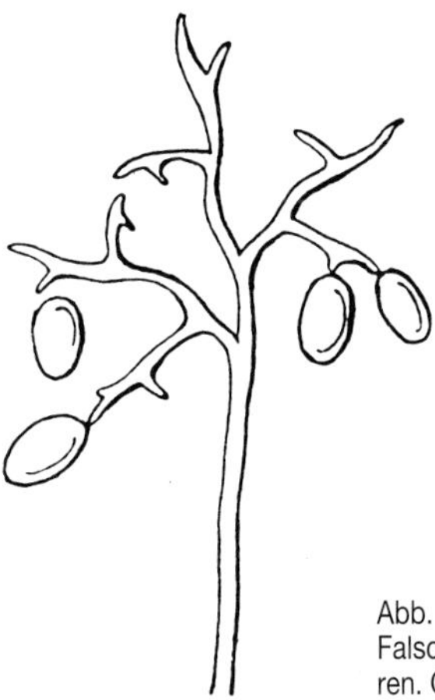

Abb. 21
Falscher Mehltau des Goldregens mit Sporenträgern und Sporen. Querwände sind nicht vorhanden.

Abb. 22
Grauschimmelerreger (zu den Schlauchpilzen gehörend) an Goldlack.

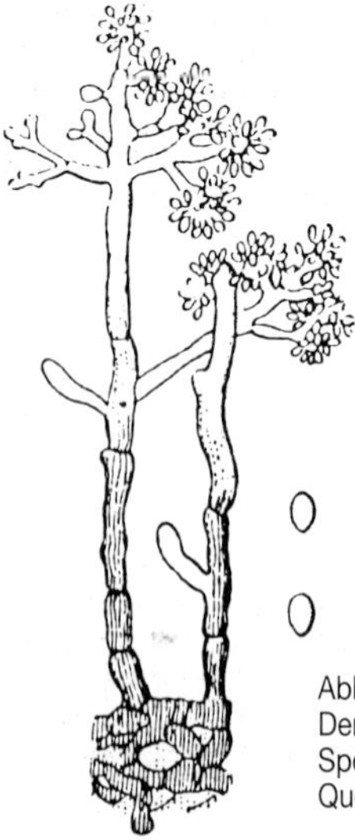

Abb. 23
Der Grauschimmelerreger mit Sporenträgern und Sporen. Querwände sind erkennbar.

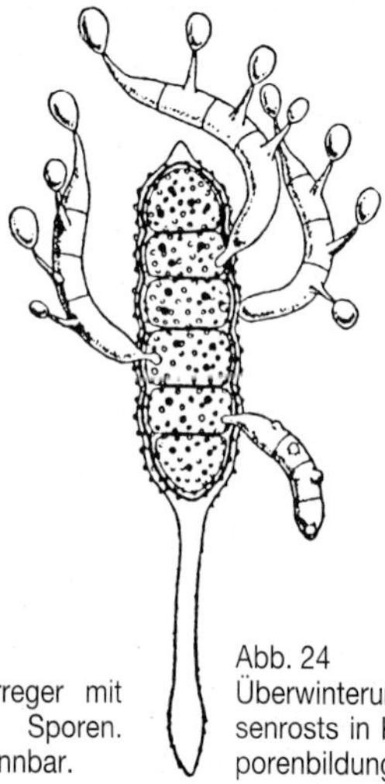

Abb. 24
Überwinterungssporen des Rosenrosts in Keimung (Basidiosporenbildung).

140 **Klasse: Phaeophýceae** (Organisationstyp Eukaryotische Algen)

Braunalgen sind fast ausschließlich Meeresalgen, die sog. „Tange", von mikroskopischer Kleinheit bis zu Riesenformen. Auch auf Steinen, Balken und epiphytisch auf anderen Algen. Gelbbraune Chromatophoren enthalten u. a. Chlorophyll, Karotinoide und Fukoxanthin. Einkernige Zellen. Birn-spindelförmige Gameten und Zoosporen tragen seitlich zwei ungleich lange Geißeln.

141 **Klasse: Rhodophýceae** (Organisationstyp Eukaryotische Algen)

Rotalgen, hauptsächlich in großen Meerestiefen festsitzende Meeresalgen. Thallus sehr mannigfaltig. Chlorophyll durch rotes Phykoerythrin überdeckt. Sporen und Gameten stets unbeweglich. Oogamie sehr mannigfaltig. Geschlechtliche und ungeschlechtliche Vermehrung.

143 **Organisationstyp Schleimpilze (Myxomycétes)**

Abb. 20 S. 73

Schleimpilze leben in faulenden organischen Stoffen (Waldboden), bilden nackte, chlorophyllfreie, vielkernige Plasmamassen mit echten Zellkernen (Plasmodien). Sporenbildung in besonderen Fruchtkörpern, dabei Reduktionsteilung. Eingeißelige Schwärmer gehen nach Verlust der Geißeln in Amöbenform über. Die einkernigen Myxamöben verschmelzen paarweise miteinander. Amöbozygoten (geschlechtlicher Vorgang). Siehe 1091–1093.

144 **Organisationstyp Pilze**

Abb. 21 S. 73

a) Niedere Pilze, u. a. **Phycomycétes** im alten Begriff

Niedere Pilze werden „Algenpilze" genannt, weil ihre geschlechtliche Fortpflanzung der der Algen ähnelt. Farbloser Thallus größtenteils mikroskopisch klein, mitunter stark ausgebildet, verzweigt und vielkernig. Unseptierte Pilze, Schläuche oder Fäden bildend. Ungeschlechtliche Vermehrung durch Zoosporen und Konidien. Geschlechtliche Fortpflanzung durch Kopulation oder Oogamie. Siehe auch Nr. 1206–1208.

Taxonomische Details s. S. 50

b) Höhere Pilze, sog. **Eumycétes** im alten Begriff

Höhere Pilze haben allesamt ein verzweigtes, septiertes Myzel mit Chitin-Membran. Keine Zoosporen! Ungeschlechtliche Sporen entwickeln sich in Asci (= Schläuchen) oder an Basidien (= Sockel), die charakteristisch für die Klassen sind.

Taxonomische Details s. S. 50

145 **Klasse: Ascomycétes**

Abb. 22, 23 S. 74

Bei Schlauchpilzen Myzel meist stark entwickelt. Es zeigt Spitzenwachstum. Sporenbildung in schlauchförmigen Sporangien, Schläuche oder Asci (Einzahl: Ascus) genannt. Im Innern meist 8 Sporen (Ascosporen), die durch eine besondere Öffnung oder Auflösung der Schlauchwand ausgeschleudert werden. Die Schläuche stehen nur selten einzeln.

Taxonomische Details s. S. 50

147 Abb. 24 S. 74 **Klasse: Basidiomycétes**

Bei den Ständerpilzen ist der „Ständer", die „Basidie", das charakteristische Organ, das fast stets 4 getrennt stehende Sporen durch Sprossung abschnürt. Die Basidie ist einzellig (unseptiert) bei den *Halobasidiomycétes,* septiert bei den *Phragmobasidiomycétes.* Die Basidien können vereinigt einen Fruchtkörper bilden („Pilz" oder „Schwamm"). Nebenfruchtformen: Konidien, Chlamydosporen. Die heutigen Unterteilungsbezeichnungen (zwei Unterklassen) lauten: *Heterobasidiomycetídae* und *Homobasidiomycetídae.*

147 **Deuteromycétes**

Näheres über diese Formgruppe siehe im taxonomischen Teil unter 147 auf S. 51.

148 **Lichénes** (auch als Organisationstyp oder selbständige Abteilung geführt)

Flechten sind Epiphyten auf Bäumen, Felsen und in der Arktis Erdbewohner. Sie sind Symbiosen von Blau- und Grünalgen zumeist mit Schlauchpilzen. Oft nimmt der Pilz den Hauptteil des Thallus ein, während die Algen darin nur auf eine bestimmte Schicht beschränkt sind (Krusten-, Laub- und Strauchflechten), Wachstum etwa 1 cm im Jahr. Vegetative Vermehrung durch Thallusstückchen und Ascosporen, wobei die keimende Spore die Alge umspinnt. Flechten reagieren äußerst empfindlich auf Luftverschmutzungen und lassen sich entsprechend als Indikatoren einsetzen.

149 **Klasse: Hepaticópsida = Marchantiopsida** (Organisationstyp Moose)

150 Lebermoose, auf feuchten und trockenen Standorten, Baumrinden, Felsen, auf dem Boden. Einrichtungen zum Wasserspeichern; können auch austrocknen. Vorkeim ein sehr kurzer Schlauch. Gametophyt ein Thallus oder ein meist dorsiventrales, beblättertes Stämmchen. Blättchen einschichtig ohne Mittelrippe. Das Archespor bildet neben Sporen auch sterile Zellen (Elateren). Viele Lebermoose enthalten Ölkörper, Tropfenzusammenballungen ätherischen Öles.

151 **Klasse: Bryópsida** (Organisationstyp Moose)

Laubmoose, auf feuchtem und trockenem Boden, beweglichem Sand, Rasen, Felsen, an Baumstämmen und in Sümpfen. Vorkeim fädig und verzweigt; aus Knospen entstehen an ihm aufrechte Moospflänzchen, Antheridien und Archegonien bilden sich an den Enden der Hauptachsen oder Seitenzweigen; monözisch oder diözisch. Hüllblättchen besonders bei Antheridienständen als „Perianth" ausgebildet. Sporogon bleibt mit der Seta auf dem Gametophyten. Der ursprünglich mitwachsende Oberteil des Archegonhalses reißt ab und sitzt als Haube (Kalyptra) auf der Sporenkapsel; ohne Elateren.

Taxonomische Details s. S. 52

155 **Klasse: Lycopodiópsida** der Pteridophyten (Organisationstyp Gefäßpflanzen)

Bärlappe, in vielen Arten überall als krautige, immergrüne Gewächse ohne sekundäres Dickenwachstum. Sprosse und Wurzeln sind dichotom verzweigt. Schuppenförmige, sehr kleine Blätter, spiralig oder wirtelig. Sporangien einzeln in den Achseln gewöhnlicher Laubblätter und dann kleine Ähren bildend oder an abweichend gestalteten zu endständigen Ähren vereinigten Sporophyllen. Sporangien rundlich nierenförmig, alle gleich groß.

156 **Klasse: Equisetópsida (Articulátae)** der Pteridophyten (Organisationstyp Gefäßpflanzen)

Schachtelhalme, teils Land-, teils Sumpfpflanzen. Sporophyt mehrjährig mit Rhizom. Achse in Knoten und Internodien gegliedert, hohl, grün, verzweigt, verkieselt. Blätter stark reduziert, schuppig, quirlig. Sporangien an der Unterseite schildförmiger Sporophylle, die zu einem ährenförmigen Sporophyllstand vereinigt sind. Chlorophyllfreie, unverzweigte, fertile Sprosse im Frühjahr und dann grüne, verzweigte, sterile Triebe.

Bei *Equisetáceae* Sporen grün, kugelig mit 2 hygroskopischen Bändern. Isosporie. Zweierlei grüne Prothallien, größere ♀ mit Archegonien, kleinere mit ♂ Antheridien.

157 **V. Klasse: Filicópsida** der Pteridophyten

Farne sind autotrophe Land- und Wasserpflanzen mit Generationswechsel. Teils sehr reich gefiederte, teils einfache, stets große, reich geaderte Blätter (Wedel), Sporangien auf der Unterseite, frei oder zu mehreren in Sori vereinigt oder in besonderen Blattabschnitten eingeschlossen. Keine Blüten.

Taxonomische Details s. S. 53, 54

159 **1. Unterabteilung: Cycadophýtina** der Organisationsstufe Nacktsamer

Palmfarngewächse leben heute noch in den Tropen und Subtropen. Gestalt palmartig, kurzer, unverzweigter Stamm, trägt oben einen Schopf großer, spiralig gestellter, meist einfach gefiederter Laubblätter, in der Jugend farnartig eingerollt. Laubblätter und Niederblätter wechseln ab und berinden mit ihren basalen Teilen den Stamm. Blüten diözisch verteilt. Bei *Cýcas* ♀ Blüten noch als Blätter erkennbar, ohne begrenztes Wachstum. ♂ Geschlechtszellen sind frei bewegliche Spermatozoide, die im Flüssigkeitstropfen der Samenanlage schwimmen. Zwischen Bestäubung und Befruchtung vergehen Monate.

164 **2. Unterabteilung: Coniferophýtina** der Organisationsstufe Nacktsamer

Es handelt sich, wie bei den Palmfarnen, um Nacktsamer. Coniferophýtina sind ferner Holzpflanzen mit monopodialem Sproßaufbau und meist nadelförmigen Laubblättern. Bei den Blüten liegt stets Eingeschlechtigkeit vor, wobei bevorzugt Ein- und seltener Zweihäusigkeit auftritt. Die Bestäubung erfolgt ausschließlich durch den Wind. Zahl der Keimblätter unterschiedlich.

Taxonomische Details s. S. 55, 58

164a **I. Klasse: Ginkgoópsida**

Ginkgo bíloba, der Ginkgobaum, ist heute nur noch der einzige Vertreter dieser Klasse. In China und Japan heimisch als zweihäusiger, stark verzweigter Baum mit Lang- und Kurztrieben. Blätter lederig, gestielt, fächerförmig, gabelnervig und sommergrün. Blüten an Kurztrieben in Achseln von Niederblättern oder Laubblättern. ♂ Blüten tragen auf langer Achse eine große Zahl von Staubblättern mit nur je 2 Pollensäcken; ♀ Blüten bestehen aus 2 von einem Ringwulst umgebenen Samenanlagen, die auf einem langen Stiel sitzen. Spermatozoide. Zwar selten, aber doch bemerkenswert sind die manchmal an alten Ginkgobäumen in Japan und China auftretenden Tschitschi-(Mutterbrust-)Bildungen. Dabei handelt es sich um aus Stämmen bzw. Unterseiten der Hauptäste senkrecht nach unten wachsende Gebilde, die in anatomischer Sicht mehr als Zweige denn als Wurzeln zu definieren sind. Aus Gingko gewinnt man heute Substanzen, die mitunter in Geriatrika (Mittel gegen Alterung) enthalten, jedoch in ihrer Wirksamkeit noch umstritten sind. Es handelt sich dabei um einige Flavonoide, Bilobalid und die Ginkgoloide A, B und C.

164b **II. Klasse: Pinópsida**

Meist Zapfenträger, reich verzweigte ♄, seltener auch ħ mit zum Teil sehr regelmäßigem, oft stockwerkartigem Bau, nicht selten deutlich ausgeprägte Kurz- und Langtriebe; die sehr zahlreichen B. auffällig klein, nadel- oder schuppenförmig, xeromorph, schraubig, gegenständig oder quirlig gestellt, fast immer mehrjährig, bis zu 11jährig (Ausnahme u. a. *Lárix),* Harzgänge in allen Organen häufig; Bl. eingeschlechtig, ein- oder zweihäusig, typische Zapfenblüten. Perianth fehlt oder ist durch schuppenartige B. angedeutet. ♀ Bl. entwickeln sich meist zu holzigen Zapfen.

165a **Araucariáceae**

Araukariengewächse, heimisch auf der südlichen Erdhälfte; mächtige ħ mit sehr gesetzmäßiger Verzweigung; B. Schuppen oder Nadeln, schraubig gestellt, fest und stechend, spitz, zapfentragend. ♂ Bl. einzeln oder an den Enden abgekürzter Zweige büschelig. ♀ Kätzchen eiförmig oder kugelig.

165b **Pináceae**

Kieferngewächse, unsere wichtigsten Nadelhölzer, fast nur auf der nördlichen Erdhälfte heimisch, mit Ausnahme von *Lárix* immergrün, Nadeln 5–11 Jahre lebend, xeromorph (bei Frost also gegen Wasserabgabe geschützt!); Bl. immer Zapfenbl., ♂ Bl. aus zahlreichen Stbb. mit je 2 Pollensäcken unterseits. Pollenkörner oft zur Erhöhung der Flugfähigkeit mit Luftsäcken versehen. ♀ Bl.: auf der Achse stehen immer eine unfruchtbare Deck- und eine Samenschuppe mit zwei Samenanlagen. Pollen kann Samenanlage unmittelbar erreichen, zwischen Bestäubung und Befruchtung vergehen Wochen bis Monate *(Pínus* 1 Jahr), Samenschuppe wird zur Zapfenschuppe; Samen mit Flugfläche zur Windverbreitung.

165c **Taxodiáceae**

Taxodiumgewächse, in unseren Breiten nicht heimische Arten, aber doch in unseren Sortimenten geführt; ♄ mit zerstreut stehenden Ästen und beschuppten Laubknospen. Flach benadelte, einem Fliederblatt ähnliche Kurztriebe sind teilweise charakteristisch. ♂ Bl. zahlreich, traubig-ährig an diesjährigen, fast blattlosen, beschuppten Sprossen, ♀ Kätzchen am einjährigen Holz verstreut sitzend, kugelig. Aus dem Wasser oder Sumpf hervorragende „Wurzelknie" als Atmungsorgane bei *Taxódium distichum.* Zapfen holzig. Sehr bekannt auch Riesenmammutbaum und Sicheltanne.

165d **Cupressáceae**

Zypressengewächse, unregelmäßige reichverzweigte, immergrüne ♄ und ♄ mit vierkantigen Zweigen; B. meist schuppen-, seltener nadelförmig, gegenständig oder zu 3 in Wirteln; häufig holzige Zapfen mit weichstacheligen Schuppen; die bei uns allein heimische Gattung *Junípe-rus* aber hat fleischige Beerenzapfen.

165e **Podocarpáceae**

Steineibengewächse, in tropischen und subtropischen Gebirgswäldern der südlichen Halbkugel, ♄ mit sehr breiten Nadeln (sogar Phyllokladien bei *Phyllocládus*); vereinzelt Zapfen, häufig bilden sich fleischige Fruchtwülste um den Samen.

165f **Cephalotaxáceae**

Kopfeibengewächse, ♄, eibenähnliche Benadelung, zweihäusig, Samen pflaumenähnliche Steinfrucht bei Cephalotáxus.

166 **Taxáceae**

Eibengewächse, immergrüne ♄ und ♄ der nördlichen Halbkugel; Nadeln flach, oberseits dunkel, unterseits oft heller, spiralig oder selten kreuzgegenständig. Ohne Harzgänge in Holz und Blättern. ♂ Bl.: einzeln oder in Ähren blattachselständig, mit schuppenartigen Hüllblättern und schuppen- oder schildförmigen Staubblättern mit 2–8 Pollensäcken. ♀ Bl.: einzeln, selten an kurzen Blütensprossen, mit aufrechter Samenanlage, diese am Grunde von einem Ringwulst umgeben; Samen hartschalig, allseitig von einem becherförmigen, fleischigen Arillus, der sich aus dem Ringwulst entwickelt, umgeben. Nur der Arillus ist frei von dem in den Pflanzen reichlich vorhandenen Alkaloid Taxin, das gefährliche Vergiftungen bewirken kann.

168 **3. Unterabteilung: Magnoliophýtina** (Angiospérmae, Organisationsstufe Decksamer)

Die Samenanlagen sind immer in Fruchtknoten eingeschlossen (Decksamer). Entsprechend werden die männlichen Geschlechtszellen mit Hilfe von Pollenschläuchen transportiert. Die Blüten sind meist wohl ausgebildet. Neben holzigen finden sich vielfach auch krautige Arten.

Taxonomische Details s. S. 58–66

169 **I. Klasse: Magnoliópsida** (Dicotyledóneae), Einfurchenpollen – Zweikeimblättrige

Zweikeimblättrige Pflanzen. Im Stengelquerschnitt mikroskopisch Kambium und ringförmige Anordnung der Leitbündel erkennbar. „Netznervatur" der Laubblätter. Im Blütenaufbau dominieren 4- und 5-Zähligkeit.

170 **I. Unterklasse: Magnoliídae = Polycárpicae**

Vielfrüchtler, Holzpfl. oder Kräuter mit ursprünglichen Merkmalen und großer Veränderlichkeit der Bl., die zu anderen Ordnungen überleiten. Ursprünglich ist das apokarpe Gynäzeum, d. h., jedes Fruchtblatt bildet für sich einen Frkn.; infolgedessen entstehen in jeder Bl. mehrere Früchte: Polykarpie! Vielfach Balgfr. Ursprünglich ist auch die oft spiralige Anordnung der häufig sehr zahlreichen Bl.-glieder an langer Achse, ähnlich den Zapfen der Gymnospermen. Nur selten kommen 3–5 wirtelige Bl. vor. Manchmal erinnern die blattartigen Staubblätter ohne deutliche Gliederung in Filamente und Antheren oder die Frb. mit zahlreichen randständigen Samenanlagen deutlich an Sporophylle. Die Bl. sind oft ☿ und entomogam. Ein weiteres ursprüngliches Merkmal ist die gelegentliche Bestäubung durch Käfer (Pollen- oder Käferblume). Bemerkenswert sind ferner unlängst palaeobotanisch bearbeitete Funde, etwa 150 Millionen Jahre alte Fossilien, Samen in Fruchtblättern. Die Pflanzen hatten wohl noch keine Blütenkronblätter, jedoch strauchigen Wuchs. Gewisse Entsprechungen zu heutigen Magnoliengewächsen drängen sich auf. Der Fund, bei Peking gemacht, wurde *Archaefrúctus liaoningénsis* genannt. Es ist verfrüht, daraus eine neue Unterklasse *(Archaemagnoliídae)* herzuleiten.

171 **Ordnung: Magnoliáles**

Die systematische Bedeutung der Ordnung beruht auf ihrer Urtümlichkeit, bestimmte Organisationsmerkmale betreffend. Daraus ergibt sich der unverkennbare Wert als Basalgruppe, aus der sich andere Gruppen herleiten lassen.

171a **Magnoliáceae**

Magnoliengewächse, Tropen und Subtropen, Süd- und Ostasien, Nordamerika, ♄ und ♄. B. einfach, wechselständig. Große Bl.-glieder stehen spiralig an zapfenartiger, kegelförmiger, langer Bl.-achse. Teils einfaches, teils doppeltes Perianth. Frkn. apokarp. Entomogame Bl. radiär, ☿ oder ♂ ♀, Stbb. und Karpelle meist frei, selten vereint. Samenanlagen an der Bauchnaht.

c **Ordnung: Lauráles**

171 **Lauráceae**

Lorbeergewächse, Süd- und Ostasien, mediterrane ♄. B. einfach, lederig; Bl. meist 3-zähl. Wirtel; Stbb. öffnen sich durch Klappen; nur 1 Frkn.; Beere oder Steinfr. (Lorbeer-, Zimt-, Kampferbaum).

172 **Ordnung: Piperáles**

Die Ordnung ist als isoliert zu bezeichnen und durch Apetalie (Kronblattlosigkeit) gekennzeichnet.

Píperáceae

Pfeffergewächse, tropische Holzgewächse und Kräuter; B. ovaleirund, oft glänzend; Bl. perianthlos, eingeschlechtig oder ☿, sitzen in der Achsel von Tragblättern in Ähren oder kolbenförmigen Bl.-ständen. Die Gattung Peperómia hat Arten mit Zierpflanzenwert. *Píper nígrum* liefert schwarzen und weißen Pfeffer. Im zweiten Fall handelt es sich um ausgereifte Produkte ohne Fruchtfleisch. Blätter des Betelpfeffers *(Píper bétle)* sind wichtiger Bestandteil der in asiatischen Ländern gebräuchlichen Betelbissen.

Manche Botaniker stellen die Gattung *Peperomia* mit ihren zum Teil gärtnerisch und floristisch bedeutungsvollen Arten in eine eigene Familie *(Peperomiáceae).* Diese Ausgrenzung ist einleuchtend.

173 **Ordnung: Aristolochiáles**

Sie ist eine gleichfalls isolierte Ordnung und hat nur die Familie.

Aristolochiáceae

Osterluzeigewächse, tropische und gemäßigte Zonen, ♃, windende Holzpfl.; B. zweizeilig gestellt, oft herzförm., ganzrandig. Bl. ☿, radiär oder zygomorph, Gleitfallenblumen, Bl.-hülle einfach, blumenblattartig verwachsen, röhrig oder glockig. Stbb. meist 6; Frkn. unterständig, 4–6-fächerig.

174 **III. Unterklasse: Nymphaeídae**

Erst kürzlich eigenständige Unterklasse geworden, gekennzeichnet nur durch eine Ordnung.

175a **Ordnung: Nymphaéales** hat als wichtige Familie die **Nymphaeáceae**

Seerosengewächse, Wasserpfl., heimisch *Nymphǣa, Núphar,* auf dem Grund seichter Gewässer wurzelnd. Große Schwimmblätter. Luftgewebe (Aërenchym) erleichtert das Schwimmen. Bl. meist doppeltes Perianth, oft 3-zähl. oder Hüll- und Stbb. schraubig in unbestimmter Zahl, allmählicher Übergang der Stbb. in Blumenb.; Frkn. apokarp. Die Lotosblumen, Gatten *Nelúmbo,* werden heute in der Familie Nelumbonáceae und in der eigenständigen Überordnung Nelunbonánae geführt, und zwar im Anschluss an die Papaveráles.

176 **II. Klasse: Rosópsida (Dicotyledóneae),** Dreifurchenpollen – Zweikeimblättrig

Unter voller Berücksichtigung von vorliegenden entsprechenden DNA-Daten ist diese neue Klasse konzipiert worden. Es handelt sich bei ihr um „richtige" Zweikeimblättrige, auch „Eudicots" genannt.

176a **I. Unterklasse: Ranunculídae**

Neu konzipiert, etliche Ordnungen und Familien.

176b **Ordnung: Ranunculáles**

Es handelt sich um eine wenige Familien umfassende Ordnung, die gleiche ursprüngliche Blütenmerkmale aufweist wie die Magnoliáles.

176c **Ranunculáceae**

Hahnenfußgewächse, überwiegend krautige Pfl. (Ausnahme: *Clématis)*, einige giftig, teils feuchter Standort. B. wechselständig, nebenblattlos, oft geteilt. Bl. lebhaft gefärbt ☿, radiär oder dorsiventral, Bl.-glieder oft spiralig, unbestimmt an Zahl, auf gewölbtem Bl.boden zahlreiche Stbb. und apokarper Frkn.; Bl.-hülle einfaches Perianth, z. T. auch doppelt. Laub- und Hochb., können mit den Gliedern der Bl.-hülle durch Übergänge verbunden sein; Bl. enthalten oft Honigb. (nektarbildende Staminodien).

176d **Berberidáceae**

Sauerdorngewächse, einheimisch nur *Bérberis vulgáris* (mit Blattdornen und reizbaren Filamenten), krautige und holzige Pfl. mit wirteligen Bl., doppeltes Perianth oft mit korollinischen Honigb.; 1 oberständiger Frkn., der sich zu einer Beere entwickelt.

177 **VII. Ordnung: Papaveráles**

Meist krautige Pfl.; B. wechselständig ohne Nebenb.; Bl. ☿, zweigliedrige Wirtel; 1 oberständiger Frkn.; Frb. an den Rändern verwachsen, an denen sich die Plazenten der Samenanlagen befinden; Fr. öffnet sich meist durch teilweises oder völliges Abheben der Fruchtwand von den die Plazenten tragenden Rändern der Frb.

177a **Papaveráceae**

Mohngewächse, Kräuter mit meist wechselständigen B. ohne Nebenb.; in Schlauchzellen und gegliederten Röhren oft Milchsaft führend; Bl. ☿, strahlig oder zygomorph; Kb. 2 selten 3; Blütenblätter 4, selten 6 oder mehr; Stbb. zahlreich oder 2 oder 4; Frb. 2–16; Frkn. oberständig mit 2–16 randständigen Plazenten mit vielen Samenanlagen; Fr. grundständige Kapsel, selten Schließfr.; Nährgewebe ölhaltig. Aus dem getrockneten Milchsaft des Schlafmohns *(Pápaver somníferum)* wird Opium gewonnen.

Die Gattungen *Fumária* und *Corydális* bilden jetzt die eigentändige Familie Fumariáceae, Erdrauchgewächse.

178 **II. Diverse, sehr isolierte (Über)Ordnungen,** von denen folgende aufgeführt werden:

178a **(Über)Ordnung Platanánae** mit der Familie

Platanáceae

Plantanengewächse mit eingeschlechtigen Blüten; einige als Alleebäume beliebte Arten und Hybriden hierher gehörend. Ferner gehört in diese Überordnung die

178b **Ordnung: Buxales** mit der Familie

Buxáceae

Buchsbaumgewächse, heimisch im Mittelmeergebiet, Westasien und Mittelamerika, immergrüne ♄ mit gegenständigen, ganzrandigen, derben, lederartigen, meist kahlen B.; kurzgestielt; Bl. unscheinbar, klein, einhäusig, ohne Petalen, in dichten achselständigen Büscheln, zumeist 1 ♀ und mehrere ♂; Frkn. 3-blättrig, 1–2 Samenanlagen; Fr. kugelige, 3-klappige Kapsel; jede Klappe mit 2 Hörnern und 2 schwarzen, glänzenden Samen.

179 **(Über)Ordnung Proteánae.** Sie ist auffallend gekennzeichnet durch die Familie

Proteáceae

Proteusgewächse, Hartlaubgehölze der südl. Erdhälfte mit meist wechselständigen, ungeteilten oder gefiederten B. ohne Nebenb.; Bl. in Ähren oder Trauben, insekten- oder vogelblütig; Bl. ☿, ♂, ♀ radiär oder zygomorph mit doppelter Bl.hülle; Stbb. vor den Bl.-hüllblättern, meist mit ihnen vereint und nur die Antheren frei; Frkn. oberständig, 1 Karpell; Fr. Balg- oder Schließfr.; Samen ohne Nährgewebe, Embryo bisweilen 3–8 Keimb. Familie liefert Arten mit edlen Blüten für gehobene Floristik.

180 **III. Unterklasse: Caryophyllídae**

Es ist eine etwas abseits stehende Verwandtschaftsgruppe im „Mittelbau" zweikeimblättriger Pflanzen. Radiäre Blüten, einfache und ungeteilte Blätter sowie überwiegend krautige Wuchsformen sind für die Caryophyllídae typisch.

181 **Ordnung: Caryophylláles (Centrospérmae)**

Zentralsamige, vorherrschend krautige Pfl.; B. einfach, meist ohne Nebenb.; Bl. radiär; Bl.-hülle einfach oder doppelt, gegliedert in Kelch und Blumenkrone; bezeichnend für die Ordnung ist die zentrale Stellung der kampylotropen Samenanlagen; Frkn. synkarp, 2–5 Fr.-blätter, aber einfächerig, wahrscheinlich durch Rückbildung der Scheidewände; Samenanlagen im Frkn. zentral an kleinen Säulchen angeordnet.

181a **Caryophylláceae**

Nelkengewächse, über die ganze Erde verbreitet und fast immer krautig; B. einfach, schmal und gegenständig; Bl. ☿, stehen meist in dichasialen Bl.-ständen; Kelch und freiblättrige Krone; Bl.-formel im vollständigen Fall: * K5 C5 A5 + 5 G $(\underline{5})$; häufig ist die Zahl der Frb. verringert: G (3) oder G (2); Säulchen-Plazenta ragt frei mit vielen Samenanlagen in den Frkn.; manchmal nur 1 Stbb.-kreis mit verringerter Zahl bis A3; Fr. in der Regel vielsamige, mit Zähnen aufspringende Kapseln. In vereinfachten Bl. kann sich die Zahl der Samenanlagen bis auf 1 verringern, dann bilden sich 1-samige Nüsse.

181c **Aizoáceae (Mesembryanthemáceae)**

Mittagsblumengewächse, meist Blattsukkulenten der südafrikanischen Trockengebiete mit oft stärkster Anpassung an Trockenstandorte (Mesembryanthemum). Bl. radiär mit vielblättriger Krone, entstanden aus den sehr zahlreichen Stbb.; Fr. Kapsel, die sich bei Befeuchtung öffnet. Blüten sind nur bei Sonnenschein geöffnet.

181d **Cactáceae**

K a k t e e n, fast ausschließlich in Amerika heimisch; Stammsukkulenten; der säulenförmige, kugelige, abgeflachte, längsgerippte oder höckerig gegliederte Stamm trägt fast immer Blattdornen, häufig ganze Büschel als umgewandelte Blattanlagen, nur *Peréskia* besitzt noch normale Laubblätter; Bl. sitzend, mit vielzähligem, spiralig stehendem, außen kelch-, innen kronenartigem Perianth; zahlreiche Stbb. und viele Fruchtblätter, die zu einem unterständigen Fruchtknoten verwachsen sind und als Frucht eine Beere bilden. Die Mannigfaltigkeit der Organgestaltung ist bei den Kaktusgewächsen bedeutend.

181e **Portulacáceae**

P o r t u l a k g e w ä c h s e, Kräuter oder ♄ mit fleischigem B. und trockenhäutigen Nebenb.; Bl. mit 2–5 Hochblättern; Bl. ⚥, radiär; Blütenhüllblätter 4–5, hinfällig; Stbb. 4–5 oder durch Spaltung zahlreich, Karpelle (2–8); Frkn. ober- oder seltener halb unterständig, einfächerig. Fr. Kapsel.

181f **Nyctagináceae**

W u n d e r b l u m e n g e w ä c h s e, Kräuter, ♃, ♄ mit meist gegenständigen, einfachen B.; Bl. in Trugdolden stehend; insektenblütig; am Grunde der Bl. bilden Hochblätter oft kelchartige Hüllen; ⚥ oder ♂ ♀; spiralig, meist strahlig mit einfachem Perianth. Bl.-hüllblätter 5, vereint, Stbb. 1–5, selten bis 30; Filamente unten verwachsen, meist ungleich lang; 1 Frb.; 1 Frkn. oberständig mit 1 Samenanlage; Fr. dünnwandige Schließfr.

181g **Chenopodiáceae**

G ä n s e f u ß g e w ä c h s e, ⊙ bzw. ⚇ oder Stauden, die z. T. salzreiche Böden bevorzugen, Meeresküsten, Salzwüsten; oft Sukkulenz und Rückbildung der einfachen, zuweilen fleischigen oder schuppenförmigen, wechselständigen B.; Bl. klein, unscheinbar, oft reduziert; ⚥ oder ♂ ♀ in knäuligen, trugdoldigen oder traubigen Blütenständen; Blütenformel: * P5 A5 G $(\underline{2})$; Bl.-hülle grünlich oder rötlich, einfach, nach der Blüte sich oft vergrößernd, fleischig oder hart werdend; Frkn. oberständig, 1-fächerig mit 1 Samenanlage; Fr. Nuss, ganz oder teilweise von der Bl.-hülle umgeben und mit dieser abfallend. Oft anomales Dickenwachstum der Stengel und Wurzeln (Zuckerrübe). Als Zellsaftfarbstoffe liegen nicht Anthozyane, sondern Betacyane und Betaxanthine (= Betalaine) vor. Das ist eine sonst bei Gefäßpflanzen nicht vorkommende biochemische Besonderheit. Sie ist bei allen Vertretern der Caryophylláles nachweisbar, allerdings unter Ausschluss der *Caryophyllaceen* selbst.

181h **Amaranthàceae**

Amarantgewächse, den *Chenopodiáceae* sehr nahe stehend; Kräuter mit einfachen, wechselständigen B., die oft auffällig gefärbt sind; Bl. klein, unscheinbar, ☿ oder ♂ ♀, mit 2-häutigen oder lederigen Vorblättern, einzeln oder in dichten Knäueln, die zu kopfförmigen oder verlängerten Trauben oder Ähren vereinigt sind; Bl.-hülle einfach 3–5-blättrig, meist trockenhäutig und oft lebhaft gefärbt. Fr. oft von der erhalten bleibenden Bl.-hülle umschlossen.

182 **Ordnung: Polygonáles**
mit der Familie

Polygonáceae

Knöterichgewächse, krautige Pfl. mit knotig gegliederten Stengeln; B. einfach, wechselständig; Nebenblätter zur Tüte, der Ochrea, verwachsen, die den Vegetationspunkt überzieht, durchbrochen wird und dann als Röhre den Stengel umgibt; Bl. meist klein, in zusammengesetzten Blütenständen; ☿ oder ♂ ♀, strahlig mit einfacher oder doppelter Blütenhülle; Bl.-hüllblätter 3–6; Stbb. 6–9; Karpelle (3) oder (2), selten (4) mit 3, 2 oder 4 Griffeln; Fr. Nuss mit mehligem Nährgewebe. Die meisten Arten der althergebrachten Gattung *Polygonum* laufen jetzt unter dem Gattungsnahmen *Persicária.*

183 **Ordnung: Plumbagináles**
mit der Familie

Plumbagináceae

Bleiwurzgewächse, die gleichen Merkmale wie die *Primulales,* aber nur 1 Samenanlage. Vorherrschend Halophyten auf Steppen, Halbwüsten, Meeresstrand. Ihren Namen hat die Familie, weil ihre Pflanzen teilweise Wurzelsäfte haben, die an den Farbton von Blei erinnern.

184 **Ordnung: Nepentháles**

Im Hinblick auf ihre Zoophagie (Insektivorie, Karnivorie) ist es eine interessante Ordnung mit den Familien Droseráceae, Nepentháceae. Aufgeführt werden hier nur die

184a **Nepentháceae**

Kannenstrauchgewächse, Madagaskar, Südostasien, Australien, sumpfige Urwälder, Epiphyten, Kletterpfl. B. abnorm, zu kleinsttierfangenden Kannen umgebildet. Bl. in Trauben oder Rispen, ♂ 4–16 Stbb.; ♀ 4 Frb.; Frkn. 4-fächerig, zahlreiche zentralwinkelständige Samenanlagen, Samen sehr klein, langgestreckt, spindelförmig mit langen Endflügeln.

184c **Unterklasse: Rosídae**

Die Unterklasse hat einen überwiegend zyklischen und freikronblättrigen Blütenbau. Eine Tendenz zur Bildung becherförmig vertiefter oder scheidenförmig verbreiterter Blütenböden ist offensichtlich.

185 **Ordnung: Hamamelidáles**

Sie ist eigentlich noch recht ursprünglich, hat aber bereits Tracheen im Sekundärholz.

185a **Hamamelidáceae**

Zaubernussgewächse, interessante Blüten mit einfachem Perianth, meist ♄, wertvolle Blütensträucher liefernd (z. B. *Hamamélis*-Arten).

185b **Cercidiphylláceae**

Katsuarabaumgewächse, uralte, heute auf Ostasien beschränkte Familie. Bekannte Art: *Cercidiphýllum japónicum,* der Katsuarabaum.

186 **Ordnung: Dilleniáles**
u. a. mit der Familie **Paeoniáceae**

Pfingstrosengewächse, ehemals zu den Ranunculáceae gerechnet. Nordhemisphärische staudige bis halbstaudige Pflanzen, einzige Gattung *Paeónia.*

187 **Ordnung: Saxifragáles**

ist gekennzeichnet durch unterschiedliche Lage der Fruchtknoten. Die Samen sind endospermhaltig; ♄̄, ♄, ħ, ♃.

187a **Saxifragáceae**

Steinbrechgewächse, ♃ und Holzgewächse; B. ohne Nebenb.; als *Saxífraga* Rosettenpfl. (Felsengewächse); Bl. 5-zähl. (K_5 C_5 $A_5 + {}_5$), aber 2 Frb. (2 Griffel). Frkn. unterständig. Balgfr., Kapsel, Beere. *Saxífraga*-Arten dringen bis an die äußersten klimatischen Grenzen der Gefäßpfl. vor.

187b **Grossulariáceae**

Stachelbeergewächse, unterständige Frkn. und Beeren führende, selbständig gewordene Teilfamilie der Steinbrechgewächse, meist ♄. Beispiele: *Ribes*-Arten

187c **Crassuláceae**

Dickblattgewächse, Trockenlandpfl., Kräuter und ♄ mit teils rasenförmigem Wuchs. Blattsukkulenten ohne Nebenblätter, oft Rosetten, B. meist gegenständig. Bl. meist 5-zähl., doppeltes Perianth, radiär, ☿. Bl.-stand oft aus Wickeln zusammengesetzt. Frb. frei, jedes wird für sich zum Frkn., 5 freie Stempel.

187d **Haloragáceae**

Die Familie ist gekennzeichnet durch krautige Pflanzen mit reduzierten Blütenhüllen und typischen Schließfrüchten. Die Familie Haloragáceae hat u. a. Wasser- und Sumpfpflanzengattungen.

188 **Ordnung: Gunneráles**

Neu aufgestellte Ordnung, aus den Haloragáles hervorgegangen.

Gunneráceae

Auf der Südhalbkugel beheimatete Familie. Interessant sind Arten der Gattung *Gúnnera,* deren Pflanzen über Riesenwuchs verfügen, Blätter ausbilden, die an Rhabarber erinnern, und an den Blattansätzen in Hervorwölbungen Blaualgen beherbergen. Offensichtlich liegt eine Sybiose vor, deren Bedeutung man noch nicht erkannt hat.

189 **Ordnung: Cunoniáles**

Neu aufgestellte Ordnung mit etlichen Familien. Genannt werden hier nur die

189b **Oxalidáceae**

S a u e r k l e e g e w ä c h s e, krautige Pfl.; B. 3-zählig gefingert zusammengesetzt, Variationsbewegungen bei Sonne und Nacht (Schlafstellung); Bl. radiär, 2 Stbb.-kreise, Bl.-stand einzeln oder doldenähnlich. Wickel; Frkn. oberständig, 5-fächerig, mehrere randständige Samenanlagen; Fr. Kapsel, Samen werden abgeschleudert.

190 **Ordnung: Geraniáles**

Meist krautige Pfl.; Bl. vorherrschend radiär, seltener dorsiventral, in der Regel in allen Kreisen 5-zählig; aus den oberständigen Frkn. entstehen häufig Schleuderfrüchte; Ähnlichkeit mit den Terebintháles; sie besitzen aber keine Diskusbildung in den Blüten und keine Sekretbehälter. Typische Bl.-formel * bis ↓ K5 C5 A5 + 5G $(\underline{5})$ oder K5 C5 A0 + 5G $(\underline{5})$.

Geraniáceae

S t o r c h s c h n a b e l g e w ä c h s e, krautige Pfl.; B. meist gegenständig, handnervig mit Nebenb.; Bl. radiär oder zygomorph, Stbb. 10–15, bisweilen nur 5 fertil; Frkn. oberständig, sehr verlängerte, schnabelartige Frb.; bei Fruchtreife bleiben die inneren Teile der verwachsenen Frb. als Säule stehen, die Außenwände des Frb., die unten je 1 Samen umschließen, lösen sich mit dem Samen ab und schleudern dabei den Samen fort, oder die grannenartigen, hygroskopischen Fruchtwandteile bohren sich in die Erde und dienen so der Verbreitung des Samens.

191 **Ordnung: Rosáles**

Bl. meist radiär, ☿, 5-zähl. Wirtel, doppeltes Perinath, wechselnde Zahl von Frb. mit randständigen Samenanlagen. Bei den hierher gehörenden Kern- und Steinobstgewächsen sind Blausäure abspaltende Glykoside allgemein verbreitet, desgleichen auch in *Spiraea, Sorbaria, Aruncus* und *Kerria.*

Rosáceae

R o s e n g e w ä c h s e, hauptsächlich nördliche Halbkugel; meist Holzgewächse oder ♃. B. wechselständig, Nebenb. meist paarig, bisweilen am Blattstiel angewachsen, selten fehlend. Bl. wirtelig, radiär, ☿, weit mehr als 10 Stbb.; meist insektenblütig; Frkn. und Fr.-arten in größter Mannigfaltigkeit. Anteil des häufig ausgehöhlten oder fleischigen Fr.-bodens an der Fruchtbildung. Samen ohne Endosperm.

192 **Ordnung: Rhamnáles**

Diskusbildung und 1 Stbb.-kreis, jedoch stehen die Stbb. über den Blumenkronblättern.

Rhamnáceae

Kreuzdorngewächse, ♄̄ und ♄, selten Kräuter der nördl. gem. Zone mit einfachen, häufig 3–5-nervigen B. mit kleinen Nebenb.; Zweige zuweilen verdornt. Bl. klein, grünlich oder gelblich, achselständig, ☿ oder ♂ ♀, radiär, ausgehöhlte Bl.-achse; Frkn. mittel- bis unterständig, 4–5-zählig; Blumenb. klein, die Stbb. oft umfassend; Karpelle (5–2); Stein- oder Trockenfr. mit einsamigen Fächern.

193 **Ordnung: Elaeagnáles**

Sie hat kronblattlose Kelchbecher sowie unterständige Fruchtknoten und umfasst nur die Familie

Elaeagnáceae

Ölweidengewächse, Holzpflanzen, die von Schuppenhaaren bedeckt sind und dadurch oft silbrig-glänzende Zweige und Blätter haben. Bl.-hülle einfach, röhriger Achsenbecher, teils eingeschl., windblütig; aufrechte Samenanlage, einfächerig; Fr. Nuss. Die Ölweide und der zur Familie gehörende Sanddorn haben zur Luftstickstoff-Fixierung an den Wurzeln eine Symbiose mit Actinomyceten.

194 **Ordnung: Vitáles**

Die einzige Familie dieser neuen Ordnung gehörte früher der Ordnung Rhamnales an.

Vitáceae

Weinrebengewächse, mediterrane und heimische kletternde Sträucher, oft mit den Blättern gegenüberstehenden Ranken, mit und ohne Haftscheiben; B. gelappt oder zusammengesetzt; Blumenkrone besteht aus oben vereinigten Blumenb., oft zusammen als Mützchen abfallend; Bl.-stand Rispe; K. klein; Stbb. frei oder am Grunde vereint. Karpelle (2–8); Frkn. oberständig. Fr. fleischige, wenigsamige Beere; Samen mit harter Schale und knorpeligem Nährgewebe.

195 **Ordnung: Fagáles**

Windblütige, einhäusige Holzpfl. der nördl. gem. Zone; B. wechselständig, ungeteilt, hinfällige Nebenb.; Bl. meist zu Kätzchen vereinigt, häufig unscheinbares Perianth; Stbb. vor den Perianthbättern stehend; ♀ ein unterständiger Frkn. mit 2 oder mehr Samenanlagen, von denen sich nur 1 entwickelt; einsamige, endospermlose Nüsse; Keimblätter als Nährstoffspeicher öl- und eiweißreich.

195a **Fagáceae**

Buchengewächse, Holzgewächse mit ungeteilten bis tief fiederspaltigen B. mit Nebenb.; Bl. ♀ ♂, selten ⚥; Bl.-hülle einfach; Bl.-hüllb. 4–7, hochblattartig, vereint; ♂ Bl. mit 4–7 oder 8–14 Stbb.; ♀ Bl. 3, selten mehr Karpelle, 3 Griffel; Frkn. dreifächerig mit 2 Samenanlagen; Fr. einzeln oder gruppenweise von becherförmigen, verholzenden, mit Schuppen oder Stacheln versehenen Achsenwucherungen (Fruchtbecher = Cupula) umgeben. Fr. Schließfrucht mit einem Samen ohne Nährgewebe. Rotbuche, Eiche und Esskastanie sind hier zu nennen.

195b **Betuláceae**

Birkengewächse, Holzpfl. der nördl. gemäßigten und kalten Zone; Bl.-formel im vollständigen Fall: P2 + 2A 2 + 2 bzw. G (2̅); Stbb. oft gespalten; bei *Bétula* und *Álnus* sitzen die Nüsschen in der Achsel holziger Schuppen, die aus der Verwachsung der Vorblätter mit dem Deckblatt entstehen und bei *Bétula* zur Reifezeit abfallen, bei der Erle am zapfenähnlichen Fr.-stand bleiben. Die Nüsse von *Córylus* und *Carpínus* sind von einer Fr.-hülle umgeben, die aus 3 verwachsenen Vorblättern besteht. Bei *Carpínus* dient sie dem abfallenden Nüsschen als Flugorgan. Die Gattung *Álnus* ist im Wurzelbereich mit Actinomyceten ausgestattet (N_2-Fixierung aus der Luft). Aktuell ist, dass man die Birkengewächse beschränkt auf Buchen und Erlen, dafür aber zwei neue selbständige Familien zusätzlich bildet, nämlich:

196 **Carpináceae** mit Gattungen *Cárpinus* und *Óstrya*

197 **Coryláceae** mit Gattung *Córylus*

199 **Ordnung: Myricáles**
mit der einzigen Familie

Myricáceae

Gagelgewächse, in Westeuropa in Moor- und Heidegebieten heimische, zweihäusige Holzpfl. mit lanzettlichen, etwas gesägten B. und mit kleinen, nackten Bl. in Ähren; B. und Fr. mit Harzdrüsen, aromatisch duftend. *Mýrica gále* kann den Luftstickstoff nutzen (Symbiose der Wurzeln mit Actinomyceten).

200 **Ordnung: Juglandáles**
mit der Familie

Juglandáceae

Walnussgewächse, windblütige, einhäusige Holzpf.; B. wechselständig, unpaarig gefiedert, nebenblattlos, aromatisch; Gerbstoffe und Harz, aber keine Harzgänge, Bl. ♀ ♂, nackt oder einfache Bl.-hülle; ♂ zu vielen in dicken Kätzchen aus vorjährigen Achselknospen hervorbrechend; ♀ zu wenigen an der Spitze diesjähriger Triebe; 2 verwachsene Karpelle; Frkn. unterständig; Steinfr. oder Nuss, ölreiche Keimblätter.

201 **Ordnung: Urticáles**

Holzige und krautige, windblütige Pfl. mit oft hinfälligen Nebenb.; Bl.

meist unscheinbar, zu dichten Bl.-ständen vereinigt, meist eingeschlechtig, aber das andere Geschlecht oft noch angedeutet; Frkn. oberständig mit einer Samenanlage; einsamige Nuss oder Steinfrucht. Hervorzuheben ist das Vorkommen von technisch verwertbaren Bastfasern, von Milchsaft und Zystolithen.

201a **Urticáceae**

N e s s e l g e w ä c h s e, Kräuter, selten Sträucher, ohne Milchsaft; lange Bastfasern; Zystolithen; mit gegenständigen oder wechselst. ungeteilten B.; Kräuter mit Brennhaaren; Bl. in Trugdolden und Scheinähren oder Scheinköpfchen, meist windblütig; Bl. ♀ ♂; selten ☿, 2 Bl.-hüllblattkreise, 4–5-, selten 2–3-zählig; Stbb. 4–5, in der Knospenlage unter Einwärtskrümmung gespannt, schnellen beim Aufblühen elastisch zurück und schleudern den Pollen aus.

201b **Ulmáceae**

U l m e n g e w ä c h s e, windblütige ♄, mit meist zweizeilig wechselständigen, einfachen, oft ungleichseitigen B., meist mit Nebenb.; Zystolithen; Bl. meist klein in achselständiger Trugdolde oder die ♀ Bl. einzeln; Bl. ☿ oder ♀ ♂; Bl.-hüllblätter 4–5, seltener 3–8; ebensoviel Stbb. vor den Bl.-hüllblättern stehend; Karpelle (2), Griffel meist 2; Frkn. meist einfächerig mit einer Samenanlage; Fr. Nuß oder Steinfr.; oft geflügelt. *Ulmus* spec. sind leider zunehmend vom Ulmensterben, einer letal auslaufenden Gefäßmykose (Tracheomykose), bedroht. Diese Pilzkrankheit wird vom Ulmensplintkäfer verbreitet.

201c **Moráceae**

M a u l b e e r b a u m g e w ä c h s e, Holzpfl., Stauden oder Kräuter mit ungeteilten, gelappten oder handförmigen B.; Holzpfl. führen Milchsaft, Kräuter ohne Milchsaft; häufig ungegliederte Milchsaftschläuche und Zystolithen; zuweilen windend; Bl. ♀ ♂, 1- oder 2-häusig, oft 4-zählig; Frkn. 2-blättrig, einsamig; eigenartige Fr.-bildung durch z. T. fleischig werdende Perianthblätter *(Mórus),* mit denen bei *Fícus cárica* ein krugförmig ausgehöhltes Achsengebilde zur „Feige" verwächst. Das Lupulin, ein Sekret von Drüsenschuppen aus dem Fruchtzapfenbereich des Hopfens *(Hámulus lúpulus),* ist für Bierbrauerei bedeutungsvoll. Zwischen Kutikula und Epidermis der Laubblätter von *Cánnabis satíva* ssp. *índica,* der indischen Unterart des Hanfs, befinden sich kleine Drüsen, die ein Harz abscheiden. Es handelt sich dabei chemisch um Cannabinol, Cannabidiol und Tetrahydrocannabinol. Das Harz hat als Haschisch traurige Berühmtheit erlangt. Im Fall von Marihuana handelt es sich um die drüsenreichen Laubblätter insgesamt, die zerkleinert und mit Tabak vermischt werden. Hopfen und Hanf führt man jetzt meist in einer kleinen separaten Familie, genannt

201d **Cannabidáceae**

H a n f g e w ä c h s e würde dann in diesem Fall die deutsche Bezeichnung der Familie lauten. Wissenschaftlich sind teils abweichende Schreibweisen im Umlauf, z. B. auch *Cannabiáceae* und *Cannabáceae.*

202 **Ordnung: Fabáles** (Leguminósae)

Hülsenfrüchtler, umfassen etwa 12 000 Arten holziger oder krautiger Pfl., B. fiedrig zusammengesetzt, wechselständig mit Nebenb.; Blütenbau schließt an radiäre Bl. der *Rosáles* an und gleitet über zu dorsiventralen, zygomorphen Blütenformen *(Fabáceae)*. 1 oberständiger Frkn. aus einem Frb. gebildet. Fr. meist vielsamige Hülse. Samen ohne Endosperm. Die Wurzeln bilden Wurzelknöllchen, in denen das den atmosphärischen Stickstoff bindende *Rhizóbium* lebt (Symbiose). Bei den meisten Arten ermöglichen Blattpolster Reizbewegungen.

202a **Mimosáceae**

Mimosengewächse, tropische und subtropische Holzpfl. und Kräuter, B. meist doppelt und paarig gefiedert, häufig Phyllodien *(Acácia)*. *Mimósa pudíca,* die „Sinnpflanze", ist durch ihre Reizbewegungen berühmt. Bl. klein radiär, ☿, oft 4- und 5-zähl., zu Köpfchen oder Ähren vereinigt. Stbb. sind oft sehr zahlreich und besitzen lange, auffällig gefärbte Filamente. Pollenkörner bleiben oft zu Ballen vereinigt, Frkn. oberständig, Fr. vielsamige Hülse. Überwiegend Wurzelknöllchen.

202b **Caesalpiniáceae**

Caesalpiniengewächse, tropische und suptropische Holzpfl., B. meist paarig, einfach oder doppelt gefiedert; Bl. 5-zähl., meist dorsiventral mit aufsteigender Knospendeckung der Krone: Die beiden unteren Kronblätter greifen über die beiden seitlichen und diese über das obere; Stbb. meist frei, Bl.-stand Traube oder Büschel *(Cércis siliquástrum* mit Kauliflorie); oberständiger Frkn.; Fr. Hülse. Längst nicht alle Arten haben Wurzelknöllchen.

202c **Fabáceae**

Schmetterlingsblütler, über die ganze Erde verbreitet, in Tropen meist Holzpfl., sonst überwiegend die krautigen Formen. B. unpaarig gefiedert oder gefingert, an Stelle des Endblättchens oft B.-ranken; assimilierende Nebenb., teilweise Blattgelenke *(Phaséolus)*. K. häufig verwachsen, 5-blättrig, Bl. dorsiventrale Schmetterlingsblüten mit absteigender Knospendeckung (im Gegensatz zu den *Caesalpiniáceae)*. Das obere, hintere Kronblatt, die „Fahne", greift über die 2 seitlichen „Flügel", diese greifen über die 2 unteren, vorderen Kronblätter, die, an den Rändern oft teilweise verwachsen, das „Schiffchen" bilden. 10 Stbb., meist zu einer Röhre verwachsen oder nur das 10. bleibt frei. Bl.-formel: ↓ K5 C5 A (10) oder A (9) + 1 G $\underline{1}$. Meist traubiger Bl.-stand. Fr. meist Hülse, hartschalige Samen, ohne Endosperm, aber stark entwickelte, nährstoffreiche Keimb.; Knöllchenbakterien fast in jedem Fall im Wurzelbereich.

203 **Ordnung: Begoniáles**
mit der Familie

Begoniáceae

Schiefblattgewächse, trop. Kräuter, ♄ und ♄, aufrecht wachsend oder kletternd, mit oft saftigen, fleischigen Stengeln. B. fast immer ungleiche Hälften; Bl. eingeschlecht., einhäusig; ♂ Bl. 2 äußere Blättchen kelchartig, 2 innere kronblattartig; Stbb. zahlreich, frei; ♀ Bl. 2 äußere Blättchen kelchartig, 4 innere kronblattartig, also 6 bei nicht gefüllter Bl.; Bl.-stand zweigabelige Trugdolde oder Wickel; Frkn. unterständig; Fr. fast immer kapselartig, dreieckig und ungleich dreiflügelig, selten rund, viereckig oder beerenartig; Kapsel an der Spitze oder der Länge nach aufspringend; Samen unzählig und sehr fein.

204 **Ordnung: Cucurbitáles**

Nur vertreten durch die Familie

Cucurbitáceae

Kürbisgewächse, rauhhaarige, kräftige, öfters mit Ranken klimmende Kräuter; die verzweigten oder unverzweigten Ranken sind umgewandelte Blätter oder Vorblätter eines Achselsprosses; 2 Siebteile; Fühltüpfel; Bl. 5-zählig, radiär, in der Regel eingeschlechtig und 1- oder 2-häusig; in den ♂ Bl. sind die Stbb. meist entweder alle oder gruppenweise verwachsen (z. B. 2 + 2 + 1); die Antherenhälften sind häufig gekrümmt oder S-förmig; Krone manchmal noch fast frei; 3-fächeriger, unterständiger Frkn. bildet große, derbschalige, vielsamige Beeren. Wenn bei der Spritzgurke (*Ecbállium elatérium*) reife Früchte auf den Boden fallen, werden die in der Fruchtflüssigkeit befindlichen Samen mit einer Anfangsgeschwindigkeit von etwa 15 m/sek ins Freie katapultiert. Ferner seien erwähnt die charakteristischen bitterstoffartigen Cucurbitacine aller Kürbisgewächse, auf die auch das gelegentliche Bitterwerden von Gewächshausgurken zurückzuführen ist. Die ausgewaschenen Leitbündelnetze der Früchte der Schwammgurken (*Luffa cylíndrica*) dienten früher als Badeschwämme.

205 **Ordnung: Myrtáles**

Holzige und krautige Pfl.; B. meist einfach und ohne Nebenb.; in den fast stets radiären, meist 4zähl. Bl. fällt die Bl.-achse als ausgehöhlter Bl.-becher auf; sie birgt den freien, mittelständigen Frkn. oder den mit ihr verwachsenen unterständigen Frkn.; der 2- bis mehrblättrige, meist vielsamige Frkn. ist stets synkarp und hat fast immer nur einen allen Frb. gemeinsamen Griffel.

205a **Myrtáceae**

Myrtengewächse, tropisches Amerika, Australien und benachbarte Gebiete; europäisch: *Mýrtus commúnis;* meist immergrüne Holzpfl.; B. wechsel- oder gegenständig; ledrig, ganzrandig, ohne Nebenb., Öldrüsen; Bl. radiär ☿, 4–5-zählig; Stbb. zahlreich, manchmal zu Bündeln vereint, gefärbte Filamente. Frkn. unterständig; Fr. Beere oder Kapsel; Samen meist ohne Nährgewebe, reich an ätherischen Ölen. Viele Gewürz- und Heilpfl.

205b **Punicáceae**

Granatapfelgewächse, im Gegensatz zu den *Myrtáceae* ohne Sekretbehälter (bei *Púnica granátum* sind die Frb. in etlichen Stockwerken angeordnet).

205d **Onagráceae (Oenotheráceae)**

Nachtkerzengewächse, einheimisch, Amerika, gemäßigte Zone, Subtropen und wenige in den Tropen; vorwiegend krautige Pflanzen. B. gegen- oder wechselständig, seltener quirlständig oder spiralig, ohne Nebenb.; K. oft lebhaft gefärbt; Bl.-achse röhren- oder becherförmig verlängert, oft lebhaft gefärbt, Bl. ☿, radiär oder zygomorph, z. T. vogelblütig, 4- seltener 2-zählig; Stbb. doppelt so viel wie Kelchblätter. Bl.-stand achselständig oder traubig; Frkn. unterständig; Fr. Kapsel oder Nuss.

205e **Lythráceae**

Weiderichgewächse, wärmere Gegenden, in Deutschland heimisch nur *Lýthrum* (mit trimorpher Heterostylie); krautige und Holzpfl., B. gegen-, selten quirlständig oder wechselst., ganzrandig, eirund-länglich, Bl. ☿, radiär, mittelständiger Frkn. in ausgehöhlter Bl.-achse; Bl.-stand auffallend ährig, traubig; Fr. mehrsamige Kapsel. Bemerkenswert ist der zur Familie gehörende Hennastrauch subtropischer Herkunft. Seine Laubblätter werden zerkleinert und in Kalkmilch angerührt, was den typischen roten Farbton entstehen lässt. Der wissenschaftliche Name des Strauches lautet: *Lawsónia inérmis.*

206 **Ordnung: Rutáles**

Hierher gehören Familien, die früher größtenteils als Terebintháles zusammengefasst wurden.

206a **Rutáceae**

Rautengewächse, vorwiegend Holzpfl. mit einfachen oder zusammengesetzten B. ohne Nebenb.; Rinde und B. enthalten lysigene (durch Zellwandauflösung entstandene) Öldrüsen, die durchsichtig punktiert erscheinen; Bl. ☿, selten ♂ ♀, strahlig oder zygomorph, 4–5-zählig; Frkn. oberständig, ruht auf einer gekerbten Blütenscheibe, dem Diskus, letzterer ring- oder polster-, bisweilen becherförmig. Wichtige Gattung: *Citrus.* Sie kann von Tristeza (Viruskrankheit, seit 1920 in Asien, seit 1955 im Mittelmeerraum auftretend) heimgesucht werden. Rasches Absterben ist häufig die Folge, wozu phytopathogene Viren eigentlich selten befähigt sind. Tristeza wird durch Blattläuse verbreitet. Wenn Blumenfreunde sich für „Zitronenbäumchen" entscheiden, sollten sie auf einwandfreie Qualität achten. In vitro vermehrte Pflanzen oder Veredlung auf geeignete Unterlagen bieten eine ziemliche Garantie für Befallsfreiheit. Das italienische „mal seko" ist der Tristeza-Krankheit ähnlich und kann ganze Kulturen verheeren. Bemerkenswert ist die bei Gattung *Citrus* oft auftretende Polyembryonie. Je Samenkorn entstehen dann bis zu 5 Embryonen, entwickelt aus diploidem Nucellusgewebe (Nucellus siehe Nr. 491). Die daraus hervorgehenden Pflanzen sind völlig identisch mit der Mutterpflanze. Viele

Sorten lassen sich folglich hier unverändert generativ vermehren. Zur Ausbildung solcher Samen ist allerdings ebenfalls vorausgegangenes Pollenschlauchwachstum erforderlich.

206b **Simaroubáceae**

Bittereschengewächse schließen sich an die vorhergehende Familie unverkennbar an, haben Gattungen mit bitteren Rinden und Hölzer von pharmazeutischer Bedeutung. Bekannt als Zierbaum die aus Ostasien kommende *Ailánthus altíssima.*

206c **Ordnung: Anacardiácles**

Neue Ordnung: Ihre Arten wurde früher zu den *Rutáles* gerechnet.

Anacardiáceae

Sumach- oder Kaschubaumgewächse, ♄ und ♄̄ in warmen Gebieten mit wechselst., selten quirligen, einfachen oder unpaarig gefiederten B.; Gerbstoffe und Harzgänge; Bl. klein in Rispen, ein- oder zweihäusig, Blumenb. 3–5; Stbb. einem Diskus aufsitzend; Karpelle (3–1) mit je 1 Samenanlage. Fr. Steinfrucht. Bekannte Gattung: *Rhus.*

207 **Ordnung: Sapindáles**

An die tropische Leitfamilie der Ordnung, die *Sapindáceae,* schließen sich nordhemisphärische Familien an, nämlich u. a.

207b **Hippocastanáceae**

Rosskastaniengewächse, ♄̄ der gemäßigten Zone mit gegenständigen, 5–9-fingerigen B. ohne Nebenb.; Bl.-stand große aufrechte Rispe; Bl. schräg dorsiventral, vorweiblich; Kb. 5, Blumenb. 4–5, Stbb. 5–8, Karpelle (3) mit je 2 Samenanlagen; Fr. 1–3-fächerige, oft stachelige Kapsel mit meist 1 Samen ohne Nährgewebe. Der Name Rosskastanie ist in Verbindung zu bringen mit den nach erfolgtem Laubwurf deutlich erkennbaren hufeisenförmigen Blattnarben.

207c **Aceráceae**

Ahorngewächse, einheimische und nordamerikanische Bäume mit gegenständigen, einfachen, gelappten oder gefiederten B. ohne Nebenb.; Insektenblütigkeit; Bl. klein in Ähren, Trauben oder Rispen, ☿, ♂, ♀, radiär, mit scheibenförmiger oder konkaver Achse; Stbb. 4–10, meist 8; Karpelle (2) mit je 2 Samenanlagen; Frkn. oberständig, 2-fächerig; Fr. Spaltfrucht mit geflügelten, ein- oder zweisamigen Fächern; Samen ohne Nährgewebe.

208 **Ordnung: Capparáles**

Typische 4-Zähligkeit im Blütenbau bei Zwittrigkeit. Oft Myrosinzellen mit Enzym Myrosinase führend, welches nach Verletzungen die in anderen Zellen vorhandenen Senföl-Glykoside spaltet. Scharfer Geschmack bei Kapern, Senf, Rettich! Näheres darüber ist bei den Kreuzblütlern nachzulesen.

208a **Capparáceae**

Kaperngewächse, vorwiegend trop. und subtrop.; Frkn. und Stbb. werden durch stielartige Verlängerung der Bl.-achse über das Perianth emporgehoben *(Cápparis spinósa*, deren Blütenknospen als Kapern verwendet werden).

208b **Brassicáceae (Crucíferae)**

Kreuzblütler, extratrop. Gebiete der nördlichen Halbkugel, dringen in Hochgebirge und Arktis bis zur äußersten Grenze der Vegetation vor; ein- oder mehrjährige krautige Pfl.; B. wechselständig ohne Nebenb.; Bl. radiär, Bl.-Formel: K2 + 2 C4 A2 + 4G ($\underline{2}$); Bl.-kronblätter mit Kelch alternierend = über Kreuz stehend (Name!); Stbb. 2 kurze, 4 lange, Bl.-stand traubig, fast immer deck- und vorblattlos, ohne Gipfelblüte; Frkn. oberständig, 2 Frb., die durch randliche Gewebewucherungen eine „falsche Scheidewand" bilden; Fr. meist Schote, bei ihrer Öffnung bleibt die falsche Scheidewand, die in den die Plazenten tragenden Rahmen eingespannt ist; Samen mit ölhaltigem Keimling, kein oder fast kein Endosperm.

Besonderes Kennzeichen der Familie sind bestimmte Zellen, die das Enzym Myrosinase enthalten, das die für die Familie gleichfalls typischen Senfölglykoside hydrolysiert, wobei ätherische Senföle frei werden (Geschmack und Geruch z. B. von zubereitetem Rettich!). Die Gleichung des chemischen Ablaufs lautet, demonstriert am Beispielsfall *Brassica nigra* (Schwarzer Senf), folgendermaßen:

$C_{10}H_{16}NS_2O_9K + H_2O$ →	C_3H_5NCS	$+ C_6H_{12}O_6$	$+ KHSO_4$
Kaliummyronat (Sinigrin)	Allylsenföl	Glukose	Kaliumhydrogensulfat

Ordnung Caricáles

Neue Ordnung, die aus den Vitáles hervorgegangen ist.

209 **Caricáceae**

Melonenbaumgewächse, trop. Fruchtbäume, milchsaftführend, B. einfach, gelappt oder geteilt; zweihäusig; Fr. melonenähnl. Aus ihr und auch aus den Blättern hat man das eiweißspaltende Enzym Papain gewinnen können. Seine Anwendung („Weichmach"-Wirkung) verkürzt die Koch- und Bratzeit). Der Melonenbaum heißt wissenschaftlich *Cárica papáya.*

212 **Ordnung: Malváles (Columníferae)**

Säulenträger, meist Holzpfl., die in ihren Geweben Schleimzellen enthalten; Bl. fast immer radiär, 5-zählig; K. mit klappiger Blumenkrone mit gedrehter Knospenanlage; in der Regel nur einer von beiden Staubblattkreisen vorhanden; Stbb. sehr zahlreich, am Grunde verwachsen, so dass die Filamente eine Columna (Säule) bilden und den Griffel umschließen; Frkn. oberständig, synkarp; Bl.-formel: * K5 C5 A0 + (∞) G ($\underline{5–∞}$).

212a **Malváceae**

Malvengewächse, subtropische und einheimische Holzpfl. und Kräuter; B. einfach oder gelappt mit Nebenb.; oft mit Außenkelch, aus Hochb. gebildet; Bl. radiär, 5-zählig, wirtelig, gedrehte Knospenlage; Stbb. tragen nur 1 Stbb.-beutelhälfte; Frkn. oberständig, vielblättrig, kann aus 3–50 Frb. bestehen; Fr. teils vielsamige Kapseln, teils viele einsamige Einzelfrüchte.

212c **Tiliáceae**

Lindengewächse, ♄ und ♄ der Tropen, heimisch nur die Linden; insektenblütige Bäume mit meist wechselständigen, ganzen oder gelappten B. mit Nebenb.; Bl. meist ☿, selten ♂ ♀; Blütenb. 4–5-zählig; klappiger Kelch, frei oder verwachsen; Stbb. zahlreich, frei oder 5–10 Bündel bildend; Bl.-stände meist zymöse Rispen mit auffallendem, bleichem Hochblatt verwachsen, das den reifen Früchten als Flugorgan (Schraubenflieger) dient. Karpelle 2-zahlreich; Frkn. 5-fächerig, birgt anfangs 2 x 5 Samenanlagen, entwickelt sich aber zu einer 1-samigen Nuss.

212b **Sterculiáceae**

Sterkuliengewächse, trop. Bäume; B. einfach, groß; Bl. ähnlich den Malváceae; Stbb. oft blütenblattähnl.; stammbürtiger Blütenstand (Kauliflorie); Fr. große Beere mit lederartiger Schale. Wegen ihres Gehaltes an Alkaloiden u. a. Wirkstoffen wichtige Nutzpflanzen *(Theobróma cacáo)*. Die Samen der verwandten *Cóla*-Arten (*C. nítida* u. *C. acumináta*) enthalten etwa 2,5 % Coffein und haben in der pharmazeutischen Industrie ihre Bedeutung.

213 **Ordnung: Thymelaeáles**
mit der einzigen Familie

Thymelaeáceae

Seidelbastgewächse, einheimische und fremde Holzpfl. mit seidigem Bast; B. wechsel- oder gegenständig, ganzrandig, ohne Nebenb.; Bl.-krone schwach ausgebildet oder fehlt ganz; Kelchblätter blütenblattartig, am Grunde in Achsengrund übergehend; Bl. ☿, oft besonders duftend, 4–5-zähl., Bl.achse röhrig; Stbb. 4–8 der Röhre des Achsenbechers eingefügt; Frkn. mittelständig, einfächerig; 1 hängende Samenanlage, Fr. Stein- oder Nussfr. (Die roten Kelche der *Dáphne mezéreum* entfalten sich vor den B., Kronb. fehlen. Giftig!)

214 **Ordnung: Violáles**

Die Ordnung enthält teils krautige, teils holzige Sippen. Der Blütenbau reicht von Dorsiventralität bis zu radiären Verhältnissen.

214a **Violáceae**

Veilchengewächse, krautige Pfl.; B. mit gefransten Nebenb.; Kb. 5, Bl. einzeln, lang gestielt, nickend; zygomorph; Blb. 5, von denen das untere einen Sporn bildet, in den die 2 vorderen Stbb. nektarabsondernde

Fortsätze senden. Frkn. oberständig, 3-blättrig; Fr. Kapsel, die sich öffnend die Samen fortschleudert.

214b **Passifloráceae**

Passionsblumengewächse, sprossrankende Kletterpflanzen der Subtropen mit radiären Blüten. Beispiel: *Passiflóra caerúlea,* Passionsblume.

214c **Salicáceae**

Weidengewächse, Holzpfl. der nördl. Erdhälfte; B. einfach, wechselständig mit Nebenb.; zweihäusig; wind- und insektenblütig; Bl. unscheinbar, Kätzchen bildend, sich meist vor den Blättern entfaltend; in der Achsel des Tragblattes sitzen nur einige Stbb.; ♀ umgewandelte Vor- und Perianthblätter nur als drüsige Gebilde; bei den insektenblütigen Weiden 1–2 Nektar bildende Schuppen; Frkn. zweiblättrig, einfächerig mit zahlreichen Samenanlagen; Fr. vielsamige Kapsel; Samen mit Haarschopf oft ohne Nährgewebe, oft nur kurze Zeit keimfähig. Die Familie besteht nur aus den beiden Gattungen *Salix* (Weide) und *Pópulus* (Pappel) mit jeweils allerdings beträchtlicher Artenfülle.

215 **Ordnung: Guttiferáles (Hypericáles)**

Die neue Ordnung gehörte früher zu den Theáles

Hypericáceae (Guttíferae), heute meist **Clusiáceae** genannt

Guttibaumgewächse (Johanniskrautgewächse), ♃ und ♄; B. gegenständig, ganzrandig, sitzend; durch Öldrüsen sind B. durchscheinend punktiert; Bl. in endständigen Trugdolden oder Rispen; Kb. 5, an der Frucht erhalten bleibend; Blütenb. 5, in der Knospenanlage gedreht. Stbb. zahlreich, zu 3 oder 5 vor den Kronblättern stehenden Bündeln verwachsen. Frkn. oberständig, 3- oder 5-blättrig; Fr. Kapsel.

216 **Ordnung: Lináles**

Nur eine Familie, die früher zum Bestand der Geraniáles gehörte

Lináceae

Leingewächse, Kräuter und Stauden mit zähen Bastfasern im Stengel (Flachs) und mit einfachen, wechselständigen B.; Bl. radiär, ☿, 5-zählig; Stbb. an der Basis verbreitert und ± hoch hinauf zu einer Röhre verwachsen; 1 Stbb.-Kreis; Frkn. oberständig, 5-blättrig, durch falsche Scheidewände oft 10-fächerig; Fr. Kapsel mit ölhaltigem Samen (Leinöl).

217 **Ordnung: Euphorbiáles**

Fruchtknoten dreifächerig, Tricóccae, Pfl. mit den mannigfaltigsten Wuchsformen. Bl. eingeschlechtlig, radiär, selten ein doppeltes, dann 5-zähliges, häufiger ein einfaches oder überhaupt kein Perianth. Der regelmäßig 3-blättrige und 3-fächerige oberständige Frkn. enthält in jedem Fach eine, seltener 2 hängende Samenanlagen.

Euphorbiáceae

Wolfsmilchgewächse, tropische bis heimische, krautige und holzige Gewächse, teilweise Pfl. mit rückgebildeten B., manchmal kakteenartig sukkulente Formen; B. einfach, wechsel- oder gegenständig, in der Regel Nebenb., teilweise Phyllokladien als Assimilationsorgane; gegliederte und ungegliederte Milchsaftschläuche; Bl. meist in zusammengesetzten Bl.-ständen, stets ♂ ♀, oft sehr reduziert; Stbb. soviel wie Kb. oder doppelt soviel oder weniger bis 1; meist (3) Karpelle mit je 1–2 Samenanlagen; Fr. meist in 3 Teilfr. (Kokken) zerfallend, Kapsel, selten Beere oder Steinfr. Der Latex (Milchsaft), in vielen Arten vorkommend, ist giftig, einige stehen in Verdacht, cancerogen (krebserzeugend) zu sein (Hautkrebs), hier allerdings nur in cocancerogener Wirksamkeit, sodass dann bereits vorhandene krebsauslösende Stoffe zu besonderer Wirksamkeit kommen.

218 **Ordnung: Celastráles**

Vorwiegend Holzpfl.; wie bei Terebintháles, deutliche Diskusbildung. Nur 1 Stbb.-kreis; Stbb. stehen zwischen den Blumenkronblättern.

Celastráceae

Spindelbaumgewächse, einheimisch und Nordamerika; Holzpfl.; B. wechsel- oder gegenständig, einfach; Bl. klein, grünlich, ☿ oder eingeschl., 4–5-zählig; Fr. Kapsel, lebhaft gefärbter Arillus; z. T. in der Rinde Guttapercha. Oft angepflanzt werden *Euónymus*-Arten.

219 **Ordnung: Santaláles**

Vorwiegend parasitische Pfl.-Familien auf den verschiedensten Stufen des Parasitismus mit weitgehenden Um- und Rückbildungen.

219a **Santaláceae**

Sandelholzgewächse, einheimische und tropische grüne Halbschmarotzer, die im Boden wurzeln und ihren Wirten durch Wurzelhaustorien nur Wasser und Nährsalze entziehen. B. linealisch; Bl. in traubigen Bl.-ständen, ☿, Perigon bleibend; Frkn. unterständig, 1-fächerig; Fr. Nuss.

219b **Loranthàceae**

Mistelgewächse, auf Holzpfl. lebende, halbstrauchige, grüne Halbschmarotzer, d. h., sie sind zu eigener Photosynthese befähigt. Wurzeln sind umgewandelt zu Senkern. Gabelig verzweigtes Astsystem; B. gegenständig, schmal, ganzrandig. Bl. eingeschlechtig, 2-häusig; Bl.-hülle 4–6-blättrig; Frkn. unterständig in die becherförmige Blütenachse eingesenkt; Fr. schleimige, beerenartige Scheinfr. Die bislang zur Familie gehörende Mistel *(Viscum álbum)* wird heute schon oft in einer (wenn auch sehr kleinen) eigenständigen Familie *(Viscáceae)* geführt.

220 **Unterklasse: Asterídae**

Sie stellen eine geschlossene Verwandtschaftsgruppe dar und sind wahrscheinlich aus den Rosídae hervorgegangen. Asterídae haben im Regelfall tetrazyklische Blüten (1 Staubblattkreis fehlt), die durchweg zwittrig sind.

221 **Ordnung: Cornáles**

Es ist eine Ordnung, deren Pflanzen ungeteilte Blätter haben und deren Blüten im Regelfall nur einen Staubblattkreis aufweisen.

221a **Cornáceae**

H a r t r i e g e l g e w ä c h s e , vorwiegend Holzgewächse mit sehr hartem Holz; mit einfachen, gegenständigen B.; Bl. klein in Dolden, oft von auffälligen Hochblättern umgeben; Kb. 4 zu einer Röhre verwachsen; Blütenb. und Stbb. 4; Frkn. unterständig, 2-fächerig; Fr. Steinfrucht.

221b **Hydrangeáceae**

H o r t e n s i e n g e w ä c h s e , selbständig gewordener ehemaliger Teilbestand der Steinbrechgewächse mit oberständigen Frkn., ħ, ♄, ♄̄.
Beispiele: Falscher Jasmin *(Philadélphus)* und Hortensie.

222 **Ordnung: Aquifoliáles**

Neu aufgestellte Ordnung, deren Gattungen früher bei den *Celastrales* zu finden waren.

Aquifoliáceae

S t e c h p a l m e n g e w ä c h s e , immergrüne oder sommergrüne ♄̄ oder ♄ mit derben, lederigen, gewellten, meist dornig gezähnten B.; Bl. klein, weiß, duftend, zweihäusig, einzeln oder in Trugdolden; Fr. leuchtend rote, beerenartige Steinfrüchte.

223 **Ordnung: Theáles**

Teilweise mit harz- und ölgefüllten Sekretbehältern. Bl. radiär, 5-zähl., oder Bl.-glieder in unbestimmter Zahl oft noch schraubig stehend; Stbb. zahlreich, oft zu Bündeln verwachsen; Frkn. durch echte Scheidewände gefächert, selten apokarpe Frb.; Samenanlagen zentralwinkelständig.

223a **Theáceae**

T e e g e w ä c h s e , ♄̄ und ♄ der Tropen und Subtropen mit wichtigen Genuss- und Zierpfl., die ätherische Öle, Alkoloide und Gerbstoffe enthalten; B. immergrün ohne Nebenb.; Bl. ☿, selten ♂ ♀, strahlig, z. T. noch schraubig; Kb 4–7; Blütenbl. 4–9-zahlreich, bisweilen am Grunde vereint; Stbb. 5-zahlreich, oft zu Bündeln vereinigt; Frkn. mit (3–5) oder auch (2–8) Frb. und zentralwinkelständigen Samenanlagen. Fr. Kapsel oder Beere. *Caméllia* und nicht mehr *Théa* heißt heute der Teestrauch im Gattungsnamen wissenschaftlich. Der Koffeingehalt ist höher als der bei der Kaffeepflanze, wird aber durch den gleichzeitigen Theophyllin-Gehalt in der Wirksamkeit gemildert.

226 **Ordnung: Ericáles (Bicórnes)**

H e i d e k r a u t a r t i g e , vorwiegend ♄ und ♃ mit einfachen, häufig immergrünen B.; ausgeprägte Mykorrhizapfl.; 4–5-zählige Bl. mit meist 2 Stbb.-Kreisen; die Stbb. öffnen sich mit Poren und tragen zwei hornartige Anhängsel (daher *„Bicórnes");* die Pollenkörner bleiben meist zu Tetraden vereinigt; Frkn. 4–5fächerig mit zentralwinkelständigen Samenanlagen mit 1 Integument. Die Krone ist manchmal noch freiblättrig.

226a **Pyroláceae**

Wintergrüngewächse, meist pilzsymbiotisch lebende grüne oder bleiche ♃; B. rosettig, derb, wintergrün oder bleich, schuppenförmig; Bl. radiär, ☿, 4–5-zählig, Stbb. 8–10; Frkn. oberständig, am Grunde oft mit Drüsenring; Fr. Kapsel.

226b **Ericáceae**

Heidekrautgewächse, Holzpfl., vorwiegend Zwergsträucher, auf Heiden und Hochmooren in subarktischen bis mediterranen Gebieten; B. immergrün, oft sehr klein, schuppen- oder nadelförmig (Xeromorphie!); Bl. radiär, ☿, 4–5-zählig, Blumenkronblätter verwachsen, selten frei *(Lédum);* Stbb. 8–10; Frkn. meist oberständig und entwickelt sich zur Kapsel, ist er unterständig, dann ist die Fr. eine Beere. Mykorrhiza-Pflanzen.

226c **Empetráceae**

Krähenbeerengewächse, immergrüne Zwergsträucher von erikaähnlichem Aussehen. B. unterseits mit tiefer Längsfurche als Rollblätter ausgebildet; Bl. klein, ☿ oder ♂ ♀; Fr. beerenartige, schwarze Steinfrucht.

227 **Ordnung: Ebenáles**

Hierher gehören wichtige Nutz- und Heilpflanzen, nämlich aus den Familien

227a **Ebenáceae**

Ebenholzgewächse und

227b **Styracáceae**

Styraxbaumgewächse mit den technisch wichtigen Benzoeharzen.

228 **Ordnung: Primuláles**
mit der Familie

228a **Primuláceae**

Primelgewächse, verbreitet von der kalten bis zur warmen Zone; die meisten Arten im Gebirge; B. häufig Rosetten bildend; Bl. fast immer 5zählig, meist verwachsen, selten getrennt, mit nur noch 1 Staubblattkreis vor den Kronblättern stehend, Reste des anderen Stbb.-kreises sind noch vorhanden; Frkn. fast immer oberständig, stets einfächerig; zentrale Samenanlagen auf grundständiger Plazenta, 2 Integumente; Fr. mehrsamige Kapsel.

Zur Familie gehören die „Alpenveilchen", „Zyklamen" der Kunden im
228b Blumengeschäft. Abnorm verläuft die **Cyclamen-Samenkeimung.** Ein Keimblatt liegt am Embryo lediglich als kaum bemerkbare, schnell vergängliche Wulstbildung vor, das andere ist gefaltet im Samenkorn und

führt, wenn die Keimwurzel austritt, mobilisierte Reservestoffe dem Hypokotyl zu. Dieses schwillt an (beginnende Knollenbildung). Inzwischen hebt der Stiel des gleichfalls austretenden Keimblatts das noch im Saatbeet ruhende Samenkorn leicht an. Er streckt sich nachfolgend, das Keimblatt wird emporgehoben, sieht wie ein werdendes Laubblatt aus, bleibt langlebig und ist an seiner Spitze noch kurzfristig mit der leeren Samenhülle behaftet. Es bleibt festzustellen: Cyclamen, obschon in allen anderen Merkmalen typisch zweikeimblättrige Pflanzen, laufen mit nur einem Keimblatt auf, das sich obendrein kaum von den folgenden Laubblättern unterscheidet.

229 **Ordnung: Balsamináles**

Neue Ordnung mit nur einer Familie, die bislang bei den Geraniáles geführt wurde.

Balsamináceae

Balsaminengewächse, krautige Pfl. mit saftigen, glasig-durchscheinenden, an den Knoten oft verdickten Stengeln; Bl. zygomorph, Kb. 3, Blumenb. 5, Stbb. 5 mit verklebten Staubbeuteln; Frkn. oberständig; Fr. eine elastisch aufspringende Kapsel, die den Samen fortschleudert. Gärtnerisch bedeutsam ist die Gattung *Impátiens.*

230 **Ordnung: Polemoniáles**

mit nach unten gerichteten Samenanlagen und aus jeweils 3 Fruchtblättern hervorgehenden Kapselfrüchten.

Polemoniáceae

Sperrkrautgewächse, einjährige Kräuter oder ♃, selten ♄ mit einfachen oder gefiederten, gegenständigen oder spiraligen B.; Bl. ☿, radiär, selten zygomorph, 5-zählig, 5 Stbb. verwachsen, Karpelle (3), selten (2) oder (5); Griffel meist mit 3 Narben; Fr. meist 3-spaltige Kapsel. Wichtige Gattung: *Phlox.*

231 **Ordnung: Gentianáles (Contórtae)**

Contorten (Gedrehtblumige), B. einfach, gegenständig, nebenblattlos; gedrehte Knospenlage der Krone; Bl. fast immer radiär, 4–5-zählig; die beiden Frb. sind zum Teil erst im Bereich des Griffels oder der Narbe verwachsen.

231a **Gentianáceae**

Enziangewächse, meist krautige, Bitterstoffe enthaltende Pfl. mit gegenständigen B. ohne Nebenb. und zymösen Bl.-ständen; Bl. ☿, selten ♂ ♀, radiär, selten zygomorph; Kb. frei oder vereint; Blumenb. vereint, in der Knospe gedreht; 2 vollständig zu einfächerigem Frkn. verwachsene Frb., zahlreiche Samenanlagen. Griffel ein- oder zweispaltig; Fr. Kapsel, selten Fr. nicht aufspringend.

Sie gehören zu den höchststeigenden Gefäßpfl. und bewohnen vor allem die Gebirge der gemäß. Zone.

231b **Loganiáceae**

Loganiengewächse, zahlreiche trop. Giftpfl., umfassend u. a. *Strýchnos núx-vómica,* Strychnin liefernd, und den Zierstrauch *Buddléja.* Letzterer wird heute vielfach zu einer selbständigen Familie.

231c **Buddlejáceae** gerechnet. Pflanzenbehaarung und Leitbündelbau unterscheiden sich von der vorgenannten Familie unverkennbar.

231d **Apocynáceae**

Hundsgiftgewächse, meist Holzpfl. mit ungegliederten Milchröhren, oft giftig, z. B. Oleánder und *Strophánthus*-Arten (Strophantin); auch Kautschuk liefernde Pfl.; einheimisch nur das blaublühende Immergrün *Vínca;* 2 Frb. sind unten frei, nur oben im Bereich des Griffels verwachsen, der zu auffälligem Narbenkopf verdickt ist. Nach der Befruchtung weichen sie auseinander und bilden 2 balgähnliche Fr. mit zahlreichen Samen.

231e **Asclepiadáceae**

Seidenpflanzengewächse, krautige oder holzige, Milchsaft führende, windende oder sukkulente Gewächse mit gegenständigen oder auch quirligen, selten wechselst. B.; Bl. einzeln oder in Trugdolden, ☿, strahlig, 5-zählig, Kb. frei, Blütenb. verwachsen; Stbb. frei, am Grunde vereint, am Rücken oder Grund mit blumenblattähnlichen Anhängseln (Nebenkrone), meist mit Frkn. vereint; 2 Karpelle getrennt von Stbb.-röhre eingeschlossen, oben durch vielgestaltigen Griffelkopf zusammengehalten; zahlreiche Samenanlagen; Fr. 2 Balgkapseln, Samen meist mit langem Haarschopf.

231f **Rubiáceae**

Krappgewächse, Kräuter oder ħ und Ħ mit kreuzgegenständigen, einfachen ganzrandigen B. mit Nebenb.; Bl. meist insektenblütig, in Rispen, ☿, selten ♀ ♂, strahlig, selten zygomorph, 5–4-, selten mehrzählig; Karpelle meist (2); Frkn. unterständig, 2blättrig und 2fächerig, häufig nur 1 anatrope Samenanlage, 1 Griffel mit kopfiger oder verzweigter Narbe. Fr. verschieden, selten einfächerig. Pflanzen der Gattung *Cóffea* enthalten das alkaloidähnliche Purin-Derivat Coffein, Pflanzen der Chinarindenbäume (Gattung *Cinchóna)* das echte Alkaloid Chinin.

232 **Ordnung: Solanáles**

Die Gattungen und Arten dieser neuen Ordnung wurden bislang bei den *Scrophulariáles* geführt.

232a **Solanáceae**

Nachtschattengewächse, oft ♃ oder Holzgewächse mit vorherrschend oder wechselständigen ungeteilten oder gefiederten B.; Leitbündel mit 2 Siebteilen; Kristallsand von Kalziumoxalat. Alkaloide, z. B. in Tollkirsche, Bilsenkraut und Stechapfel. Das Solanin im Schwarzen Nachtschatten ist ein Glykoalkaloid. Bl. endständig in Wickeln, einzeln oder in trugdoldigen Bl.-ständen; Bl. ☿, radiär, selten zygomorph, 5-zählig; Karpelle (2), die schief zur Mittellinie der Bl. stehen; Samenanlagen an dicken Plazenten; Fr. Kapsel oder Beere. Bl.-formel: meist * K(5) [C(5) A5] G ($\underline{2}$).

232b **Convolvuláceae**

Windengewächse der gemäßigten und wärmeren Zone; meist linkswindende Schlingpfl., krautig, selten Holzpfl.; B. wechselständig, einfach; Bl. am Grunde röhrig, weit strahlig, in der Knospe klappig eingefaltet und rechts gedreht, 5zählig; 5 Stbb.; Fr. meist viersamige Kapseln, selten Klausen. In manchen Gattungen der Familie, speziell in Samen von Zierwinden-Arten, wurden Derivate der Lysergsäure mit halluzinogener Wirksamkeit nachgewiesen. Bereits den alten Azteken war der Gebrauch solcher Samen, die zerkleinert in Wasser dargeboten wurden, bekannt, zumindest den Priestern, die dann in Trance kamen und sich so mit ihren Gottheiten verbunden fühlten. Lysergsäure und ihre Derivate kommen sonst nur in Mutterkornpilzen vor (Mutterkorn-Alkaloide). Außerdem ist Lysergsäure Grundlage zur LSD-Synthese. Zu den Windengewächsen gehören auch die vollparasitischen, ganz chlorophyllfreien *Cuscuta*-(Seide-)Arten. Sie umwinden Wirtspflanzen und schicken Saugorgane in diese. Einzelpflanzen dieser Parasiten können eine Länge bis zu 800 m erreichen.

Neuerdings finden die Seide-Arten ihren Platz in der eigenständigen Familie

232c **Cuscutáceae.**

233 **Ordnung: Boragináles**

Neue Ordnung. Ihre zwei Familien gehörten bislang zu der Ordnung Polemoniáles.

233a **Boragináceae**

Boretschgewächse, krautig, oft rauhhaarig oder borstig; meist mit wechsel-, selten mit gegenständigen, ungeteilten B.; wickelige Bl.-stände; Bl. meist ☿, strahlig, bisweilen zygomorph, 5-zählig, Krone nach innen häufig zu 5 Schlundschuppen ausgestülpt, die den Eingang verengen; Stbb. mit Blb. verwachsen; (2) Karpelle mit je 2 Samenanlagen. Die typischen Teilfrüchte nennt man Carceruli.

Wichtige Gattungen u. a.: *Heliotrópium, Myosótis.*

233b **Hydrophyllaceae**

Wasserblattgewächse, kl. Wasserpfl.-Familie, Kräuter, ♃, ♄, mit einfachen, gegen- oder wechselständigen B.; wickelartige Bl.-stände. Landpflanzen hingegen sind die *Phacelia*-Arten.

234 **Ordnung: Oleáles**
mit der einzigen Familie

Oleáceae

Ölbaumgewächse, Holzpfl. der gemäß. und subtrop. Zone; B. meist gegenständig, einfach oder gefiedert, ohne Nebenb.; Bl.-stände zusammengesetzt; Bl. ☿ oder ♂ ♀; meist 4-zählig mit nur 2 Stbb.; Bl.-formel: * K(4) [C(4) A2] G (2); Fr. sehr verschieden gestaltet, Steinfr. (*Ólea europāēa*); Kapseln (*Sy̆rínga vulgáris*); geflügelte 1-samige Nüsse (*Fráxinus*).

235 **Ordnung: Scorphulariáles (Personátae)**

Maskenblütengewächse, sind in vielem den *Tubiflórae* (Röhrenblütigen) ähnlich; neben radiären Bl. vielfach auch dorsiventrale Formen; Frkn. oberständig, 2-blättrig, meist 2-fächerig; in der Regel zahlreiche Samenanlagen; vielsamige Fr.; Kapseln oder Beeren, niemals Bruchfrüchte oder Klausen.

235a **Scrophulariáceae**

Braunwurzgewächse, Kräuter, meist ♃, der gemäßigten und warmen Gebiete; B. gegen- oder wechselständig; im Gegensatz zu den *Solanáceae* liegen die Frb. in der Mittellinie der stets dorsiventralen Bl.; verschiedene Stufen der Zygomorphie innerhalb der Familie, vom fast noch radiären *Verbáscum* über *Scrophulária – Antirrhínum – Linária – Digitális* bis zur stark zygomorphen *Verónica;* Blumenkronröhre oft zweilippig und gaumenförmig ausgestülpt, manchmal zu stumpfem Sack *(Antirrhínum)* oder langem Sporn *(Linária)* ausgebildet; Bl.-formel verändert sich von K5 [C(5) A5] G(2) bis zu K4 [C(4) A2] G(2); Fr. Kapsel oder Beere; einige Halbparasiten *(Melampy̆rum)* und Parasiten *(Lathrāēa)* gehören auch in diese Familie.

235b **Globulariáceae**

Kugelblumengewächse, ♄ mit meist grundständigen, verkehrt eiförmigen, ledrigen B.; bläuliche Bl. in endständigen, von Hüllblättern umgebenen Köpfchen, mit tief 5-spaltiger, 2-lippiger Blumenkrone; Stbb. 4, paarweise verschieden lang; Frkn. oberständig, 2-blättrig; Fr. Nüsschen.

235c **Orobancháceae**

Sommerwurzgewächse, parasitische chlorophylfreie Kräuter mit schuppenförmigen B. und einzelnen Endblüten oder Blütentrauben; Bl. zygomorph, 5-zählig, Bl.-krone 2-lippig; Stbb. 4; Karpelle (2), selten (3), ein Griffel, Narbe 2–4-lappig, Wurzelschmarotzer.

235d **Plantagináceae**

Wegerichgewächse, krautartige Pfl. B. wechsel-, seltener gegenständig, parallelnervig, oft in grundständiger Rosette; Bl.-stand ährig oder kopfig, selten einzeln; Bl. ☿ oder ♂ ♀, vierzählig, Blumenkrone röhrig, 4-spaltig, trockenhäutig, windblütig; Stbb. 4 weit hervorragend; Frkn. oberständig, 2-fächerig, Fr. Kapsel oder Nüsschen. Speicherung der Kohlenhydrate nicht, wie sonst üblich, in Form von Stärke, sondern als Stachyose und Planteose, selten vorkommende einfache Zucker.

235e **Bignoniáceae**

Trompetenbaumgewächse, aufrechte oder mit Ranken kletternde ♄ oder ♄̄ aus Amerika; mit einfachen, gefiederten oder herzförmigen B.; Bl. in end- oder achselständigen Rispen, Trauben oder Trugdolden; Frkn. ein- oder zweifächerig; Samen mit hautartigen Flügeln oder behaart.

235f **Acantháceae**

Akanthusgewächse, krautige und holzige Pfl., größtenteils in wärmeren Gebieten; B. gegenständig, verschieden geformt; Bl. in einfachen oder aus Trugdolden zusammengesetzten Ähren oder Trauben; insekten- oder vogelblütig. Zuweilen Leitbündel mit zwei Siebteilen. Zystolithen; Kb. frei oder verwachsen; Blumenkrone radiär oder zygomorph, zweilippig, ☿, 5zählig, Stbb. 4 oder 2; Karpelle (2) mit je zahlreichen bis 2 Samenanlagen, zwei- oder einreihig stehend; Fr. fachspaltige Kapsel, sehr selten Steinfr., Samen meist ohne Nährgewebe, häufig mit hakenförmigen Auswüchsen zum Ausschleudern der Samen.

235g **Gesneriáceae**

Gesneriengewächse, trop. und suptrop. Kräuter oder ♄ mit gegenständigen, oft ungleichen, ganzrandigen oder gezähnten B. und mit ansehnlichen, einzeln oder in Trugdolden stehenden, insekten- oder vogelblütigen Bl.; Bl. ☿, zygomorph, 5-zählig, Blumenkrone ± zweilippig; Stbb. 4 oder 2; Antheren paarweise oder einzeln. Wichtige Gattungen: *Saintpaūlia, Sinníngia.*

235h **Lentibulariáceae**

Wasserschlauchgewächse, krautige Land- oder Wasserpfl., deren B. dem Insektenfang dienen; Bl. grundständig, einzeln oder in Trauben; Blumenkrone 2-lippig, am Grunde ausgesackt oder gespornt; Schlund durch Ausstülpung der Unterlippe verschlossen; 2 Stbb.; Frkn. oberständig; Fr. Kapsel.

236 **Ordnung: Lamiales** mit 2 wichtigen Familien

236a **Lamiáceae** (Labiátae)

Lippenblütler, über die ganze Erde verbreitet, besonders im trocken-warmen Mittelmeergebiet; krautige Pfl. und ♄; Stengel vierkantig; B. kreuzgegenständig; Drüsen mit ätherischen Ölen; Bl.-stand blattachselständige Scheinquirle; K. verwachsen, häufig 2lippig; Bl. dorsiventrale Lippenblüten, langröhrig, eine aus 2 Blütenb. verwachsene „Oberlippe" (labrum) und eine 3-teilige „Unterlippe" (labiolum); paarige Stbb., selten 2 einzeln, medianes Stbb. fehlt; Frkn. 2-blättrig, oberständig, schon zur Blütezeit tief 4-geteilt, Klausenbildung; Griffel steht in der Mitte. Bl.-formel: ↓ K(5) [C(5) A4] G ($\underline{2}$). Die typischen Teilfrüchte heißen Carceruli.

236b **Verbenáceae**

Verbenengewächse, Kräuter und Holzgewächse mit meist gegen- oder auch quirlständigen, ganzrandigen bis vielspaltigen B.; ährige oder trugdoldige Bl.-stände; Bl. ☿, meist zygomorph, selten radiär, 5–4-zählig; Kb. verwachsen, Blumenkrone oft mit langer, nicht selten gekrümmter Röhre und 2-lippigem Saum. Stbb. meist 4 oder 2; Karpelle (2) mit je 2 Samenanlagen; Frkn. 4-fächerig; Griffel endständig, einfach, auf dem Scheitel des Frkn. aufgesetzt (im Gegensatz zu den *Labiátae*); Fr. Steinfr. mit 2–4 Fächern oder in Teilstücke zerfallend.

238 **Ordnung: Dipsacáles**

Sie enthält Familien mit kreuzgegenständigen Laubblättern und unterständigen Fruchtknoten.

238a **Dipsacáceae**

Kardengewächse, Kräuter, meist ♃ mit gegenständigen, oft am Grunde paarweise verwachsenen B.; Bl. in von einer Hochblatthülle umgebenen Köpfchen oder Ähren, ☿ mit oder ohne Tragblätter (= Spreublätter); unter dem borstenförmigen Kelch noch ein häutiger, schüsselförmiger Außenkelch; Blumenkrone röhrig, mit 4–5-spaltigem Saum; Stbb. 4; Frkn. unterständig, 2-blättrig, 1-samige Nüsse mit Außenkelch als Flugorgan.

238b **Caprifoliáceae**

Geißblattgewächse, meist Holzpfl. mit kreuzgegenständigen, einfachen oder gefiederten B.; Bl. ☿, strahlig oder zygomorph, meist 5-zählig; Zahl der Karpelle oft geringer; Blütenblätter verwachsen, Karpelle (2–5); Frkn. unterständig mit 1-zahlreichen Samenanlagen. Griffel getrennt oder vereint; Fr. beeren- oder steinfruchtartig, selten Kapsel; Samen mit fleischigem Nährgewebe und kleinem Embryo. Die Früchte des Gemeinen Schneeballs enthalten reichlich streng riechende Amine. Letztere entfalten, falls man Fruchtstände der Art als Zimmerschmuck nutzen will, fatale, an Exkremente erinnernde Gerüche in der Raumluft. Die zur Familie gehörenden Gattungen *Sambúcus* (Holunder) und *Vibúrnum* (Schneeball) werden von einigen Botanikern in kleine eigenständige Familie gesetzt, deren Namen dann lauten:

Sambucáceae und Viburnaceae.

238c **Valerianáceae**

Baldriangewächse, Kräuter, selten ħ und ♄ mit gegenständigen, einfachen oder gefiederten B. ohne Nebenblätter; Bl. insektenblütig, in Trugdolden stehend, ☿ oder ♂ ♀, unregelmäßig; Kb. zur Blütezeit wenig deutlich, später vergrößert und als Haarkrone (Pappus) entwickelt; Blütenb. (5) oder (3–4), am Grunde der Kronröhre oft ein Höcker oder Sporn; Stbb. 1–4; Karpelle (3); Frkn. unterständig, 3fächerig, aber nur 1 Fach ist fruchtbar und wird zu einer 1-samigen Nuss. Ein Griffel mit 1–3 Narben.

239 **Ordnung: Araliáles**

Pfl.-Familien mit doldigen Blütenständen; häufiges Vorkommen von Harzgängen und Sekretzellen, die ätherische Öle enthalten. Kleine, meist radiäre, 4–5-zählige Bl.; häufig rückgebildeter K.; stets ein Stbb.-kreis mit Blumenkronblättern alternierend; Frkn. unterständig, meist zweiblättrig, birgt in jedem Fach nur eine hängende Samenanlage; über dem Frkn scheibenförmiger Diskus.

239a **Aralicáeae**

Araliengewächse, meist trop. Holzpfl.; teils mehr oder weniger dornig; B. divers, selten gegenständig, ungeteilt oder handförmig oder fiederig geteilt oder zusammengesetzt, häufig mit Nebenb., oft mit Sternhaaren; Bl. unscheinbar grünlich, meist in Köpfchen, Dolden oder Ähren, die zu Trauben oder Rispen vereinigt sind, selten Einzelblüten; Ölgänge; Bl. meist 5-, selten 3-zählig, zuweilen mit undeutlichem Kelch; Stbb. selten mehr als Blütenb.; Karpelle (zahlreich-1); Frkn. unterständig. Fr. Beere oder Steinfrucht. Der einheimische Wurzelkletterer *Hédera hélix* mit Heterophyllie.

239b **Apiáceae** (Umbellíferae)

Doldenblütler, nördl. Halbkugel ohne Tropen; fast nur Kräuter, die in allen Organen Sekretgänge mit ätherischen Ölen und Gummiharzen führen. Stengel in Knoten und hohle Internodien gegliedert; B. wechselständig, fast immer zerteilt mit auffälliger Blattscheide; Bl. meist klein, weiß, selten gelb, radiär, manchmal zygomorph durch Vergrößerung der äußeren Blütenb.; Bl.-formel: * K5 C5 A5 G $(\overline{2})$; Kelch fast immer stark zurückgebildet; Doppeldolden vorherrschend, deren Deckblätter zur „Hülle" oder zum „Hüllchen" zusammengedrängt sind; Frkn. trägt die Griffel auf rundlich-kegeligem Nektarium (Diskus); Spaltfrucht (Doppelachäne) mit fett- und eiweißreichem Endosperm, mit charakteristischen Rippen und Tälchen, von Ölgängen durchzogen. Sehr zahlreiche Gewürz- und Heilpflanzen. Etliche Arten führen sehr giftige Alkaloide, der Gefleckte Schierling z. B. Coniin, wiederum andere Species enthalten Stoffe, Furanocumarine, die auf menschlicher Haut unter Lichteinwirkung Hautentzündungen hervorrufen können. Das trifft besonders für die Gattung *Heracléum* zu. Zu ihr gehört der Riesenbärenklau, das sogenannte Herkuleskraut, das uns zusätzlich wegen seiner rasanten Ausbreitung Sorgen bereitet. Phototoxisch wirksame Furanocumarine, wenn auch in geringerem Ausmaße, sind ferner u. a. in Petersilie, Sellerie und Möhren enthalten, und zwar ebenfalls nur im Laub. Hautentzündungen treten hier jedoch im Verlauf von Erntearbeiten nicht auf (Dosis sola facit venenum, die Menge allein macht die Giftwirkung, außerdem werden ja dann nur die Handinnenflächen, die dem Licht abgewandt sind, von den Furanocumarinen benetzt).

240 **Ordnung: Campanuláles** mit heute wiederum drei Familien

240a **Campanuláceae**

Glockenblumengewächse, Kräuter (Stauden) und Holzpfl. mit spiraligen oder wechselständigen, ungeteilten oder gelappten B. ohne Nebenb. und mit häufig ansehnlichen, insekten- oder vogelblütigen Bl.; meist gegliederte Milchsaftschläuche. Bl. meist ☿, proterandrisch, radiär oder zygomorph, 5-zählig, Blütenkrone voll sympetal; Stbb. nur ganz lose miteinander verbunden, entleeren Pollen noch vor Entfaltung der Narbe auf Sammelhaare der Griffeloberfläche; der unterständige, meist 3-blättrige Frkn. entwickelt sich zu einer samenreichen Kapsel.

240b **Lobeliáceae**

Lobeliengewächse. Früher schon eigenständige Familie, die dann bei den Glockenblumengewächsen untergebracht wurde und nun erneut Selbständigkeit erlangte. Die Gattung Lobélia ist gärtnerisch wertvoll.

240c **Menyantháceae**

Bitterkleegewächse, wechselständige Blätter, Sumpf- und Wasserpflanzen *(Menyánthes* und *Nymphoídes).*

241 **Ordnung: Asteráles**

Formenreiche Verwandtschaftsgruppe (19 000 Arten) der Decksamer. Die Blütenstandachse (der Körbchenboden) ist kegelartig verlängert oder abgeflacht. Spreublätter werden teilweise ausgebildet. In den Blütenkörben sind entweder Röhren- bzw. Scheibenblüten oder nur Zungen- bzw. Strahlenblüten oder beide Blütentypen nachweisbar. Der Kelch ist oft als Pappus umgebildet. Als Frucht tritt eine einsamige Nuss, Achäne genannt, in Erscheinung. Die Kohlenhydratspeicherung findet zumeist in Form von Inulin statt. Das ist ein Polyfruktosan und nicht wie Stärke aus Glukose-, sondern aus Fruktosemolekülen aufgebaut. Der Nachweis gelingt, indem man Pflanzenteile (z. B. Löwenzahn-Wurzelschnitte) mit Alkohol oder Glyzerin behandelt (Bildung von mikroskopisch gut erkennbaren Sphaero-Kristallen des Inulins, das auch in der Diabetiker-Diät eine Rolle spielt).

241a **Asteráceae (Compósitae-Tubiflórae = Asteroídeae)**

Asterngewächse, Röhren- und/oder Scheibenblüten und häufig daneben auch Zungen- oder Strahlenblüten im Blütenkorb vorhanden. Pflanzen haben oft Ölbehälter mit ätherischen Ölen. Die Mehrzahl der sogenannten Korbblütler gehört in die Familie der Asterngewächse. Sie können auch als Unterfamilie *Asteroídeae* der Korbblütler insgesamt gewertet werden, was nun wieder allgemein üblich ist.

241b **Cichoriáceae (Compósitae-Liguliflórae = Cichorioídeae)**

Zichoriengewächse, nur Zungenblüten im Blütenkorb feststellbar; Pflanzen haben oft Milchröhren. Zu diesen Korbblütlern zählen die Gattungen *Cichórium, Scorzonéra, Leóntodon, Taráxacum, Hierácium, Crépis* und *Lactúca.* Die meisten Botaniker verstehen die *Cichoriáceae* als Unterfamilie *Cichorioídeae* der Großfamilie der Korbblütler. Bei solchem Vorgehen wird die andere Unterfamilie als *Asteroídeae* geführt. Das sind die bereits erwähnten *Compósitae-Tubiflórae.* Nach Zusammenschluss beider Unterfamilien ist die frühere Großfassung wieder hergestellt, die man jedoch als

241c **Asteráceae (im weiteren Sinn),** wie auch in unserem Buch wieder gehandhabt,

präsentieren sollte. Damit ist aber der Begriff der Compositen im

Sprachgebrauch noch längst nicht verschwunden. Bereits 1682 schrieb John Ray über „herbae flore composita". Schultz-Bipontinus lehnte um 1852 den Namen *„Compositae"* ab, weil es in der Familie Vertreter mit einblütigen Körbchen gibt. Bereis vorher (1822) hatte sich Dumortier auf *Asteráceae* festgelegt und noch früher (1789) Iussieu *Cichoriáceae* ins Spiel gebracht. Den Namen *Asteroídeae* schuf gleichfalls Dumortier, während Ascherson erst 1864 die Cichorioideae als Rangstufe einführte. Tubiflórae und Liguliflórae, an sich illegitim, da nicht von Gattungsnahmen abgeleitet, als Bezeichnungen für die beiden in Rede stehenden Unterfamilien schuf De Candolle 1836.

Es sei noch eine aus genetischer und systematischer Sicht interessante Gegebenheit einiger Korbblütler erwähnt. Die Gattungen *Hierácium* (Habichtskraut) und *Taráxacum* (Löwenzahn) sind noch in fortlaufender Bildung neuer Sippen begriffen, bedingt durch bekannte Unregelmäßigkeiten bei der Fortpflanzung (Apomixis, siehe nach bei Nr. 710). Samenbildung ohne vorhergegangenen Geschlechtsvorgang fördert ungemein die genetische Fixation neuer Merkmale.

241d **II. Klasse: Liliópsida** (Monocotyledóneae)

E i n k e i m b l ä t t r i g e Pflanzen. Im Stengelquerschnitt mikroskopisch kein Kambium feststellbar. Leitbündel folglich regellos angeordnet. „Bogen"- oder „Parallelnervatur" der Laubblätter. Im Blütenaufbau dominiert die 3-Zähligkeit.

242 **I. Unterklasse: Alismatídae** (Helobiae)

Die Unterklasse nimmt im Bereich der einkeimblättrigen Pflanzen eine Schlüsselstellung ein. Bei unterschiedlichen Geschlechtsverhältnissen sind die Blüten radiär. Es handelt sich immer um Sumpf- oder Wasserpflanzen.

242a **Ordnung: Alismatáles**

Wasser- und Sumpfpflanzen mit ursprünglichen Merkmalen. Frb. sind vereinzelt noch in unbestimmter Zahl und schraubiger Stellung vorhanden, immer apokarp, höchstens unecht synkarp. Bl. meist radiär, 3-zählige Wirtel. Fr. vielsamige Balgfr., häufiger einsamige Nüsse, endospermloser Samen.

242b **Alismatáceae**

F r o s c h l ö f f e l g e w ä c h s e, ausdauernde Sumpf- und Wasserpfl.; grundständige, veränderliche B., neben Luftblättern besondere Schwimm- und bandförmige Wasserblätter; Bl. in quirlig-rispigen Bl.-ständen; Frkn. oberständig; zum Teil ☿; Bl.-formel: * K3 C3 A6 G ∞; Fr. fast immer einsamige Nüsse.

242c **Butomáceae**

B u t o m u s g e w ä c h s e, von den *Alismatáceae* durch vielsamige Bälge unterschieden; B. in grundständiger Rosette, oben schwertförmig zugespitzt.

242d **Ordnung: Hydrocharitáles** mit der einzigen Familie

Hydrocharitáceae

Froschbissgewächse, untergetauchte oder schwimmende Wasserpfl., Bl. oder Bl.-stände vor der Entfaltung in eine aus ein oder zwei Hochblättern gebildete Hülle eingeschlossen; Bl. ♂ ♀, radiär, mit doppelter Bl.-hülle; Stbb. 3–15; Frb. 2–15, frei, durch becherförmig vertiefte Blütenachse miteinander vereinigt; Frkn. unterständig.

242e **Ordnung: Najadáles**

Die Sippen der Ordnung haben nur ein einfaches oder überhaupt kein Perianth.

242f **Najadáceae**

Nixenkrautgewächse, einjährige, untergetauchte Wasserpflanzen; B. in übereinanderstehenden, sich nicht kreuzenden Paaren, am Rande gezähnt, am Grunde scheidig erweitert; Bl. eingeschlechtig, ♂ Bl. mit 1 Stbb., von 2 dünnen, becherförmigen Hüllen umgeben; ♀ Bl. mit 1 nackten Frkn.

242g **Potamogetonáceae**

Laichkrautgewächse, untergetauchte oder mit Schwimmblättern versehene Wasserpfl.; Bl. meist in Ähren oder einzeln, ☿ oder ♂ ♀; Bl.-hülle meist fehlend; muschelförmige Anhängsel der Stbb. ersetzen Bl.-hülle; Stbb. 1–4; Frb. 1–4.

242h **Scheuchzeriáceae**

Scheuchzeriengewächse, Sumpfpfl. mit grasartigen, am Grunde scheidigen B.; Bl. in Ähren oder Trauben; Bl.-hüllblätter 6, kelchartig; Stbb. 6; Frb. 3–6, frei.

242i **Aponogetonáceae**

Wasserährengewächse, Wasserpfl. der trop. Gewässer der alten Welt.

243 **II. Unterklasse: Aridae**

Neu zusammen gestellte Gruppe von geringem Umfang. Die ihr zugeordneten Arten zeichnen sich zumeist bezüglich ihrer Blütenstände durch Kolben aus. An ihnen fallen im Regelfall unübersehbare Blütenscheiden (Spathae) auf.

243a **Ordnung: Acoráles**

Neue, allerdings recht kleine Ordnung.

Acoráceae

Kalmusgewächse. Größtenteils in Asien beheimatet. Bemerkenswert ist der bei uns heimisch gewordene Echte Kalmus, *Ácorus cálamus,* eine Sumpfflanze. Die Kalmusgewächse wurden vorher zu den Aronstabgewächsen gerechnet.

243b **Ordnung: Aráles** (Spadiciflórae)

Hierher gehören meist krautige Stauden oder Kletterpflanzen. Die Wasserlinsengewächse dagegen sind stark reduziert.

243c **Aráceae**

Aronstabgewächse, vorwiegend trop., fast immer krautig; mit Rhizom oder Rhizomknollen überdauernd; zum Teil trop. meist großblättrige Rosettenpfl.; teils auch epiphytisch als wurzelkletternde Lianen; B. breit, ungeteilt, herz- oder pfeilförmig, nicht selten netznervig. Vielgestaltige Bl. sitzen tragblattlos an unverzweigter, oft zu fleischigem Kolben (Spadix) verdickter Achse; auffällige Spatha umhüllt Bl.-stand; Fr. meist Beere. Sehr bekannte Gattungen: *Anthúrium, Dieffenbáchia.*

243d **Lemnáceae**

Wasserlinsengewächse, vegetativ sehr vereinfacht, bestehen sie nur aus freischwimmenden, blattartigen Gliedern, die sich durch Sprossung vermehren. In den Bl.-ständen befinden sich innerhalb einer unscheinbaren Spatha nur noch 1 ♀ Bl., nur aus einem Frkn. gebildet, und 1–2 ♂, nur je aus 1 Stbb. bestehend. In diese Familie gehört die wurzellose *Wólffia,* mit 1,5 mm Länge die kleinste Blütenpflanze.

244 **Unterklasse: Liliídae**

Sehr formenreiche Unterklasse mit vorwiegend krautigen Pflanzen, deren Büten zyklisch oder zygomorph sind. Teils Tier-, teils Windblütigkeit. Über die wohl erforderliche Konzeption mit Überordnungen kann man nachlesen auf den Seiten 65 und 66.

244b **Ordnung: Asparagáles**

In dieser auch noch nicht lange bestehenden Ordnung sind viele Kleinfamilien untergebracht, die insbesondere nach den Arbeiten und Vorstellungen des dänischen Botanikers Dahlgren zu einem erheblichen Teil aus der ehemaligen Großfamilie *Liliáceae* stammen. Diese neuen Kleinfamilien haben so bezeichnende Namen, dass sich an dieser Stelle weitere Ausführungen erübrigen. Man informiere sich daher im Detail auf der Seite 65. Bei der Schaffung neuer Kleinfamilien hat man allerdings auch die *Aqaváceae* verkleinert. Die neue Familie *Nolináceae* führt jeht die Gattung *Nolína* und *Dracáena* und *Sunsevieria* sind *Dracaenaceae* geworden.

244c **Ordnung: Liliáles**

Liliáceae

Liliengewächse, vorwiegend krautig; Bl.-formel: * P3 + 3 A3 + 3 G($\underline{3}$); Perigon meist gefärbt; Fr. Kapsel oder Beere.

Es handelt sich hier um den Restbestand der ehemaligen Großfamilie mit den Gattungen *Erythronium* (Hundszahnlilie), *Fritillarvia* (Kaiserkrone), *Lilium, Tulipa.* Die *Iridacea,* Schwerliliengewächse, sind durch den Verlust eines Staubblattkreises gekennzeichnet.

244d **Colchicaceae**

Zeitlosengewächse, ehemals zu den Liliengewächsen gehörend. Bekannte Arten: *Gloriósa supérba* und *Cólchicum autumnále* (Herbstzeitlose). Merkwürdig ist der Entwicklungsablauf bei letzteter. Im Herbst erscheinen die Bluten, Blätter und Früchte aber erst im folgenden Frühjahr („filíus ante patrem", Sohn vor dem Vater). Die Samen enthalten das Alkaloid Colchicin. Es hemmt die Zellteilung, kann daher gegen bestimmte Krebsarten eingesetzt werden, aber auch zur Erzielung von Polyploidie (siehe dort).

244e **Ordnung: Orchidáles** (Gynándrae)

Pfl. mit verwachsenen Frucht- und Staubblättern mit den beiden Familien

Orchidáceae

Orchideen, erdbewohnende, epiphytische und nicht selten saprophytische ♃, B. einfach, meist länglich, am Grunde scheidenartig, selten oval, dann netzadrig; ein 2-wirteliges Perigon sitzt auf dem unterständigen Frkn.; Bl. ausgeprägt dorsiventral mit eigenartiger Verwachsung des Andrözeums mit Griffel und Narbe des Frkn. zu einem Säulchen (Gynostemium), das aus der Mitte der Blüte hervorragt; Stbb. immer nur einzelne, meist 1 fruchtbar; oft wird der Pollen als Pollinium übertragen; das mediane Blumenb. des inneren Wirtels ist zu auffälliger Lippe (Labellum) umgebildet, es dient als Anflugstelle und ist nach hinten häufig zu einem Sporn verlängert; Bl.-stand meist traubig; Frkn. 3-blättrig, häufig 1-fächerig, unterständig, zahlreiche randständige Samenanlagen; Fr. Kapsel, win-zige, endospermlose Samen, die sporenähnlich vom Wind verbreitet werden. Charakteristisch für Orchideen ist die Endomykorrhiza (siehe Nr. 1083d).

244f **Cypripediáceae**

Frauenschuhorchideen. Familie gewordene ehemalige Unterfamilie *(Cypripedioideae)* der Orchideen. Die *Cypripediáceae* zeichnen sich dadurch aus, dass im Blütenbereich die Lippen zu besonders auffallenden pantoffelähnlichen Kesselfallen umgebildet sind. Von den vier Gattungen dieser neuen Familie erweisen sich nur zwei für Gärtner und Floristen als bedeutungsvoll; *Cypripédium* (Frauenschuh), *Paphiopédilum* (Venusschuh).

245a **Ordnung: Cyclantháles**

Nur eine Familie aufweisend, die ehemals an den *Arecáles (palmáles)* gestellt wurde.

Cyclantháceae

Scheibenblumengewächse. In Mittel- und Südamerika beheimatete Pflanzen. Sie haben sicherlich gleiche Vorfahren wie die Aronstabgewächse, Schraubenbaumgewächse und Palmen. Bemerkenswert ist *Carludovíca palmáta.* Die Fasern dieser palmenähnlichen Art liefern das Material zur Herstellung von Panamahüten.

246 **IV. Unterklasse: Arecídae**

Oft mächtige, holzige oder krautige Pfl., deren B. eine breite, ungeteilte oder erst nachträglich zerteilte Spreite besitzen; Bl. vorwiegend eingeschlechtlich, zu Bl.-ständen vereinigt, die während der Entwicklung von auffälligem Hochblatt (Spatha) umschlossen werden; Frkn. oberständig; Fr. Beere, Steinfr. oder Nuss, niemals Kapseln.

246a **Ordnung: Arecáles** mit der Familie

Arecáceae (Pálmae)

P a l m e n , meist trop. oder subtrop. ♄ mit langem, schlankem, unverzweigtem Stamm von gleichmäßiger Dicke; den Gipfel bildet ein Schopf mächtiger, meist langgestielter, fiedrig oder fächerig zerteilter B.; Bl. 2-wirteliges Perianth, oft unscheinbares Perigon, meist ♀ ♂, 1- oder 2-häusig, Wind- oder Insektenbestäubung; Stbb. in wechselnder Zahl, stets 3 Fr.-blätter, jedes Frb. bildet nur 1 Samenanlage; Samen mit mächtigem Endosperm; Bl.-stand gipfel- oder seitenständig.

246b **V. Unterklasse. Commelinídae**

Tropischer bis subtropischer Verwandtschaftskreis in der Mehrzahl der Fälle. Vorwiegend Kräuter.

247 **Ordnung: Bromeliáles** mit der einzigen Familie

Bromeliáceae

A n a n a s g e w ä c h s e , amerk. Tropen und Subtropen; eigenartige, vielfach epiphytische Rosettenpfl.; Wasseraufnahme durch Schuppenhaare der B.; in deren eng aneinanderschließenden, löffelförmigen Blattbasen wird das Regenwasser gesammelt (Zisternenepiphyten); Bl. 3-zählig mit Kelch und Krone; Bl.-stand traubig mit auffallend gefärbten Deckblättern; Fr. Kapsel oder Beere (erdbewohnende Ananas).

247a **Ordnung: Zingiberáles**

G e w ü r z l i l i e n g e w ä c h s e , tropische ♃, immer große, ganzrandige B. mit oft mächtigen, Scheinstämme bildenden Scheiden; Bl. dorsiventral oder asymmetrisch mit stark rück- oder umgebildeten Stbb.; Frkn. 3-blättrig und immer unterständig.

247b **Zingiberáceae**

I n g w e r g e w ä c h s e , tropische, krautartige Pfl. mit Rhizomen, die reich an ätherischen Ölen sind; B. mit Scheide, Ligula, Stiel und lanzettlicher Spreite; Bl.-stand einfach oder zusammengesetzt; Bl. insekten- oder vogelblütig, meist mit Kelch und Krone (zur Röhre verwachsen), ☿ selten ♀ ♂; nur 1 Stbb. des inneren Kreises fertil; Frkn. unterständig, 3-fächerig, Griffel sehr dünn, in einer Rinne des Stbb. liegend; Fr. Kapsel mit 3 Klappen; Samen meist mit Arillus, Nährgewebe mehlig; Stärkekörner groß, scheibenförmig mit exzentrischem Kern.

247c **Musáceae**

Bananengewächse, überwiegend trop. Kräuter, groß, mit aus den Blattscheiden gebildetem Scheinstamm oder Schopfbäume mit riesigen ovalen oder länglichen B.; Bl.-stand ährig oder zusammengesetzt, oft mit großen gefärbten Hochblättern; Bl. vogelblütig mit Kelch und Krone oder Perigon; ⚥ oder ♀ ♂; Stbb. meist 5 fertil, das sechste ± unfruchtbar; Frkn. 3-fächerig; Griffel 3–6-lappig; Fr. Beere oder Kapsel; Samen häufig mit Arillus, Nährgewebe mehlig.

Die Gattungen *Strelítzia* und *Ravenála* hat man jetzt verselbständigt zur kleinen Familie

247d **Strelitziáceae.**

Heliconiáceae lautet nun der Familienname der Gattung *Halicónia.*

247e **Cannáceae**

Blumenrohrgewächse, subtrop. ♃ mit kriechendem, verdicktem Wurzelstock; Scheinstamm; große, ovale, glatte, grüne, blaugrüne oder rötliche B.; Blütenähren mit großen asymmetrischen Bl. in Rot, Orange und Gelb, vogelblütig; nur $^{1}/_{2}$ Stbb., also nur 1 Theka ist fruchtbar, die andere Hälfte und die übrigen noch vorhandenen Stbb. und der Griffel sind kronblattartig entwickelt.

247f **Marantáceae**

Marantagewächse, trop. ♃ mit zweizelligen, fiedernervigen, meist ungleichseitigen B. mit oft prächtiger Färbung und Blattzeichnung; Blattstiel unter dem Spreitenansatz mit auffälligem Gelenkpolster; Bl. ⚥, unsymmetrisch, mit doppelter Bl.-hülle; Stbb. 4–5, aber nur das eine innere zur Hälfte fruchtbar, zur Hälfte blumenblattartig; Frkn. unterständig, 3- oder 1-fächerig, jedes Fach mit 1 Samenanlage; Griffel stark gekrümmt, mit schief hervorgezogener, oft gelappter Narbe; Samen mit Arillus.

247g **Ordnung: Typháles**

Die Ordnung umfasst zwei Familien, deren Vertreter in sumpfigen Bereichen zu finden sind.

247h **Typháceae**

Rohrkolbengewächse, im Gegensatz zu *Sparganiáceae* sind die eingeschlechtigen Bl. an einer durchgehenden Achse zu dichter Walze zusammengedrängt, die ♀ zuunterst, die ♂ darüber; an Stelle des Perianths ist nur ein Haarsaum vorhanden. Auf mannshohem, aufrechtem, knotenlosem Schaft braune walzenförmige Blütenkolben.

247i **Sparganiáceae**

Igelkolbengewächse, einheimische Sumpfpfl. mit langen linealen B.; Bl. nach Geschlecht getrennt in kugeligen Teilblütenständen; 6- oder 3-zähliges, häutiges Perianth.

248 **Ordnung: Commelináles**

Die Ordnung umfasst in neuer Fassung ebenfalls nur zwei Familien.

248a **Commelináceae**

Commelinengewächse, Kräuter mit knotigem Stengel und wechselständigen, scheidigen B.; Bl. ☿, strahlig oder zygomorph; Stbb. häufig unfruchtbar oder ganz fehlend; Karpelle (3–2); 1 Griffel; Frkn. oberständig, 3–2-fächerig, mit je einigen Samenanlagen; Fr. meist Kapsel. Embryo an der Spitze des Samens. Nährgewebe mehlig. Wichtige Gattungen: *Tradeseántia, Zebrína.*

248b **Poáceae (Gramíneae)**

Gräser, zumeist krautige Pfl.; Halm stielrund, hohl, durch Knoten gegliedert, selten markerfüllt (Mais, Zuckerrohr) oder hohl und verholzt (Bambus); B. zweizeilig angeordnet, seitlich meist offene Blattscheide umfasst den Stengel und bildet am Grunde den Grasknoten. Zwischen Blattscheide und der langen, schmalen Blattspreite oft ein aufrechtes, weißes Häutchen, „Ligula"; Bl. windblütig und sehr vereinfacht, von Spelzen umgeben und oft begrannt; 3 Stbb. und 2 federige Narben auf 1-fächerigem Frkn.; 1 meist atrope Samenanlage. Bei der Reife verwachsen Samenschale und Fruchtwand, und es bildet sich die „Karyopse" genannte Schließfrucht. Beeren- oder steinfruchtartig hingegen sind oft die Früchte der Bambusgräser. Deshalb und wegen ihrer Hapaxanthie (siehe auch unter Nr. 40a) könnte man eine eigenständige Familie *(Bambusáceae)* aufstellen. Enorm sind mitunter beim Bambus die Wachstumsgeschwindigkeiten. So hat man bei *Phyllostáchys bambusoídes* einmal am natürlichen Standort in 24 Stunden einen Zuwachs von 120 cm festgestellt.

249 **Ordnung: Juncáles** mit der Familie

249a **Juncáceae**

Binsengewächse mit den heimischen, grasähnlichen Hainsimsen *(Lúzula)* und Binsen *(Júncus);* mit stielrunden Blättern und Halmen, dem nassen Standort entsprechend, von Luftkammern durchzogen. Bl. unscheinbar, windblütig; Bl.-formel * P3 + 3 A3 + 3 G($\underline{3}$), manchmal auch A3 + 0; Fr. mehrsamige Kapsel.

249b **Ordnungen: Cyperáles**

Evenfalls nur eine Familie, die artenreich ist.

Cyperáceae

Riedgräser, im Gegensatz zu echten Gräsern fester, kaum knotig gegliederter, meist 3-kantiger Stengel, 3-zeilige Beblätterung und vorwiegend seitlich geschlossene Blattscheiden. Bl. sitzen in Achseln trockenhäutiger Deckblätter (Spelzen) in dichten Ähren oder Köpfchen; Perianth unscheinbar oder fehlend; fast immer nur 1 Stbb.-kreis; Frkn. 3- oder 2-blättrig, einfächerig mit 1 Samenanlage; Fr. Nuss.

252b Übersicht kontroverser Samenpflanzenfamilien

Strittige Pflanzenfamilien gab es in den letzten Jahrzehnten des vorigen Jahrhunderts eigentlich nur im Bereich der Farnpflanzen. Die Großfamilie der Tüpfelfarngewächse wurde z. B. in zahlreiche Kleinfamilien (mitunter kontrovers) aufgeteilt. In der jüngsten Vergangenheit geschah Ähnliches bei den Samenpflanzen. Hier ging und geht es aber nicht allein um Schaffung kleiner Familien aus jeweils großen. Es kamen und kommen u. a. Datenanalysen hinzu. Es scheint geboten, die der gegenwärtigen Situation entsprechenden Kontroversen in einer kurzen Übersicht vorzulegen. Einzelheiten lassen sich in einschlägigen Teilen des fortlaufenden Textes finden.

Neue Familie	betroffene Gattung(en):	bislang geführt in Familie:	auch geführt in Familie:
Alotroemériaceae	*Alstroeméria*	Amaryllidáceae	
Asteliáceae	*Cordýline*	Agaváceae	
Cannab(id)áceae	*Cannabis, Humulus*	Moráceae	
Carpináceae	*Cárpinus, Óstrya*	Betuláceae	
Corokiáceae	*Corókia*	Saxifragáceae	Escalloniáceae oder Cornáceae
Coryláceae	*Córylus*	Betuláceae	
Costáceae	*Cóstus*	Zingiberáceae	
Cypripediáceae	*Cypripédium, Paphiópédilum*	Orchidáceae	
Dracaenáceae	*Dracǣna, Sansevieria*	Agaváceae	
Escalloniáceae	*Escallónia*	Saxifragáceae	
Fumariáceae	*Córydalis, Fumária*	Papaveráceae	
Grossulariáceae	*Ribes*	Suxifragáceae	
Gunneráceae	*Gúnnera*	Haloragáceae	
Heliconiáceae	*Helicónia*	Musáceae	
Hydrangeáceae	*Hydrangéa*	Saxifragáceae	
		Liliáceae unterteilt in eine Vielzahl von Kleinfamilien. Details siehe Nr. 244 b u. c	
Lobeliáceae	*Lobélia, Monópsis*	Campanuláceae	
Nandináceae	*Nandína*	Berberidáceae	
Nelumbonáceae	*Nelúmbo*	Nymphaeáceae	
Nolináceae	*Beaucárnea*	Agaváceae	Draceaenáceae
Peperomiáceae	*Peperómia*	Piperáceae	
Podophylláceae	*Podophyllum*	Berberidáceae	
Sambucáceae	*Sambúcus*	Caprifoliáceae	
Strelitziáceae	*Strélitzia*	Musáceae	
Viburnáceae	*Vibúrnum*	Caprifoliáceae	
Viscáceae	*Víscum*	Loranthàceae	
Zamiáceae	*Encephalártos, Zámia*	Cycadáceae	

Die Wurzeln

253 Die **Wurzeln** (radices) sind meist unterirdische, abwärtsstrebende, fadenförmige Pflanzenteile, die im Gegensatz zu den oberirdischen Sprossen zumeist weder Augen noch Blätter haben.

254 Die **Wurzeln** haben folgende **Aufgaben** zu erfüllen:

1. die Pflanze im Boden zu verankern,
2. Wasser und Nährstoffe aufzunehmen und weiterzuleiten,
3. Stoffe zu speichern.

Um diese Aufgaben erfüllen zu können, sind sie in der Regel, zur Vergrößerung der Berührungsfläche mit dem Boden, stark verzweigt.

255 Wir unterscheiden mehrere **Wurzelarten:**

256 1. **Bodenwurzeln,** die als Tief- oder Flachwurzeln die Nahrung aus dem Boden aufnehmen.

257 2. **Luftwurzeln,** die meistens bei tropischen Gewächsen zu finden sind, vermögen Wasser, O_2 und CO_2 aufzunehmen. Bei manchen Orchideen ergrünen sie und sind dann zur Photosynthese befähigt. Berühren Luftwurzeln den Boden, so verzweigen sie sich und werden
258 säulenartige **Stützwurzeln** *(Mónstera; Fícus).* An Stelle von Wurzelhaaren haben viele Luftwurzeln (z. B. bei Orchideen) einen vielschichtigen Zellenkranz von Spiralfaserzellen an der sonst normal gebauten Wurzel. Er erscheint in trockenem Zustand als silbriges Häutchen, ge-
259 nannt **Velamen radicum,** und dient der Wasseraufnahme.

260 3. **Stelzwurzeln** erheben die Pflanzen in tropischen Küstengewässern über die Flutgrenze *(Mangroven)* und sind lediglich bogenförmig nach unten gewachsene sprossbürtige Wurzeln.

261 4. **Atemwurzeln** wachsen nach oben über den Wasserspiegel oder Sumpfboden hinaus, um die unterirdischen Teile mit Sauerstoff zu versorgen *(Taxódium distichum,* Sumpfzypresse). Das bewerkstelligen sie durch **Pneumathoden,** lentizellenähnliche Öffnungen.

262 5. **Haftwurzeln** bilden **Pflanzen,** die an Baumstämmen, Wänden und dgl. emporklettern. Sie bilden zum Festsaugen büschelige Wurzeln (Efeu). Ein Sonderfall ist die regelrechte Ausbildung von Wurzelranken bei der Orchideenart *Vanílla planifólia.*

263 6. **Saugorgane** bilden die Schmarotzer und Halbschmarotzer, die abgeänderte Wurzeln, die **Haustorien,** in das Gewebe ihrer Wirtspflanze senken, um benötigte Stoffe aufzunehmen *(Melampýrum,* Wachtelweizen, *Euphrásia,* Augentrost, *Cuscúta,* Kleeseide, *Orobánche,* Sommerwurz) und *Viscum,* Mistel.

264 7. **Speicherwurzeln** sind die Rübenwurzeln als obere Teile von Hauptwurzeln.

265 8. **Adventivwurzeln** sind hinzukommende stengelbürtige Beiwurzeln, die sich durch äußere Reizwirkung bilden (Stecklings- und Steckholzvermehrung).

266 **Wurzeldornen** sind dornartige Adventivwurzeln am Stamm mancher Palmen *(Cryosóphila)*. Die Adventivwurzeln der Knollen von *Myrmecódia* verdornen gleichfalls.

267 Bei den **Wurzelarten** ist zu bemerken:

268 Es gibt **Keimwurzeln,** die bei den Einkeimblättlern frühzeitig absterben
269 und durch stengelbürtige Beiwurzeln **(Flachwurzler)** ersetzt werden. Bei
Abb. 25, S. 119 den Zweikeimblättlern wächst die Keimwurzel als Hauptwurzel oder
270 Pfahlwurzel **(Tiefwurzler)** aus.

Zur Vergrößerung ihrer Oberfläche verzweigen sich die Wurzeln seit-
271 lich und bilden dadurch die **Seiten-** oder **Nebenwurzeln.** Sie haben den gleichen Bau wie die Hauptwurzeln, wachsen aber in der Regel schwächer
272 und bleiben dünner. Durch weitere Verzweigung entsteht ein **Wurzelsystem,** bei dem die Nebenwurzeln letzter Ordnung sehr kurz bleiben und nur von kurzer Lebensdauer sind; man nennt sie **Saugwurzeln, Kurz-**
273 **wurzeln** oder **Faserwurzeln.** Letztere sind nicht mit den Wurzelhaaren zu verwechseln.

274 **Wurzelhaare** sind kleine schlauchförmige Anhangsgebilde,
Abb. 26 S. 119 die in einiger Entfernung von der Wurzelspitze entstehen. Sie sind als zarter Flaum zu erkennen. Ihre Länge schwankt zwischen 0,15 bis 8 mm. Sie nehmen für die Wurzeln das Wasser mit den Nährstoffen auf, leben aber nur wenige Tage. In dem Maße, wie spitzenwärts neue Wurzelhaare hinzukommen (Wurzelhaarzone), sterben die älteren ab. Vielen Wasser- und Sumpfpflanzen und auch manchen Landpflanzen fehlen die Wurzelhaare. Vergleiche über Wurzelhaare Nummer 1025. Erwähnt sei noch, dass bei Erbsen hinter der Wurzelspitze pro mm^2 232, bei Mais sogar 425 Wurzelhaare evaluiert (veranschlagt) wurden.

275 Addiert man die **Länge sämtlicher Wurzeln,** so erhält man erstaunlich hohe Werte; z. B. kann bei einer Getreidepflanze und bei einer Kürbispflanze, Einzelstand vorausgesetzt, die Länge viele Kilometer betragen.

276 Man findet folgende **Formen der Wurzeln:**

1. spindelförmig: Längsschnitt lanzettlich, Querschnitt kreisrund (Baumwurzeln);
2. rübenförmig: Querschnitt kreisrund, nach unten plötzlich kleiner werdend (Rettich);
3. walzenförmig oder zylindrisch: Querschnitt kreisrund und gleichmäßig stark (Schwarzwurzel).

277 Der **Wurzelhals** hat keine scharfen Grenzen, er ist der Übergang von der Wurzel zum Sproß, von dem unterirdischen zum oberirdischen Teil.

278 Die **Wurzelspitze** setzt sich aus verschiedenen Zonen zusammen.
Wir unterscheiden:

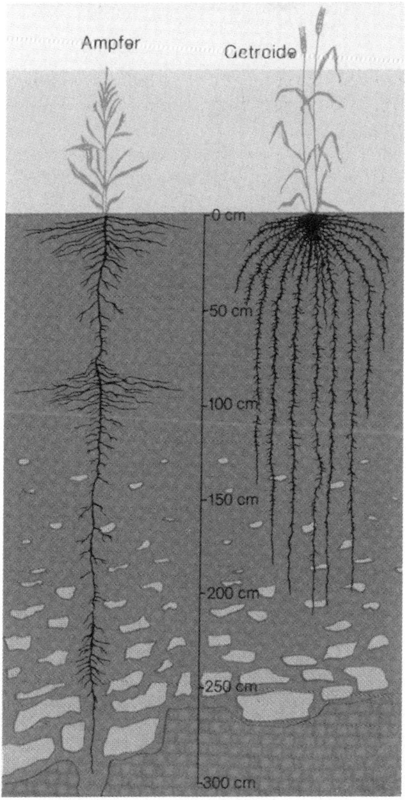

Abb. 25
Gegenüberstellung von Tief- und Flachwurzlern.

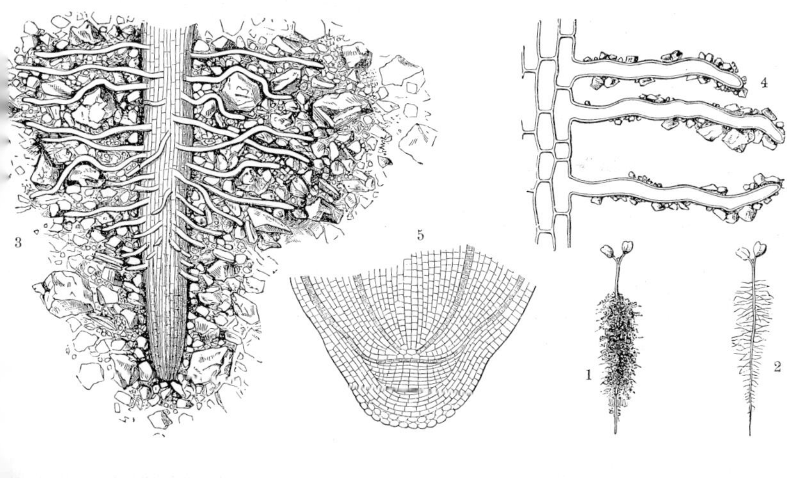

Abb. 26
Wurzelhaare und Wurzelhaube. 1 junger Sämling, 2 Zustand nach Abspülung, 3 Wurzelende mit Wurzelhaaren, 4 einzelne Wurzelhaare (stärker vergrößert), 5 Durchschnitt durch ein Wurzelende mit Wurzelhaube (etwas vergrößert).

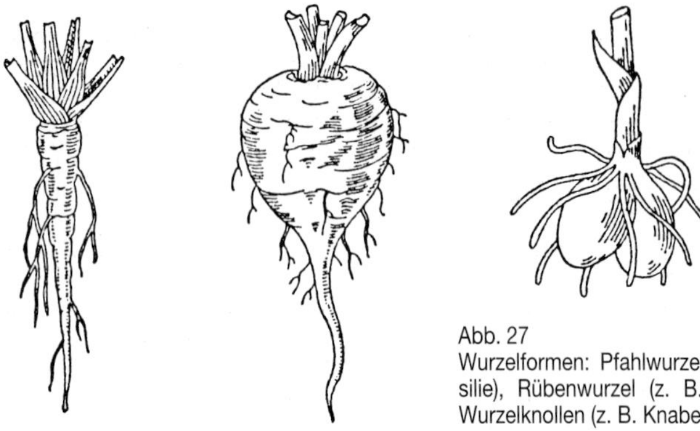

Abb. 27
Wurzelformen: Pfahlwurzel (z. B. Petersilie), Rübenwurzel (z. B. Zuckerrübe), Wurzelknollen (z. B. Knabenkraut).

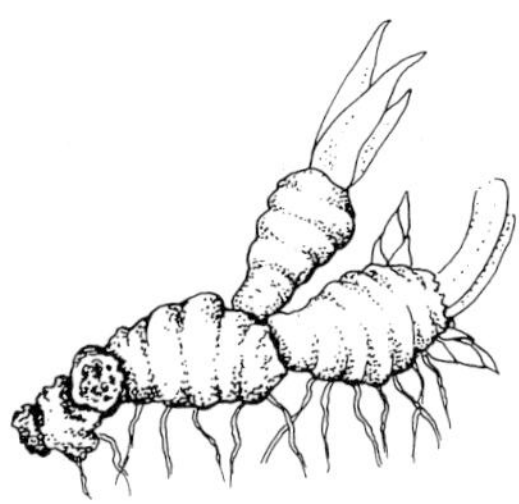

Abb. 28
Rhizom der Schwertlilie.

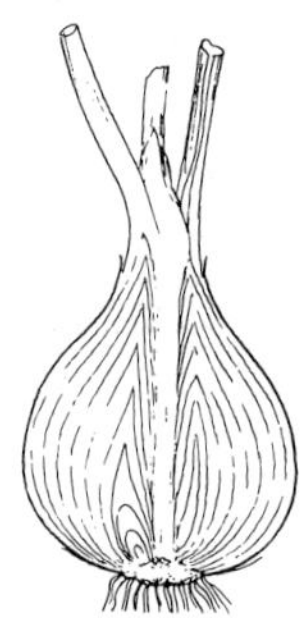

Abb. 29
Längsschnitt durch die Küchenzwiebel.

Abb. 30
Zwiebelknolle der Gladiole mit Brut. Es ist eine knollige Grundachse, rein äußerlich an eine Zwiebel erinnernd.

279 Abb. 26 S. 119 1. die **Wurzelhaube** oder **Kalyptra** mit den Schleimzellen, die das Gleiten im Boden erleichtern. (Auch die Haube der jungen Sporogonkapseln der Laubmoose wird als „Kalyptra" bezeichnet.)

280 2. die **Zellbildungszone** mit dem Vegetationspunkt im Innern;

281 3. **Längenwachstums-** oder **Streckungszone;**

282 4. **Wurzelhaar-** oder **Aufnahmezone;**

283 5. **verholzte Zone.**

Die Längenwachstumszone wird zur Wurzelhaarzone, diese zur verholzten Zone im weiteren Verlauf.

284 Die **Seitenwurzeln** entspringen aus dem **Perizykel,** das ist die äußere Zellschicht des Zentralkörpers der Wurzel, sie werden also endogen angelegt.

285 Abb. 27 S. 120 **Wurzelknollen** sind zu Knollen angeschwollene sprossbürtige Wurzeln, sie sind Speicherorgane für Reservestoffe (Dahlien, Erdorchideen, Scharbockskraut). Sie haben keine Augen. Manche Botaniker sprechen bei Dahlien nur von Speicherwurzeln, weil hier die Anschwellung nicht ausreichend knollenförmig sei.

286 **Wurzelbrut** nennt man die Adventivknospen an den Wurzeln *(Convólvulus, Rósa, Córylus, Pópulus, Úlmus).* Die ausgetriebenen Sprosse kann man dann als Wurzelsprosse bezeichnen. Sie kommen bei einigen Arten z. B. bei *Círsium arvénse* (Ackerkratzdistel) und bei *Linária vulgáris* (Leinkraut) recht oft in Vielzahl vor.

Die Sprosse

287 Der **Spross** in Normalausbildung ist eine ausgetriebene Knospe, ein **Trieb,** bestehend aus Stängel, Blättern und Endknospe (Terminalknospe).

288 Es gibt zwei **Sprossformen:**

289 1. **Luftsprosse,** zu ihnen rechnet man Stängel, Schaft, Halm, Stamm, oberirdische Sprossknollen und oberirdische Ausläufer.

290 2. **Erdsprosse,** zu ihnen gehören Wurzelstock, Erdstamm oder
Abb. 28 Rhizom, unterirdische Ausläufer, die Sprossknollen
S. 120 und die Zwiebeln.

291 **Rhizome, Wurzelstöcke** oder **Erdstämme** sind Überwinterungsorgane und als Speicher dienende Sprossachsen mit kurzen Internodien, die aus mehreren Vegetationsperioden stammen. Rhizome tragen sprossbürtige Wurzeln und farblose Niederblätter. Wurzelstöcke, also Rhizome, unterscheiden sich von Wurzeln durch die Ausbildung von Knospen und Schuppen, das Fehlen einer Wurzelhaube und den inneren Bau. Rhizome finden sich bei *Iris germánica, Zantedéschia aethiópica, Convallária majális* und *Élymus répens (Quecke).*

292 Die **Zwiebel** (bulbus) ist ein unterirdischer, sehr stark verkürzter
Abb. 29 Spross, mit verdickten, fleischigen, blattgrünlosen Schuppen oder
S. 120 Schalen, Niederblättern. Sie dienen als Nahrungsspeicher. Die
293 scheibenförmig abgeflachte Achse wird **Zwiebelscheibe** oder **Zwiebelkuchen** genannt; an ihr sind die Wurzeln kranzartig angeordnet. Es fehlt die Hauptwurzel. Die äußeren schuppenförmigen Niederblätter oder
294 **Schalen** bilden die **Zwiebeldecken.** Je nach Beschaffenheit lassen sich prinzipiell Schuppenzwiebeln (Lilien) von Schalenzwiebeln (z. B. bei Tulpe und Speisezwiebel) unterscheiden.

295 Bei Gladiolen, Montbretien und Sauerklee spricht man von **Zwiebel-**
Abb. 30 **knollen,** weil der knollenartig verdickte Stängel von zwie-
S. 120 belschuppenähnlichen Blättern umgeben ist.

296 Der **Stängel** (caulis) ist eine krautige, beblätterte oder unbeblätterte, verzweigte oder unverzweigte Sprossachse.

297 Man unterscheidet folgende Stängelarten:

a) unterirdische Stängel (Wurzelstock, Zwiebel, Knolle);

b) oberirdische Stängel (Ausläufer, Halm, Schaft, Stamm).

298 Seiner **Gestalt** nach kann ein **Stängel** sein: walzenförmig, kugelig (Seeigelkaktus), zweischneidig (Blattkaktus), drei-, vier- oder mehrkantig (Brennessel, Waldmeister) und fadenförmig (Kleeseide).

299 **Verbänderung (Fasciation)** nennt man abnorme Wuchsformen, durch
Abb. 31, die Stängel abnorm verbreitert werden.
S. 124

300 Die **Richtung** des **Stängels** kann sein: aufrecht, liegend, kriechend, links- oder rechtswindend, nickend, kletternd und flutend.

301, 302 Die **Stängelglieder** oder **Internodien** (lat. **nodi** = die **Knoten**) sind die
303 zwischen den Ansatzpunkten der Blätter, den **Stängelknoten,** befindlichen Stängelabschnitte, auch Zwischenknotenstücke genannt.

304 Ein **Stamm** (truncus) ist ein mehrjähriger, holziger, unverzweigter oder
verzweigter Spross, der im Winter nicht abstirbt.

305 Ein **Schaft** (scapus) ist ein unverzweigter, nach obenhin mehr oder we-
Abb. 32 niger unbelaubter, an der Basis jedoch Laubblätter tragender, mit Blüten
S. 124 oder Blütenständen abschließender Stängel (Primel, Clivie).

306 Ein **Halm** (culmus) ist der Stängel der Gräser. Er ist entweder rund und
Abb. 33 dann meist hohl (Süßgräser) oder dreikantig und mit Mark gefüllt (Sauer-
S. 124 gräser) sowie in jedem Fall von Blattscheiden umgeben und mit Blüten-
ständen endend.

307 Die **Sprossachse** wird auch Achse, Stamm oder Stängel genannt.

Der Spross besteht in der Regel nicht nur aus einer Achse, sondern ist
meist verzweigt (Hauptachse und Nebenachsen).

308 Die **Verzweigung** ist dadurch möglich, dass die Hauptachse sich am
Abb. 34 Sprossscheitel in zwei gleichartige Tochterachsen gabelt. Diese Art der
S. 125
309 Verzweigung bezeichnet man als **Dichotomie** oder **Gabelung.**

310 Die **echte** oder **seitliche Verzweigung** entsteht durch Entfaltung der
Achselknospen. Sie werden unterhalb des Vegetationspunktes in den
311 Achseln der Blätter exogen angelegt. Die Blätter bilden sich in **akrope-
taler** Reihenfolge, d. h., die jüngsten Blattanlagen, die als kleine Höcker
sichtbar werden, liegen dem Sprossscheitel am nächsten, die älteren von
ihm entfernt. Die Achselknospen treiben erst nach einer gewissen Zeit aus
312 und bilden dann die **Seitenachsen** 1., 2., 3. usw. Ordnung.

312a Durch dieses Sprosssystem erhält die Pflanze ihren **Habitus,** d. h. ihr
Aussehen, ihre besondere Gestalt, das Bild. Das Geprägte einer Pflanze
wird auch als **Typus** bezeichnet.

Nicht verwechseln sollte man Habitus mit Habitat (Lebensraum mit be-
stimmter Beschaffenheit, wie sie etwa am Seeufer oder angenommener-
weise in der Hochgrasflur vorliegt).

Je nach Entfaltung der Seitenknospen und der Endknospe entstehen
verschiedene Verzweigungsarten, die besonders an den Blütenständen
(459–475b) ins Auge fallen. Wächst die Hauptachse durch und bleiben die
312b Seitenachsen im Wachstum schwächer, so entsteht ein **Monopodium**
(eine einheitliche Hauptachse). Die Verzweigung nennt man **razemös**
(traubig).

Abb. 35 Charakteristisch für ein **monopodiales Wachstum** ist die einheitliche
S. 125 Hauptachse, die in akropetaler Folge Sprosse ausbildet *(Ábies, Pícea,
Fráxinus,Ácer).*

Bei Blütenständen ergeben sich im Falle eines Monopodiums, also bei
razemösem Verzweigungssystem, Traube, Ähre, Dolde, Kolben, Rispe, das
Köpfchen und Körbchen.

Fehlt eine durchgehende Hauptachse, d. h. wenn eine Seitenachse stär-
ker wächst als die zugehörige Hauptachse, somit die weitere Verzwei-
312c gung immer von einer Seitenachse ausgeht, so ist die Verzweigung **zymös**
(überflutend).

Abb. 31
Hahnenkammartige Verbreiterung (Verbänderung) im Blütenstand von Celosien.

Abb. 32
Schaftausbildung bei Colocasia esculanta.

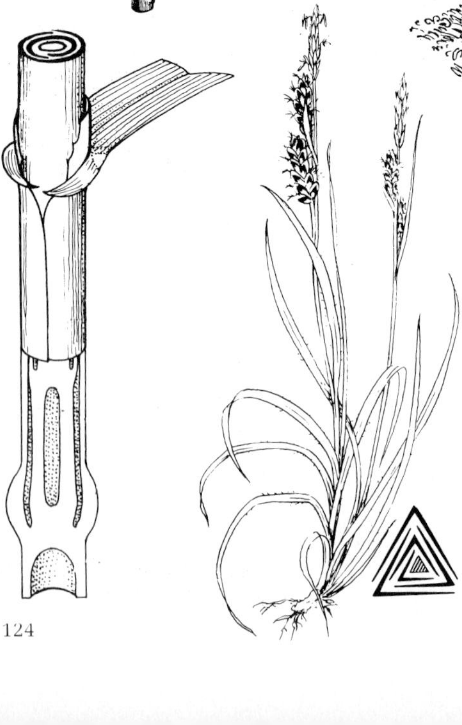

Abb. 33
Pflanzen mit Halmen. Links Süßgras, rechts Sauergras.

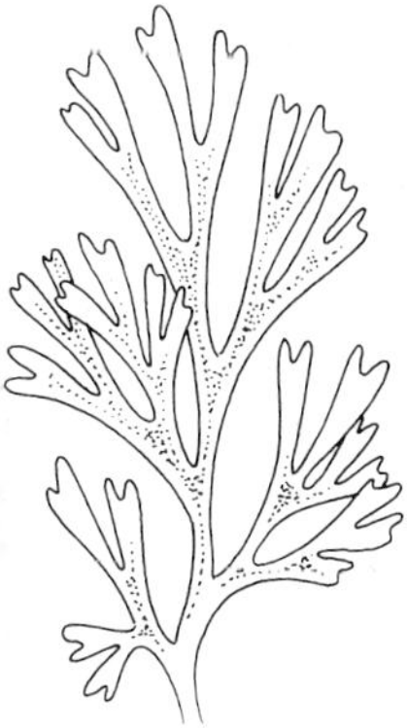

Abb. 34
Gabelung (Dichotomie) bei einer Braunalge.

Abb. 35
Verzweigungsschemata. Links monopodiales Wachstum, Mitte Monochasium, rechts Dichasium.

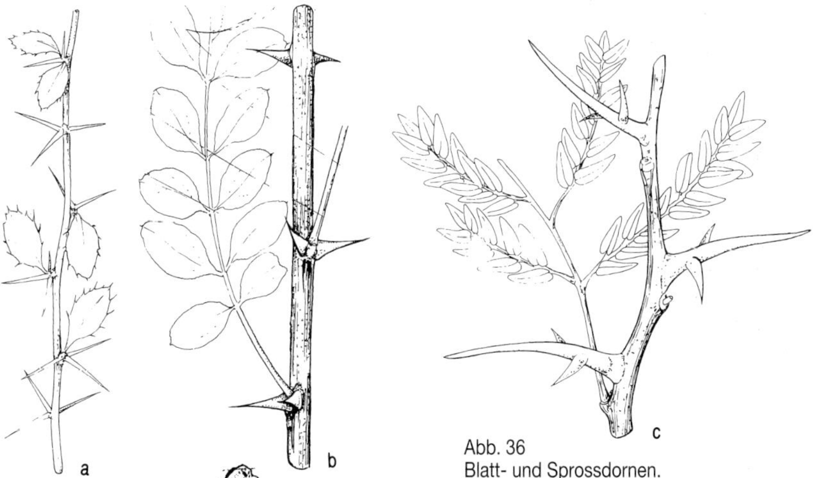

Abb. 36
Blatt- und Sprossdornen.
a Blattdornen bei Berberis, b verdornte Nebenblätter bei Robinien, c Sprossdornen bei Gleditsia triacanthos.

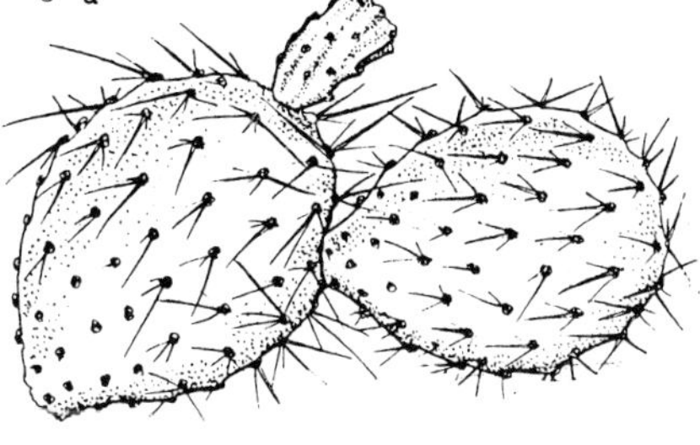

Abb. 37
Flachspross einer Opuntia. Die Seitentriebe („Areolen") tragen Dornen.

312d Die Verzweigung ergibt hier ein **Sympodium** (Scheinachse), wie bei den Rhizomen von *Convallária* und *Polygonátum,* ferner oberirdisch bei *Tília, Ulmus, Castánea* und *Cárpinus* und den Blütenständen Fächel, Sichel, Schraubel und Wickel.

Setzt bei diesem **sympodialen Wachstum** nur eine Tochterachse die
312e Richtung der Hauptachse fort, so spricht man von einem **Monochasium**
Abb. 35 S. 125 (einfache Abzweigung); setzen jeweils 2 gegenüberliegende Seitenachsen das Wachstum fort, während die Hauptachse gehemmt bleibt, so entsteht ein **Dichasium** (zweifache Abzweigung); tun das mehr als zwei Seitenachsen (blühende *Euphórbia cyparíssias*), so liegt ein **Pleiochasium** vor.

Organe verschiedener Funktion, aber gleicher Abstammung nennt man
312f **homologe Organe,** z. B. die Sprossorgane: Rhizom, Ausläufer, Sprossdorn, Brutknospe; die Blattorgane: Keim-, Folge-, Laub-, Nieder-, Hoch-, Kelch-. Blütenblätter, Blattranke, Blattdorn; die Wurzelorgane: Rübe, Wurzelknolle, Luft-, Atem-, Stelz-, Haftwurzel, Wurzeldorn. Diese Homologie-Beispiele gehen also von Anlagengleichheiten aus.

Homolog nennt man auch die Chromosomen, die sich bei der Reduktionsteilung paarweise ordnen.

312g **Analoge Organe** sind Organe gleicher Funktion, aber verschiedener Abstammung, z. B. Assimilationsorgane: Laubblatt, Flachspross, Phyllodium. Aufnahmeorgane: Rhizoid, Wurzelhaar, Stomata. Speicherorgane: Keimblatt, Knolle, Rübe. Befestigungsorgane: Rhizoid, Wurzel, Ranke. Folglich können wir in solcher Sicht diese Analogien als Funktionsgleichheiten definieren.

Sprossveränderungen

Die allgemeinen Grundformen von Sproßachse, Blatt und Wurzel unterliegen je nach Entwicklung, biologischem Zweck und Umwelt verschiedenen Veränderungen. Das sind **Sprossveränderungen** oder **Metamorphosen** des **Sprosses** (also der Sprossachse und/oder der Blätter) und Wurzelmetamorphosen (z. B. Wurzelknollen).

313

314 Abb. 38 S. 129

1. **Ausläufer** oder **Stolonen** sind ober- oder unterirdische fadenförmige Seitensprosse, die von der Stengelbasis, der Blattrosette der Mutterpflanze oder dem Wurzelhals ausgehen. In Internodienabständen bilden sie nach unten büschelige Faserwurzeln und nach oben Triebknospen (Erdbeere, *Nephrólepis exaltáta, Víola odoráta).*
   Bei Kartoffelpflanzen schließt das Längenwachstum der unterirdischen Ausläufer mit einer **Sprossknolle,** der Kartoffel, ab. Sie sitzt also nicht an der Wurzel.

315 Abb. 36, 37 S. 125

2. **Blattdornen** entstehen durch Umbildung von Blättern und Nebenblättern (Kakteen, Berberitze, Robinie).
   Ein in den Achseln der verdornten Blätter von Kakteen ausgebildetes Haarkissen, das aus ebenfalls verdornten Seitenzweigen besteht, heißt **Areole.** (315a)

316

3. **Sprossdornen** (spinae) sind Umwandlungen von Sprossachsen; sie stehen also in Verbindung mit dem Holzkörper (Weißdorn, Gleditschie). **Stacheln als Emergenzen** sind dagegen leicht zu entfernende Oberhautgebilde (Rose). (317)

318

Die folgenden Sprossveränderungen dienen den **Kletterpflanzen** als **Kletterorgane:**

319

4. Bei **Sprossranken** werden umgebildete Sprossachsen zu Achsenfadenranken (Weinstock, *Vítis vinífera*).
   Pflanzen, die an den Enden der Sprossranken Haftscheiben entwickeln, heißen **Selbstklimmer** *(Parthenocíssus tricuspidáta 'Veitchii').* (320)

321 Abb. 39 S. 128

5. **Blattranken** (cirrhi) sind zu Fadenranken umgebildete Blätter (Erbse, wohlriechende Wicke).

322

6. **Schlingpflanzen** oder **Windepflanzen** haben Sprosse mit sehr langen Internodien, die sich durch Windebewegungen zum Licht emporschlingen. Man unterscheidet linkswindende Schlinger (Bohnen) und rechtswindende (Hopfen).

323

7. **Spreizklimmer** klettern zum Licht empor mit Hilfe von:
   a) widerhakenähnlichen Seitensprossen *(Solánum dulcamára,* Bittersüßer Nachtschatten);
   b) starren Klimmhaaren *(Gálium aparíne,* Klebkraut)
   c) Stacheln oder Emergenzen (Brombeere, Kletterrose)
   d) Dornen (*Lýcium bárbarum,* Bocksdorn – *Bougainvíllea spectábilis).*

324

8. **Wurzelkletterer** bilden sprossbürtige Haftwurzeln (Efeu).

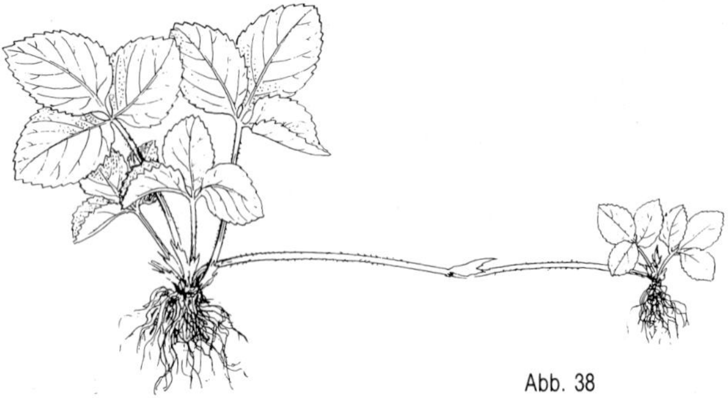

Abb. 38
Ausläufer an Erdbeerpflanzen.

Abb. 39
Blattranken der Erbse.

Abb. 40
Phyllokladien beim Mäusedorn (Ruscus aculatus).

Abb. 41
Phyllodien (Blattstielabflachungen) bei einer Acacia spec.

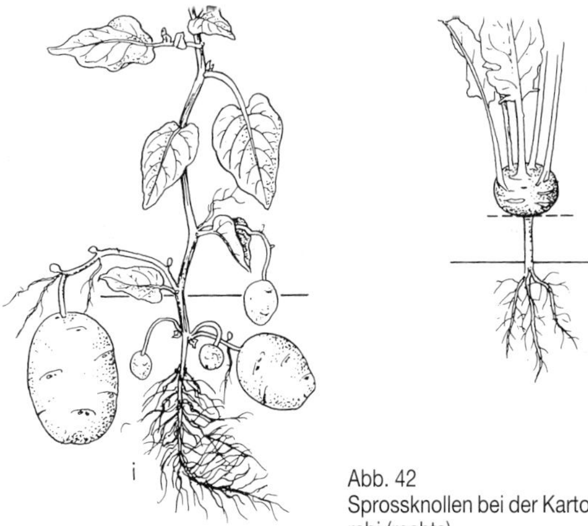

Abb. 42
Sprossknollen bei der Kartoffelpflanze (links) und dem Kohlrabi (rechts).

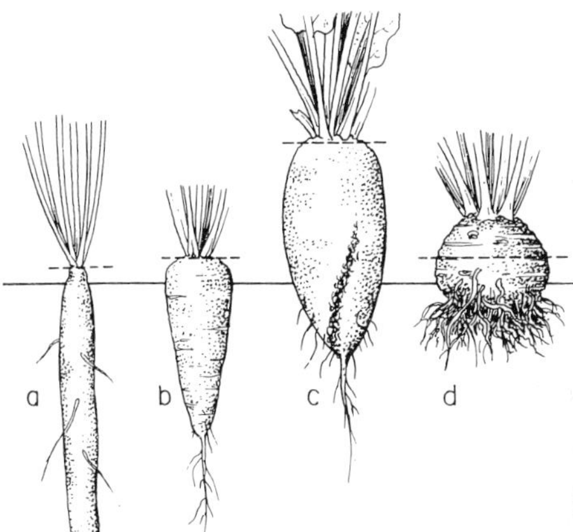

Abb. 43
Sprossrüben, verglichen mit Wurzelrüben. a Wurzelrübe (Schwarzwurzel), b Wurzelrübe (Möhre), c Sprossrübe (Futterrübe), d Sprossrübe (Sellerie).

Abb. 44
Cereus peruvianus var. monstrosus als Beispiel einer stammsukkulenten Pflanzenart. Die Pflanze ist verbändert.

325 Abb. 40, 41 S. 128 9. **Assimilationssprosse** sind grüne Sprosse, die bei starker Reduktion der Blätter die Photosynthese übernehmen. Sie sind wenig umgestaltet beim Besenginster, fleischig und abgeflacht bei Opuntien, büschelig beim Spargel, blattartig verbreitet bei *Rúscus aculeátus,* Mäusedorn.

326 Blattähnliche Flachsprosse heißen Phyllokladien, **Scheinblätter.** Es
327 sind Kurztriebe, dagegen sind **Kladodien** blattähnliche Langtriebe *(Opúntia).*

328 10. **Sukkulente** Pflanzen haben fleischige, saftige Blätter oder Stämme.

329 a) **Blattsukkulenten** sind *Sédum, Sempervívum, Agáve, Áloe, Mesembryáthemum*

330 Abb. 44 S. 129 b) **Stammsukkulenten** sind Kakteen, *Euphorbia*arten, *Stapelien* und *Kleinien.*

331 **Sprossknollen** (tubera) sind meist unterirdische, angeschwollene, fleischige Achsen (Alpenveilchen, Kartoffel, Knollenbegonien), eine ober-
332 Abb. 42 S. 129 irdische **Stammknolle** bildet Kohlrabi. Spross- oder Stammknollen besitzen Augen. Sie sind wie die Wurzelknollen Speicherorgane für Reservestoffe. Eine **Knolle** ist also ein verdickter, mehr oder weniger fleischiger Stengel-(Stamm-) oder Wurzelteil. Man unterscheidet danach Sprossknollen und Wurzelknollen.

332a Abb. 43 S. 129 Als **Rübe** bezeichnet man das Speicherorgan, das vor allem aus dem angeschwollenen Hypokotyl besteht, bei dem aber auch mehr oder weniger lange Abschnitte der Hauptwurzel beteiligt sind [Mohrrübe, Runkel-(Futter-)Rübe, Rettich]. Eine typische Sprossrübe, an der auch weitgehend die Sprossbasis Anteil hat, ist beim Sellerie zu beobachten.

333 Als **Kräuter** bezeichnen wir Pflanzen mit weichen, saftigen oberirdischen Sprossen, die meist am Ende einer Wachstumsperiode ganz oder bis auf die unterirdischen Teile absterben, z. B. einjährige, zweijährige und mehrjährige Pflanzen (Stauden).

334 ⊙ **Einjahrsblumen** oder **Sommerannuelle** sind krautige Pflanzen, die im Kalenderjahr der Aussaat blühen, Frucht bringen und absterben (Chabaudnelken, Petunien).

Einjahrsblumen überdauern die kalte Jahreszeit auf die beste Weise, nämlich nur in Gestalt ihrer trockenen Samen.

335 **Annuelle** Pflanzen sind Gewächse, die innerhalb einer Vegetationsperiode Blätter, Blüten und Früchte ausbilden und dann absterben. Neben den Sommerannuellen gibt es die

336 ⊙ **Winterannuellen,** die **Zweijahrsblumen** oder **Biennen,** die erst in dem der Aussaat (meist Juni, Juli) folgenden Kalenderjahr blühen, Frucht bringen und absterben *(Diánthus barbátus, Viola Wittrockiana-Hybriden, Myosótis).* Genau genommen könnte man ausgeprägt winterannuelle Pflanzenarten (z. B. Wintergetreide) auch als einjährig überwinternde Gewächse bezeichnen und für sie das Zeichen ❶ anwenden.

337 ♃ **Stauden** sind ausdauernde, perennierende, also mehrjährige krautige Pflanzen mit ausdauernden Wurzeln oder Rhizomen. Sie bilden alljährlich oberirdische Erneuerungssprossen, die meist im Herbst absterben. Es gibt auch immergrüne Stauden (*Helictótrichon sempervirens, Arméria marítima* usw.).

338 ♄ **Halbsträucher** (suffrutices) sind Pflanzen, bei denen die unteren Teile verholzen, die oberen Sproßteile aber krautig bleiben (*Paeonia spec., Lavándula, Fúchsia, Pelargónium* und besonders typisch die Rosen).

339 ♄ Ein **Strauch** (frutex) ist ein Holzgewächs, bei dem mehrere gleichwertige Stämme, **Schösslinge,** vom Erdboden ausgehen *(Córylus).*

340 **Zwergsträucher** bleiben niedriger als 1/2 m (Heidekraut, Heidelbeere).

341 ♄ Ein **Baum** (arbor) ist ein Holzgewächs mit säulenfestem Stamm und einer Krone aus beblätterten Ästen und Zweigen (Obstbäume, Wald- und Alleebäume). Als beeindruckende Baumriesen bieten sich einige *Eucalýptus*-Arten und auch Mammutbäume dar.

In Wäldern nahe der Niagara-Fälle jedoch wachsen Lebensbäume *(Thúja occidentális)* auf Kalkstein und Dolomit extrem langsam. Während sie bei uns in etwa 90 Jahren über 10 m hoch werden können, weist dort ein 155 Jahre alter Baum nur eine Höhe von knapp 10 cm auf (bei einer Holzzunahme von 0,11 g pro Jahr). Ein Lebensalter von 350 Jahren wurde festgestellt bei einem 1,80 m hohen und an der Stammbasis 18 cm dicken Exemplar. Nicht annähernd erklärbar ist, wie es zu diesen „Bonsai-Bildungen in natura" kam.

342 Ein **Trieb** ist ein unverholzter, krautiger Spross.

343 Ein **Zweig** ist ein verholzter Trieb, eine Nebenachse II. Ordnung.

344 Ein **Ast** ist ein mehrjähriger Zweig, eine Nebenachse I. Ordnung.

Wenn die Haupt- und Seitenachsen infolge Streckung der Internodien
345 sehr starkes Längenwachstum zeigen, spricht man von **Langtrieben,** bleiben sie aber kurz und gestaucht, von **Kurztrieben.**

Entwickeln sich die Laubblätter einer Hauptachse zu voller Größe, die Streckung der Hauptachse bleibt jedoch aus, entsteht eine Rosettenpflanze.

Kurztriebe haben oft nur eine beschränkte Lebensdauer; sie verzweigen sich nicht oder doch nur sehr wenig und bringen Blätter und Blüten hervor. So bildet z. B. die Lärche an ihren älteren blattlosen Langtrieben winzige Nadelbüschel tragende Kurztriebe. Bei den Kiefern haben die Langtriebe nur kleine, vergängliche Schuppenblätter, und nur die Kurztriebe bringen 1–8 Nadelblätter über einer Anzahl scheidenförmiger kleiner Niederblätter hervor.

Nach der Stellung der Nadeln an Lang- oder Kurztrieben kann man Gattungen der Koniferen zu Gruppen zusammenfassen:

346 an **Langtrieben** stehen die Nadeln von *Pícea, Ábies, Tsúga* und *Pseudotsúga*

an Lang- und Kurztrieben stehen die Nadeln von *Lárix* und *Cédrus,*

an **Kurztrieben** stehen die Nadeln von *Pínus.*

Die Knospen

347 Die **Knospe,** das **Auge,** ist ein durch Blattanlagen geschützter **Wachstumspunkt,** ein **Vegetationskegel,** also ein unentwickelter Spross.

348 Die Knospe, fachbotanisch Gemma genannt, kann **endogenen,** d. h. inneren Ursprungs sein und muss dann die äußeren Gewebe durchbrechen,
349 oder sie entsteht **exogen** durch Hervorwölbung oberflächiger Gewebeschichten.

350 Man unterscheidet mehrere **Knospenarten:**

351 1. **Achselknospen** entstehen exogen in den Blattachseln.

352 2. **Adventivknospen** sind endogen hinzukommende Knospen, die an allen Pflanzenteilen, Wurzeln, Stämmen, Blättern und aus wieder teilungsfähigem Dauergewebe entstehen können.

353, 354 3. **Beiknospen** sind Blattknospen, die **serial,** aufsteigend oder absteigend
355 *(Lonicéra)* und **kollateral** rechts und links *(Muscári)* zusätzlich auftreten.

356 4. **Blatt-, Laub-** oder **Holzknospen,** gemmae foliíparae, haben eine längliche Form und bringen keine Blüten hervor.

357 5. **Blütenknospen,** gemmae floríparae, sind rundlich und bergen die Blütenanlage. Sie sind zumeist der Abschluss des jeweiligen Triebes.

358 6. **Brutknospen, Brutknollen, Brutzwiebeln** oder **Bulbillen** sind sich loslösende kleine Knöllchen oder Zwiebeln, die sich in den Blattachseln bilden *(Lílium bulbíferum, Dentária bulbífera, Állium scorodóprasum).*

359 **Hibernakeln,** auch Turionen genannt, sind Überwinterungsknospen einiger Wasserpflanzen (*Hydrócharis* und *Stratiótes*).

360 **Bulben, Bollen,** sind Zwiebeln, die aus einzelnen Blättern (Schuppen oder Schalen) bestehen, die den Vegetationspunkt umgeben.

361 **Pseudo-** oder **Scheinbulben** findet man bei Orchideen, wenn die unteren Abschnitte der Blätter (Blattstielteile) zu knollenförmigen Wasser- und Nährstoffbehältern ausgebildet sind. Sie werden nur fälschlich Bulben genannt.

362 7. **Keimknospen** nennt man **Wachstums-** oder **Vegetationspunkte,** die bei den Dikotyledonen zwischen den Keimblättern und bei den Monokotyledonen seitlich des Keimblattes liegen. Die Keimknospe
363 wird **Plumula** genannt.

364 8. **Schlafende Augen** sind Knospen, die bei besonderer Reizwirkung noch austreiben können.

365 9. **Seitenknospen** sind die Anlagen zu Seitensprossen. Kommen sie nicht zur Entwicklung, bleiben sie die sog. „schlafenden Augen".

366 10. **Terminal-, Gipfel-** oder **Endknospen** entwickeln sich an den Enden der Triebe, z. B. als Blütenknospen.

367 **Akrotonie** ist die Eigenschaft des bevorzugten Austreibens von Knospen im Spitzenbereich der Zweige (Beispiele: viele Bäume). Bei
368 der **Mesotonie** werden die Knospen im mittleren und bei der
369 **Basitonie** im unteren Bereich gefördert (Beispiele: Sträucher und ausdauernde Kräuter). Akro-, meso- und basitone Eigenarten der Pflanzen müssen bei Schnittmaßnahmen beachtet werden.

Symmetrieverhältnisse

370 Für die Gestalt eines ungegliederten oder irgendwie gegliederten Lebenswesens, ebenso für die Form und die innere Ausbildung seiner Teile ist die Eigenart der **Symmetrieverhältnisse** bezeichnend.

371 1. **Symmetrisch** nennt man einen Körper (Blatt, Blüte), der aus spiegelgleichen, übereinstimmenden Hälften besteht.

372 2. **Symmetrieebene** heißt die Ebene, die spiegelgleiche Hälften trennt.

373 3. **Radiär, polysymmetrisch, strahlig** oder **aktinomorph** ist z. B. eine Blüte mit mehr als zwei Symmetrieebenen *(Sédum)*.

374 4. **Bilateral, disymmetrisch** ist eine Blüte mit zwei Symmetrieebenen *(Dicéntra)*.

375 5. **Dorsiventral, monosymmetrisch** oder **zygomorph** ist ein Blatt oder eine Blüte mit nur einer Symmetrieebene, bei der Bauch- und Rückenseite verschieden, die beiden Flanken aber mehr oder weniger spiegelgleich sind.

376 6. **Asymmetrisch** nennt man Gebilde, die sich nicht in spiegelgleiche Hälften teilen lassen. Das ist der Fall bei Begonien, den „Schiefblättern".

377 7. **Orthotrop** ist die Anordnung jener Pflanzenteile, die in der Lotrichtung auf- oder abwärts wachsen. Sie sind infolgedessen meist radiär.

378 8. **Plagiotrop** ist die Anordnung jener Pflanzenteile, die horizontal oder schräg zur Lotlinie wachsen; sie sind meistens dorsiventral.

Die Blätter

379 Die **Blätter** sind flächenartig gestaltete Aufbauorgane der Sprossachse und haben folgende Aufgaben zu erfüllen:

1. die Pflanze zu ernähren (Photosynthese).
2. die Pflanze mit Sauerstoff zu versorgen (Atmung)
3. den Wasserhaushalt zu regeln (Transpiration)
4. bei Schwimmpflanzen die ganze Pflanze zu tragen *(Núphar, Victória, Eichhórnia)*
5. Assimilate und vor allem Wasser zu speichern (sukkulente Pflanzen)
6. Schutzfunktionen auszuüben (Zwiebelschalen)
7. „Schauapparat" zu sein (große Blüten)
8. Insekten zu fangen (Sonnentau).

Zwischen den Funktionen der Blätter und der Wurzeln besteht ein Gegenseitigkeitsverhältnis.

380 Man unterscheidet folgende Blattarten:

381 1. **Keimblätter, Samenlappen** oder **Kotyledonen** sind wertvolle Reservestoffbehälter. Sie versorgen den Keimling mit fertigen Baustoffen, bis er
Abb. 45 S. 135 sich selbst ernähren kann, sind nicht selten zur Photosynthese fähig, indem sie ergrünen, aber doch meist kurzlebig. Merkwürdigerweise jedoch wächst bei *Streptócarpus wendlándii* eines der beiden Keimblätter zu einem großen Laubblatt aus, das das alleinige während der gesamten vegetativen Entwicklung der Pflanze bleibt. Bei ungleicher
381a Größe der Keimblätter, wie im vorliegenden Fall, spricht man von **Ani-**
381b **sokotylie,** bei übereinstimmender Größe von **Isokotylie.** Gelegentlich weisen zweikeimblättrige Pflanzen drei Keimblätter auf (Trikotylie) oder keimen nur mit einem Keimblatt *(Ranúnculus ficária)* bzw. entwickeln überhaupt keine Keimblätter *(Anemóne).* Einkeimblättrige Pflanzen werden auch Spitzkeimer genannt, sofern eindeutige Zugehörigkeit zur Klasse Liliiopsida (Monocotyledoneae) vorliegt.

382 2. **Niederblätter** sind unscheinbar, farblos und schuppenförmig. Sie sitzen häufig unterirdisch am Erdspross, also an Zwiebeln, Kartoffelknol-
383 len und Rhizomen. **Schuppen** sind farblose oder grüne Niederblätter, die der Bildung von Laubblättern bei manchen Keimpflanzen (Erbse), bei den Erneuerungssprossen von Stauden (Maiblumen) und an den Jah-restrieben der Holzgewächse als **Knospenschuppen** vorangehen.
384 Die **Knospenschuppen** (tegmenta) bilden ein fest zusammenschließendes, schützendes Gehäuse der Winterknospen. Nackte, ungeschützte Knospen hat der Wollige Schneeball (im Gegensatz zum Gemeinen Schneeball). Bei Erlen sind die Winterknospen gleichfalls nackt und obendrein etwas gestielt. Der Holunder hat offene Knospen, weil die Spitzen ihrer Schuppen sich meist nicht ganz zusammenschließen.

385 3. **Nebenblätter, Stipulae** oder **Stipeln** sind Schutzblätter für den jungen
Abb. 46 S. 135 Trieb gegen Frost und Fraß. Wir finden sie bei der Rose als „Öhrchen". Bei der Erbse sind sie besonders groß, und beim Gummibaum bilden sie die „Tüte". Bei *Robínia pseudo-acácia* und einigen ande-

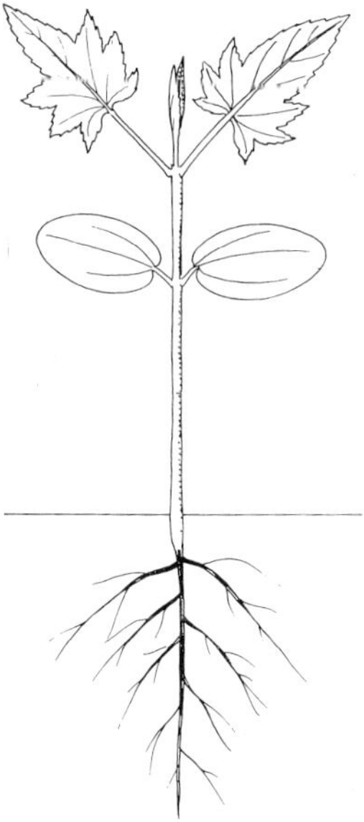

Abb. 45 (links)
Junger Sämling von Ricinus communis mit Keimblättern und ersten Laubblättern.

Abb. 46 (rechts)
Nebenblätter an der Basis eines Fiederblattes bei Pisum sativum.

Abb. 47 (unten)
Urnenblätter bei Dischidia major, vergleichbar den Kannenblättern bei Nepenthes. Rechts Urnenblatt aufgeschnitten. Eine Luftwurzel ist durch die obere Höhlung des Urnenblattes eingedrungen und kann, falls Ameisen in der Urne leben, deren N-reiche Kot-Zersetzungsprodukte aufnehmen. Ferner befinden sich auf den Innenseiten der Urnenblätter Spaltöffnungen zur Nutzung des Atmungs-CO_2 der Ameisen für die pflanzliche Photosynthese.

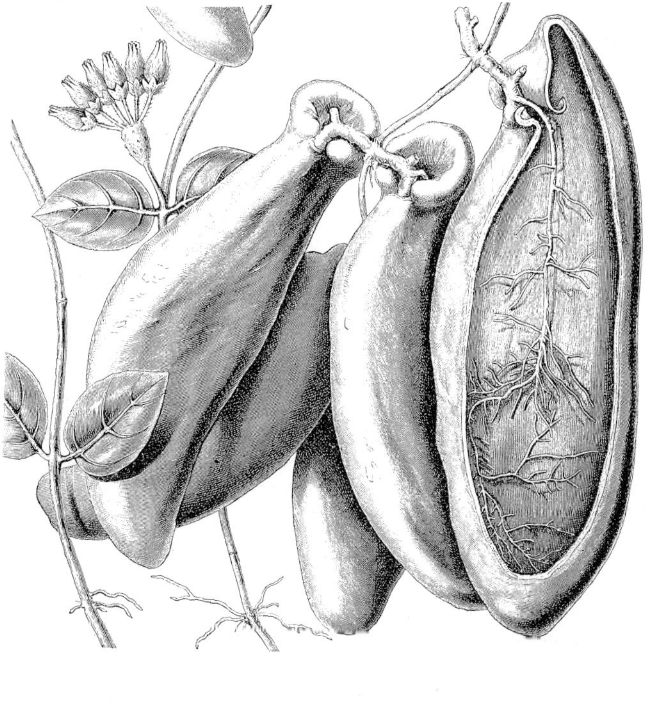

ren Pflanzenarten sind die Nebenblätter zu Blattdornen umgewandelt. Bei der Rotbuche fallen sie nach der Laubentfaltung ab. Eine
386 häutige Röhre, **Ochrea,** bilden sie bei den Knötericharten und bei den Gräsern das aufrechte weiße Häutchen, die **Ligula,** die sich zwischen Blattscheide und Blattspreite befindet.

4. **Laubblätter,** siehe Nr. 392.

387 5. **Hochblätter** werden auch **Brakteen, Hüllblätter** oder **Spelzen** genannt. Sie sitzen höher als die eigentlichen Laubblätter und bilden die
388 schützenden Decken der jungen Blüte. Sie haben die **Aufgabe** der Insektenanlockung, der Mitbeteiligung bei Fruchtbildung (Becherfrüchtler, Haselnuss), der Fruchtverbreitung (Linde).
389 Weitere **Beispiele** sind beim Maiglöckchen die Hochblätter unter jedem Blütenstielansatz; das scheidenartige Hüllblatt der Blüte des Schneeglöckchens; die kleinen grünen, nadelförmigen Gebilde im Blütenstand der Möhre; der trockene, raschelnde Hüllkelch der Strohblume; die großen, blütenblattähnlichen Brakteen der
389b „Poinsettien" und *Bougainvilleen,* die Blütenscheide, **Spatha,** bei Zimmer-Calla, *Anthurien* und Aronstab. Bei dem Taubenbaum, *Davídia involucráta,* sind die unscheinbaren Blütenstände von jeweils zwei ungleich großen, aber langen und dünnen, weißen Hochblättern umgeben, die beim geringsten Wind flattern und an auffliegende Tauben erinnern.

6. **Blütenblätter** siehe unter Blüte Nr. 439ff.

390 Abb. 48 S. 137 7. **Mantel-** oder **Nischenblätter** einiger Epiphyten, die der Ansammlung von Humus und Wasser dienen *(Platycérium).*

391 Abb. 47 S. 135 8. **Kannenblätter,** dem Tierfang dienende metamorphosierte Blätter, die mit Fangblasen zu vergleichen sind und z. B. bei *Nepénthes* vorkommen.

392 Die **Laubblätter** (folia) gliedern sich in Blattgrund bzw. Blattscheide, Blattstiel, Blattspreite oder Blattfläche, Blattrand und Blattspitze. Ein mittelgroßes Laubblatt kann über achtzehn Millionen Zellen haben. *Welwítschia mirábilis* bildet nach den schnell vergänglichen Keimblättern während ihres ganzen nicht kurzen Lebens lediglich zwei lange bizarr oder grotesk wirkende Laubblätter aus. Besonders groß sind die Laubblätter der Bananenpflanzen. Längen bis zu 3,50 m und Breiten von etwa 0,5 m sind möglich.

393 Die **Blattspreite** oder **Blattfläche** (lámina) ist meistens papierdünn und flächig. Sie kann aber auch dick und fleischig sein *(Crassuláceae),* nicht flächig, sondern nadelförmig *(Coníferae)* oder röhrenförmig *(Állium).*

394 Abb. 49 S. 137 **Blattnerven, Blattadern** oder **Blattrippen** sind die Leitungsbahnen oder Gefäßbündel der Blätter. Es gibt ein- und mehrnervige, streifen-, fieder- und handnervige Blätter. Die einnervigen Blätter finden wir bei den Koniferen.

395 Abb. 49 S. 137 Nach dem **Verlauf der Blattnerven** unterscheiden sich die mehrnervigen Blattspreiten. Wir finden eine gabelige Nervatur ohne Mittelnerv bei Ginkgo und manchen Farnen, streifen- oder parallel- und

Abb. 48
Nischenblätter, von geweihartigen Laubblättern umgeben, bei Platycerium.

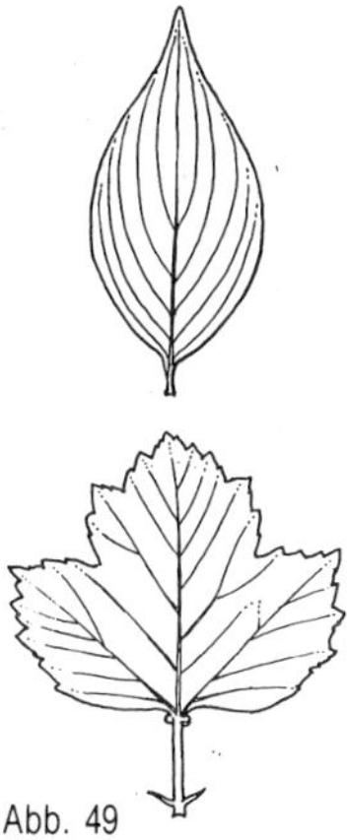

Abb. 49
Blattnervaturen. Unten Laubblatt einer dikotylen, oben das einer monokotylen Pflanze.

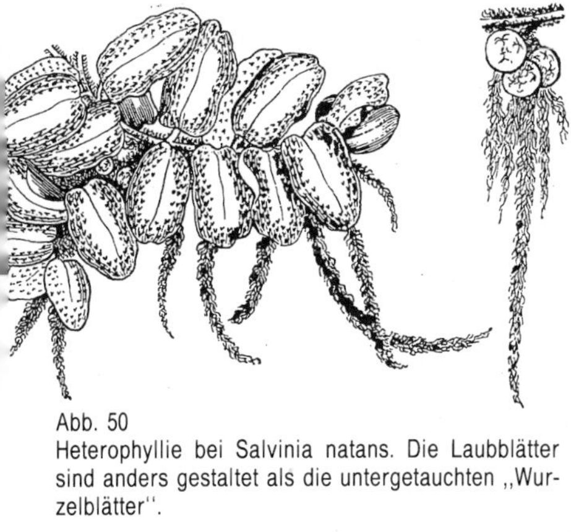

Abb. 50
Heterophyllie bei Salvinia natans. Die Laubblätter sind anders gestaltet als die untergetauchten „Wurzelblätter".

Abb. 51
Anisophyllie, ein Sonderfall der Heterophyllie, ist lediglich durch unterschiedliche Blattgrößen gekennzeichnet. Es entsteht ein Blattmosaik. Beispiel: Acer platanoides.

396 bogennervige Blattspreiten bei **einkeimblättrigen Pflanzen.**
396b Bei den **zweikeimblättrigen Pflanzen** haben wir fiedernervige (Rotbuche) und handnervige (Platane, Ahorn) Blattspreiten.

397 Abb. 50, 51 S. 137 **Heterophyllie** wird die Erscheinung genannt, wenn bei derselben Pflanze unter Einwirkung von Außenfaktoren (Wasser, Licht) oder in Abhängigkeit von der Entwicklung verschieden gestaltete Blätter auftreten (Jugend- und Altersblätter bei Efeu). Man spricht in einem solchen Fall auch von einem heteroblastischen Formwechsel. Die Keimblätter haben im Regelfall andere Gestalt als die Laubblätter. Auch zeigen die ersten
398 Laubblätter, die **Primärblätter,** oft andere Formen als die sich später entwickelnden (Bohne). Bei Wasserpflanzen sind z. B. die im Wasser befindlichen Blätter anders gestaltet als die Luftblätter (Wasserhahnenfuß).

Man unterscheidet einfache und zusammengesetzte Blätter, die beide hand- oder fiedernervig sein können.

399 Die **Blattspreite** kann einfach, d. h. ungeteilt, geteilt oder aus Teilblättchen zusammengesetzt sein.

400 Die **ungeteilte Blattspreite** ist am Rande nicht oder nur leicht eingeschnitten oder gelappt (Kirsche, *Liriodéndron).*

401 Die **geteilte Blattspreite** weist tiefe Einschnitte auf. Sie heißt dann fingerartig geteilt *(Helléborus fœ̇tidus)* oder fiederteilig *(Hottónia palústris,* Wasserfeder). Die Teilblättchen nennt man foliola und auch pinnulae (Fiederchen).

402 Die **zusammengesetzte Blattspreite** besteht aus mehreren Teilblättern, die an einem gemeinsamen Blattstiel unmittelbar (Rosskastanie) oder durch kleine Stiele (Rose, Robinie) befestigt sind.

403 Ein **gefiedertes Blatt** besteht aus mehreren Blättchenpaaren.

404 Abb. 52 S. 139 **Unpaarig gefiedert** ist ein **Blatt,** wenn es mehrere Blättchenpaare und ein Endblättchen hat.

405 **Paarig gefiedert** ist ein **Blatt,** wenn es mehrere Blättchenpaare hat und das Endblättchen fehlt.

406 **Unterbrochen gefiedert** ist ein **Blatt,** wenn große und kleine Blättchenpaare abwechseln.

407 **Doppelt gefiedert** ist ein **Blatt,** wenn die Blättchenpaare nochmals gefiedert sind.

408 Als **Blattgrund,** Blattbasis, bezeichnet man den unteren Teil der Blattspreite. Er kann gestielt und ungestielt = sitzend sein. **Sit-**
409 **zende Blätter** sind stengelumfassend, am Stengel herablaufend, schildförmig stengelaufsitzend, den Stengel umwachsend oder eine Blattscheide bildend. Der Blattgrund geht häufig zur Bildung von Nebenblättern über.

410 Abb. 53 S. 139 Die **Blattscheide** (vagina) ist ein verbreiterter und abgeplatteter Blattgrund; sie ist meistens bei Monokotyledonen zu finden, aber auch bei Dikotyledonen (Doldenblütler). Sie umhüllt schützend den Stiel und die Achselknospe des zugehörigen Blattes. Die stengelumfassende Blattscheide kann offen oder verwachsen sein. Bei Gräsern ist sie am Sten-

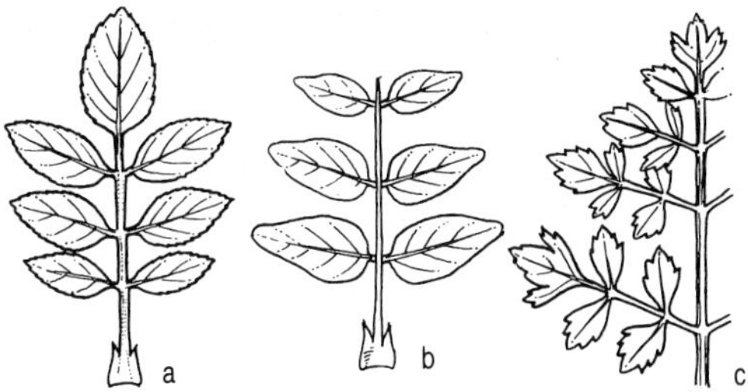

Abb. 52
Blattfiederungen. Unpaarig gefiedert (a), paarig gefiedert (b), doppelt gefiedert (c).

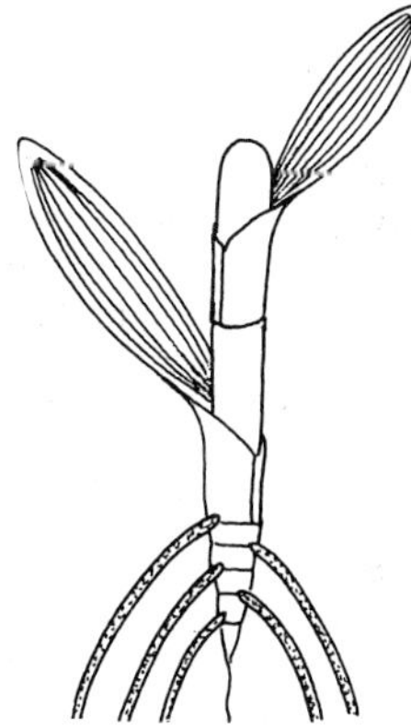

Abb. 53
Blattscheiden am Beispiel der Gräser.

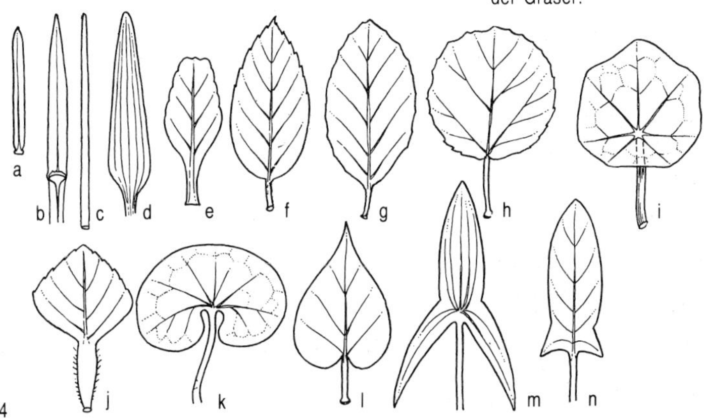

Abb. 54
Blattumrisse können sein.
a nadelförmig, b lineal, c binsenförmig, d lanzettlich, e spatelförmig, f eiförmig, g elliptisch, h kreisrund, i schildförmig, j rautenförmig, k nierenförmig, l herzförmig, m pfeilförmig, n spießförmig.

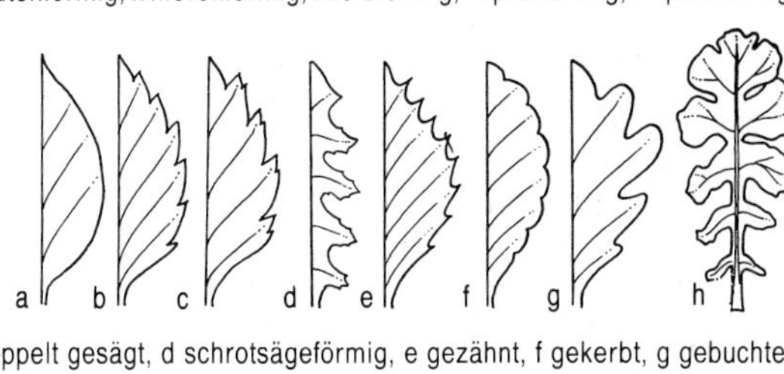

Abb. 55
Blattränder können sein.
a ganzrandig, b gesägt, c doppelt gesägt, d schrotsägeförmig, e gezähnt, f gekerbt, g gebuchtet, h fiederspaltig.

gelknoten zum **Grasknoten** angeschwollen. Bei der *Eichhórnia crássipes* (Wasserhyazinthe) enthält sie ein mit Luft gefülltes Röhrensystem.

412 Die **Blattformen** werden durch die Länge und Breite der Blattfläche bestimmt.

413 Abb. 54 S. 139 Dem **Blattumriss** nach sind die Blätter rund, elliptisch, eiförmig, herzförmig, nierenförmig, lanzettlich, nadelförmig und weiter sehr verschieden geformt.

414 Abb. 55 S. 139 Nach der Gestaltung der **Blattränder** nennt man ein Blatt:

415 **ganzrandig,** wenn keine Einschnitte vorhanden sind,

416 **gezähnt,** wenn die Einschnitte stumpf und die Zähne spitz sind,

417 **gekerbt,** wenn die Einschnitte spitz und die Zähne abgerundet sind,

418 **gesägt,** wenn die Einschnitte und die Zähne spitz sind,

419 **doppelt gesägt,** wenn die Zähne nochmals gesägt sind,

420 **gebuchtet,** wenn die Einschnitte und die Zähne abgerundet sind,

421 **gelappt,** wenn die Einschnitte nicht die Mitte der Blatthälfte erreichen,

422 **fiederspaltig,** wenn die Einschnitte bis zur Mitte einer Blatthälfte reichen,

423 **fiederteilig,** wenn die Einschnitte über die Mitte der Blatthälfte, bis zur Mittelrippe oder bis zum Blattgrund gehen.

424 Eine **Blattspitze** kann sein: spitz, zugespitzt, stachelspitzig, stumpf, abgestumpft, abgerundet, ausgerandet, eingeschnitten und herzförmig zugespitzt.

425 Der **Blattstiel** (petíolus) ist stengelähnlich und dient der Leitung gelöster Stoffe. Er hat die **Aufgabe,** die Blattfläche dem Licht entgegenzustrecken und günstig zum Lichteinfall einzustellen. Die Bewegungen können durch Anschwellungen der Blattstiele am Grunde oder an der Spitze, die wie Gelenke arbeiten, ausgeführt werden (Feuerbohne).

Bei einigen Myrtengewächsen und Akazien verbreitet sich der Blattstiel spreitenartig und übernimmt die Aufgabe des Blattes. Solche
426 Blattstielblätter nennt man **Phyllodien.** Siehe Abb. 41, S. 134.

427 Abb. 56 S. 141 Nach der **Blattstellung unterscheiden wir:**

428 **wechselständige Blätter,** die in Schraubenlinien einzeln an den Knoten stehen (Apfel, das 6. Blatt steht wieder über dem ersten),

429 **gegenständige Blätter:** zwei Blätter stehen sich an einem Knoten gegenüber (Ahorn),

430 **kreuzständige Blätter:** gegenständige Blätter stehen sich kreuzweise gegenüber (Salvie), auch dekussierte Stellung genannt,

431 **quirlständige** oder **wirtelig** angeordnete Blätter sitzen in beliebiger Zahl an einem Knoten (Waldmeister), bei fehlenden Internodien bilden sich **Rosetten** *(Plantágo média),*

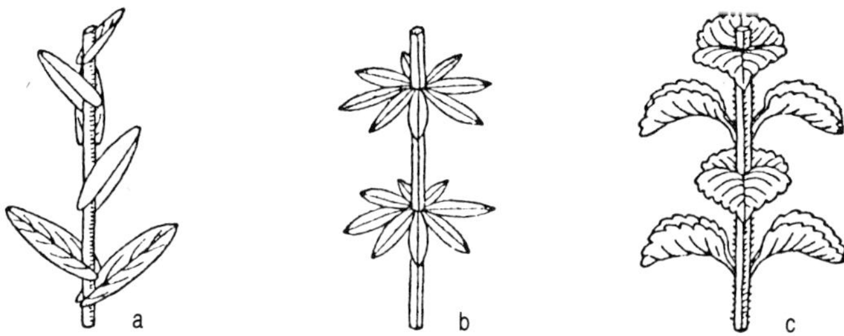

Abb. 56
Blattstellungen. a wechselständig, b quirlständig, c kreuzständig.

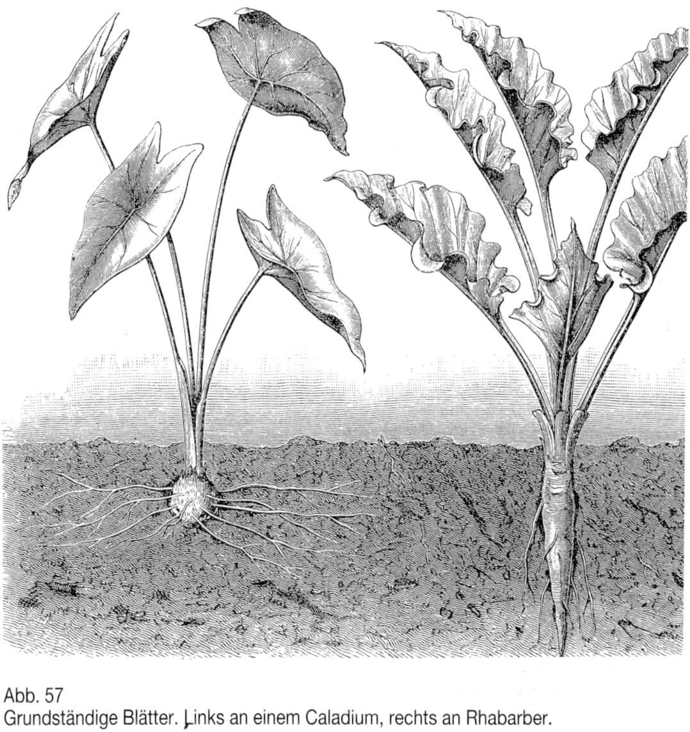

Abb. 57
Grundständige Blätter. Links an einem Caladium, rechts an Rhabarber.

432 Abb. 57 S. 141 **grundständige Blätter** haben die stengellosen Pflanzen (Primel).

Bei den wechselständigen Blättern kann der Drehungssinn der Schraube rechts oder links sein. Legt man auf kürzestem Wege durch die Blattansatzstellen auf der Achse eine Linie, so entsteht eine Schraube, auf der die Winkel, die die Mittelrippen zweier aufeinanderfolgender Blätter bilden, in Bruchteilen eines Umlaufs um die Achse ausgedrückt werden können, z. B. $^1/_2$, $^1/_3$, $^2/_3$, $^3/_8$, $^5/_{13}$, $^8/_{21}$ oder in Graden ausgedrückt 180°, 120°, 144°, 135° usw. Dieser Winkel, der die Divergenz, die Ab-
433 weichung, der Blätter auf der Achse angibt, wird **Divergenzwinkel** bezeichnet. Die nach Ablauf eines Zyklus entsprechend angeordneten Blät-
434 ter bilden sog. **Orthostichen,** Geradreihen; daneben sind besonders bei gestauchten Sprossen oder Kurztrieben, z. B. Tannenzapfen, auch noch
435 **Parastichen,** Schrägreihen, erkennbar.

Die Blüte

436 Eine **Blüte** ist ein im Wachstum begrenzter Spross, dessen Blätter zu Blütenorganen umgebildet sind. Sie dient der geschlechtlichen Fortpflanzung (Vermehrung) durch die Erzeugung von Samen. Die bündigste Definition lautet: Die Blüte ist ein ± abgeänderter Spross, der sich ganz oder teilweise im Dienst der sexuellen Fortpflanzung befindet.

437 In der Blüte vollzieht sich die Bildung von **Geschlechtszellen, Gameten,** die Befruchtung sowie die Entwicklung des Samens: der Tochterpflanze in noch ruhendem Zustand.

438 Bei den bedecktsamigen Pflanzen ist die Blüte zur **Blume** geworden, die durch Farbe und Duft Tiere zur Bestäubung anlocken kann. Die größten Blüten mit einem Durchmesser von jeweils etwa 1 m finden wir bei *Rafflésia arnóldii.* Sie ist ein tropisches Gewächs, das mit geflechtartigen Vegetationskörpern in fremden Pflanzenarten parasitiert und vor dem Hervortreten der Blüten verborgen in den Wirten lebt.

439 Abb. 58, 59 S. 143 Die **Blätter der Blüten** werden a) Kelchblätter, b) Blütenblätter oder Blütenkronblätter, c) Staubblätter und d) Fruchtblätter genannt.

440 a) **Kelchblätter** oder **Sepalen** sind meistens grün, nicht verwachsen oder verwachsen und bilden einen glockigen, röhrigen, kugeligen oder trichterförmigen **Kelch** (calyx). Sie schützen die Kronblätter, Staubblätter
441 und Fruchtblätter. Sie bilden mit den Kronblättern die **Blütenhülle.** Oft haben sie die gleiche Form oder Farbe wie die Kronblätter *(Fúchsia,*
442 Abb. 60 S. 143 *Magnólia);* die Blütenhülle wird dann speziell als **Perigon** oder **einheitliche Blütenhülle** bezeichnet (Tulpe, Lilie). In einem solchen Fall
442a heißen die Kelch- und Blütenkronblätter **Tepalen.** Man kann hier auch von homoiochlamydeischen Blütenhüllen sprechen.

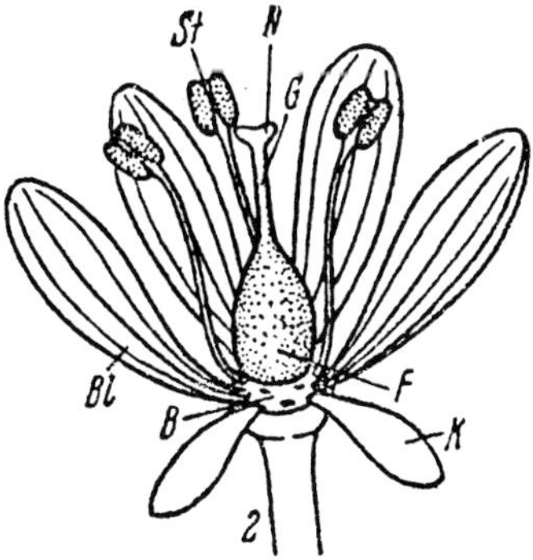

Abb. 58
Blüte schematisch: K = Kelch, Bl = Blumenkronblatt, St = Staubgefäß, F = Fruchtknoten, G = Griffel, N = Narbe, B = Blütenboden.

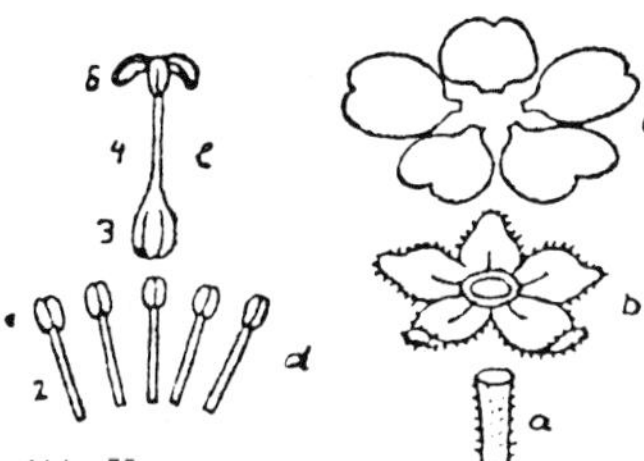

Abb. 59
Blütenorgane einzeln, schematisch.

Abb. 60
Perigonbildungen. Tulpe unten, Lilie oben.

Abb. 61
Dialypetale Blüte bei der Gattung Rosa.

Abb. 62
Sympetale Blüten bei Campanula.

Abb. 63
Staubbeutel
der Lilie.

Abb. 64
Zweiklappiges Staubblatt
der Berberitze.

Abb. 65
Verbundene Staubblätter
der Orange.

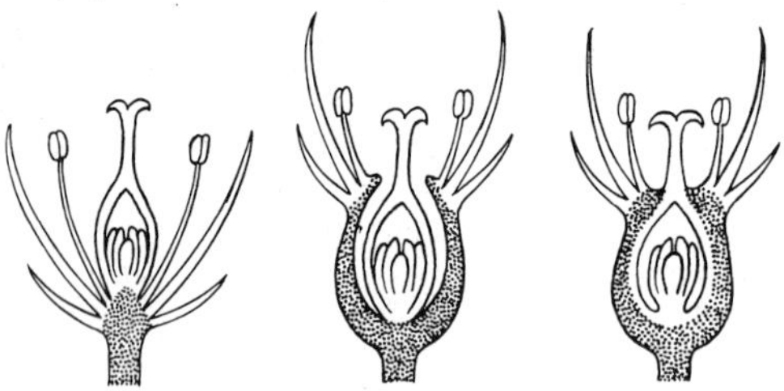

Abb. 66
Oberständige, mittelständige und unterständige Fruchtknoten (von links nach rechts).

Abb. 67
Blütendiagramme.
Aquilegia (links),
Syringa (rechts).
Nach Jacob.

Sind Kelchblätter und Kronblätter verschieden in Form und Farbe, so
443 spricht man von einer **doppelten Blütenhülle.** Eine Blütenhülle wird, ob einfach oder doppelt, allgemein **Perianth** genannt. Ein doppeltes Perianth ist heterochlamydeisch, ein Perianth mit nur 1 Blattkreis *(Béta)* wird monochlamydeisch und eine Blüte ohne Perianthbildung apochlamydeisch *(Cárpinus)* genannt.

Die Kelchblätter können abfallen (Mohn) oder bleibend sein (Apfel) oder sich zum **Fruchtkelch** ausbilden (Lampionblume). Der Kelch ist oft
444 zurückgebildet oder durch eine Haarkrone, den **Pappus,** ersetzt, der meist an der Frucht als Flugapparat verbleibt (Löwenzahn). Andererseits können Kelchblätter aber auch auffallend groß sein und Petalen vortäuschen, z. B. bei der Christrose, deren Kronblätter zu unscheinbaren tütenförmigen Honigblättern umgebildet sind. Ferner gibt es mitunter, z. B. bei vielen Malvengewächsen, Außenkelche (calýculi), die dann vor den eigentlichen Kelchblättern angeordnet sind.

Von Chenophyllie spricht man, wenn die Kelchblätter laubblattartig werden. Beobachten kann man dies gelegentlich bei Rosen. Deren Kelchblätter lassen ohnehin eine Besonderheit erkennen, die Albert von Bollstädt (Albertus Magnus) in der Zeit der Scholastik für ein botanisches Rätsel benutzt hat, das da lautete:

Quinque sunt fratres (5 sind Brüder).
Duo sunt barbati (2 sind bebärtet).
Duo sine barba nati (2 sind ohne Bart geboren).
Unus e quinque (1 von 5).
Non habeat barbam utrimque (hat den Bart nicht beiderseits).

Man überprüfe daraufhin Rosenkelchblätter je Einzelblüte.

445 b) Die **Blütenkronblätter** oder **Petalen** bilden aus freien oder verwachse-
446 nen Blättern die **Blumenkrone** oder **Korolle.** Durch ihre Färbung und ihren Duft locken sie die Insekten an. Manche Pflanzenarten bilden zusätzlich eine Nebenkrone (paracorolla) aus; die bei Narzissen (besonders bei Trompetennarzissen) beobachtet werden kann.

447 Die **Blütenform** kann bei den **Dialypétalae** mit nicht verwachsenen
Abb. 61, 62 Blütenblättern kreuz-, röhren- oder schmetterlingsförmig sein; bei
S. 143, 144 den **Sympétalae** mit verwachsenen Blütenblättern röhren-, glocken-, trichter- und lippenförmig, rachen- und zungenblütig; die **Monochlamýdeae** sind Pflanzen mit einfacher, unscheinbarer oder fehlender Blütenhülle. Letztere ist beim Zylinderputzer *(Callistémon)* z. B. so undeutlich angelegt, dass sie wegen der eindrucksvollen Staubfäden gar nicht auffällt. Ähnlich verhält sich der Federmohn, *Macleáya cordáta* (Umbildung aller Kronblätter zu Staubblättern). Bei völligem Fehlen der Blütenhülle spricht man allerdings auch von apochlamydeischen Blüten. Das gilt indirekt selbst bei der *Eucalýptus*-Blüte. Ihre Blütenhülle ist zu einer festen Kappe umgebildet, die bei Streckung der Staubfäden als Operculum (Deckel, Haube) abgeworfen wird.
Entwickelt eine Pflanze mit zygomorphen Blüten ausnahmsweise radiäre (was als Rückschlag zu deuten ist), z. B. der Gipfelbereich bei
447a *Digitális,* so spricht man von einer **Pelórienbildung.**

448 c) **Staubblätter, Staubgefäße** oder **Stámina** sind zu Pollenträgern umgebildete Blätter und bestehen jeweils aus dem **Staubfaden** (dem **Filament**)

und dem zweiteiligen **Staubbeutel,** der **Anthere,** die **Pollensäcke** (locu-
450, 451 lamenta) enthält. Der **Blütenstaub** in seiner Gesamtheit ist der **Pollen.**
Man hat geschätzt, dass z. B. der Spitzwegerich je Staubblatt bis zu 8000
Abb. 63, 64, 65, S. 144 Pollenkörner bildet. Die Staubgefäße bilden den männlichen Teil der Blüte. Aus den Pollenkörnern gehen männliche Geschlechtszellen hervor, Gameten. Die Gesamtheit der Staubblätter einer Blüte
452 ist das **Andrözeum.**

Die **Staubfäden** können frei oder miteinander zu zweien oder zu mehreren in Bündelchen verwachsen sein, man nennt sie dann **ein-, zwei-**
453 oder **mehrbrüderig.**

Die Blattnatur der Staubgefäße ist aus ihrer Fähigkeit ersichtlich, sich
454 in Kronblätter umzuwandeln und somit **gefüllte Blüten** zu bilden. Umgewandelte Staubblätter (stumpfartig, verbreitert, unfruchtbar, blütenblattartig) heißen **Staminódien.** Als Nektarien sind sie honigbildend.

455 d) Die **Fruchtblätter** oder **Karpelle** bilden zusammen mit den Samenanlagen das **Gynäzeum,** den weiblichen Teil einer Blüte. Er
456 ist bei den bedecktsamigen Pflanzen zum **Fruchtknoten** oder **Ovarium,** dem **Eibehälter,** verwachsen, der die Samenanlagen in sich birgt. Der Fruchtknoten ist der unterste Teil, die Narbe liegt deutlich höher. Dazwischen ist ein Griffel ausgebildet, der die schleimig-klebrige Narbe in eine für die Bestäubung günstige Lage bringt. Das Verwachsungs-
456a gebilde wird **Stempel** (Pistillum) genannt (siehe S. 143, Abb. 58). Auch die Fruchtblätter können sich in Kronblätter umwandeln und zur Blütenfüllung beitragen.

456b Die Blattorgane der Blüte sitzen dem **Blütenboden** (receptaculum, torus,
457 thalamus) auf und sind schraubig oder quirlig (wirtelig) in **Blattkreisen** angeordnet. Der **Aufbau** ist im allgemeinen: Blütenboden, Kelchblattkreis, Kronblattkreis, Staubblattkreis(e) und Fruchtblattkreis. Die „Normalblüte" ist daher beim Vorliegen von 2 Staubblattkreisen fünfkreisig (pentazyklisch). Nach der Anzahl der Blätter je Kreis spricht man von zwei- (dimeren), drei- (trimeren), vier- (tetrameren), fünfgliedrigen (pentameren) Kreisen usw. Bei einkeimblättrigen Pflanzen herrscht Trimerie vor, bei zweikeimblättrigen Tetra- und vor allen Dingen Pentamerie.

458 Die schematische Aufzeichnung der Blattkreise einer Blüte im Grun-
Abb. 67 S. 144 driss nennt man in der Botanik **Diagramm** oder **Blütendiagramm.**

Die **Blütenformel** dient der Darstellung des Blütenbaues. Für die einzelnen Organe setzt man Buchstaben ein: **K**elch = K, Blütenkronblattkreis (**C**orolle) = C, **P**erigon = P, Staubblattkreis (**A**ndrözeum) = A, Fruchtblattkreis (**G**ynäzeum) = G. Die beigefügte Zahl gibt die Anzahl ihrer Glieder an, und zwar bei wirteligen Blüten für jeden Wirtel getrennt. Starke Vermehrung der Gliederzahl = ∞, Verwachsung der Glieder = ( ). Stellung des Fruchtknotens wird beim oberständigen durch einen Strich unter der Zahl der Fruchtblätter oder beim unterständigen durch einen Strich über der Zahl angedeutet. Radiäre Symmetrie = *; zygomorphe Symmetrie = ↓; schraubige Anordnung = ↻.

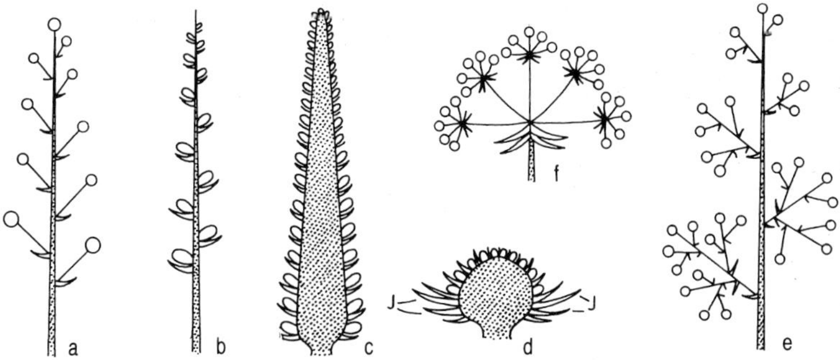

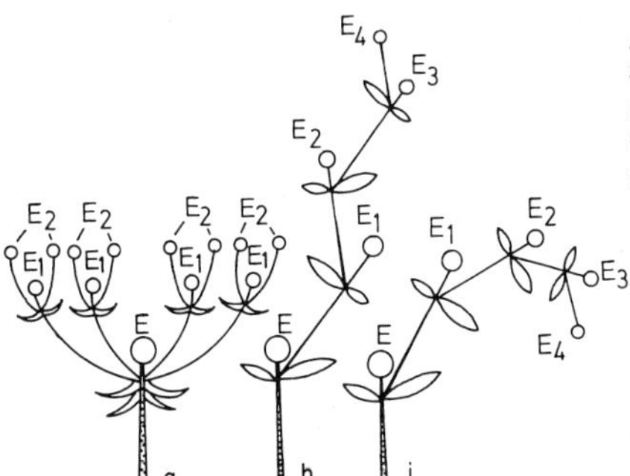

Abb. 68
Schemata von Blütenständen.
a Traube, b Ähre, c Kolben, d Korb, e Rispe, f zusammengesetzte Dolde, g Trugdolde, h Wickel, i Sichel.

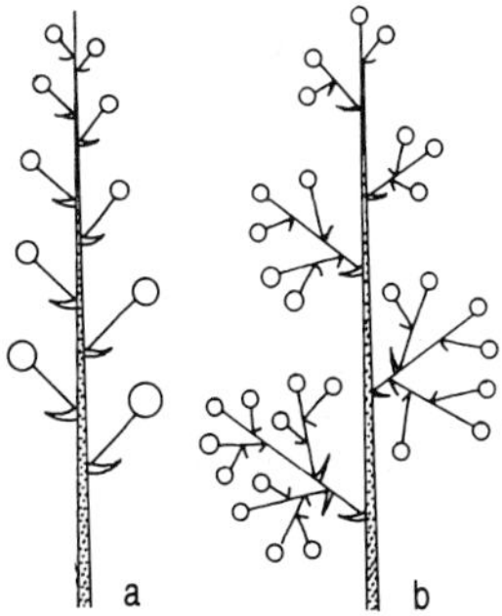

Abb. 69
Offener (a) und geschlossener (b) Blütenstand.

Abb. 70
Trugdolden und Doppelwickel bei einer blühenden Bergenie.

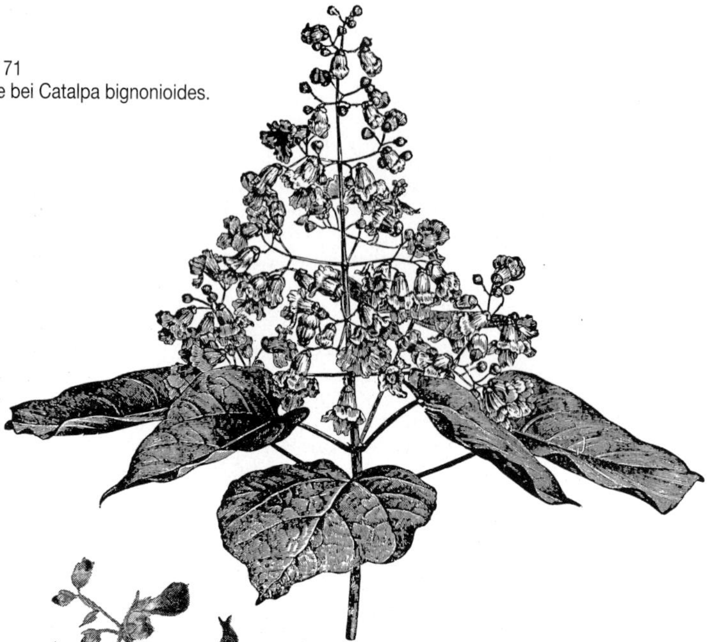

Abb. 71
Rispe bei Catalpa bignonioides.

Abb. 72
Lange, beblätterte Traube bei Penstemon.

Abb. 73
Kolben bei Typha latifolia.

Beispiele:

Galánthus: ∗ P 3 + 3 A 3 + 3 G ($\overline{3}$)

Ranúnculus: ∗ K 5 C 5 A ∞ G ∞

Lámium: ↓ K (5) C (5) A 4 G ($\underline{2}$)

459 In einem **Blütenstand** vereinigen sich mehrere Blüten zu einer Gemeinschaft. Sie bilden dann oft ein sehr dichtes Zweigsystem ohne Laubblätter, an deren Stelle aber oft Hochblätter treten, teils als Deckblätter der Seitenachsen, teils als deren Vorblätter. Die hervortretende Achse ist die Hauptachse. Die Vielzahl der Blüten und die häufig vorkommende Vergrößerung der Randblüten erhöhen die Wirkung von Duft und Farbe. Ein Kuriosum ist die Blattbürtigkeit von Blütenständen. Sie ist zu beobachten bei der zu den Hartriegelgewächsen gehörenden Gattung *Helwingia*. Deren Stiele der an sich doldenförmigen Blütenstände verwachsen mit den jeweiligen Laubblattstielen auf ganzer Länge und mit den entsprechenden Laubblattmittelrippen bis zur halben Länge derselben. Blattbürtigkeit von Blütenständen kann auch bei Rautengewächsen vorkommen.

460 Man unterscheidet folgende **Blütenstände** oder **Infloreszenzen:**

Abb. 68 S. 147

I. traubige Blütenstände: die Hauptachse ist länger und stärker als die Nebenachsen,

II. doldige Blütenstände: die Nebenachsen sind gleich stark und entspringen alle an einem Punkt,

III. trugdoldige Blütenstände: die Hauptachse ist durch eine Blüte abgeschlossen. Unterhalb dieser Blüte entspringen Blütenachsen, die wieder mit einer Blüte abschließen.

461 Zu I. **Traubige Blütenstände:**

462 Abb. 72 S. 148 1. **Traube** (racémus): an der Hauptachse sitzen gestielte Einzelblüten (Johannisbeere, Maiblume).

463 Abb. 71 S. 148 2. **Rispe** (panícula): ist eine Traube mit Trauben, d. h. die Hauptachse hat Nebenachsen mit Blüten, und diese wiederum Nebenachsen mit Blüten (Wein, Flieder, Hafer).

464 3. **Ähre** (spica): an der verlängerten Hauptachse sitzen ungestielte Einzelblüten (Wegerich).

Arten der **Ähre** sind:

465 Abb. 73 S. 148 **Kolben, Spadix:** er hat eine fleischige Hauptachse (Mais, Zimmer-Calla, Flamingoblume). Die Kolben des tropischen Aronstabgewächses *Amorphophállus titánum* können eine Länge von deutlich mehr als 1 m erreichen.

466 **Kätzchen** (amentum): es hat eine hängende Hauptachse, die nach der Blüte abfällt (Hasel, Weide, Pappel, Erle).

467 **Zapfen** (conus): er hat eine verholzte Hauptachse und verholzte Schuppen (Fichte, Tanne, Kiefer). Bei der in Ost-Australien beheimateten *Araucária bidwíllii* können die Zapfen einen Durchmesser bis zu 30 cm erreichen.

468 Zu II. **Doldige Blütenstände:**

469 **Dolde** (umbella): an der verkürzten Hauptachse sitzen an einem Punkt gleichlanggestielte Einzelblüten (Steinobst, Kernobst, Primel, Efeu).

470 **Zusammengesetzte Dolde** (umbella duplex): sie ist eine Doppeldolde, denn die Nebenachsen tragen an Stelle von Einzelblüten wiederum Dolden (Petersilie, Möhre, Dill). Die Dolden der Nebenachsen heißen Döldchen (umbéllulae). Bei der Möhre ist das Mitteldöldchen oft ersetzt durch eine braunrote Einzelblüte (Mohrenblüte).

471 **Köpfchen** (capítulum): auf der verkürzten, kegelförmig verbreiterten Hauptachse befinden sich sitzende Einzelblüten (Klee).
Eine Abart des Köpfchens ist das

472 **Körbchen** der Korbblütler: es ist von sich dachziegelartig deckenden Hochblättern, den Hüllblättern, umgeben (siehe auch Abb. 68 d, S. 147). Die Zahl der Einzelblüten je Korb kann beträchtlich sein und in die Hunderte gehen, so z. B. bei der Gattung *Helichrýsum.* Homogame Körbe haben nur zwittrige Blüten, andernfalls spricht man von Heterogamie der Körbe. Die „Strohblumen" bei *Helichrýsum* entstehen dadurch, dass zusätzliche und entsprechend abgewinkelte trockenhäutige Anhängsel der Hüllblätter petaloid wirken und ungewöhnlich dauerhaft sind.

473 Zu III. **Trugdoldige Blütenstände:** Abb. 70, S. 147, u. Abb. 68 g–i

474 **Trugdolde** (cyma): Unter der endständigen Blüte der Hauptachse entspringen an einem Punkt zwei oder mehrere Nebenachsen, die sich wiederholt wie die Hauptachse verzweigen und Blüten tragen (Holunder, Tausendgüldenkraut).
474a Ein **Thyrsus** ist ein rispenähnlicher Blütenstand, bei dem die Nebenachsen 1. und folgender Ordnung typisch cymös (sympodial) aufgebaut sind („falsche Rispe" z. B. mancher Lippenblütler).

474b **Wickel** (concinnus): unter der endständigen Blüte der Hauptachse geht nur eine Nebenachse ab, die fortgesetzt abwechselnd rechts und links wieder je eine Nebenachse treibt (Tomate, Boretsch, Vergissmeinnicht). Stark reduzierte Wickel mit viel ♂ Blüten findet
475 man in den sogen. **Cyathien,** den Scheinblüten der Wolfsmilch-Arten. Die Wickel haben dort ihre Ansatzpunkte in den Brakteenachseln.

475a **Fächel** (rhipidium): ähnlich dem Wickel. Unter der Endblüte des Hauptsprosses entsteht eine blütentragende Seitenachse; unter deren Blüte wiederholt sich dieselbe Verzweigung; dabei wechseln die aufeinanderfolgenden Seitenachsen nach links und rechts ab. Sie liegen alle in der Ebene der untersten Seitenachse.

475b **Sichel** (drepanium): unter der Endblüte des Hauptsprosses nur eine blütentragende Seitenachse; unter ihrer Blüte wiederholt sich dieselbe Verzweigung stets nach derselben Seite.

Abb. 69 S. 147 Die moderne Morphologie der Infloreszenzen unterscheidet geschlossene, an den Achsen Endblüten tragende Blütenstände und offene, deren Hauptachsen keine Endblüten haben. Offene Infloreszenzen sind für ganze Familien kennzeichnend *(Brassicáceae, Lamiáceae, Scrophulariáceae).*

Die moderne Typologie der Infloreszenzen nimmt sich besonders komplexer Blütenstände an, die selbst wieder aus komplexen Infloreszenzen niederen Grades, den Synfloreszenzen, zusammengesetzt sind. Die Hauptachsenspitze einer komplexen Infloreszenz trägt die Hauptfloreszenz, jeder Seitentrieb dann die Co-Floreszenz. Alle Seitentriebe heißen als Wiederholungstriebe in dieser Typologie Parakladien.

475c Abschließend sei noch auf die **Kauliflorie** hingewiesen. Das ist Stammblütigkeit. In dem Fall kann man an Stämmen oder älteren Astpartien Blütenstände bzw. Blüten beobachten, z. B. beim Kakaobaum und bei dem wunderschönen Frühjahrsblüher *Cércis siliquástrum.*

Außerdem muss auf Konservierungsmöglichkeiten kurz eingegangen werden. Sie sind für Gärtner und Floristen zunehmend interessant geworden. Neben der einfachen Luftrocknung war und ist das Glyzerinverfahren
475d zum Zweck der **Blütentrocknung** in Übung. Es geht auch ein Trend zu gefriergetrockneten Blüten („Freezis"), der jedoch relativ kapitalaufwendig ist, und zwar ganz im Gegensatz zum Einsatz von Kiesel-Gel (Silica-Gel). Dieses hat ein großes Feuchtigkeitsbindungsvermögen. Kobaltzusätze dienen als Feuchtigkeitsindikator. Sobald dann das Gel, in dem die Pflanzenteile sich befinden, gesättigt ist, färbt es sich hell oder rosa und kann nach Gebrauch durch Erhitzung auf etwa 150 °C erneut Verwendung finden. Zur kommerziellen Verwendung besprüht man die getrockneten Blüten mit farblosen Lacklösungen oder taucht sie in Polymer-Verbindungen, um die Materialien sicher vor Feuchtigkeitsaufnahme aus der Raumluft zu schützen. Laubblätter können in gleicher Weise konserviert werden.

Samenanlage, Samen, Frucht

476 **Der Blütenboden** ist eine sehr verkürzte Blütenachse, die oft scheibenförmig verbreitert ist (beim Blütenstand „Körbchen"). Er kann durch Aushöhlung oder Emporwölbung an der Fruchtbildung wesentlich teilnehmen und gibt dem Fruchtknoten seinen Standort.

477 Scheiben- oder wulstförmige Teile des Blütenbodens, die vielfach Nektar ausscheiden, nennt man **„Diskus"**. Man findet diese Form der Nektarien vor allem bei den Doldenblütlern.

478 Der **Fruchtknoten** ist bei den bedecktsamigen Pflanzen, den Angiospermen, das Gehäuse, das durch die Verwachsung der Fruchtblätter, der Karpelle, gebildet wird. Er birgt die Samenanlagen und
479 bildet den untersten Teil des **Stempels**, des **Pistillum**, der aus Fruchtknoten, Griffel und Narbe besteht.

479a Ein Fruchtblattkreis ist **apokarp**, wenn jedes Fruchtblatt für sich zu einem Fruchtknoten verwachsen ist und wenn diese Fruchtknoten getrennt nebeneinander stehen. Sind aber alle Fruchtblätter zu einem Fruchtknoten verwachsen, nennt man ihn **synkarp.**

480 Die **Stellung** des **Fruchtknotens** zum Blütenboden kann sein:

481 1. **oberständig,** wenn er dem emporgewölbten Blütenboden aufsitzt, so dass er höher steht als die übrigen Blütenteile (Mohn, Hahnenfuß),

482 2. **unterständig,** wenn der Blütenboden napf- oder krugförmig ausgehöhlt
Abb. 66 S. 144 ist und der Fruchtknoten darin tiefer steht als die übrigen Blütenteile. In diesem Fall sind Blütenboden und Fruchtknoten miteinander verwachsen (Apfel, Birne),

483 3. **mittelständig,** wenn der Blütenboden wohl ausgehöhlt, aber nicht mit dem Fruchtknoten verwachsen ist (Kirsche).

484 Der **Griffel** oder **Stylus** ist eine stielartige Verlängerung des Fruchtknotens und hebt die Narbe empor. Der Pollenschlauch wächst nach der Bestäubung der Narbe durch das lockere Gewebe des Griffels zum Fruchtknoten hinab.

485 Die **Narbe** ist der oberste Teil des Stempels. Die schleimige und klebrige Narbe ist das eigentliche Empfängnisorgan, sie dient der Aufnah-
486 me und Keimung des männlichen Pollens. Ihre **Form** ist bei den Insektenblütlern köpfig, zweigeteilt oder mehrlappig, bei den Windblütlern zur Vergrößerung der Oberfläche federartig.

487 Ein **Längsschnitt durch den Stempel** zeigt folgende Einzelheiten:

1. Fruchtknotenwand
2. Narbe
3. Griffel Abb. 4 S. 32
4. auf der Narbe Pollenkörner
5. Pollenschläuche, den Griffel durchwachsend
6. Funiculus, Stielchen der Chalaza, des basalen Gewebes der Samenanlage
7. Chalaza, richtungsweisender Grund der Samenanlage

8. äußere und innere Integumente, Schutzhüllen, Eihüllen
9. Mikropyle, die kleine Pforte, Knospen- oder Keimmund
10. Embryosack
11. Eiapparat, Eizelle und zwei Synergiden
12. sekundärer Embryosackkern
13. Antipoden oder Gegenfüßler.

488 Im Innern des Fruchtknotens befinden sich die **Samenanlagen,** die
weiblichen Geschlechtsapparate, die meistens eine kugelige oder eiförmige Gestalt haben.

489 Die Samenanlage ist meistens mit einem Stielchen, dem **Funiculus,**
an der **Samenleiste** oder **Plazenta** angeheftet. Geschützt wird die Samenanlage durch die an ihrem Grunde entspringenden äußeren und inneren
490 **Ei-** oder **Samenhüllen,** die **Integumente.**

491 Das vielzellige innere Gewebe nennt man **Nucellus,** es umschließt den
492 **Keim-** oder **Embryosack** mit der Eizelle, an die sich zwei **Gehilfinnen-**
493 **zellen,** die **Synergiden,** anlehnen. Diese Synergiden bewirken durch
Enzymausscheidungen das Öffnen des Pollenschlauches, damit er seinen
Inhalt in oder neben die Eizelle ergießen kann. Eizelle und Synergiden bil-
494 den zusammen den **Eiapparat.** Ihm gegenüber liegen die drei **Antipoden,**
die **„Gegenfüßler"-Zellen.** Ihre Zahl erhöht sich bei Gräsern je Embryo-
sack bis auf 300. Außerdem birgt der Embryosack den Embryo-
496 sackkern. Der Eingang zum Embryosack ist der **Knospenmund,** die
Mikropyle. Dies ist eine am Scheitel der Samenanlage in den Integumenten freibleibende Öffnung, durch die der keimende Pollenschlauch in den Embryosack eindringen kann. Am keimenden Samen findet man die Mikropyle wieder als Austrittsöffnung des Keimwürzelchens und des Keimstengels. Siehe auch S. 32.

497 Die **Chalaza** ist der richtungsbestimmende Grund der Samenanlage:

1. ist der Nucellus die gradlinige Fortsetzung des Funiculus, so heißt die
498 Samenanlage **atrop** = gerade,
2. ist der Nucellus gegenüber dem Funiculus um 180° gewendet, dann ist
499 die Samenanlage **anatrop** = gewendet,
3. ist der Nucellus in verschiedener Weise gekrümmt, so heißt die Samen-
500 anlage **kampylotrop** = gekrümmt.

501 Der **Samen** enthält eine vielzellige, vorübergehend im Ruhezustand befindliche junge Pflanze, die sich in der Samenanlage durch Verschmelzung der männlichen mit der weiblichen Geschlechtszelle (Geschlechts-
502 kern mit der Eizelle) als **Embryo** entwickelt. Der fertige Samen ist oft mit
Reservestoffen versehen und mit einer Schutzhülle umgeben. Er dient der Erhaltung und Verbreitung der Art.

503 Der **Samen** besteht aus drei **Teilen:**

504 1. der **Keimling** oder **Embryo** ist aus der befruchteten Eizelle entstanden. Er besteht aus der Keimwurzel, dem Keimstengel, der Keimknospe und den Keimblättern. Er hat also zwei Wachstumspunkte, wurzelseitig und sprossorientiert.

505 2. das **Nährgewebe** oder **Endosperm** dient der Entwicklung des Embryos. Fehlt dieses Nährgewebe, so befinden sich die Reservestoffe im Embryo
505a speziell oder in seinen Keimblättern. Ein **Perisperm** liegt vor, wenn das Nährgewebe nicht im Embryosack gebildet wurde, sondern aus Nucellusgewebe hervorgegangen ist. Dies ist z. B. beim Pfeffer der Fall.

506 Der **Orchideensamen** hat weder Nährgewebe noch reservestoffreiche Keimblätter, deshalb bedarf er zur Keimung der Beihilfe von Pilzen, die ihm Nährstoffe, Kohlenhydrate und Vitamine zuleiten. Das ist das symbiotische Verfahren. Man kann aber auch ohne Pilze (asymbiotisch) mittels spezieller Nährböden Erfolge erzielen. Dieser zweite Weg ist heute in Spezialbetrieben Routine.

507 3. die **Samenschale** oder **Testa** entsteht aus den Integumenten der Samenanlage und schützt den Embryo. Ist die Samenschale fleischig (z. B. bei *Magnolia*), nennt man sie Sarkotesta. Von Myxospermie spricht man, wenn Testa-Oberflächen von Natur aus verschleimt sind.

Einzelne Samen verwachsen ganz oder zum Teil mit der Fruchthülle, so dass die Begriffe Frucht und Samen gleichbedeutend werden (Gräser, Korbblütler, Doldenblütler). In diesem Fall werden also Früchte ausgesät.

508 An der **Samenschale** sind zu bemerken:

509 der Nabel, das **Hilum,** er hat meistens eine andere Farbe als die Samenschale;

510 der **Keimmund,** häufig am Ende des Nabels;

511 die **Samennaht** oder **Raphe,** in der das vom Nabel kommende Leitbündel verläuft;

512 der **Keimfleck,** die Stelle, an der die Samennaht endet.

513 Die **Samenschale** erfüllt folgende **Aufgaben:**

1. Schutz zu bieten für den Keimling durch besondere Festigkeit, z. B. ist sie häutig bei der Walnuss, lederig bei der Erbse und
513a knochenhart bei der Weinbeere. **Stratifikation** hingegen ist schichtweise Saatguteinbettung in Feuchtmaterialien und dient der Embryonenvorbereitung zum Keimungsvorgang (u. a. Senkung des Abscisinsäure- und Hebung des Gibberellinspiegels);
2. durch eine Schleimzellenschicht die Quellung zu fördern oder vor Austrocknung zu schützen;
3. durch Färbung Tiere anzulocken oder abzuschrecken;
4. den Samen zu verbreiten. Um die Verbreitung durch Tiere zu erleichtern, tragen manche Samenschalen Widerhaken und dergl., zur Verbreitung durch den Wind Haare und flugbegünstigende Einrich-
513b tungen. Das Wolfsmilch-Samenkorn hat ein **Elaiosom,** ein ölhaltiges Anhängsel, dem Ameisen nachstellen. Den Elaiosomen kommt deshalb zur Verbreitung besondere Bedeutung zu.

Die Samenverbreitung durch Ameisen wird Myrmekochorie genannt, die Verbreitung lebender Pflanzenteile jedweder Art durch Tiere allgemein Zoochorie.

513b Moderne **Saatgutaufbereitung** ist ein Spezialgebiet für sich. Neben Normal-(Standard-)Saatgut (standard seeds) gibt es u. a.: **abgeriebene Saat** (clean seeds, defuzzed seeds). Sie ist das Ergebnis einer Sonderbehandlung behaarter Samen, die dann nicht mehr aneinanderhaken.
513c

513d Beim **skarifizierten Saatgut** (scarified seeds) keimen hartschalige Samen wesentlich gleichmäßiger und auch schneller. Lateinisch scarifo heißt übersetzt ich ritze an.

513e **Geschnittenes** oder **Systemsaatgut** liegt vor, wenn (z. B. bei *Tagétes)* eine Pappus-(Kelch-)Restentfernung erfolgte (kein Ineinanderhaken, erhöhte Kornzahl je g).

513f **Graduiertes Saatgut** unterlag einer Auslese nach Gewicht,

513g **Kalibriertes Saatgut** nach Größe.

513h Man kann heute auch mittels Selenselektoren speziell **ausgereinigtes Saatgut** anbieten. Helle, ungenügend ausgereifte Samen sind dann nicht mehr enthalten.

513i Das schon länger im Handel befindliche **pillierte Saatgut** erspart das Pikieren, indem es Einkorn- oder z. B. Zweikorn-Ablage zulässt.

513j Noch einen Schritt weiter geht es bei der **EB-Tec-Multipille.** Mehrere Samenkörner befinden sich in einem jeweils länglichen Mantelgebilde (Tuffbildung, wichtig z. B. bei *Lobélia erinus*).

513k Ein anderes **ummanteltes Saatgut, coated seeds,** enthält in den Hüllen Mittel gegen Auflaufkrankheiten. Sehr beliebt sind mittlerweile im Gemüse-
513l sebau die **Saatrollen.** Hier sind die Samen im späteren Pflanzabstand auf schnell verrottende Vliese geklebt.

513m Nicht einfache Handlungsabläufe ergeben das **geprimte Saatgut.** Diese Priming-Methode von engl. priming (sprich preiming) = Zündung beruht auf Vorkeimung des Saatguts bis kurz vor Keimlingsaustritt. Dann erfolgt vorsichtiges Zurücktrocknen und unter kühlen und trockenen Bedingungen kurzfristige Lagerung bis zum Verkauf an den Kultivateur. Geprimtes Saatgut läuft schnell und gleichmäßig auf, jedoch hat man die Priming-Methode noch nicht hundertprozentig im Griff. „Solid Matrix Priming" (SMP) der jap. Firma Sakata Seed Corporation soll eine Verbesserung sein. Die Vorkeimung findet in einer Matrix, einem Pudergemisch, statt. Etwas längere Lagerungsmöglichkeit wird garantiert. Die Firma Walz bietet bei Sommerblumen gleichfalls vorbehandeltes Saatgut als „System"- oder „Aktiva-Saat" an.

513n Ein ganz besonderer Fall sind die **künstlichen Samen** (artificial seeds). Das sind umhüllte Klone. Im wesentlichen handelt es sich dabei um eine
513o **somatische Embryogenese.** Lebende Pflanzenzellen von einer Mutterpflanze werden vorbereitet für eine sorgfältig gehandhabte dünne Ummantelung und dann (samenähnlich) zur Vermehrung gebracht. Der Begriff „somatische Embryogenese" ist in diesem Fall besonders zutreffend. Die ummantelten Pflanzenzellen werden auch Embryoide genannt.

514 Die **Frucht** (fructus) ist das Gehäuse, das den S a m e n bis zu seiner Reife umschließt und dann seiner Verbreitung dient. Die Wandung der Frucht

heißt **Perikarp.** Es setzt sich meist zusammen aus dem äußeren **Exokarp,**
515 dem inneren **Endokarp** und dem dazwischenliegenden **Mesokarp.**

516 Nach ihrer Ausbildung unterscheidet man verschiedene **Fruchtarten:**

517 **Eine echte Frucht** bildet sich nach der Befruchtung nur aus dem Fruchtknoten.

518 **Einzelfrüchte** gehen aus einem einzelnen Fruchtknoten hervor.

Zu ihnen gehören:

519 A. **Streufrüchte** oder **Springfrüchte** öffnen sich und streuen den Samen aus. Sie sind meistens mehr- oder vielsamig.

520 1. die **Balgfrucht** (folliculus) besteht aus einem einzigen Fruchtblatt und öffnet sich nur an dessen Verwachsungsnaht, der Bauchnaht *(Aquilégia, Paeónia, Delphínium);*

521 2. die **Hülse** (legumen) besteht aus einem Fruchtblatt, das sich sowohl an der Bauchnaht als an der Rückennaht (Mittelrippe) öffnet. Sie ist für die Hülsenfrüchtler bezeichnend (Erbse, Robinie, Ginster);

522 3. die **Kapselfrucht** (capsula) besteht aus mindestens zwei Fruchtblättern und kann ein- oder mehrfächerig sein. Das Öffnen geschieht im allgemeinen durch Längstrennung der Fruchtblätter (Schote), doch kann es auch durch Klappen (Veilchen), Löcher (Mohn) und Deckel (Bilsenkraut, Wegerich) erfolgen.

Besondere Formen der Kapselfrucht sind:

523 a) die **Schote** besteht aus zwei Fruchtblättern, die sich beim Öffnen von ihren Rändern, die die Samen tragen, ablösen. Bei den Kreuzblütlern spannt sich zwischen den Rändern eine Scheidewand aus; eine Schote (síliqua) ist deutlich länger als breit, ein Schötchen (silícula) ist etwa in Länge und Breite übereinstimmend. Diese Unterscheidungsmerkmale sind beim Bestimmen von Kreuzblütlern bedeutungsvoll.

524 b) die **Deckelkapsel** (pyxidium) stößt den oberen, deckelförmigen Teil bei der Reife des Samens ab *(Anagállis);*

525 c) in der **Porenkapsel** bilden sich zum Ausstreuen des Samens Löcher in der Fruchtwand *(Antirrhínum, Campánula).*

526 B. **Schließfrüchte** bleiben geschlossen (die Samen sind bei ihrer Verbreitung von der ganzen oder von Teilen der Fruchtwand umgeben). Sie können von einem oder mehreren Fruchtblättern gebildet sein. Schließfrüchte sind:

527 I. **trockene Schließfrüchte:**

528 1. die **Nuss** (nax). Sie ist einsamig und fällt als Ganzes ab. Sie ist von einem verholzenden, teils mit Schuppen oder Stacheln verse-
529 henen Fruchtbecher, der **Cupula,** umgeben, also hartschalig (Eiche, Buche, Kastanie, Haselnuss).

530 Bei der **Grasfrucht** oder **Karyopse** ist die Fruchtwand mit der Samenschale verwachsen (Gräser, Getreide). Die ähnlichen Früchte
531 der Korbblütler heißen **Achänen.**

532 2. die **Spaltfrucht** ist mehrsamig und zerfällt meist in einsamige Teilfrüchtchen, die den einzelnen Fruchtblättern entsprechen (Ahorn, Umbelliferen). Spaltfrüchte nennt man Schizokarpien.

533 3. die **Bruchfrucht** ist mehrsamig, zerfällt aber in meist einsamige Bruchstücke, **Klausen,** die nur Teilen von Fruchtblättern ent-
534 sprechen, so z. B. die **Gliederhülse** der Serradella und die **Glieder-**
535 **schote** des Hederichs. Gliederhülsen und Gliederschoten heißen lomenta bzw. bilomenta

536 II. ganz oder teilweise **fleischige Schließfrüchte:**

537 1. die **Beere** (bacca) ist mehrsamig und hat eine fleischige Fruchtwand, d. h. eine häutige Außenwand umschließt eine saftige Innenschicht. Die Weinbeere ist einfächerig, die Spargelbeere dreifächerig, die Heidelbeere fünffächerig. Beeren sind u. a. Tomate, Gurke, Kürbis, Johannis- und Stachelbeere und die Clivienfrucht.

538 2. die **Steinfrucht** (drupa) hat meist einen, je einen Samen bergenden Steinkern. Die äußere Fruchtwand ist häutig, die mittlere Wandschicht fleischig, der Steinkern (putamen) steinhart (Steinobst, Mispel, Holunder).

539 III. **Scheinfrüchte** oder **unechte Früchte** entstehen aus dem Fruchtknoten und der fleischigen Blütenachse, z. B. bei Apfel und Birne.

Vereinigen sich mehrere Fruchtknoten mit einem Blütenboden
540 zu einer unechten Frucht, so bezeichnet man sie als **Sammelfrucht:**

1. der Blütenboden ist mit den zahlreichen Fruchtknoten nicht verwachsen, aber emporgewölbt und markig wie bei der Himbeere und Brombeere.
2. der fleischig werdende Blütenboden ist wie bei der Erdbeere emporgewölbt oder wie bei der Hagebutte ausgehöhlt und umfasst zahlreiche Nüsschen.

541 Oft sind Früchte zu **Fruchtständen** vereinigt. Bisweilen verwachsen die Fruchtstände und gleichen dann einfachen Früchten, z. B. die Beeren der Ananas, die Nüßchen der Maulbeere und die Steinfrüchtchen der Feige.

Die moderne Fruchttypologie unterscheidet chorikarpe und coenokarpe Früchte. Zu ersteren rechnen Einzelblattfrüchte, nämlich Balg, Hülse, Einblattbeere *(Actaea),* Einblattsteinfrucht (Kirsche), Einblattnuss (Hahnenfuß) und Sammelfrüchte mit Sammelnussfrüchten (Erdbeere), Sammelsteinfrüchten (Himbeere). Coenokarpe Früchte sind Streufrüchte (Kapsel), Saftfrüchte (coenokarpe Steinfrucht bei Walnuss und coenokarpe Beerenfrüchte bei *Ribes),* Zerfallfrüchte (z. B. Spaltfrüchte bei *Málva)* oder coenokarpe Nussfrüchte (Flügelnuss der Birke, Karyopse und Achäne).

Bestäubung und Befruchtung

542 **Nackte Blüte** nennt man eine Blüte, die nur aus Staubgefäßen und/oder dem Stempel besteht, bei der also die Kelch- und Blütenblätter fehlen (Esche) oder die Blütenhüllen verkümmert sind (Gräser, Aronstab). Auch Nadelhölzer haben nackte Blüten.

Stehen auf einer Pflanze männliche und weibliche Blüten getrennt, so
543 ist sie **einhäusig** oder **monözisch** (Hasel, Gurke, Eiche, Tanne).

544 Bei **zweihäusigen** oder **diözischen** Pflanzen stehen die männlichen und weiblichen Blüten getrennt auf verschiedenen Pflanzen der gleichen Art (Spargel, Eibe, Sanddorn, Weide, Ginkgo).

Nach ihrer **Geschlechtigkeit** bezeichnet man als

545 1. **eingeschlechtig** oder **diklin:** Blüten, die nur Staubgefäße (männlich) oder Stempel (weiblich) besitzen (Weiden, Begonien, Gurken).

546 2. **zweigeschlechtig, zwittrig** oder **monoklin, hermaphrodit:** Blüten, die beide Geschlechtsorgane, also Staubgefäße und Stempel haben (die meisten „Blumen" der gärtnerischen Kulturpflanzen).

547 3. **ungeschlechtlich** oder **steril:** Blüten, die keine Geschlechtsorgane haben (die vergrößerten Randblüten des Schneeballs).
Im Gegensatz zu den unfruchtbaren (sterilen) Blüten nennt man die
547a fruchtbaren **fertil.**

548 **Windblütler** sind Pflanzen, deren Pollen durch den Wind übertragen wird **(Anemogamie).** Sie sind dieser Übertragungsart besonders angepasst, meist blühen sie im unbelaubten Zustand (Hasel, Pappel) und haben „nackte Blüten". Die Blütenstände sind leicht beweglich (Ähre, Kätzchen), die Narben sind feder- oder pinselartig.

549 Der **Pollen der Windblütler** ist glatt, rund und trocken, staubartig. Der
550 **Pollen der Nadelhölzer** hat an den Seiten noch zwei kleine luftgefüllte
551 Säcke, **Luftsäcke** genannt, die das Schweben in der Luft erleichtern. Der
leichte, schwebfähige Pollen wird in auffallend großen Mengen
vom Wind verweht; bei den Nadelhölzern nennt der Volksmund den nie-
552 dergeschlagenen Pollen **„Schwefelregen".**

553 **Insektenblütler** sind Pflanzen, deren Pollen meistens durch Insekten übertragen wird **(Entomogamie).** Die Blüten haben besondere Einrichtungen zur Anlockung der Insekten und zur Erleichterung der Pollenübertragung: Die Blütenblätter sind lebhaft gefärbt; starke Farbgegensätze bei Krone und Staubblättern; Perigonbildung (Liliáceae); auffallende Blütenstände mit großen Randblüten (Sonnenblume); leuchtend gefärbte Hochblätter („Poinsettie"); verschiedene Düfte; Nektar in der Blüte und Nektarien außerhalb der Blüte; Pollen als Nahrung; passende Anflugplätze und Sitzflächen; der Pollen ist klebrig und mit klettenartigen Vorrichtungen, winzigen Stacheln oder Erhebungen versehen, damit er leicht am Insektenkörper haftet. Befruchtungsbiologisch besonders erwähnenswert ist die blütenstete Biene. Sie fliegt den ganzen Tag blühende Pflanzen derjenigen Art an, bei der sie morgens begonnen hat.

554 **Tierblütler** sind Pflanzen, deren Pollen durch Tiere übertragen wird **(Zoogamie).** Insekten (Schmetterlinge, Fliegen, Käfer) oder Vögel **(Ornithogamie)** und Schnecken übernehmen diese Aufgabe und finden meistens Nahrung im zuckerhaltigen Nektar und im Pollen, der reich ist an Eiweiß, Fett und Kohlenhydraten.

Außergewöhnliche Vorrichtungen zur Bestäubung finden wir bei den Orchideen:

555 1. das **Rostellum** ist ein Haftorgan für das **Pollinium,** nämlich die durch einen weichen Klebstoff miteinander verbundene Masse der Pollenkörner. Das Rostellum ist mit einer einzigen fruchtbaren Anthere, einem Staubbeutel, verwachsen und ist aus einem Narbenlappen hervorgegangen. Mit der Rostellum-Klebscheibe verwächst das Pollinium zum Pollinarium.

556 2. das **Labellum** ist das mittlere Blatt der Orchideenblüte und zu einer auffälligen, oft weiter aufgeteilten Lippe umgebildet. Es dient als Anflugstelle und läuft in einen langen Sporn aus.

557 Der **Pollen** wird von der Pflanze vor Nässe und Regen **geschützt** durch die Blütenform (glockig, röhrig, überhängend) und die nächtliche Schlafstellung.

558 Die **Bestäubung** ist die Übertragung der Pollenkörner auf die Narben der Bedecktsamigen und auf die frei zugänglichen Samenanlagen der Nacktsamigen. Man spricht auch von Bestäubung, wenn der Pollen nicht stäubt, sondern als klebrige Masse von Insekten übertragen wird.

Die Bestäubung geht der Befruchtung voraus und unterscheidet sich von ihr zeitlich, räumlich und sachlich, denn sie ist nur eine Belegung der Narbe mit Pollen, also ein ungeschlechtlicher Vorgang.

Die sexuelle Phase setzt erst mit der Befruchtung (siehe Nr. 574 u. 575) ein. Sie kann in der zeitlichen Abfolge zuweilen wesentlich später erfolgen. So blüht *Hamamélis virginiána* im Frühherbst, dann findet auch die Bestäubung statt, die Befruchtung aber erst 5–7 Monate später.

559 Die **Übertragung des Pollens** können Wasser (bei Wasserpflanzen), Wind und Tiere übernehmen. Narbe und Pollen müssen bei der Bestäubung reif sein. Die Narbe sondert dann die sog. Narbenflüssigkeit ab und „spiegelt". Der Pollen ist reif, wenn die geöffneten Pollensäcke ihn entlassen, dann muss er auch gleich seine Bestimmung finden. Trockene, sonnige Orte und Tage (Mittagszeit) begünstigen die Bestäubung und Befruchtung.

560 Es gibt folgende **Arten der Bestäubung** mit nachfolgender Befruchtung:

561 1. **Selbstbestäubung, Autogamie** ist die Bestäubung einer Narbe mit dem Pollen derselben Blüte (Erbsen, Bohnen). Eine extreme Autogamie liegt vor, wenn sich die Blüten gar nicht öffnen (**Kleistogamie,** z. B. bei manchen Veilchenblüten). Chasmogamie hingegen ist der Normalfall, in dessen Verlauf sich Bestäubung und Befruchtung bei geöffneten Blüten abspielen.

562 2. **Nachbarbestäubung, Geitonogamie** ist die Bestäubung mit Pollen von Blüten derselben Pflanze (Korbblütler, Doldenblütler).

563 3. **Fremd-** oder **Kreuzbestäubung, Xenogamie** und **Allogamie** genannt, ist die Bestäubung von Blüten mit Pollen fremder (verschiedener) Pflanzen.

564 Zur **Verhinderung** der **Selbstbestäubung** und -befruchtung, deren Folge oft schwächliche oder entartete Nachkommen sind, hat die Natur folgende Einrichtung getroffen:

1. Blüten der ein- und zweihäusigen Pflanzen können sich nicht selbst bestäuben.

564a 2. ungünstige Lage der Narbe zu den Staubgefäßen *(Iris).* In diesem Fall spricht man von **Herkogamie.**

565 3. Geschlechtsreife zu verschiedenen Zeiten, das ist **Dichogamie,**

566 a) **Vormännlichkeit** oder **Prot(er)andrie.** Der Pollen stäubt, ehe die Narbe der Blüte geschlechtsreif ist (Stachelbeere, Robinie, Linde, Pelargonie, Fingerhut, Glockenblume).

567 b) **Vorweiblichkeit** oder **Prot(er)ogynie.** Die Narbe ist reif, ehe der Pollen stäubt (Apfel, Birne, Rose, Erdbeere, Alpenveilchen).

568 4. **Verschiedengriffeligkeit** oder **Heterostylie.** Die Blüten einer Art bilden verschieden lange Griffel aus, so dass bei manchen der Griffel, bei den anderen die Staubgefäße den Eingang zur Blumenkronröhre versperren (Primel). Die langrüsselige Hummel, die den am Grund der Röhre abgesonderten Honig saugen will, bestäubt dadurch einmal die kurzgriffelige, einmal die langgriffelige Narbe.

569 5. **Selbstunfruchtbarkeit** oder **Selbststerilität.** Der Pollen keimt nicht auf der Narbe derselben Blüte oder der Pollenschlauch welkt, bevor er in die Samenanlage gelangt.

570 Die Fortpflanzung durch Selbstbestäubung bezeichnet man ebenso wie die Fortpflanzung zwischen Blutsverwandten als **Inzucht.** Da bei der Selbstbestäubung nur die Anlagen einer Pflanze vererbt werden, führt dies zur Entartung, zur Anfälligkeit für Krankheiten, zu einem allgemeinen Schwächezustand und mangelhafter Samenbildung.
571 Inzucht wirkt in der Regel **entartend** oder **degenerierend,** kann aber auch bestimmte Eigenschaften steigern.

572 Im Gegensatz zur Inzucht steht die **Heterosis,** die **Bastardwüchsigkeit.** Bei ihr übertrifft das Kreuzungsprodukt die Eltern durch verstärkte Wüchsigkeit, sie hat eine stimulierende, anregende Wirkung. Von einem Heterosiseffekt kann man nur in der F_1-Generation sprechen, denn ein Nachbau dieser F_1 ist nicht sinnvoll, da die Saat dann aufspaltet. Bei *Begónia-Semperflórens*-Hybriden haben wir mehrere Heterosisformen, Ebenso gibt es Heterosissorten bei Zuckerrüben, Zéa máys und anderen Arten. Eigentlich müsste man beim Heterosisverfahren korrekt von Inzucht-Heterosis-Züchtung sprechen, da als Kreuzungspartner Individuen zweier reiner Linien (durch Inzucht erzielt) dienen. Benary, Hann. Mün-

den, ist allein berechtigt, wegen entscheidender Arbeiten seine entsprechenden Sorten als Heterosis Sorten auf den Markt zu bringen, die anderen Firmen verwenden die Bezeichnung F_1-Hybrid-Züchtungen.

Als erster hat Shull (1908) auf solche Verfahren hingewiesen. 1909 brachte die Firma Benary die Heterosis-Sorte ‚Primadonna' heraus, eine Kreuzung aus *Begonia semperflorens* ‚Triumph' mit *B. grácilis luminósa*. Bei den Eltern handelte es sich um vegetativ vermehrte reinerbige Linien. Züchter war der verdienstvolle Obergärtner G. Besoke. Die F_1-Hybrid-Züchtung fand bald auch Eingang in die Tierzucht. Besonders bei vegetativ vermehrbaren Arten, vor allem im Bereich der Zierpflanzen, wird das Verfahren heutzutage stark genutzt, obschon der Heterosis-Effekt selbst auch heute noch nicht ursächlich erklärbar, nur statistisch erfassbar und nicht genetisch fixierbar ist.

573 **Jungfernfrüchtigkeit** oder **Parthenokarpie** nennt man die Bildung samenloser Früchte ohne vorhergehende Befruchtung. Das Auskeimen einer weiblichen Geschlechtszelle ohne Befruchtung nennt man **Parthenogenesis** oder Parthogenese (Jungfernzeugung).

574 Die **Befruchtung** ist die Verschmelzung einer männlichen Geschlechtszelle mit der Eizelle. Die als Paarungsprodukt dieser beiden Geschlechtszellen oder **Gameten** entstandene Zelle nennt man **Zygote,** sie besitzt einen diploiden Zygotenkern. Die Befruchtung befähigt die Gameten zur Weiterentwicklung.

575 Der **Befruchtungsvorgang** bedecktsamiger **Blütenpflanzen** verläuft folgendermaßen:

Der männliche Pollen (die Mikrospore) gelangt auf die weibliche
576 Narbe. Das Pollenkorn keimt, es sendet einen **Pollenschlauch, Siphon**
(Siphonogamen!) durch das lockere Gewebe des Griffels und durch die
577 Mikropyle in den Embryosack (Makrospore). Der **Pollenschlauch** hat
578 drei **Zellkerne,** an der Spitze, einen **vegativen (Wachstums-)Kern** und
579 dahinterliegend zwei **generative (Geschlechts-)Kerne.** Der vegetative Kern sorgt für das Wachstum des Pollenschlauches und den Transport der generativen Kerne bis zur Mikropyle. Mit Erfüllung dieser Aufgabe hat sich der vegetative Kern erschöpft. Der Pollenschlauch stößt nun auf eine der Synergiden und wird durch ihre Ausscheidungen geöffnet, so dass sich sein Inhalt neben die Eizelle ergießt. Das Eindringen eines generativen Kernes in die Eizelle bildet die eigentliche Befruchtung, aus deren Produkt, der Zygote, sich der Embryo oder Keimling nachfolgend entwickelt.

Der andere haploide generative Kern (Gamet) des Pollenschlauches wandert weiter und vereinigt sich mit dem diploiden Embryosackkern.
580 Aus dieser Verbindung entsteht der **triploide Endospermkern,** aus dem
581 sich das **Endosperm,** das **Nährgewebe,** für den Keimling entwickelt. Siehe auch S. 154. Die Hüllen der Samenanlage, Integumente, werden zur
582 Samenschale, die Fruchtknotenwand zur **Fruchtschale.**

583 Vor der Reife des Samens tritt schon eine Trennung der Gewebe ein, es bildet sich der eigentliche Spross, das **Epikotyl,** mit den Kotyledonen, den Keimblättern, unterhalb dieser Keimblätter leitet das **Hypoko-**
584 **tyl,** das **Keimstengelchen,** zur **Radicula,** der Keimwurzel, über.

584a Die Radicula wird bei den Gräsern zur **Koleorrhiza** (Wurzelscheide), die im Verlauf der Keimung kurzfristig die erste sproßbürtige Wurzel umhüllt.
584b Entsprechend haben solche Keimlinge auch **Koleoptilen** (Keimscheiden), die vorerst Sprossknospe bzw. erstes Laubblatt umgeben. Das jeweilige Keimblatt tritt hier nie in Erscheinung. Es wurde schon im Samenkorn zum sogenannten Scutellum (Schildchen) umgebildet.

Die Zelle

585 Die **Zytologie** ist die Lehre von der Zelle. Sie befasst sich mit
586 Zellaufbau, Zellinhalt und Zellteilung. **Zellen** sind ± auffallende Struktur-
einheiten, aus denen sich Pflanzen und Tiere zusammensetzen. Diese mi-
kroskopisch kleinen Kämmerchen oder Bausteine der Pflanzen ähneln
den Zellen einer Bienenwabe. Sie sind aber nicht nur Bausteine, sondern
in ihnen finden auch Lebensprozesse statt.

587 Der **lebende Teil einer Pflanzenzelle** besteht aus dem Zellplasma
oder Zytoplasma, dem Zellkern oder Nukleus und den Farb-
Abb. 74 stoffträgern oder Chromatophoren. Zellwand und Zellsaft sind leb-
S. 166 los.

Lebende Bestandteile sind ferner u. a. das Endoplasmaretiku-
lum, die Mitochondrien, der Golgi-Apparat und die Ribo-
somen. Diese Bestandteile lassen sich elektronenmikroskopisch einge-
hender beobachten.

588 Die **Pflanzenzelle** ist im Gegensatz zur „nackten Tierzelle" von
einer immer fester werdenden Haut umkleidet. Pflanzenzellen sind folg-
588a lich **Dermatoblasten,** Tierzellen **Gymnoblasten.**

589 Die **Zellformen** können sein: Kugeln, Würfel, Zylinder, Prismen und
vielflächige Körper (Polyeder). Es gibt auch langgestreckte, faser- und
schlauchförmige Zellen. Sie erhalten ihre Gestalt durch die Zellwand,
auch Zellhaut oder (inkorrekt) Zellmembran genannt.

590 Die **Größe der Zellen** ist sehr verschieden. Ihr mittlerer Querdurchmes-
ser beträgt bei den Pflanzen 0,01–0,1 mm. Die Länge der Zellen ist oft be-
deutend größer und erreicht z. B. bei den Balsaminen 1 cm, bei den Faser-
pflanzen Brennessel und Baumwolle bis zu 4 cm.

591 Als **Zellleib** oder **Protoplast** bezeichnet man die lebenden Be-
standteile einer Zelle in ihrer Gesamtheit. Das sind u. a. Zellplasma,
Zellkern und die Farbstoffträger. Die Protoplasten sind durch sehr feine
Cytoplasmafäden miteinander verbunden. Diese Plasmaverbin-
592 dungen oder **Plasmodesmen,** die innerhalb fast aller lebenden Pflanzen-
gewebe bestehen, durchsetzen die Schließhäute der Tüpfel, sie machen
die umhäuteten Protoplasten zu einer organischen, lebenden Einheit. Sie
592a verbinden die Zellen zum „Organ" besonderer Art, **Symplast** genannt.

593 Die **formgebende Zellenwand** ist ein Ausscheidungsprodukt des Proto-
plasten, besteht aus Zellulose und wird auch gemeinsam mit Inter-
593a zellularen und toten Zellräumen als **Apoplast** definiert. Der Ausdruck
„Membran" wird heute bevorzugt für die Plasmagrenzhäute (Plasmalem-
ma und Tonoplast), die Zellkernwände usw. reserviert.

594 Die **Zellulose** ist in ihrer chemischen Zusammensetzung der Stärke ähn-
lich, hat die Formel $(C_6H_{10}O_5)n$ und ist wasserunlöslich. Selbst in
kochendem Wasser, verdünnten Säuren und Alkalien ist sie nicht löslich.
In konzentrierter Schwefelsäure ist sie unter Umwandlung in
Glukose löslich. Die Molekülaggregate der Zellulose *(Micellen)* lassen
sich allerdings durch H_2O-Einwirkung ein wenig auseinanderdrängen (be-

grenzte Quellfähigkeit der Zellulose). Sehr entscheidend ist die Anordnung der das Zellulosemolekül aufbauenden Glukose-Einheiten. Man kann nach Asimov im Erklärungsbemühen vom Buchstaben u ausgehen, der eine Glukose-Einheit symbolisieren soll, aber auch umgekehrt als n angeordnet sein kann. Folglich würden wir dann ... ununu ... lesen. In solcher Weise liegt die Konfiguration in der Zellulose vor, was bewirkt, dass eine Verdauung im Körper der Menschen und höheren Tiere nicht stattzufinden vermag. Allerdings kommt es im Verdauungstrakt pflanzenfressender Tiere dank der Anwesenheit bestimmter Mikroben dennoch zum Zellulose-Aufschluss. Man lese auch das über Stärke Gesagte bei Nr. 856.

595 Beim Aufbau der Zellwand bilden sich gallertartige Verkittungsstoffe, die **Pektine,** die auch die Verbindung zweier benachbarter Zellen sind.
596 Diese hierdurch entstehende gemeinsame Streifenlamelle heißt **Mittellamelle.** Pektin ist bekannt als Gelierstoff der noch nicht vollreifen Früchte. Es handelt sich hier um wasserlösliche, im Zellsaft befindliche Pektine, entstanden durch chemische Reaktionen von Pektinsäure mit Alkanolen; eine nachträgliche Polymerisation ist möglich (Fruchtgelee). Das Protopektin der Mittellamelle jedoch ist wasserunlöslich. Es bildet sich aus einer Verbindung von Pektinsäure-Molekülen mit Metall-Ionen, wobei nachfolgend miteinander vernetzte Riesenmoleküle entwickelt werden. Beim Aufbau junger Zellwände spielen auch Hemizellulosen (u. a. Glukane und vor allem Xylane) eine Rolle. Koniferenholz enthält bis zu 12 %, das der Laubbäume bis zu 25 % und Stroh bis zu 20 % Xylane. Hemizellulosen heißen heute Polyosen.

597 Beim **Dickenwachstum** der Zellulosewand werden noch weitere Stoffe, darunter auch korkartige, lamellenartig angelagert und dadurch die Festigkeit der Zellwände erhöht. Eine Verdickung auf begrenzte Teile der Zellwand erfolgt durch Bildung von Höckern, Zäpfchen, Stacheln oder Leisten. Zu den Zellwandverdickungen ist auch die Bil-
598 dung von **Zystolithen** zu rechnen. Sie bestehen aus Calciumcarbonat und lassen sich mikroskopisch u. a. in Blättern des Gummibaums nachweisen.

599 Das **Längenwachstum** der Zellwand vollzieht sich gleichfalls durch Ein- oder Zwischenlagerung von Stoffen.

600 Unter **Wachstum** versteht man ganz allgemein eine nicht umkehrbare Volumenzunahme.

601 Man unterscheidet drei **Wachstumsarten:**

602 1. das **embryonale** oder **plasmatische Wachstum.** Es erfolgt durch Zellteilung an den Wachstums- oder Vegetationspunkten und
603 im Kambium sowie durch Plasmazunahme. **Vegetationspunkte** sind die Triebspitzen, Wurzelspitzen und Knospen. Vegetationspunkte können auch als **Apikalmeristeme** bezeichnet werden. Im Basalbereich der Grä-
603a serhalme sind im Dauergewebe Restmeristeme verblieben, **Interkalarmeristeme** genannt. Sie bewirken interkalare (eingeschobene) Wachstumszonen, die zum Beispiel nach dem Mähen ihre Tätigkeit beeindruckend sichtbar werden lassen.

   Bei den höheren Pflanzen stellt der Vegetationspunkt nicht nur eine

Einzelzelle, sondern eine Gruppe von Zellen dar. Am Embryo, am Wurzelteil noch deutlicher als am Sproßteil, lassen die Zellen schon eine klare Zweckbestimmung erkennen:

604 a) das einschichtige **Dermatogen,** das spätere Hautgewebe.

605 b) das **Periblem,** aus dem die Rindenschichten hervorgehen.

606 c) das **Plerom,** aus dem später der Zentralkörper mit den Leitungsbahnen entsteht.

607 2. das **Streckungswachstum,** bei dem durch Wasseraufnahme und Vakuolenbildung eine Volumenzunahme erfolgt. Es ist eine Volumenzunahme ohne Vermehrung des Plasmas.

608 3. das **Differenzierungswachstum,** das dem Zellausbau dient. Es bildet die Zellen für ihre späteren Funktionen aus. Sie nehmen die endgültige Gestalt an, die Wände werden verdickt, versteift, verholzt.

609 **Verholzung** entsteht durch Lignin-Einlagerung in die Zellwand
610 und erhöht die Druckfestigkeit. **Verkorkung** kommt durch auf die Zellwände aufgelagertes Suberin zustande. Dieser Korkstoff ist wasserundurchlässig und gegen Zersetzung sehr widerstandsfähig. Ein dem Kork verwandter Stoff ist das Kutin, das eine Kutinisierung namentlich der Blattoberhäute bewirkt. Die Bildungsorte der Bausteine für Suberin und Kutin dürften im ER liegen. Weitere chemische Veränderungen der Zellwand können z. B. durch Kieselsäure- und Gerbstoffeinlagerungen bzw. -
610a anlagerungen zustande kommen. **Chitin** ist der charakteristische Stoff pilzlicher Zellwände.

611 Die vornehmlich aus Zellulose bestehende Zellwand ist mehr oder weniger wasser- und gasdurchlässig. Diese Eigenschaft nennt man **Permeabilität;** sie ist im einzelnen sehr kompliziert und hängt von verschiedenen Gegebenheiten ab.

612 Der **Protoplast** ist die Gesamtheit der lebenden Bestandteile einer Pflanzenzelle und differenziert sich in:

1. Zellplasma oder Zytoplasma (alter Begriff: Protoplasma), in ihm befindlich (2.–11.):
2. Zellkern oder Nukleus
3. Farbstoffträger, Chromatophoren oder Plastiden

612a 4. Endoplasmatisches Retikulum, genannt **ER,** d. i. ein Kanalsystem im Plasma, das über den Weg der Plasmodesmen in Nachbarzellen gelangt; so entsteht ein Symplast, das ist vor allem das Cytoplasma aller lebenden Zellen eines Organismus. Im ER erfolgt auch Umbau von gesättigten zu ungesättigten Fettsäuren, und zwar im sER, das nicht mit Ribosomen besetzt ist. Der Gegensatz ist das rER. In ihm findet Polypeptid-Bildung statt.

612b 5. **Ribosomen,** Stätten der Eiweißbildung;

612c 6. **Mitochondrien,** Generatoren, Transformatoren und Akkumulatoren im Energiehaushalt;

7. Golgi-Apparat, Stätte der Bildung von Zellwandsubstanzen;

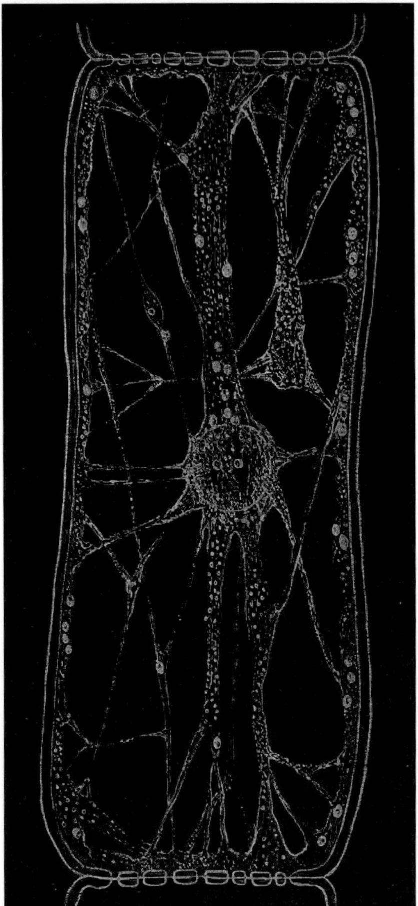

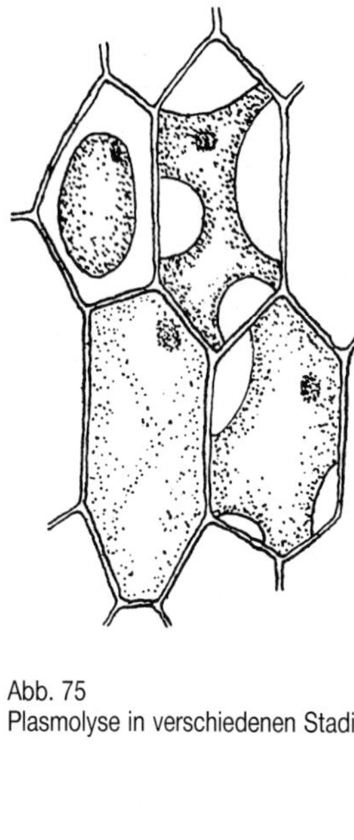

Abb. 75
Plasmolyse in verschiedenen Stadien.

Abb. 74
Lichtmikroskopisch erkennbare Bestandteile in einer lebenden Pflanzenzelle.
Dunkelfeldbeobachtung im Durchlichtverfahren (Zeichnung des mikroskopischen Bildes). Netzartige Plasmaanordnung. Zellkern in der Mitte liegend. Im Cytoplasma vereinzelt Chloroplasten befindlich. Sehr schön Tüpfelkanäle erkennbar.

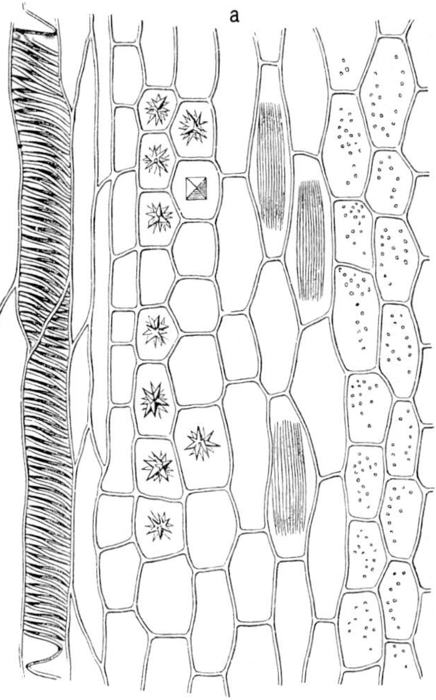

Abb. 76
Zellkristalle.
a Drusen und Raphiden im Blattgewebe einer Ampelopsis, b einzelner Kristall, c Raphidenbündel in Einzelzelle.

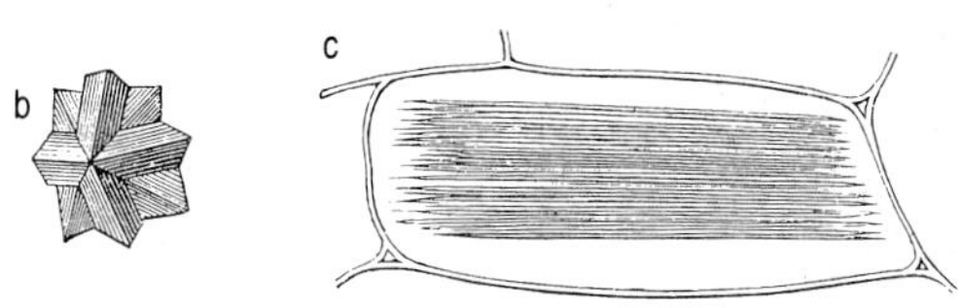

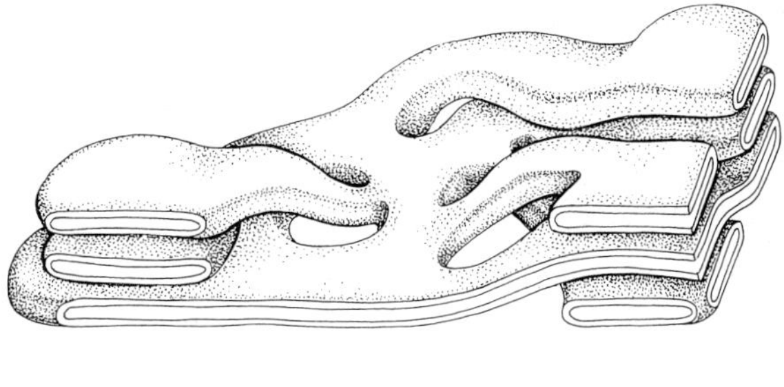

Abb. 77
Thylakoid-Anordnung in Chloroplasten (schematisiert).

Er ist als die Gesamtheit aller Dictyosomen einer Zelle zu verstehen. Kleine Einzeller haben nur ein Dictyosom, größere Zellen besitzen wesentlich mehr. Ein Dictyosom erweist sich als ein Stapel scheibenförmiger, membranumgreter Hohlräume.

8. Mikrotubuli, röhrenförmige Strukturen, u. a. Helfer bei Kernteilungsprozessen; sie spielen wohl auch eine Rolle bei der Formung von Zellwänden;
9. Lyosomen, Orte des Abbaus biologisch wichtiger Makromoleküle. Lyosomen entstehen als ER- oder Golgi-Vesikel;
10. Mikrobodies (Kleinkörper), Durchmesser 0,1–1,5 µm:
    a) Glyoxysomen, u. a. Enzyme für Fettabbau führend
    b) Peroxisomen, Organellen der sog. Lichtatmung. Mikrobodies entstehen wohl durch Zisternenabschnürung aus ER.

612d Die **Schnittflächenbräunung** bei Obst und Gemüse lässt sich ebenfalls auf Peroxisomen zurückführen. In ihnen ist nämlich auch ein Enzym (Phenoxidase = Tyrosinase), das bei Zellverletzungen (Schnittstellen!) freigesetzt wird und dann die in den Zelleiweißen enthaltende Aminosäure Tyrosin und anderweitige Phenole oxidieren kann. Im weiteren Verlauf kommt es schließlich zur Bildung von Melanin, das auch im menschlichen Körper auftritt (Sommersprossen, Sonnenbräune). Das Schwarzwerden der Bananenschalen ist gleichfalls auf Melaninbildung zurückzuführen.

11. Sphärosomen, Durchmesser um 1 µm, Lipidtropfen, gestaltlich und chemisch unterschiedlich, Bedeutung unklar.

Die genannten Gebilde verfügen über Biomembranen, verfügen folglich über Binnenräume (Reaktionsräume), Kompartimente. Sie allesamt sind subzelluläre Funktionseinheiten. Man nennt sie Organelle (Einzahl das Organell, lat. organellum = kleines Werkzeug) bzw. Organellen (Einzahl dann die Organelle).

Zellkern und Zytoplasma stellen ein nukleo-zytoplasmatisches Kontinuum dar, schließen also Plastiden und Mitochondrien gewissermaßen aus. Man spricht daher heute gern von 3 Plasmasorten: Zytoplasma, Plastoplasma und Mitoplasma. Im übrigen haben Plastiden und Mitochondrien eigene DNA, damit eigenständige Vererbungsmitwirkung, lösen sich ferner bei der Zellteilung im Gegensatz zum Nukeus nicht auf und verfügen über eigene Membranen (vergleiche mit Nr. 132a).

613 Das **Protoplasma** ist, gesehen im alten Begriff, der **Träger des Lebens.**

Es ist kein einheitlicher chemischer Körper, sondern ein Gemisch von chemischen Verbindungen, in denen das Eiweiß vorherrscht. Beim Verbrennen entweichen Ammoniakdämpfe, ein Beweis für das Vorhandensein des Eiweißes; außerdem bleibt Asche zurück, ein Beweis für das Vorhandensein von Mineralstoffen. Das Cytoplasma reagiert gewöhnlich alkalisch. Es besteht zu 70–80 % aus Wasser und ist eine glashelle zähflüssige Masse, die feingekörnt ist und bei Temperaturen von über 50 °C gerinnt. Die junge Pflanzenzelle ist ganz mit Zytoplasma ausgefüllt, in älteren Zellen bildet es häufig nur einen Wandbelag. Im Zytoplasma existiert ein Zytoskelett, das auf- und abbaubar ist (dynamischer Strukturbildner), bestehend vor allem aus Actin-Filamenten. Actin ist ein höchst konzentriertes Protein, das während der stammesgeschichtlichen Entwicklung kaum verändert wurde.

Das Zytoplasma vollzieht weitgehend den Stoffwechsel und ist Hauptgarant des Lebens.

614 Seine Eigenart und **Funktionsfähigkeit** beruht teils in der stofflichen Zusammensetzung, teils in seiner Struktur und Organisation, vor allem im kolloiden Zustand der lebenden Substanz.

615 Unter einem **Kolloid** versteht man nicht den Körper selbst, sondern den
bestimmten Zustand eines Körpers, der von Verteilungsmittel und Teil-
chengröße abhängt. Ist letztere kleiner als 10^{-7} cm, so liegt eine echte
616 **Lösung** vor, ist sie größer als 10^{-4} cm, so spricht man von einer mikro-
617 skopisch sichtbaren **Suspension.** Im Bereich von 10^{-4}–10^{-7} cm aber
liegen Kolloide, die nicht durch übliche Membranen zu diffundieren vermögen und nur im Ultramikroskop bzw. Elektronenmikroskop sichtbar zu machen sind.

618 Die Lebensvorgänge im Zytoplasma bedingen die **Plasmabewegung,** die
bei wandständigem Kern und großer Vakuole in kreisförmiger Richtung
619 der Zellwand folgt und **Rotation** genannt wird. Sie ist bei Wasserpflanzen
häufig.

Ist die Bewegung bei mehreren Vakuolen je Zelle den Verzweigungen
des Zellplasmas entsprechend unterschiedlich gerichtet, so heißt sie
620 **Zirkulation.** Man findet sie vorwiegend bei Landpflanzen. Eintretende Stoffe werden durch die Plasmabewegung vermischt. Die Strömungsgeschwindigkeiten bei Rotation und Zirkulation liegen zwischen 0,2–0,6 mm/Minute.

621 Das Zytoplasma ist zur Zellwand hin von einer feinen Biomem-
bran, dem **Plasmalemma,** umgeben, die allgemein zum Schutz dient,
dann aber auch das Wahlvermögen besitzt, in Lösung befindliche Stoffe
622 durchzulassen oder nicht. Sie ist also **selektiv permeabel** (bislang sagte
man unpräzise semipermeabel), während die eigentliche Zellwand weit-
623 gehende Permeabilität hat. **Tonoplast** genannt wird jene Biomembran, die
Barrierewirkung ausübt. (Abgrenzung des Zytoplasmas vom Zellsaft der
Vakuolen). Mithin ist es das Plasmalemma, an dem Endozytose (Ein-
schleusung) fester (Phagozytose) oder flüssiger (Pinozytose) Substanzen
von außen, aber auch Exozytose (Ausschleusung) von Zellwandbau-
624 elementen und von Exkreten erfolgt. **Plasmolyse,** die den Tod der Zelle
Abb. 75 zur Folge haben kann, entsteht durch Einwirkung eines Plasmolytikums
S. 166 (z. B. zu hohe Nährlösungskonzentration). Dann löst sich der Protoplast
von den Zellwänden ab und „schrumpelt". Die äußere Erscheinung der
Plasmolyse, nämlich das Braunwerden einzelner abgestorbener Zellen
625 oder Gewebeteile, wird als **Verbrennungserscheinung** bezeichnet.

626 Das **Zellplasma** kann flüssige und feste **Einschlüsse** haben. Zu den
627 **flüssigen Einschlüssen** gehören der Zellsaft, Fette, ätherische
Öle und Harze und bedingt Alkaloide und Glykoside.

628 Abb. 76 S. 167 Zu den **festen Einschlüssen** gehören neben den Farbstoffträgern Kristalle von oxalsaurem Kalk in Form von Kristallsand, Raphiden und Drusen. Auch **Aleuronkörner** der Getreidesamen und Eiweißkristalle sind im Zellplasma als feste Eiweißkörper eingeschlossen. Als Aleuronschicht bezeichnet man die Klebereiweiß enthaltende äußerste Zellschicht im Nährgewebe des Getreidekorns.

629 Der **Zellsaft** befindet sich in den **Safträumen,** den Vakuolen (Gesamt-
630 heit der Vakuolen einer Zelle = Vakuom). Er ist eine wässerige Flüssigkeit, die selbst in ein und derselben Zelle verschieden sein kann
631 und gewöhnlich sauer reagiert. Zu seinen **Bestandteilen** gehören verschiedene (Äpfel-, Wein-, Oxal-)Säuren, verschiedene Zuckerarten, Schleim (z. B. bei der Zwiebel), Gerbstoffe, Bitterstoffe, Anthozyane u. a.

In den wachsenden Zellen vergrößern sich die Zellsafträume (die fälschlich die Bezeichnung „Vakuolen" = Hohlräume tragen) und verschmelzen miteinander, bis schließlich ein einziger großer Saftraum in der Zelle besteht. Abgestorbene Dauerzellen enthalten in ihren Vakuolen Luft.

Erläuterungen zu Zell- und Gewebeeinschlüssen:

632 **Ätherische Öle** sind stark duftende, leicht flüchtige, lichtbrechende Tropfen und Gemische von chemischen Verbindungen, z. B. von Estern, Phenolen, Alkoholen. Sie befinden sich u. a. in den Vakuolen der Zellen der Blütenblätter (Rose), Laubblätter (Lorbeer), Rhizome (Ingwer), Rinden (Zimt), Samen (Pfeffer) und Fruchtschalen (Zitronen). Sie dienen u. a. der Tieranlockung und haben fäulniswidrige Eigenschaften.

In neuerer Literatur liest man: Etherische Öle.

633 **Harze** (resinae) bestehen aus einem Gemenge komplizierter chemischer Verbindungen, ähnlich den ätherischen Ölen. Sie sind ein Endprodukt des Stoffwechsels. Sie befinden sich in Vakuolen, in besonderen Sekretzellen (Haaren), bei den Nadelhölzern in besonderen Harzkanälen und in den Markstrahlen. 1 m^3 Splintholz der Kiefer kann über 20 kg Harz enthalten.

634 **Gerbstoffe** sind ebenfalls Endprodukte des Stoffwechsels und dienen durch ihre fäulniswidrigen Eigenschaften zum Imprägnieren der Zellwände. Man findet die Gerbstoffe im Kernholz, das durch sie dunkel gefärbt wird, und in Baumrinden (Eiche).

635 **Alkaloide** sind N-haltige, mehr oder weniger ringförmige Kohlenwasserstoffe, die allesamt spezifische Wirkungen auf das Nervensystem des Menschen ausüben können. Sie spielen daher in der Medizin teilweise eine große Rolle, leider aber auch im Rausch- und Suchtgiftlaster. Alkaloide werden in Wurzelzellen gebildet, können aber später in anderen Organen der Pflanzen zu finden sein (Beispiele: Taxin, Cocain, Atropin, Opium-Alkaloide).

636 **Glykoside** sind Abkömmlinge der Zucker, zum Teil stark giftig und in einigen Pflanzenarten nachweisbar, z. B. Digitalis-Glykoside im Fin-

gerhut und sog. Bitterstoffe in Enzian-Arten. Ein Glykoalkaloid ist das Solanin des Schwarzen Nachtschattens.

637 **Drusen** nennt man morgensternähnliche Gebilde, die aus vielen miteinander verwachsenen Kristallen des Kalziumoxalats entstanden sind. Sie befinden sich im Zellplasma oder später im Saftraum, den sie z. B. bei Begonien fast ganz einnehmen.

638 **Zystolithen** sind traubenförmige, gestielte Körper, in die sehr viel Kalziumkarbonat eingelagert ist. Sie entstehen als Wandverdickung nach dem Zellinnern *(Fiscus elástica)*. Die Bedeutung dieser Gebilde, die sich bei den *Urticáceae, Moráceae* und *Acantháceae* finden, ist noch ungeklärt.

639 **Raphiden** sind Kristallnadeln von Kalziumoxalat, die in Bündeln nebeneinander liegen *(Dracaena, Chlorόphytum)*.

640 **Chromatophoren** oder **Plastiden**, die **Farbstoffträger**, haben mannigfaltige Gestalt und unterschiedlichen Farbton. Es sind die Chloroplasten, grüne Farbstoffträger, die Chromoplasten, gelbe bis rote Farbstoffträger, und in lichtfernen Zellen sind farblos gebliebene Leukoplasten. Plastiden können auch Träger von **Erbfaktoren** sein.

641 Die **Chloroplasten** sind abgeflachte, ei- oder linsenförmige Gebilde, die
642 man Blattgrün- oder **Chlorophyllkörner** nennt. Sie geben der Pflanze die grüne Farbe und die Befähigung zur Kohlensäureassimilation (Photosynthese) und damit zur Autotrophie.

Ihre strukturlose Plasmamasse ist farblos und wird von vielen der abgeplatteten Fläche gut angepassten Lamellen durchzogen. In diese Lamellen
642a sind zahlreiche kleine, scheibenförmige, dunkelgrüne Körner, die **Grana,**
Abb. 77 eingelagert. Die Grana scheinen in einzelnen Lagen fein geschichtet zu
S. 167 sein. Diese Schichtungen sind elektronenmikroskopisch erkennbare **Thylakoid-Stapel.** Nultsch definiert trefflich Thylakoide als Photosynthesepigmente tragende Biomembranen photosynthetisch aktiver Plastiden.

Maureen R. Hanson und Mitarbeitern (USA) gelang der Nachweis, dass Chloroplasten zum Informationsaustausch Verbindungsschläuche ausbilden können. Forschungsobjekte waren Petunien und Tabakpflanzen. In die Chloroplasten wurde das Gen einer Quallenart eingeschleust, das zur Bildung eines fluoreszierenden Proteins befähigt. So konnten die Schläuche mittels eines speziellen Laser-Scanning-Mikroskops erkannt werden. Man lese in diesem Zusammenhang das bei Nr. 132a und Nr. 1065 (hier F-Pili) nach und ziehe Vergleiche.

643 Das **Chlorophyll** oder **Blattgrün** besteht aus den Chlorophyllen a und b und den begleitenden gelben bis roten Karotinoiden,
644 das sind das gelbe **Xantophyll** und das orangerote **Karotin.** Diese
645 in Wasser unlöslichen Farbstoffe kann man mit **heißem Alkohol** ausziehen. Die Lösungen sind in durchfallendem Licht smaragdgrün und bei auffallendem Licht blutrot. Neben den für höhere Pflanzen typischen Chlorophyllen a und b gibt es noch weitere bis zum Buchstaben e. Chlorophylle c1 und c2 sind lediglich Hilfspigmente, und Chlorophyll b fehlt einigen Algengruppen. Chloroplasten können zu Chromoplasten

645a werden (Beispiel: reifende Bananen). **Gerontoplasten** nennt man die Herbstlaubplastiden. Es sind senescente (altgewordene) Chloroplasten.

646 Die **Chromoplasten** geben vielen Pflanzenteilen, besonders den Blüten
647 und Früchten, die Färbung. Sie bestehen aus gelbem **Xantophyll** oder
648 orangerotem **Karotin** und sind von rundlicher oder kristalliner Gestalt (nadelförmig, eckig, rhombisch, plattenförmig).

649 **Leukoplasten** sind kugelige bis eiförmige Gebilde in Pflanzenzellen, zu
650 denen kein Licht gelangt. Sie sind farblose Farbstoffträger, die bei Lichtzutritt ergrünen können (Kartoffel). Sie vermögen Zucker in Stärke umzuwandeln und sind folglich Entstehungsorte der Speicherstärke. In dem Fall kann man die Leukoplasten Amyloplasten nennen. Wenn in den Leukoplasten jedoch, was auch vorkommt, Eiweiß gespeichert wird, spricht man von Proteinoplasten, bei Fettdeponie von Elaioplasten. Plastiden etiolierter (unter Lichtabschluss gehaltener) Pflanzen nennt man Etioplasten.

651 Als **Panaschierung** oder **Panaschüre** bezeichnet man die **Buntblättrigkeit** *(foliis variegátis),* z. B. bei den buntblättrigen Formen von *Lonicera, Tropaeolum, Pelargónium* und *Ácer.* Kleinere oder größere Teile der Blätter haben dann nicht grüne, sondern weiße oder gelbliche Färbung. Diese Teile enthalten keine Chloroplasten, sondern farblose oder gelbliche Plastiden, die Leuko- und Chromoplasten. Im Prinzip ist die Entstehung panaschierter Pflanzen meist von der Wirksamkeit bestimmter Plastiden-Gene abhängig. Buntblättrigkeit kann aber auch durch Viruserkrankung hervorgerufen werden, z. B. bei *Abútilon.*

652 Die **weiße Farbe der Blütenblätter** entsteht durch den farblosen Zellinhalt und durch die in Zwischenzellräumen eingelagerte Luft. Letztere bewirkt Totalreflexion des Lichts und somit den weißen Eindruck. Andererseits sieht Chlorophyll deshalb grün aus, weil von ihm aus Nutzungsgründen der Rotanteil des Lichts stark absorbiert und der Grünanteil komplementär reflektiert wird.

653 **Anthozyan** ist ein im Zellsaft gelöster Pflanzenfarbstoff, der in alkalischer Lösung blau, in saurer rot und in neutraler violett erscheint. Bei sehr lebhaft gefärbten Pflanzen sind die Anthozyane auch wohl amorph (gestaltlos) oder kristallinisch ausgefällt. Es gibt auch gelbe Anthoxanthine, die im Zellsaft gelöst sind. Bei den Gänsefußgewächsen und einigen anderen Familien sind die Anthozyane durch Betazyane ersetzt, die in Gemeinsamkeit mit Betaxanthinen auch Betalaíne genannt werden.

654 **„Blutvarietäten"** (z. B. Blutbuchen) verdanken die rotbraune Färbung ihrer Laubblätter dem Zusammenwirken von rotem Anthozyan in der Epidermis und den grünen Chlorophyllkörnern in den darunterliegenden Zellen.

655 Das Wesen der **Hortensienfärbung** besteht darin, dass die in Spezial-Kulturerden vorhandenen Aluminiumverbindungen nur in saurer, zumindest schwach saurer Lösung Al-Ionen abdissoziieren, die dann in größerer Menge von der Pflanze aufgenommen werden. Die mei-

sten rotblühenden Hortensiensorten (die weißen lassen sich nicht färben) besitzen ein bestimmtes Anthozyan, das Delphinidin-Glykoside enthält. Diese bilden mit aufgenommenen Al-Ionen einen blauen Aluminiumlack. Für die Hortensienblaufärbung sind folgende Bedingungen Voraussetzung:

1. Im Anthozyan muss ein Delphinidin-Glykosid vorhanden sein.
2. Aluminium muss als Ion in saurer Bodenlösung geboten werden.
3. Die Pflanze muss die Aluminium-Ionen aufnehmen und bis in die Blüten leiten.

(Es ist also falsch, zu sagen, dass sich der rote Blütenfarbstoff, das Anthozyan, allein schon bei Alaungehalt im Substrat färbt.)

Die Zellkernteilung

656 Der **Zellkern** oder **Nukleus** ist meist kugel-, ei- oder linsenförmig. Seine Größe verändert sich wenig, so dass er in ausgewachsenen Zellen viel kleiner erscheint als in embryonalen. In jungen Zellen beträgt sein Inhalt $^2/_3$ des Gesamtinhaltes. Der Inhalt der Kernhöhle, die von der Kernwandung umgeben ist, ist meist feingekörnt und umschließt das
657 **Kernkörperchen,** den **Nukleolus** (es können auch mehrere sein), ein rundes, körner- oder tropfenförmiges Objekt. In ihm werden u. a. Vorstufen zytoplasmatischer Ribosomen gebildet. In der Kernhöhle befindet sich das färbbare Fadenwerk oder Gerüst, das sehr reich
658 an **Chromatin** ist. Es entspricht einem nukleären Desoxyribonukleoprotein-(DNP-)Komplex und ist aufgehängt in der sogenannten Nuklearmatrix. Diese stellt das Kernskelett dar, ist ein Gel und hält funktionelle und strukturelle Ordnung aufrecht. Das Chromatin lässt sich differenzieren in Euchromatin und Heterochromation. Ersteres kann kondensiert und dekondensiert werden und RNA bilden, Heterochromatien bleibt kondensiert und inaktiv.

659 Der Zellkern ist zusammen mit dem Zytoplasma, den Mitochondrien und den Plastiden **Träger der Erbanlagen** und für das Leben der Zelle notwendig.

Wenn im nachfolgenden die Zellkernteilung behandelt wird, so sei darauf hingewiesen, dass es neben ihr auch eine Plastidenteilung und eine Teilung der im Zytoplasma befindlichen Strukturen (zum Beispiel der Mitochondrien) gibt.

660 Die **Kernteilung** in den **Wachstumszellen** (= Körper- oder Somazellen, im Gegensatz zu den Geschlechtszellen) hat mehrere Bezeichnungen:

1. **einfache Kernteilung**
2. **Äquationsteilung**
3. **körperliche Kernteilung**
4. **mitotische Kernteilung**
5. **Mitose** (wissenschaftlich übliche Bezeichnung)

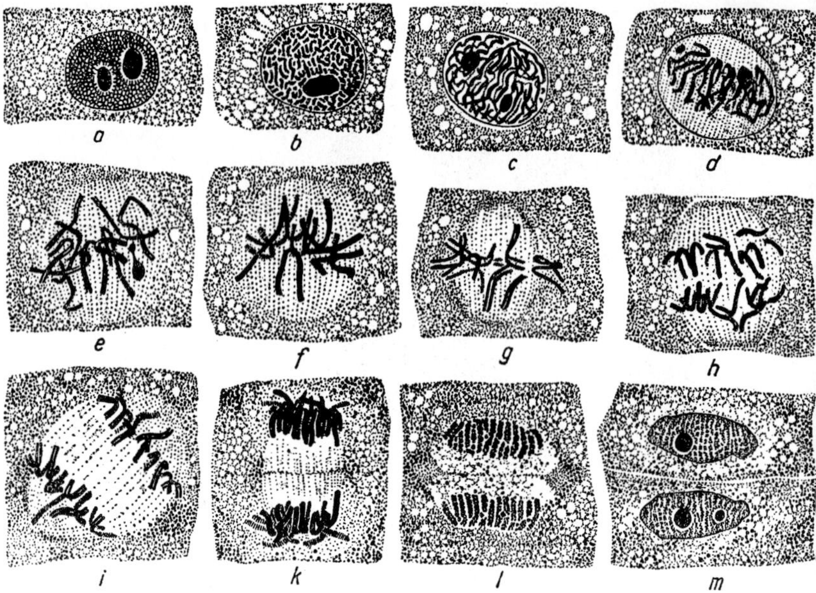

Abb. 78
Mitoseverlauf. Schnitt aus dem Wurzelspitzenbereich einer Küchenzwiebel.
Prophase (a–c), Metaphase (d–g), Anaphase (h–k), Telophase (l–m).

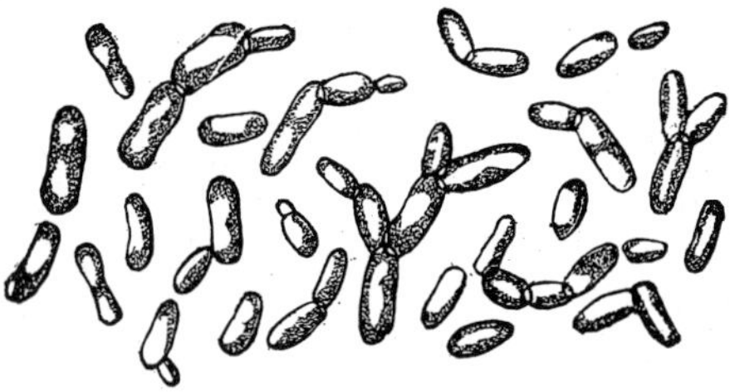

Abb. 79
Zellsprossungen bei Hefepilzen (unten) und Kahmpilzen (links).

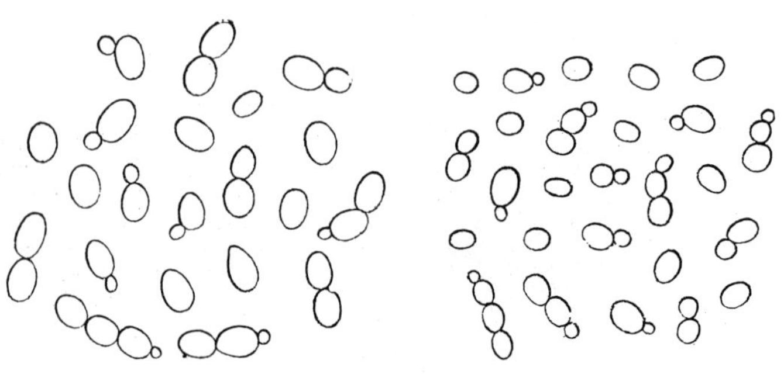

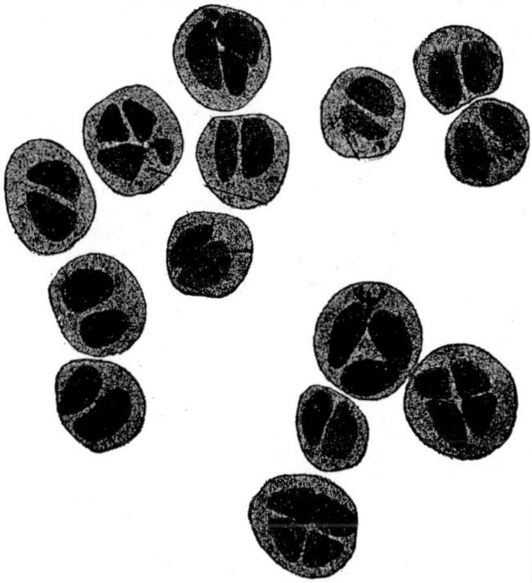

Abb. 80
Pollenmutterzellen und Tetraden. Stark vergrößert.

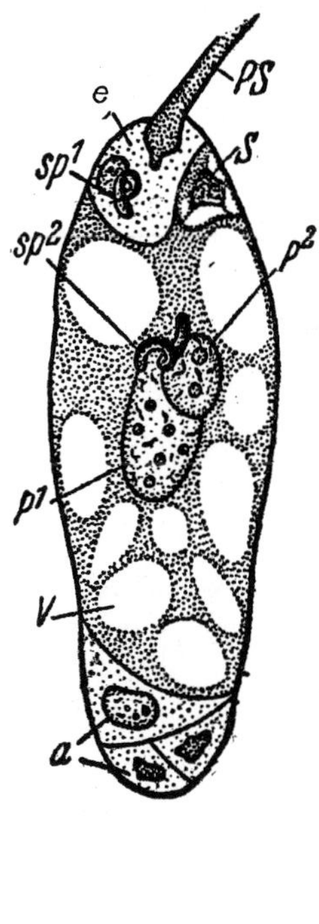

Abb. 81
Embryosack des Türkenbundes bei der Befruchtung: e = Eizelle mit Eikern, sp^1 und sp^2 = die beiden Spermakerne, p^1 und p^2 = sekundärer Embryosackkern, S = Synergide, a = Antipoden, PS = Pollenschlauch, V = Vakuolen. Erklärung im Text.

6. **Karyokinese**
7. **indirekte Kernteilung** (die sinnfälligste Bezeichnung)
8. **typische Kernteilung**

661 Abb. 78 S. 174 Die **indirekte** Kernteilung ist keine unmittelbare Teilung, sondern vollzieht sich in vier Phasen (Abschnitten):

1. Prophase	= 1. Zustand bis zur Bildung der Äquatorialplatte
2. Metaphase	= 2. Zustand, Stadium der Äquatorialplatte
3. Anaphase	= 3. Zustand, das Auseinanderstreben der Chromosomen
4. Telophase	= 4. Zustand, die Bildung der Tochterkerne

662 1. Die **Prophase** ist der erste Zustand bis zur Bildung der Äquatorialplatte.

Das färbbare, fadenförmige Kerngerüst lockert und entwirrt sich. Die fadenartigen Gebilde werden dabei immer kürzer und dicker. Sie lassen schon eine Längsspaltung erkennen und bewegen sich zur Kernmitte.

663 Man nennt diese Fäden wegen ihrer Färbbarkeit **Chromosomen.** Sie sind **Träger** der **Erbanlagen** oder **Erbfaktoren,** der sog. **Gene,** und werden bei der Teilung der Körper- und Geschlechtszellen in eine für jede Pflanzenart bezeichnende Anzahl gebildet. Die kleinste in haploiden Zellen beobachtete Chromosomenzahl beträgt 3 *(Crépis).* Meistens ist jedoch die Zahl größer: *Zéa máys* = 10; *Dryópteris filixmás* = 82; *Equisétum* = 108; *Ophioglóssum vulgátum* = etwa 630.

664 2. In der **Metaphase** ordnen sich die Chromosomen in der **Äquatorial-**
665 **platte** und teilen sich längs in je zwei Tochterchromosomen. Gleichzeitig bilden sich an den zwei gegenüberliegenden Seiten des Kernes die
666 sog. **Polkappen,** die ihre Fasern bis an die Zellwände vorschieben und nach erfolgter Kernkörperchen- und Kernwandauflösung von Pol zu Pol
667 reichen lassen: die **Kernspindel** ist gebildet. Die Längsspaltung der Chromosomen ist beendet, die Tochterchromosomen werden in der Mitte von den Fasern der Spindel erfasst. Nukleolen sind nicht mehr erkennbar, ebenfalls nicht die Kernhülle.

668 3. Die **Anaphase** ist der dritte Zustand, das Auseinanderstreben der Chromosomen. Die Kernspindelfasern ziehen die in der Mitte erfassten U- oder V-förmigen Tochterchromosomen in entgegengesetzter
669 Richtung auseinander bis zu den **Spindelpolen.**

670 4. Die **Telophase** ist das vierte Stadium, die Bildung der Tochterkerne. Die Tochterchromosomen drängen sich wieder fadenförmig zusammen und bilden an jedem Pol einen neuen Kern mit Kernwandung und Nukleolen.

Bei dieser Kernteilung hat jeder Tochterkern durchaus einleuchtend ebenso viele Chromosomen erhalten, wie der Mutterkern aufwies. Sie ist also stets erbgleich und darum wird diese Kernteilung auch **Äquations-**
671 **teilung** genannt.

671a Nach einer Telophase kommt es bis zur nächsten Prophase zur relativ länger anhaltenden **Interphase,** der Arbeitsphase des Chromatins (Mitose
671b + Interphase = **Zellzyklus**). Im Mittelabschnitt einer Interphase liegt die wichtige S-Phase (Synthese neuer DNA). Der nach beendeter M-(Mitose-) Phase und vor der S-Phase liegende Zeitabschnitt heißt G_1-Phase, jener zwischen S-Phase und nächster M-Phase G_2-Phase. In G_1 findet vor allem Zellwachstum statt, desgleichen in G_2, dort aber auch Vorbereitung der nächsten M. In der G_1 liegt unmittelbar vor S ein Kontrollpunkt. Wird dieser nicht überschritten, teilen sich Kern und Zelle nicht wieder. Dann kann es zur Ausbildung von Dauerzellen kommen. Das wäre dann die sogenannte G_0-Phase.

672 Die **direkte Kernteilung,** die **Amitose** oder **Fragmentation,** besteht in der Durchschnürung des Kernes in zwei oder mehrere Teilstücke, die in ihrer Größe und Erbanlage verschieden sein können. Eine Zellteilung erfolgt nicht, so dass mehrkernige Zellen entstehen. Die Amitose kann eine Alterserscheinung sein.

673 Die **Zellteilung** wird gewöhnlich durch die Kernteilung eingeleitet. Während die Kernteilung durch die Telophase vollendet wird, treten im
674 Zellraum winzige Körnchen und Tröpfchen auf, die zur **Zellplatte** verschmelzen. Aus dieser Zellplatte entstehen die neuen Trennungswände der Tochterzellen.

675 Die **Zellsprossung** (Sprossung) ist eine Abart der Zellteilung, mit
Abb. 79 S. 174 dem Unterschied, dass sich die Mutterzelle nicht halbiert, sondern tochterkernhaltige Auswüchse treibt, die später durch eine Zellwand abgeschnürt werden, z. B. bei der Hefe und bei den Fortpflanzungszellen zahlreicher anderer Pilze.

676 Die **Kernteilung** zur Geschlechtszellbildung nennt man **Reduktionsteilung.** Sie ist eine Zurückführungsteilung, denn die ursprüngliche, arteigene Chromosomenzahl wird auf die Hälfte zurückgeführt. Sie heißt auch **Reifungsteilung, Meiosis** oder **meiotische Teilung,** ist genaugenommen die I. Reifungsteilung und findet männlicherseits in den Pollenmutterzellen zur Bildung von späteren Pollenkörnern statt.

Die Reduktionsteilung erfolgt in vier Phasen.

677 1. **Prophase:** das färbbare, fadenförmige Kerngerüst lockert und entwirrt sich. Die Chromosomen werden dabei immer kürzer und dicker. Sie bewegen sich zur Zellmitte. Allerdings ist die Prophase der Meiose sehr komplex, zeitlich ausgedehnt und lässt sich differenzieren in a) Leptotän (zunehmende Chromosomen-Aufknäulung), b) Zygotän (paarweise Zusammenlegung homologer Chromosomen), c) Pachytän (Perfektionierung der Homologenpaarung, Chromosomenverkürzung), d) Diplotän (Homologenpaare beginnen auseinanderzuweichen) und e) Diakinese (maximale Chromosomen-Kondensation).

678 2. **Metaphase:** An der Fläche in der Kernmitte, der Kern- oder Äquatorialplatte, ordnen sich die Chromosomen im Gegensatz zur indirekten Kernteilung, bei der sie sich spalten, paarweise. Gleichzeitig bilden sich an zwei gegenüberliegenden Seiten des Kernes die Polkappen, die

ihre Fasern bis an die Zellenden vorschieben und nach Auflösung der Kernkörperchen und Kernwandung von Pol zu Pol reichen lassen. Einige dieser Fasern enden an den paarweise angeordneten Chromosomen und ziehen diese auseinander, wirken also wie Zugfasern. Die Kernspindel ist gebildet.

679 3. **Anaphase:** Jetzt rücken die Paare der ganzen Chromosomen, die Paarlinge, an den Spindeln in entgegengesetzter Richtung bis zu den Spindelpolen vor, so dass sich an jedem Pol die Hälfte der Paarlinge zusammendrängt. Dadurch erhält jeder Tochterkern einen
680 anderen Paarling, ein anderes Chromosom. Diese **Kernbildung** wird **erbungleich,** weil die Paarlinge in ihren Erbanlagen nicht übereinstimmen.

681 4. **Telophase:** Die Tochterchromosomen verwandeln sich wieder zum fadenförmigen Kerngerüst und bilden an jedem Pol einen neuen Kern, dessen Chromosomenzahl auf die Hälfte reduziert ist. Zwischen den beiden Kernen bildet sich die neue Zellwand, so dass zwei
682 Tochterzellen entstehen. Sie sind **haploide** Folgezellen geworden, d. h. sie besitzen als Produkt der Reduktionsteilung den einfachen Chromosomensatz im Gegensatz zu ihren **diploiden** Ausgangszellen mit **doppeltem** Satz.

682a Die Interphase zwischen I. und II. Reifungsteilung wird **Interkinese** genannt.

683 Die **II. Reifungsteilung** eines jeden dieser beiden Kerne ist dann eine erbgleiche Äquationsteilung, bei der die Chromosomen durch Längsspaltung halbiert werden, so dass 4 Kerne (Zellen) mit jeweils ein-
684 fachem Chromosomensatz entstehen. Diese Vierergruppe **(Tetrade)** ist
Abb. 80 S. 175 also das Produkt einer zweimaligen Teilung einer Pollenmutterzelle im Staubblatt. Es liegen nun Pollen vor.

Dem geschilderten Vorgang entsprechend vollzieht sich die Teilung
685 der **Embryosackmutterzelle.**

Im Nucellus der Samenanlage wird eine Zelle durch gute Ernährung zur Embryosackmutterzelle. Angenommen, sie hat acht Chromosomen (= Satz 2n), die durch die Reduktionsteilung auf die Hälfte, also vier, zurückgeführt werden sollen, damit nach der Vereinigung mit der männlichen Geschlechtszelle wieder acht Chromosomen vorhanden sind.

1. Die Embryosackmutterzelle teilt sich durch Reduktionsteilung, so dass jede Tochterzelle in ihrem Kern vier Chromosomen aufweist.
2. Es folgt jetzt die erbgleiche Äquationsteilung jeder Tochterzelle mit dem Ergebnis von vier Zellen, der Tetrade mit haploidem Chromosomensatz (Satz n). In dieser Tetrade entwickelt sich nur eine Zelle als Embryosack, die drei übrigen gehen zugrunde.
3. Diese entwicklungsfähige Zelle teilt sich mit ihrem Kern in drei aufeinanderfolgenden Teilungsabschnitten in erneuter Äquationsteilung, so dass acht Folgekerne (-zellen) entstehen, die

sich wohlgeschützt im Embryosack befinden. Man spricht von einem
686 **Achtor-Typus.**

Abb. 81 S. 175

Ihre Anordnung ist folgendermaßen:

687 Nach oben in die Nähe der Mikropyle wandern drei Zellen, die den
688 **Eiapparat** bilden. In der Mitte liegt die haploide **Eizelle** und ihr zur Seite die zwei Gehilfinnen, die Synergiden. Sie sind gleichfalls haploid.

In der Mitte des Embryosackes verschmelzen oft zwei Kerne zum
689 diploiden **sekundären Embryosackkern.**

Im unteren Teil des Embryosackes liegen die drei restlichen Zellen, die
690 **Antipoden** oder **Gegenfüßlerzellen.** Auch sie sind haploid.

691 Neben den **haploiden** Zellkernen mit einfachem Chromosomensatz, dem Ergebnis der Reduktionsteilung, und den **diploiden** Zellkernen mit doppeltem Chromosomensatz, die aus der Vereinigung der haploiden Geschlechtszellen entstehen, sind auch solche mit mehrfachen Chromosomensätzen möglich, nämlich **triploide** (3fache),
692 **tetraploide** (4fache) sowie **polyploide** (vielfache). Die **Kerne der Endospermzellen** sind triploid. Sie leiten sich jeweils aus der Verschmelzung eines diploiden sekundären Embryosackkerns mit einer haploiden männlichen Geschlechtszelle ab. Es sei noch erwähnt, dass Geschlechtszellen, nämlich Eizellen, in manchen Fällen auch diploid sein können, und zwar dann, wenn die Embryosackmutterzelle keine Reduktionsteilung einging und somit der Embryosack und seine Folgekerne nicht zur Haploidie kommen konnten. Siehe auch nach bei Agamospermie (Nr. 711).

Die Gesamtheit aller in den Chromosomen einer Geschlechtszelle loka-
693 lisierten Gene wird als **Genom** bezeichnet.

694 Der regelmäßige Wechsel von haploiden und diploiden Kernen, der sogenannte **Kernphasenwechsel,** ist für alle sich sexuell fortpflanzenden Organismen charakteristisch. Er ist wohl zu unterscheiden vom **Generationswechsel,** worunter man den regelmäßigen Wechsel von Generationen mit vegetativer und mit sexueller Fortpflanzung versteht. Beide Wechsel sind aber unlöslich miteinander verbunden.

Der Generationswechsel

Die Aufeinanderfolge von geschlechtlicher und ungeschlechtlicher Generation, von Gametophyt und Sporophyt, bezeichnet man als
695 **Generationswechsel.**

Diese Bezeichnung ist eigentlich nicht zutreffend, denn es handelt sich ja nicht um die Ablösung einer Generation durch die andere, da man als Generation gewöhnlich nur solche Lebewesen bezeichnet, die durch Befruchtung von den Eltern erzeugt worden sind. In diesem Falle findet jedoch ein Wechsel der Entwicklungsphasen ein und desselben Organismus statt, des Gametophyten und des Sporophyten. Der Ausdruck „Generationswechsel" hat sich jedoch seit einem Jahrhundert eingebürgert.

Er liegt vor bei den beiden Abteilungen der Bryophyten und Pteridophyten, die man wegen ihres gemeinsamen Besitzes von Arche-
696 gonien auch **Archegoniaten** nennt.

696a Auch bei den **Spermatophyten** liegt, genau betrachtet, ein **Generationswechsel** vor; doch werden die Namen der Blütenorgane beibehalten, da die Gleichwertigkeit der einander entsprechenden Fortpflanzungsvorgänge erst erkannt wurde, als sich die Bezeichnungen schon fest eingebürgert hatten.

697 **Keimzellen** sind Fortpflanzungszellen. Man nennt die geschlechtlichen Keimzellen (Geschlechtszellen) **Gameten.**

698 Die **Sporen** sind einzellige, ungeschlechtliche Zellen ohne Embryo- oder Nährgewebe, die sich entweder durch Sprossung von dem Zell-
699 verband des Körpers lösen, z. B. **Konidien** bei den Pilzen, oder in beson-
700 deren **Sporenbehältern,** den **Sporangien,** entstehen, wie z. B. die **Spor-**
701 **angiensporen** bei Algen, Moosen und Farnpflanzen.

Die Sporangien der Farne sind in verschieden gestalteten Häufchen, den sog. **Sori,** vereinigt. Bei vielen Arten ist der einzelne Sorus vor der Reife von
701a einem Auswuchs, dem **Schleier** oder **Indusium,** bedeckt und geschützt.

Charakteristisch für die *Polypodiáceae* ist der Ring. **Anulus,** der über die Sporangien verläuft und bei der Reife zum Öffnen und Ausschleudern der Sporen dient.

702, 703 **Makrosporen** sind Großsporen im Gegensatz zu den **Mikrosporen,** den Kleinsporen. Aus den Makrosporen entsteht der weibliche Vorkeim mit den Archegonien. Aus den Mikrosporen entsteht der männliche Vorkeim mit den Antheridien. Bedauerlicherweise setzen jetzt viele Botaniker für den Fachausdruck Makrospore Megaspore ein, verbleiben aber andererseits bei den Begriffen Makromolekül und Makrokosmos, wie ja allgemein üblich.

703a Der **Embryosack** der Samenpflanzen **entspricht** der **Makrospore,** die **Pollenkörner** den **Mikrosporen.** Die Staubblätter und Fruchtblätter sind also mehr oder weniger umgewandelte Sporophylle.

704 **Sporophylle** sind sporangientragende Blätter, z. B. bei den Farnen. Die assimilierenden Farnblätter sind im Gegensatz zu den Sporophyllen die
705 **Trophophylle.**

706 Das **Sporogon** ist die Sporenkapsel der Moose.

707 Ein **Sporophyt**, eine **Sporenpflanze**, ist die sporentragende Pflanze im
708 Gegensatz zum **Gametophyten**, der **Geschlechtspflanze** (Prothallium und Protonema).

Der Sporophyt geht aus dem befruchteten Ei über das Stadium des Embryos hervor, sofern man von Samenpflanzen ausgeht.

709 **Apogamie** liegt vor, wenn aus vegetativen Zellen diploider Haplophyten sich neue Sporophyten entwickeln (sehr selten beobachtet). Dege-
710 neration pflanzlicher Sexualität wird allgemein auch **Apomixis** genannt.
711 Hierher gehören ferner noch andere Möglichkeiten, wie **Agamospermie** (Entstehung von Keimlingen aus diploiden unbefruchteten Eizellen). Siehe auch 573.

712 Das **Prothallium**, der Vorkeim, bildet die geschlechtliche Generation der Farne. Es ist

1. ein Thallus, ein liegender Pflanzenkörper mit Rhizoiden und ohne echte Blätter,
2. ein haploider Gametophyt mit Antheridien und/oder Archegonien.

713 **Isosporen** sind von gleicher Beschaffenheit, Form und Aussehen be-
714 treffend. **Heterosporen** weisen eine Differenzierung auf: große weibliche (Makro- oder Megasporen) und kleine männliche Sporen (Mikrosporen).

715 **Antheridien** sind die männlichen Geschlechtsorgane, in denen die
716 Samentierchen-ähnlichen männlichen Geschlechtszellen, die **Spermatozoide**, entstehen. Bei den Thallophyten sind die Antheridien meist noch wenigzellig, aber auf den Vorkeimen der Archegoniaten, auf dem Protonema der Bryophyten und auf dem Prothallium der Pteriophyten, schon kleine Gewebekörper.

717 **Archegonien** sind die kleinen, flaschenförmigen weiblichen Geschlechtsorgane auf den Vorkeimen, in denen die Eizellen in Ein- oder Mehrzahl gebildet werden.

718 **Rhizoide** sind die wurzelähnlichen Gebilde, mit denen sich die Vorkeime der Moose und Farne ebenso wie auch die Lagerpflanzen im Boden festhalten. Sie sind einzellige, an ihrer Basis mit der Querwand abgegrenzte Haare oder verzweigte Zellfäden.

Der Generationswechsel der Bryophyten

719 Die **Vermehrung der Lebermoose**

Die Lebermoose sind eine Klasse der Bryophyten, sie vermehren sich
720 durch Sporen und durch Brutkörper aus **Brutbechern**, das sind winzige becherförmige, sichtbare Teile des laubblattähnlichen Thallus, die Körper können vom Regen abgeschwemmt werden und zu jungen Pflanzen auswachsen.

721 Der **Befruchtungsvorgang** bei den **Lebermoosen** verläuft ähnlich wie bei den Laubmoosen. Er ist bei den einzelnen Ordnungen unterschiedlich. Als Beispiel wird der Befruchtungsvorgang des Brunnenlebermooses, *Marchántia polymórpha,* geschildert.

Die Lebermoose sind blattartige, gelappte, männliche und weibliche Pflänzchen, Thallophyten, die sich mit Rhizoiden festhalten und
722 deren Geschlechtsorgane wegen ihres Baues **Stände** genannt werden. Sie sind also zweihäusig.

Die männlichen Stände schließen ab mit einer horizontalen, acht-
723 lappig gerandeten Scheibe, dem **Hut** oder **Teller.** Die Antheridien sind auf der Oberseite in flaschenförmige Hohlräume eingesenkt. Die hervorquellenden Spermatozoide sammeln sich in einem Wassertropfen, der oben auf dem Hut durch den welligen Hutrand gehalten wird.

Die weiblichen Stände schließen mit einem meist sternförmigen Schirm ab. Sie ähneln Schirmstäben ohne Bezug. Zwischen den an den Rändern nach unten umgebogenen Stäben sitzen die Archegonien mit den Eizellen.

Die Befruchtung erfolgt bei Regenwetter, indem die Spermatozoide durch die Regentropfen auf die „Schirme" gespritzt und, chemotaktisch angezogen, zu den Eizellen der Archegonien hinabgeleitet werden.

Nach der Befruchtung entwickelt sich die Eizelle zu einem ovalen, grü-
724 nen **Sporogon,** das aus dem unteren Fuß und der oberen Kapsel besteht.
725 Die zentralen Zellen der Kapsel bilden das **Archespor.** Jede Zelle des Archespors teilt sich in eine breite und eine schmale Tochterzelle. Die breiten wachsen zu Sporen aus, die schmalen zu faserförmigen Ge-
726 bilden, den **Elateren,** die sich bewegen und die Sporen auflockern und ausstreuen. Die Kapsel entlässt viele hunderttausend Sporen. Sie wach-
727 sen zu je einem grünen Keimfaden, dem **Protonema,** aus, der sich später zu dem blattartigen Thallus entwickelt, auf dem sich Brutbecher und Stände bilden. Das Protonema ist hier also geschlechtlich, die Kapsel mit dem Archespor ungeschlechtlich.

Den Sporenkapseln der Lebermoose fehlen die Hauben.

728 Die **Vermehrung der Laubmoose**

Die Laubmoose stellen eine Klasse der Bryophyten dar. Sie lassen deutlich Stengel und Blätter erkennen. Die Blätter sind meist in Schraubenlinien angeordnet.

Auch bei den Laubmoosen vollzieht sich der Entwicklungsgang in zwei Generationen, einer geschlechtlichen und einer ungeschlechtlichen, auch sie machen einen Generationswechsel durch.

729 Das **Sporogon** besteht aus Seta und Sporangium. Die **Seta,** ein langer roter Stiel, hebt das reife vierkantige Sporangium, die Sporenkapsel, die von der Kalyptra, der Haube oder dem Haarfilz, bedeckt wird, empor, damit der Wind die Sporen leicht verbreiten kann.

Das Sporogon ist ungeschlechtlich, denn es erzeugt in der Sporenkapsel ungeschlechtliche Sporen. Das Sporogon entspricht der sporentragenden Farnpflanze, ist also ein Sporophyt.

Die ausgesäte Spore lässt einen Vorkeim in Gestalt eines Keimschlauches entstehen, der sich bald zu einem verästelten Fadengeflecht, dem Protonema, entwickelt, das durch Rhizoide im Boden festgehalten wird.

Das Protonema bildet Knospen, die zu jungen Moospflanzen auswachsen und später die männlichen und weiblichen Fortpflanzungsorgane tragen (Gametophyten). Dieser Entwicklungsabschnitt ist die geschlechtliche Generation der Laubmoose und entspricht dem Vorkeim der Farne. Die männlichen Pflänzchen haben rötliche, stark verbreitete
730 Blätter. Sie werden wegen ihrer Anordnung und Wirkung **Moosblüte** genannt. In diesen Moosblüten befinden sich die männlichen Organe, die Antheridien, mit den Schwärmern, den Spermatozoiden.

Die weiblichen Pflänzchen neigen ihre Blätter knospenartig zusammen
731 und heißen deshalb **Knospen.** Die flaschenförmigen weiblichen Organe, die Archegonien, mit den Eizellen liegen darin eingebettet.

Bei Feuchtigkeit schlüpfen die Spermatozoide durch den Schleim des Halskanals und verschmelzen mit den Eizellen. Von den befruchteten Eizellen einer Knospe bildet sich nur eine zur Sporenkapsel aus.

Der Generationswechsel der Pteridophyten

732 Der **Ackerschachtelhalm,** das **Equisétum,** macht blassrotbraune **Früh-**
733 **jahrstriebe,** die wie ein Halm ineinandergeschachtelt sind und in Ähren, den Sporenähren, die auch fruchtbare Triebe genannt werden, endigen.

734 Die **Sporenähre** besteht aus den sechseckigen **Sporenblättern** oder
734a **-platten,** die im Winkel von 90° von der Achse abstehen. Sie tragen auf der Innenseite sechs häutige Säckchen, die Sporenkapseln oder Sporangien, die die kugeligen, mit je zwei sich kreuzenden Bändern versehenen Sporen enthalten. Bei Feuchtigkeit rollen sich die Sporenbänder zusammen, bei Trockenheit strecken sie sich und bewirken dadurch das Ausstreuen der Sporen.

Aus den Sporen entstehen die Vorkeime, die Prothallien, die entweder nur männliche Organe, Antheridien, oder nur weibliche Archegonien oder beide gemeinsam tragen.

Die Befruchtung erfolgt wie bei den Moosen und Farnen, d. h., die Spermatozoide schlüpfen mit Hilfe von Wasser, chemotaktisch angezogen, in die weiblichen Eizellen. Aus der befruchteten Eizelle entstehen die ungeschlechtlichen grünen, tannenbaumähnlichen Sommertriebe des Ackerschachtelhalms.

735 Die **Selaginellen,** auch **Moosfarne** genannt, zeichnen sich durch Verschiedenporigkeit, Heterosporie, und stark zurückgebildete

Prothallien aus. Sie tragen endständige „Blüten", das sind die Sporophyllstände. In ein und demselben Sporophyllstand treten sowohl weibliche Makrosporangien mit Makrosporen als auch männliche Mikrosporangien mit Mikrosporen auf.

In den Makrosporen bilden sich die weiblichen Prothallien mit einigen Archegonien.

In den Mikrosporen bilden sich die männlichen Prothallien mit den Antheridien, die die keulenförmigen, an der Spitze mit zwei langen Geißeln ausgestatteten Spermatozoide entlassen, um das Archegonium in der aufgesprungenen, mit drei Rhizoidhöckern versehenen Makrospore zu befruchten.

Die männlichen und weiblichen Prothallien verlassen also die Sporen gar nicht.

736 Abb. 82–85 S. 185

Bei den **Farnen** vollzieht sich der Entwicklungsgang ebenfalls im Generationswechsel. Er beginnt mit der ungeschlechtlichen Farnpflanze, die auf der Unterseite der Blätter, den Wedeln, Sporangien mit Sporen ungeschlechtlich erzeugt. Die Farnpflanzen sind die Sporophyten und die sporentragenden Wedel die Sporophylle.

Das aus einer ausgesäten Spore wachsende flächige, herzförmige Gebilde, der **Vorkeim** oder das **Prothallium,** ist ein Thallus, der durch haarartige Fäden, Rhizoide, meistens auf dem Boden festgehalten wird. Die Größe des Vorkeims schwankt zwischen einigen mm bis cm.

Der Vorkeim ist der geschlechtliche Gametophyt, denn auf ihm entstehen in Mehrzahl die Antheridien als warzenähnliche Erhöhungen, die die mit Wimpern oder Zilien ausgestatteten männlichen Geschlechtszellen, die Spermatozoide, enthalten und neben diesen Archegonien als kleine hornartige Gebilde mit den weiblichen Geschlechtszellen.

Im Wassertropfen bewegen sich die Spermatozoide, durch die Apfelsäureausscheidungen der Archegonien chemotaktisch angezogen, zur Eizelle.

Aus der befruchteten Eizelle erwächst die diploide Farnpflanze. Sie ist ein Kormus, d. h. ein Pflanzenkörper mit Wurzeln, Stengeln und Blättern.

737 Abb. 86, 87 S. 186

Brutbecher sind vielzellige Gebilde an besonderen Organen einiger Pflanzen, z. B. auf der Mittelrippe des Thallus bei *Marchántia polymórpha,* die nach der Lostrennung von der Mutterpflanze ohne weiteres sofort oder nach einer Ruhezeit keimen und zu selbständigen Pflanzen heranwachsen.

738 Abb. 88 S. 186

Brutkörper sind vegetative Fortpflanzungsorgane. Zu ihnen rechnet man, außer den Brutbechern, die Ausläufer, Knollen, Zwiebeln, Brutknospen, Brutknöllchen und Brutzwiebeln sowie die Hibernakeln zahlreicher Wasserpflanzen, die Überwinterungsknospen z. B. bei *Hydrócharis* und *Stratiótes* sind.

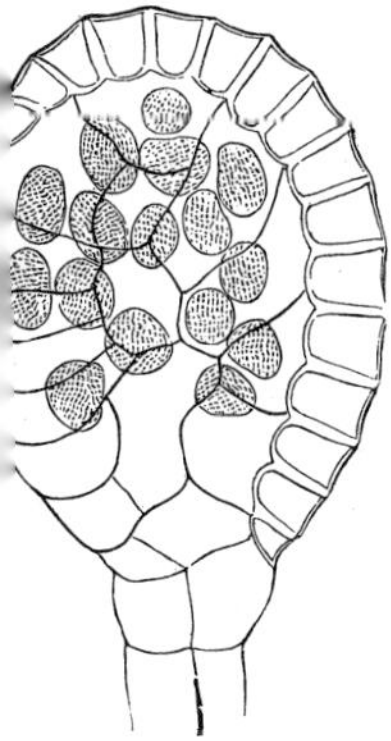

Abb. 82
Ein noch junges Sporangium von Pteris vittata mit aus dem Innern durchscheinenden Sporen (stark vergr.).

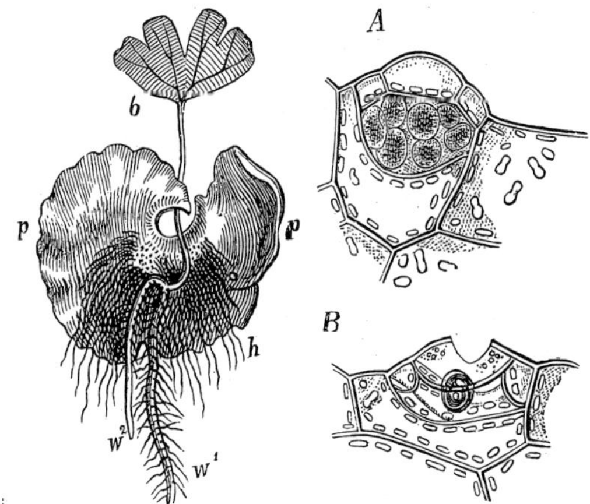

Abb. 84
Entwickeltes Prothallium (pp) von A. capillus-veneris – h Wurzelhaare des Vorkeimes, b erstes Blatt des jungen Farnkrautes, w dessen erste Wurzeln (vergr.). – Zwei Antheridien von Ceratopteris thalictroides. – A geschlossen, B geöffnet (stark vergr.).

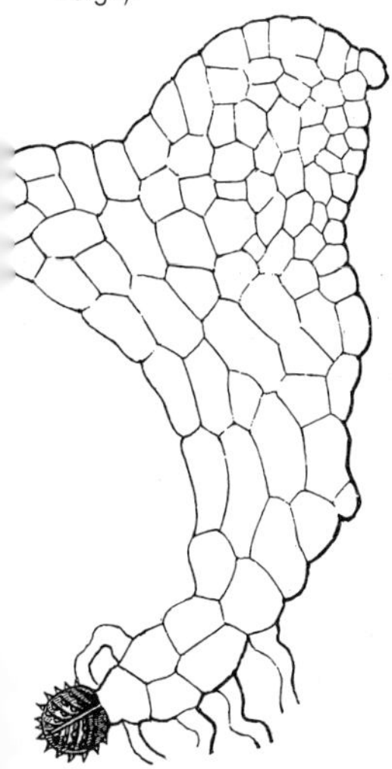

ɔ. 83
ıges Prothallium von Aneimia
a (stark vergr.).

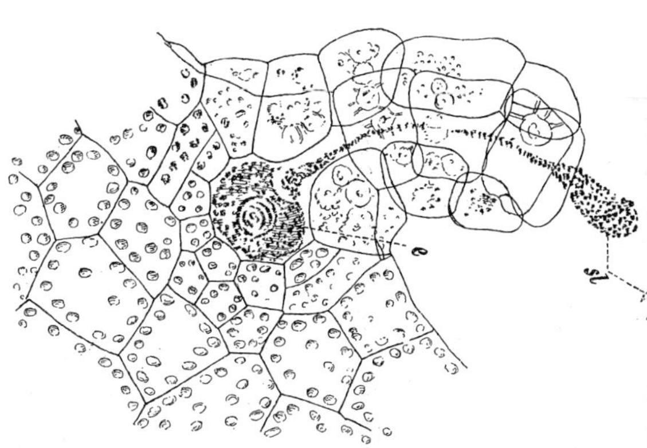

Abb. 85
Reifes Archegonium von Pteris multifida im Augenblick der Schleimentleerung. – sl Schleim, e Eizelle (stark vergr.).

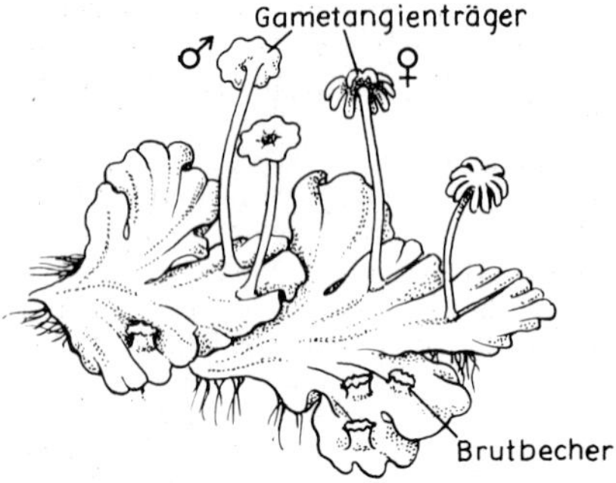

Abb. 86
Brutbecher bei Marchantia.

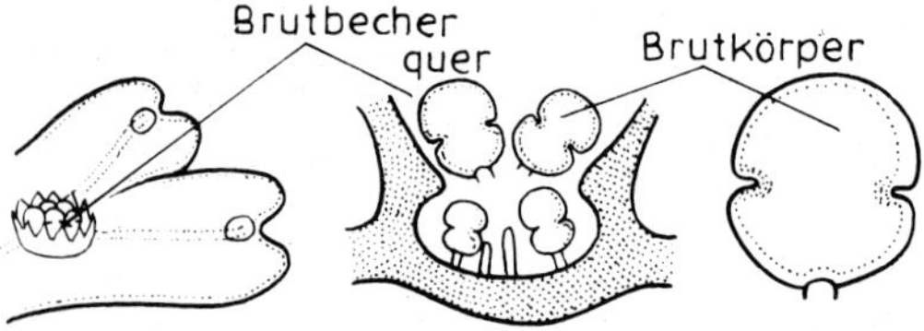

Abb. 87
Brutkörperbildung (Brutbecher) im Detail.

Abb. 88
Ausläufer, auch als Brutkörper zu werten, bei Chlorophytum comosum.

Die Vererbung

739 Die **Vererbungslehre, Genetik,** befasst sich mit dem Wiedererscheinen von Merkmalen der Vorfahren in der Nachkommenschaft.

Die **Genphysiologie** ist die Forschungsrichtung, die die Genetik mit der Entwicklungsphysiologie verbindet.

Die **Molekulargenetik** führt über die klassische Genetik hinaus in moderne Arbeitsgebiete, die den Vererbungsvorgang als chemischen Prozess erkennen lassen. Das führt u. a. zu neuen Begriffen (genetischer Code, Morsealphabet des Lebens, Manipulierbarkeit der Vererbung usw.).

Unter **Vererbung** versteht man sehr allgemein die Übertragung der Anlagen von Formen und Eigenschaften durch die Geschlechtszellen auf die Nachkommen.

Sie geschieht vor allem durch die Chromosomen der haploiden Samenzelle und der haploiden Eizelle; natürlich sind auch diploide körperliche Zellen **Erbanlagenträger.** Das Genom, also die Gesamtheit der im Zellkern lokalisierten Erbanlagen (siehe auch Nr. 693), ist im Erbvorgang von entscheidender Bedeutung. Schon vor 1950 erkannte Barbara McClintock (USA), dass es innerhalb der Chromosomen, aber auch zwischen unter-
739a schiedlichen Chromosomen der Genome **Transposons** (jumping genes, also springende Gene) geben kann, deren Mechanismus sie aufklärte. Sie bekam dafür 1983 den Nobelpreis. Die Mobilität der springenden Gene, die man auch als Erbsubstanz-Fragmente bezeichnen darf, ist heutzutage für Gentechniker besonders interessant.

Erfahrungen weisen darauf hin, dass auch außerhalb des Kernes im Plasma gewisse **Erbfaktoren** vorhanden sein können, die gleich den Kern-Genen die Befähigung zur Vererbung haben. Dafür sorgen im Plasma der Zelle liegende **Plastiden,** so auch die Chloroplasten, die, wie schon ihre Vermehrungsweise durch Zweiteilung zeigt, eine gewisse Selbständigkeit besitzen, gleichfalls die **Mitochondrien** (siehe auch Nr. 132a).

739b Man hat die in den Plastiden lokalisierten Erbfaktoren als **Plastom** oder **Plastidom** bezeichnet, die in Mitochondrien als **Chondriom** zusammengefasst.

739c Gewisse Befunde deuten darauf hin, dass auch im **Zytoplasma** noch weitere selbständige, vermehrungsfähige Erbfaktoren vorhanden sein können. Man spricht hier von plasmatischer Vererbung und bezeichnet die Gesamtheit der im Plasma lokalisierten Erbfaktoren als **Plasmon.** Letzteres und in Sonderheit Plastom und Chondriom bewirken die nicht zu leugnende **extrachromosomale Vererbung.**

Die Chromosomen sind die Träger der Erbanlagen oder Gene, die „mendeln" (über den „Chemismus" der Vorgänge siehe Nr. 865a–865i).

740 Unter **Genotypus** versteht man den Erbtypus (das Erbbild) eines Lebewesens.

741 Das **Erscheinungsbild** oder der **Phänotypus** ist die Gesamtheit aller äußerlich erkennbaren Merkmale eines Lebewesens unter den Bedingungen der jeweiligen Umwelt.

Aus verschiedenen Ursachen plötzlich im Erbgut auftretende vererb-
742 bare Veränderungen bezeichnet man als **Mutationen.**

743 Die Entstehung dieser sofort erblich abgeänderten Formen, der **Mutanten,** kann folgende Ursache haben:

Es kann ein Gen seine DNA molekular verändert haben, ohne daß sich im zytologischen Bild etwas geändert hat, dann handelt es sich um eine
744 **Gen-Mutation;** oder es haben sich einzelne Chromosomen zytologisch
745 nachweisbar verändert, das ist dann die **Chromosomenmutation;** oder es hat der ganze Chromosomensatz eine sichtbare Veränderung erfahren, z. B. eine Verdoppelung oder Vervielfachung, dieses wäre dann eine
746 **Genom-**Mutation, eine **Polyploidie.** Sie kann infolge Mitose- oder Meiosestörungen entstehen und lässt sich durch Umwelteinwirkungen (z. B. bestimmte Strahlungen oder chemische Verbindungen) herbeiführen oder vermehrt auslösen. Dabei ist es möglich, dass strukturell unveränderte Chromosomen zum normalen Chromosomensatz hinzutreten oder ausfallen (Aneuploidie) oder sich durch anderes Geschehen die Chromosomenzahl schrittweise verändert (Dysploidie). Werden Chromosomensätze von Nicht-Hybriden vervielfacht, spricht man von Autopolyploidie, von Allopolyploidie jedoch bei der Vervielfachung von einander nicht mehr ganz gleichen Chromosomensätzen. Durch Allopolyploidie kam es in der freien Natur zur Entstehung zahlreicher Kultur-, aber auch Wildpflanzenarten. Beispielsweise handelt es sich bei Brombeeren wie auch Rosen um Pflanzen mit einer verhältnismäßig großen Zahl von Arten, die sich nur bei genauer Betrachtung aller Merkmale sicher unterscheiden lassen. Bei Rosen gibt es 5 verschiedene Genome zu je 7 Chromosomen (Septette), die in verschiedener Weise kombiniert werden können. Pollenzellen weisen oft nur 1, die Eizellen 2–7 Septette auf, so dass ständige Bastardierungen und Polyploidie auftreten müssen. Die Neukombinationen bleiben nicht selten konstant, spalten nicht mehr auf, woraus sich die große Formenmannigfaltigkeit ergibt.

Ferner sind gelegentlich Plasmon- bzw. Plastom- oder Chondriom-Mutationen beobachtet worden.

747 Abgrenzen kann man von diesen Mutationen die **Knospenmutation,** den „S p o r t".

748 **Selektion** ist im allgemeinen **Auslese,** und zwar natürliche oder künstliche Zuchtwahl. Bei der Pflanzenzüchtung werden die Pflanzen ausgemerzt, die weniger vorteilhafte oder nicht gewünschte Eigenschaften aufweisen. Ist der Ausgangsbestand überwiegend dem Zuchtziel entsprechend, so hat nach dem Eliminieren der wenigen abweichenden Typen, eine positive Massenauslese stattgefunden. Im umgekehrten Fall führt das Beseitigen zahlreicher Abweicher aus einem Bestand zur negativen Massenauslese. Liegen nur ganz wenige der erwünschten Typen vor, ist lediglich die Auslese einzelner Pflanzen möglich. Man spricht dann von Individualauslese.

749
Gregor Mendel

Am 22. Juli 1822 wurde Johann Mendel als Sohn eines Bauern in Heinzendorf in Schlesien geboren. Er besuchte das Gymnasium in Troppau, studierte an der Philosophisch-Theologischen Lehranstalt in Olmütz und trat 1843 in das Brünner Augustinerstift ein. Der Novize erhielt den Namen Gregor und wurde später zum Priester geweiht. In Wien studierte er Physik, Mathematik, Zoologie und Botanik. Danach war er 14 Jahre lang Lehrer an der Oberrealschule in Brünn. Er wurde zum Prälaten gewählt und starb am 6. Januar 1884 als Abt eines Klosters.

Mendel fand 1865 bei Kreuzungsversuchen mit Erbsen und Bohnen Gesetzmäßigkeiten, die 35 Jahre später eine Umwälzung in der Lehre vom Leben hervorrufen sollten. Seine Feststellungen legte er in dem Aufsatz: „Versuche über Pflanzenhybriden" nieder.

Die von Mendel an seinen Hybriden erarbeiteten Ergebnisse lagen soweit außerhalb der damaligen Vorstellungen über Wesen und Vorgänge der Vererbung, dass sie weder Interesse noch Anerkennung bei der Wissenschaft fanden.

Mendels Erkenntnisse wurden im Jahre 1900 gleichzeitig von drei Forschern, die unabhängig voneinander und durch ganz verschiedene Fragestellungen an das Problem der Vererbung herangegangen waren, in vollem Umfang bestätigt.

Es waren die drei Botaniker Carl Correns in Leipzig, Erich Tschermak in Wien und Hugo de Vries in Amsterdam. Ihre Namen verdienen unbedingt neben dem Gregor Mendels genannt zu werden.

750 Die von Mendel erkannten Gesetzmäßigkeiten sind heute als die **Mendelschen Regeln** oder Mendelgesetze zusammengefasst.

Bei den Mendelschen Regeln oder **Vererbungsgesetzen** bezeichnet man die Eltern als **Parentalgeneration** = P, die Kinder als erste Tochter- = erste **Filialgeneration** = F_1, die Enkel als zweite Tochter- = **zweite Filialgeneration** = F_2 usw.

751 752

753 **1. Mendelsche Regel** von der Uniformität der Hybriden, auch **Uniformitätsregel** genannt: Alle Pflanzen der ersten Tochter- oder Filialgeneration (F_1) von konstanten Eltern (P) verschiedener Rassen, gleichgültig, welche von beiden Vater oder Mutter ist, haben untereinander ein gleiches Aussehen. Sie sind „uniform" in Erscheinung und Leistung. Die Vererbung ist hier **intermediär**, d. h., sie liegt zwischen Vater und Mutter.

Abb. 89 S. 191

754

Es kann aber auch sein, dass eine Erbanlage (Gen) die andere in ihrer Auswirkung überdeckt, sie beherrscht. Diese Anlage ist dann **dominant** (dominantes Merkmal), während die andere **rezessiv** ist, d. h. unterdrückt wird. In einem solchen Fall wird das Aussehen, das Erscheinungsbild, der Phänotyp der F_1-Generation, durch die dominante Anlage bestimmt, obwohl die rezessive nicht zerstört wird; sie tritt nur äußerlich nicht hervor, kann sich aber in der nächsten Generation auswirken.

755 756

Alle Vertreter der F1 sind, bezogen auf den hier beschriebenen Verlauf,

757 mischerbig, sie stammen aber von reinerbigen Eltern ab. Reinerbigkeit
758 nennt man **Homozygotie,** Mischerbigkeit **Heterozygotie.**

In der deutschen Sprache gehört das Wort Eltern zu den Pluralia tantum (nur in der Mehrzahl stehend). In der Genetik aber spricht man auch von
759 dem einen und dem anderen **Elter.** Es handelt sich hier um einen ganz spe-
760 ziellen **Terminus technicus** (Fachausdruck).

Es kann auch vorkommen, dass die F_1-Generation keinem der Eltern gleicht, sondern ganz neue Eigenschaften aufweist. Man spricht dann von
761 einem **Kreuzungsnovum.**

762 **2. Mendelsche Regel,** auch **Spaltungsregel** genannt: Bei allen Pflanzen
Abb. 89, 90 der zweiten Filial-Generation (F_2 = Enkel), die durch Befruchtung von
S. 191 Pflanzen der mischerbigen F_1-Generation untereinander entstanden sind, zeigt sich eine Aufspaltung. Es treten dreierlei Pflanzen auf: solche, die dem einen Großelter gleichen, solche, die dem anderen Großelter gleichen, und Pflanzen, die wie ihre Eltern aussehen.

Diese Aufspaltung erfolgt im Verhältnis 1:2:1, d. h., 25 % gleichen dem Großvater, 25 % der Großmutter und 50 % den intermediären Eltern. Bei vorhergegangenem dominanten Erbgang liegt die Aufspaltung bei 3:1, 75 % entsprechen dem einen Großelternteil, 25 % dem anderen. Das sind aber nur phänotypische Gegebenheiten. Genotypisch, erbmäßig also, sind auch hier Aufspaltungen von 25:50:25 vorhanden (25 % reinerbig im Sinne des Großvaters, 50 % mischerbig, 25 % reinerbig im Sinne der Großmutter).

Durch Aufzucht einer F_3-Generation kann man feststellen, dass die den
763 Großeltern gleichenden Pflanzen **konstant,** also homozygot sind. Dies ist jedoch nur nach vorausgegangener intermediärer Vererbung mühelos möglich.

764 **3. Mendelsche Regel** von der Selbständigkeit der Merkmale,
Abb. 91 auch **Unabhängigkeitsregel** genannt: Bei Kreuzungen von Pflanzen, die
S. 192 sich durch mehrere Merkmale unterscheiden, vererben sich die einzelnen Anlagen, die in verschiedenen Chromosomen lokalisiert sind, unabhängig voneinander. Aus dem Mechanismus der Chromosomenverteilung ergeben sich leicht die Erbgänge bei Kreuzungen mit zwei oder mehreren Merkmalen: Di- und Polyhybriden. Die Sorten der Kulturpflanzenarten sind Polyhybriden.

Sobald zwei Gene in demselben Chromosom vorkommen, können sie nur gemeinsam nach den Möglichkeiten der Reduktionsteilung vererbt
765 werden. Man spricht dann von **Koppelung** der **Erbfaktoren** oder **Faktorenkoppelung.**

Es gibt noch weitere Ausnahmen dadurch, dass ein Gen oder eine Gengruppe, das bzw. die bisher in einem bestimmten Verband von Erbanlagen weitergegeben wurde, in einer anderen Gruppe auftaucht. Solche Fälle
765a eines **Faktorenaustausches** entstehen dadurch, dass die Chromosomen bei der Reduktionsteilung in Stücke zerbrechen, die sich dann neuartig wieder miteinander verbinden (Crossing over).

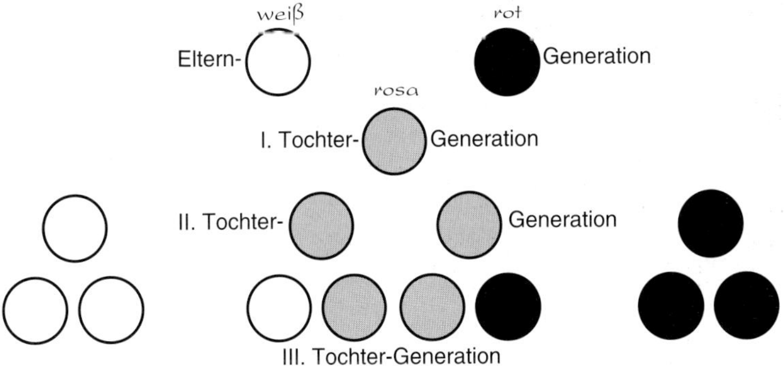

Abb. 89
Uniformitätsregel und Spaltungsregel (intermediärer Erbgang).

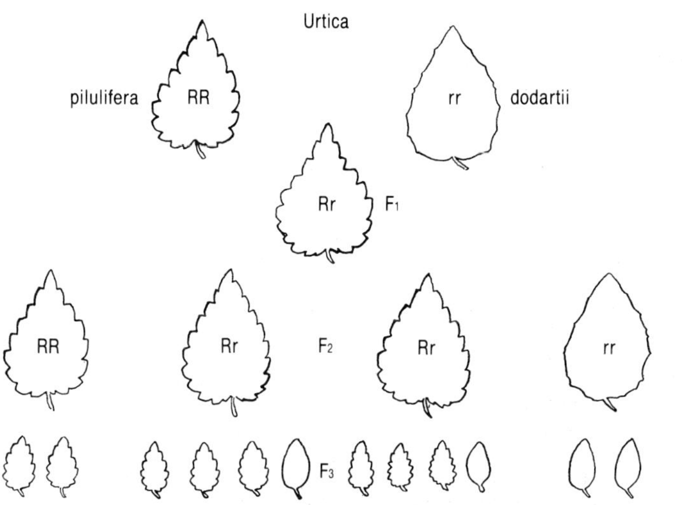

Abb. 90
Uniformitätsregel und Spaltungsregel (dominanter Erbgang).

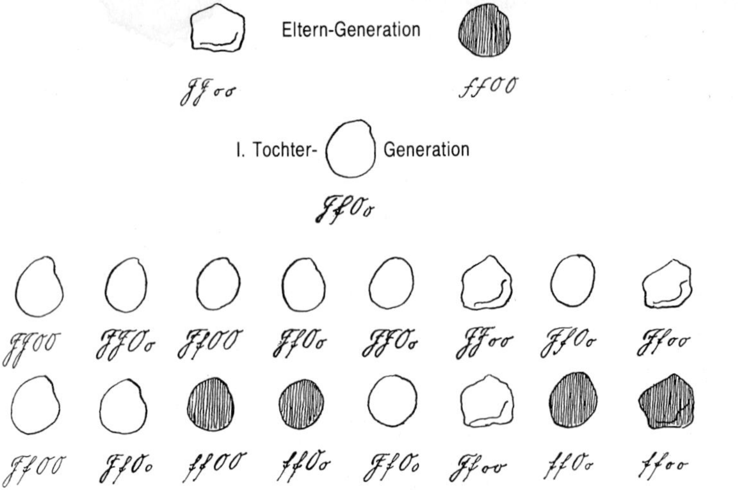

II. Tochtergeneration. Aufspaltung (phänotypisch): 9:3:3:1;
FFOO u. ffoo sind neue Sorten und homozygot.

Abb. 91
Unabhängigkeitsregel. Kreuzung zwischen einer Erbsensorte mit gelben, runzeligen Samenkörnern und einer Sorte mit grünen, glatten Körnern.

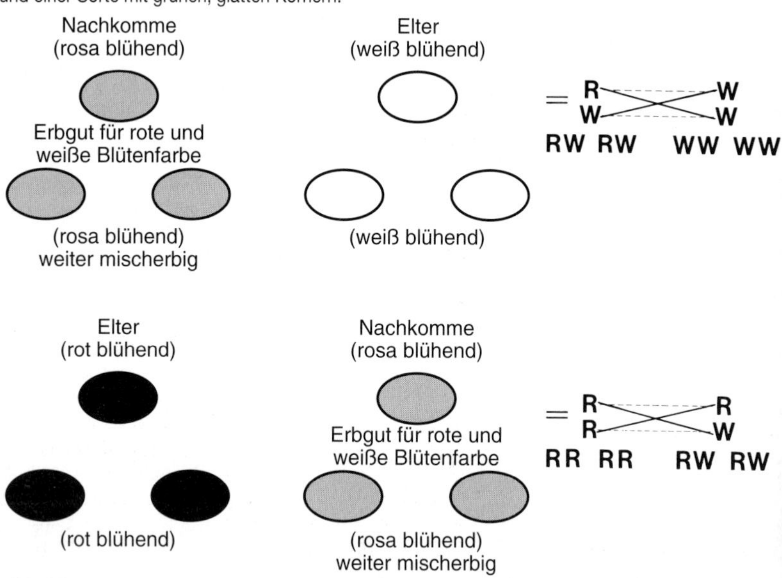

Abb. 92
Schemata von Rückkreuzungen.

765b Als **Kryptomerie** bezeichnet man das Vorhandensein von Genen, die zur Entfaltung einer nachweisbaren Wirkung die Anwesenheit eines anderen nicht gleichartigen Erbfaktors benötigen. Dieser wird kryptomerer Faktor genannt.

Beispiel: Eine weiße *Láthyrus*-Rasse, die nach Kreuzung mit einer roten blaue Bastarde gibt, enthält einen verborgenen Erbfaktor, dessen Vorhandensein erst erkennbar wird, wenn die Pflanze gleichzeitig ein Gen für bestimmte Anthozyanfarbstoffe besitzt.

765c **Pleiotropie** oder **Polyphänie** der Gene bedeutet, dass ein und das-
selbe Gen mehrere Merkmale im Organismus beeinflussen kann.
Umgekehrt kann ein Merkmal zuweilen von mehreren Genen bedingt
765d werden, wofür man den Ausdruck **Polygenie** des Merkmals geprägt hat.

766 **Letalfaktoren** nennt man die Erbanlagen, die das Absterben (letal = tödlich) oder die Beeinträchtigung der Funktionsfähigkeit von Zellen oder ganzen Pflanzen bewirken. Letalfaktoren haben manchmal scheinbare Abweichungen von den Erbregeln Mendels im Gefolge.

767 **Geschlechtsvererbung** ist durch Geschlechtschromosomen, weibliche X- und männliche Y-Chromosomen, bedingt. Diese Vererbung erfolgt bei zweihäusigen Pflanzen und bei allen Höheren Tieren in der eigentlichen Festlegung des Geschlechts diplogenotypisch, das heißt, dass erst nach erfolgter Vereinigung einer männlichen mit einer weiblichen Geschlechtszelle, mithin im diploiden Zustand, das Geschlecht bestimmt ist. Die haploiden männlichen Gameten enthalten neben anderen Chromosomen entweder 1 X- oder 1 Y-Chromosom. Die haploiden weiblichen Gameten haben an Geschlechtschromosomen jeweils nur 1 X-Chromosom. Entsprechende Vereinigungen ergeben Männlichkeit (XY) oder Weiblichkeit (XX).

768 **Allele** nennt man die Erbfaktoren (Gene), die in homologen Chromosomen genau den gleichen Ort einnehmen, unabhängig davon, ob sie völlig gleich oder verschiedenartig sind.

769 Die Mendelschen Regeln behalten ihre **Gültigkeit** nur bei gleichbleibenden Umwelteinflüssen.

770 Eine **Kreuzung** ist die Vereinigung zweier Gameten mit verschiedenen Erbanlagen.

771 Unter **Rückkreuzung** versteht man eine neuerliche Kreuzung einer
Kreuzungsnachkommenschaft mit einem Elter. Sie engt die Variabilität
Abb. 92 der Nachkommenschaft ein und lässt eine gewünschte Kombination
S. 192 schneller auftreten.

772 Als **reine Linie** bezeichnet man die durch Selbstung erzeugte Nach-
kommenschaft von in sämtlichen Merkmalen homozygoten Individuen,
die also mit gleichem Erbtypus ausgestattet sind. Erzeugt man diese Nach-
kommenschaft auf vegetativem Wege, ausgehend von einem Indivi-
773 duum, so nennt man sie einen **Klon.** Ein Gemisch von reinen Linien, ein
774 Formengemisch geringfügiger Abweichungen, ist eine **Population.**

775 **Züchtung** der Pflanzen ist die bewusste Lenkung der Sortenbildung im Sinne menschlicher Nutzung.

776 **Ziele der Züchtung** sind Erhaltungszüchtung, Verbesserungszüchtung und Neuzüchtung.

777 Die **Verfahren der Züchtung** zur Erreichung von Zuchtzielen sind Auslesezüchtung, Kreuzungszüchtung (Heterosiszüchtung im besonderen), Mutationszüchtung und Biotechniken. In der klassischen Kombinations-(Kreuzungs-)Züchtung werden die gesamten Erbinformationen der Kreuzungspartner neu „gemischt", rekombiniert, mit Hilfe der Gentechnik jedoch transferiert man in der Regel nur ein Gen mit genau bekanntem Informationsgehalt vom Spender- in den Empfängerorganismus. Das führt zielgerichteter, erfolgreicher und schneller zum Abschluss, überwindet auch Artgrenzen, wird aber die traditionelle Züchtung nie voll ersetzen können. Weiteres über Gentechnik und Pflanzenzüchtung siehe Seite 277 ab 1260b.

Zur Biotechnik in diesem Rahmen gehört aber auch die Haploid-Technik. Mit ihr werden haploide Pflanzen z. B. gewonnen durch Kultur unreifer Pollen. Die daraus entstehenden Pflanzen besitzen ein Höchstmaß an Reinerbigkeit, lassen sich mit Colchicin wieder auf diploides Niveau der Ausgangspflanzen anheben und dann als Eltern für Heterosis-Züchtung verwenden. Ferner werden, vergleichbar den Anstrengungen, das menschliche Genom zu analysieren, für Pflanzen Methoden zur Herstellung genetischer Fingerabdrücke entwickelt. Diese „finger prints" sind in unterschiedlicher Weise für pflanzenzüchterische Vorhaben nutzbar.

Ein gewisses Wiederaufleben scheint es im Bereich der Anwendung von Röntgenstrahlung zu geben, obschon dieses Verfahren nach wie vor hohe Ausschussraten im Gefolge hat. Zumindest ließen scih Erfolge im Sinne von Zwergwüchsigkeit bei groß werdenden und sperrig wachsenden Pflanzen (Beispiel *Tibouchina*) erzielen, um sie als Topfpflanzen verwenden zu können.

777a Unter **Resistenzzüchtung** versteht man das Bestreben, eine Sorte zu züchten, die bei möglichst hoher Ertrags- und Qualitätsleistung widerstandsfähig gegen einen Schädling oder Krankheitserreger ist, der zumindest wirtschaftlich nicht bedeutungslos ist, aber durch andere Methoden bisher nicht wirksam bekämpft werden konnte. Resistenzzüchtung ist Verbesserungszüchtung.

778 Die Resistenzzüchtung bezieht sich aber auch auf die **Trockenresistenz,** deren Wesen in der Hauptsache in einer Anpassung des Plasmas liegt, das dem Entzug von Quellungswasser großen Widerstand entgegenzusetzen
779 vermag. Ähnlich liegen die Dinge bei der **Frostresistenz,** bei der sich der Widerstand gegen den Entzug des Wassers durch Eisbildung richtet.

Formwechsel

780 Unter **Entwicklung** der Pflanzen kann man im weiteren wie auch im engeren Sinne des Wortes eine Veränderung der Form verstehen. Beispielsweise unterscheidet sich ein blühendes Alpenveilchen (generatives Stadium) schon in seiner äußeren Form erheblich von der heranwachsenden Jungpflanze (vegetatives Stadium). Daraus wird ersichtlich, dass Wachstum und Entwicklung nicht ein und derselbe Vorgang sind. Differenzielle Genaktivierung und -inaktivierung muss man allerdings als Grundlage dieses Gesamtgeschehens ansehen. Entwicklung speziell und auch die Formveränderung ganz allgemein hängen deshalb von inneren, aber auch recht deutlich von äußeren Faktoren ab. Prägnant sind die beiden schon angedeuteten Stadien des Daseins einer Pflanze. Während im vegetativen Stadium lediglich eine Massenzunahme (fortlaufende Bildung von Wurzeln, Stengeln und Blättern) erfolgt, findet im generativen (reproduktiven) Blüten-, Samen- und Fruchtbildung statt. In Mode kommen jetzt auch in der Botanik die Begriffe der juvenilen (jugendlichen) und adulten (geschlechtsreifen) Phase. Sie sollten aber besser der Zoologie vorbehalten bleiben.

780a **Modifikationen** nennt man die Veränderungen an Lebewesen, die auf äußere Einflüsse zurückzuführen sind. Sie sind nicht erblich, d. h., die neu erworbenen Eigenschaften können mehrere Generationen erhalten bleiben, aber die Modifikation verschwindet wieder, wenn die äußeren Gegebenheiten nicht mehr vorhanden sind.

Wachstum und Gestalt der Pflanzen werden von gewissen Faktoren der Außenwelt, der Umwelt, nachhaltig beeinflusst.

781 Unter **Standort** versteht man in geobotanischer Sicht bestimmte Geländeausschnitte mit der Gesamtheit aller dort pflanzenwirksam werdenden äußeren (abiotischen und biotischen) Bedingungen. Die Standortbedingungen können auf kleinstem Raum außerordentlich verschieden sein.

Zu diesen äußeren Einflüssen gehören:

782 1. die **Temperatur.** Vor allem hat die Temperaturhöhe Einfluss auf die Geschwindigkeit der biochemischen Umsetzungen. Kältereize fördern z. B. das Keimen (Alpenpflanzen als Frostkeimer, siehe auch 784a). Die Abhängigkeit einiger Wachstums- oder Entwicklungsvorgän-
783 ge von bestimmten Temperaturen gehört in den Bereich des **Thermoperiodismus.** Beispielsweise bilden sich bei manchen Blumenzwiebeln Wurzeln nur gut bei Temperaturen unter 10 °C. Unter Thermoperiodismus im engeren Sinn versteht man aber periodisch unterschiedliche Temperaturoptima zum zügigen Ablauf bestimmter Wachstums- und
783a Entwicklungsvorgänge. So kann man bei strikter Einhaltung der **Diff-Methode** (= Temperaturdifferenz zwischen Tag- und Nachttemperatur unter Beibehaltung optimaler Tagesmitteltemperatur) z. B. in der Pelargonienproduktion zielgerichtet arbeiten. Hohe Tag- und niedrige Nachttemperaturen bewirken Produktionszeitverkürzung von 8–12 Tagen. Umgekehrt entwickeln sich bei höheren Nacht- und niedrigeren Tagtemperaturen kompakte Pflanzen ohne nennenswerten Hemmstoffein-

satz, benötigen jedoch längere Produktionszeit. Besonders ausgeprägt wird der gedrungene Wuchs, wenn die niedrigen Temperaturen vormittags zur Einwirkung kommen („Cool-Morning"-Strategie im Diff-Konzept). Das Konzept hat sich bislang bei *Euphórbia pulchérrima* am besten bewährt.

Das unter 783a Dargebotene kann man auch wie folgt erklären:

Was ist Diff?

- Diff ist die Abkürzung für Temperaturdifferenz zwischen der Tag- und Nachttemperatur.
- Bei einer positiven Differenz liegt die Tagtemperatur über der Nachttemperatur, zum Beispiel 20/16 °C = +4 °C Differenz.
- Bei einer negativen Differenz liegt die Nachttemperatur über der Tagtemperatur, zum Beispiel 16/20 °C = –4 °C Differenz.
- Das Diff-Konzept ist besonders durch Arbeiten von R. Heins in den USA und R. Moe aus Norwegen verbreitet worden.

Was leistet die „Cool morning"-Strategie?

- Eine Temperatur-Absenkung am Morgen durch Absenkung der Temperatur mittels Lüftung führt unter Umständen zu einer Absenkung der durchschnittlichen Tagtemperatur und damit zu einer Verringerung des Streckungswachstums.
- Sie ist an strahlungsreichen (warmen) Sommertagen häufig die einzige Möglichkeit, die Tagtemperatur nennenswert abzusenken.
- Der Effekt ist um so stärker, je länger und je weiter die Temperatur abgesenkt wird.
- die angestrebte Tagesmitteltemperatur muss gegebenenfalls durch Anhebung der Nachttemperatur sichergestellt werden.
- Das Botrytis-Risiko wird nicht erhöht, wenn der Temperatursturz durch eine Absenkung mittels Lüftung eingeleitet wird.

Erstaunlich ist, daß man neuerdings auch mechanische Reize zur Erzielung eines kompakteren Wuchses einsetzt. Die LVG Heidelberg entwickelte eine „Steichelmaschine" (an maschinell gezogenen Fäden befanden sich kleine Stofflappen, die geringfügig mit den Vegetationspunkten des Pflanzenbestandes in Berührung kamen). Deutliche Erfolge warn bei Dendránthema-Hybriden und Euphórbia pulchérrima beobachtbar.

Werden gequollene Samen (schon 50 % des zur Keimung notwendigen H_2O sollen ausreichend sein) von Wintergetreide einige Zeit einer Temperatur von +2 bis +3 °C ausgesetzt, so kommen die sich daraus entwickelnden Pflanzen auch bei Frühjahrsaussaat ebenso rasch zur Blüte wie Sommergetreidearten. Man nennt diese technische Kältebehandlung **Keim-**
784 **stimmung** oder **Vernalisation (Jarovisation).** Devernalisation ist möglich, wenn die Vernalisationsursache nur kurzfristig wirksam war. Umgekehrt lässt sich Baumwolle durch vorübergehende Wärmebehandlung zu schnellerem Blühen und Fruchten bringen. Abgesehen davon ist ohnehin winterliche Kälteeinwirkung bei der Mehrzahl zweijähriger Pflanzen Voraussetzung für den Eintritt der Blühphase im kommenden Jahr. Der inkor-

784a rekte Begriff **„Frostkeimer"** bezieht sich auf Samen einiger Pflanzenarten, die speziell zu ihrer Keimung eine Kälteperiode benötigen. Präpariert man in solchen Fällen die Embryonen heraus und kultiviert sie, sind abgosenkte Temperaturen nicht mehr erforderlich, es liegt dann also keine Keimungshemmung mehr vor, die folglich in Samenschale und/oder Endosperm begründet sein muß. „Frostkeimer" sind z. B. Veilchen und *Galánthus elwésii,* eine Schneeglöckchen-Art.

785 2. das **Licht.** Es beeinflusst das Pflanzenwachstum in mannigfacher Weise.

Das Licht ist für die Assimilation oder Photosynthese notwendig.

Normale Belichtung, besonders die kurzwellige blaue und violette Strahlung, wirkt hemmend auf das Wachstum (Alpenpflanzen), die Pflanzen bleiben kurz und gedrungen.

Übermäßige Belichtung lässt die Pflanzen verhärten und führt zur Zersetzung des Chlorophylls (Vergilben der Pflanzen), ja sogar zur Zerstörung des Zytoplasmas (Verbrennungserscheinungen). Das Ozonloch wird künftig nicht ohne Folgen sein. Stärkere UV-Strahlung kann sich auch auf die Pflanzen nachteilig auswirken. Man kann aber heute die UV-Einstrahlung manipulieren, indem Glas speziell kunststoffbeschichtet wird, was zur Folge hat, dass der Ultraviolettlichtanteil des Sonnenlichts mehr oder weniger in Rot- und Blauanteile „konvertiert" wird. Das Verfahren könnte im Unterglasanbau Zukunft haben.

786 **Lichtmangel** führt zu **Vergeilung, Etiolement.** Die Internodien und Blattstiele werden lang, während die Blattspreiten klein bleiben und bleich und gelblich aussehen.

787 **Vergrünung** ist das Grünwerden der Blütenkronblätter in trüben und feuchten Sommern, also bei lichtarmen Verhältnissen, z. B. bei *Trifólium répens, Plantágo média, Campánula médium* und *persicifólia.* Blütenvergrünungen bei Hortensien und Freesien sind jedoch auf Krankheitserreger zurückzuführen.

Man unterscheidet Licht-, Halbschatten- und Schattenpflanzen. Kurztag- und Langtagpflanzen sowie tagneutrale Pflanzen resultieren aus der Tatsache, dass der Hell-Dunkel-Rhythmus sich unterschiedlich auszuwirken vermag.

788 **Kurztagpflanzen** (KTP) werden zu der Blühreife durch kurze Tage, nämlich durch eine Belichtungszeitspanne unterhalb der kritischen Tageslänge (KTL) angeregt (Herbst- und Winterblüher), wobei die langen, nicht unterbrochenen Nächte die wesentliche Wirkung ausüben. *Trifó-*
788a *lium répens* ist eine **Kurzlangtagpflanze.** Zum Blühbeginn sind erst Kurz-, dann Langtage erforderlich.

789 **Langtagpflanzen** (LTP) werden blühreif, wenn die Belichtung über die
789a KTL hinaus anhält (Salat und Spinat „schießen"). Eine **Langkurztagpflanze** ist *Kalánchoe crenáta.* Sie braucht erst den Lang-, dann aber den Kurztag zum Blüheintritt. Langkurztagpflanzen blühen bei uns in freier Natur nur im Herbst-KT, nicht im Frühjahrs-KT. Die beiden Photoperioden müssen unmittelbar nacheinander folgen. Interessant

ist, dass der Blühimpuls von den Wirtspflanzen auf ihre Parasiten übertragen werden kann. So verhält sich die Kleeseide (Gattung Cuscúta) auf einer LTP wie diese und entsprechend umgekehrt auf einer KTP.

790 **Tagneutrale Pflanzen** reagieren nicht mit Blühwilligkeit bei unterschiedlicher Tageslänge. Sie folgen nicht dem „Alles-oder-Nichts-Prinzip" absoluter (qualitativer) LTP bzw. KTP, werden aber dennoch z. B. bei längerer Lichteinwirkung zumindest gefördert (quantitative LTP) bzw. bei Verkürzung der Bestrahlungsdauer doch etwas schneller zur Blüte gebracht als bei langanhaltendem Licht (quantitative KTP).

Die Abhängigkeit der Wachstums- und Entwicklungsvorgänge (weiteres Wachstum oder generativer Beginn) vom Verhältnis der Tag- zu den
791 Nachtlängen wird **Photoperiodismus** genannt. In diesem Zusammenhang können genannt werden die Begriffe Blühinduktion = Umstimmung zur Blütenbildung, Blütenbildung = Umwandlung der Vegetationspunkte in Blütenanlagen und Blütenentwicklung = Entfaltung der Blütenanlagen zu sichtbaren Blüten.

Das Licht kann auf Polarität und Dorsiventralität bestimmend wirken.

792 Für manche Samen, sog. **Lichtkeimer** (Tabak), ist das Licht entwicklungsanregend.

Manche Knospen treiben nur bei genügend Licht aus (Buche).

793 **Dunkelkeimer** werden in ihrem Vermögen zum Keimen durch das Licht gehemmt. Lichtkeimer können durch Gibberellin-Verabreichung zu Dunkelkeimern werden.

Licht- und Dunkelkeimer, der Photoperiodismus und wohl noch andere Gegebenheiten sind ihrem Wesen nach von einem bestimmten Pig-
794 ment, dem **Phytochrom,** abhängig. Das Pigment wird bei Bestrahlung mit hellrotem Licht (Wellenlänge 660 nm) in eine aktive Form überführt, die die genannten Effekte auszulösen scheint. Dieses aktivierte Pigment kann durch Einwirkung dunkelroter Lichtstrahlen (Wellenlänge 730 nm) und im Dunkeln wieder in das unwirksame Ausgangspigment zurückverwandelt werden. Man spricht daher von einem umkehrbaren Hellrot-Dunkelrot-Pigmentsystem ($P_{660} \rightleftarrows P_{730}$).

794a 3. die **Schwerkraft der Erde.** Sie bestimmt neben dem Licht die Polarität und Dorsiventralität. Das Wahrnehmungs- und Reaktionsvermögen der Pflanze auf die Schwerkraft der Erde ist der Geotropismus, modern Gravitropismus genannt.

4. das **Wasser.** Mangel und Überfluss wirken sich stark in der Struktur der Pflanzen aus.

5. der **Kohlendioxid- und Sauerstoffgehalt** der Luft, des Bodens und des Wassers.

6. die **Nährstoffe des Bodens,** insbesondere ihre ausreichende und nachhaltige Darbietung in einer für die Pflanzen aufnehmbaren Form.

795 7. **mechanisch wirkende Faktoren,** wie Stürme, Schnee, Lawinen, Bodenbewegungen, Bewegung des Wassers.

796 8. **biotische Faktoren,** z. B. Tiere, die neben Wind und Wasser bei der Bestäubung und an der Verbreitung der Samen mitwirken.

797 Als **Dauermodifikation** bezeichnet man bei vegetativer Vermeh-
798 rung die Erhaltung der **Jugend-** und **Übergangsform,** die sich von der **Altersform unterscheiden.** Z. B. können die oval zugespitzten Folgeblätter (Altersform) des Efeus zur Zeit der Blühreife durch häufige vegetative Vermehrung erhalten werden. Die sich aus dem Samen entwickelnden Jungpflanzen bilden wieder die normalen gelappten Erstlings- oder Primärblätter (Jugendform). Ebenso können durch Stecklingsvermehrung von *Chamaecýparis* festgehalten werden:

die Jugendform **Chamaecýparis pisífera** 'Squarrósa' (sparrig),
die Übergangsform **Chamaecýparis pisífera** 'Plumósa' (federig),
die Altersform **Chamaecýparis pisífera** (schuppig).

Die Jugendform trägt keine Samen; die Samen der Übergangs- und Altersform ergeben Pflanzen mit normaler Blatt-(Nadel-)Abfolge.

798 **Erstlingsblätter** oder **Primärblätter** nennt man die Blätter am jungen Pflanzenkörper. Sie sind oft mehr oder minder anders geformt als die Folgeblätter am erwachsenen Körper.

800 Die Erstlingsblätter schaffen die Jugendform, die **Folgeblätter** die Übergangs- und Altersform (z. B. bei Efeu, *Chamaecýparis, Thúja* und *Ílex).*

801 **Periodizität** nennt man den regelmäßigen Wechsel in den Wachstumsvorgängen einer Pflanze, den Wechsel zwischen Wachstumsperiode und Ruheperiode. Das sind jahreszeitlich bedingte Rhythmen; es gibt allerdings auch vielfältige Erscheinungen tageszeitlicher (circadianer) Rhythmik, z. B. die Tag- und Nachtstellung der Blätter mancher Arten (sehr schön beobachtbar bei den Laubblättern von *Phaséolus*).

Jahreszeitlicher Rhythmus kann durch den Wechsel der dem Wachstum günstigen (Sommer) und der ihm mehr oder weniger feindlichen Jahres-
802 zeit (Winter) hervorgerufen werden; dieses ist dann die **Klimaperiodizität.**

803 Viele unserer heimischen Pflanzen besitzen aber auch eine **Wachstumsperiodizität,** denn der Wachstumsstillstand erfolgt bereits im Sommer, also zu einer Zeit, in der klimatisch die Wachstumsbedingungen noch recht günstig sind. Fast alle unsere Laubbäume treiben im Frühjahr aus und stellen schon im Frühsommer nach Fertigstellung der Erneuerungssprosse für den Austrieb des nächsten Jahres das weitere Wachstum ein und verharren nach dem Laubfall den ganzen Winter über in Ruhe.

804 Die **Pflanzenruhe** (Laubfall von Bäumen unserer Breiten, Einziehen vieler Stauden im Herbst) wird durch kürzer werdende Tage ausgelöst. Das bewirkt Auswanderung von Assimilaten aus dem Laub und Herbstfärbung des Laubs (Vorruhe). Es folgen Blattfall und weitgehend eingestellte Lebensvorgänge (Vollruhe), realisiert durch nun in der Pflanze kursierende Hemmstoffe; Überwindung dieser Hemmstoffe durch winterliche Temperaturen, deshalb allmählich wiederkommende Lebensaktivität (Nachruhe) und neuer Austrieb schließen den Kreis.

805 **Circadiane Rhythmik** (lat. circa = ungefähr, dies = Tag) weicht mitunter von der 24-Stunden-Periodik leicht ab (z. B. Tag- und Nachtstellung von Laubblättern bestimmter Pflanzenarten) und ist häufig endonom verankert. Eine exogene Rhythmik hingegen liegt beim Öffnen und Schließen vieler Blüten vor. Sie ist bedingt durch den periodischen Wechsel äußerer Faktoren (Tag-Nacht-Temperaturwechsel).

806 Für das circadiane System in Pflanzen wie Tieren wird eine **physiologische Uhr** verantwortlich gemacht. Sie schwingt als noch unbekannter Oszillator in einer genetisch vorgegebenen Spontanfrequenz und vermag Zeitabläufe zu messen.

Der Stoffwechsel

807 Das **Steigen des Saftes** in der Pflanze und damit der im Wasser gelösten Nährstoffe wird durch folgende Kräfte bewirkt:

1. Durch **Quellung der Zellwände** nehmen die Wurzelhaare das Bodenwasser auf.
2. Durch **Wurzeldruck** werden die Rindenzellen der Wurzeln, die anschließenden Zellen und die Leitungsbahnen gefüllt. Sie wirken ähnlich wie eine Druckpumpe.
3. Die **Diffusion** sorgt gleichfalls für das Aufsteigen des Wassers in den Leitungsbahnen.
4. Durch die **Kapillarität,** die Haarröhrchenwirkung, wird das Wasser kürzere oder weitere Strecken emporgehoben.
5. **Kohäsion** hält die Flüssigkeitsteilchen zusammen.
6. **Adhäsion** ist die Anziehung zwischen den Flüssigkeitsteilchen und den kapillaren Wänden.
7. **Transpiration** und Guttation wirken wie eine Saugpumpe. Immerhin liegt die Spitzengeschwindigkeit des „aufsteigenden" Saftstroms in Lianen bei 150 m/h, in immergrünen Nadelhölzern jedoch nur bei 1,20 m.
8. Der **Turgordruck** dient der gleichmäßigen Verteilung des Wassers in alle Zellen.

808 Als **Wurzeldruck** bezeichnet man die osmotische Wirkung in Wurzelzellen, die im Frühjahr besonders stark ist, wenn die Pflanzen noch nicht belaubt sind. Der Wurzeldruck wirkt als zusätzliche Kraft wie eine Druckpumpe, während die Verdunstung mit der Wirkung einer Saugpumpe zu vergleichen ist, die beide im Wasser gelöste Nährstoffe „nach oben" befördern. Der Wurzeldruck verursacht z. B. auch das Bluten beim Schneiden des Weinstockes und der Birke im Frühjahr.

809 **Osmose** nennt man eine Diffusion z. B. von Wasser durch feinporige Membranen. Die Kraft, die das durch dünne Häute dringende Wasser
809a ansaugt, ist der Saugwert der Lösung oder der **osmotische Wert.** Er ruft die
809b **Prallheit der Zellen** hervor. Der osmotische Wert ist eine der Kräfte, die für die Wasseraufnahme der Pflanze wesentlich sind.

810 **Diffusion** nennt man den Konzentrationsausgleich bis zur gleichmäßigen Verteilung der Moleküle im Raum. Sie erfolgt stets in Richtung fallender Konzentration und spielt sich über kleine Strecken mit großer Geschwindigkeit ab, über lange Strecken aber sehr langsam.

Die Diffusion ist für den gesamten Stoffaustausch im Pflanzenkörper von großer Bedeutung.

Der durch die Aufnahme von Wasser und Nährlösungen hervorgerufe-
811 ne Innendruck heißt **Turgordruck** oder einfach **Turgor.** Vermag die Zelle kein Wasser mehr aufzunehmen, so befindet sie sich im Zustand voller
812 **Turgeszenz.**

Der Turgor dient 1. der Erhaltung der Pflanzengestalt durch Prallheit der Zellen, 2. der Verteilung des Wassers und damit auch der Nährstoffe an alle Zellen und 3. dem Wachstum der Pflanze, denn ihre Zellen sind nur bei guter Wasserbilanz zur Teilung fähig.

813 Das **Wahlvermögen** der lebenden Zelle ist nach üblicher Meinung
die Fähigkeit der Plasmahaut, des Plasmalemmas (die Umklei-
814 dung der Vakuolen wird **Tonoplast** genannt), als selektiv permeable
Barriere bestimmte Stoffe durchzulassen oder nicht eintreten zu las-
sen.

Die Stoffaufnahme in eine lebende Zelle ist nicht etwa ein rein osmotischer Diffusionsprozess, der nur von den Permeabilitätsverhältnissen der äußeren Plasmahäute bestimmt wird, sondern die Pflanze wählt aus den verschiedenen Möglichkeiten nach ihrem Bedarf. Allerdings liegt zunächst eine passive Phase, ein Ionen-Einstrom in den „freien Raum" (Apparent Free Space = AFS) vor. Mit AFS sind die kapillaren Räume der Zellulose-Zellwände gemeint.

815 Der Prozess der **Nährstoffaufnahme,** treffender müsste es Nährelement-Aufnahme in Ionenform oder Nährsalzaufnahme heißen, ist ein mit der Wasseraufnahme nicht direkt zusammenhängender Vorgang. In der Bodennährlösung dissoziieren die Ionenaggregate der Nährsalze in positive Ionen, Kationen (z. B. K^+, Mg^{++}) und negative Ionen, Anionen ($SO4^{--}$, NO_3^- usw.). Diese Ionen passieren die gequollenen Membranen aufnehmender Zellen und treten in Beziehung mit den Plasmagrenzhäuten, indem von dort im Austausch bestimmte Ionen abgegeben werden (z. B. H^+ für benötigtes K^+ und HCO_3^- etwa für erforderliches NO_3^-). Die aktive Phase ist gekennzeichnet durch den Übergang der Ionen aus dem „freien Raum" in den „inneren Raum" dergestalt, dass die Plasmagrenzhaut überwunden wird, und zwar gegen das elektrochemische Gefälle. Das bewirken u. a. Carriers (siehe 815a), transmembrane, das Plasmalemma in Querrichtung durchsetzende Proteine.

815a Die Carriers nennt man auch **Translokatoren.** Spezifische Trägersubstanzen (engl. carriers) sollen mit den aufzunehmenden Stoffen ins Plasmainnere wandern und wieder an ihren Ausgangspunkt zurückkehren können. Kupfer und Zink werden mit Hilfe von Phytochelatinen und Metallothioneinen, das sind komplexide Verbindungen, aufgenommen und im Bedarfsfall wieder aus dem Verkehr gezogen. Überdies scheinen manche Translokatoren so ihren Permeanden, also ihren „einzuschleusenden" Stoff, erkennen zu können, wie ein Enzym sein passendes Substrat findet. Im Zeichen moderner gärtnerischer Produktionsverfahren unter Glas ist man jetzt in der Lage, mit Nährsalzkreisläufen zu arbeiten („geschlossene Kultursysteme"). Die Mineralstoffernährung der Pflanzen ist dann optimaler, der Boden wird geringer belastet. Der Arbeitskreis LVG unterteilt die Kulturverfahren wie folgt:

Bezeichnung	Prinzip		Anwendung
Boden-kultur	offen begrenzt geschlossen	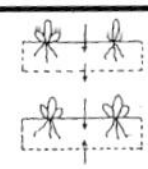	Gemüse und Schnittblumen im Freiland und unter Glas
Substrat-kultur	gepufferte Substrate (z. B. Torf) offen geschlossen ohne Überschußbewässerung geschlossen mit Recycling der Nährlösung	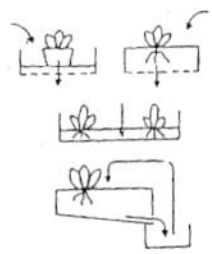	Topfpflanzen auf Gießmatten oder Boden offene Bankbeeten Schnittblumen als Dünnschichtkultur Schnittblumen- und Gemüsebau
	ungepufferte Substrate (z. B. Steinwolle) offen geschlossen ohne Überschußgewässerung geschlossen mit Recycling der Nährlösung	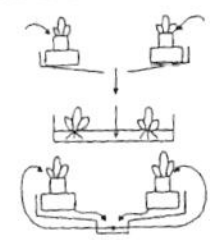	Schnittblumen- und Gemüsebau
Nähr-lösungs-kultur	Wurzeln im ständigen Nährlösungskontakt Wurzeln im nicht ständigen Nährlösungskontakt	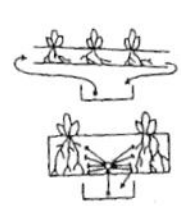	NFT (Nährfilmtechnik) für Gemüse und Schnittblumen Aeroponik (Wurzelsprühkultur)

Angefügt sei hier noch, dass nach Lester Brown vom Worldwatch Institute im Hinblick auf Pflanzenernährung und angemessene Düngung heutzutage schon manche Pflanzenarten (z. B. Getreidepflanzen) sich an ihren photosynthetischen Grenzen befinden und gegenüber sehr hohen Nährstoffgaben indifferent reagieren.

816 **Transpiration** oder **Verdunstung** nennt man die Abgabe von Wasser in Form von Wasserdampf. Alle Landpflanzen geben auf diese Weise durch die Epidermiszellen Wasser ab, vornehmlich durch die Spaltöffnungen. Der Transpirationskoeffizient gibt an, wieviel ml Wasser transpiriert werden, wenn 1 g Trockensubstanz synthetisiert wird. Transpiration darf
816a nicht mit **Evaporation** verwechselt werden. Zu letzterer gehört u. a. die Verdunstung vom feuchten Erdboden oder von regennassen Pflanzenoberflächen. In dem Fall existieren keine Diffusionswiderstände und die Wassernachfuhr erfährt keine Behinderung.

817 Die **Transpiration** hat die **Aufgabe**, das von den Wurzeln aufgenommene Wasser mit den darin gelösten Nährsalzen bis in die Blätter und äußersten Teile der Pflanze zu saugen und diese dadurch zu ernähren. Manche Wasserpflanzen nehmen dagegen die Nährsalz-Ionen mit allen ihren Teilen auf.

818 Die bei der Transpiration entstehende **Verdunstungskälte** setzt in unmittelbarer Nähe der Blätter die Temperatur herab und schützt dadurch die Pflanze vor zu hoher Temperatur. Die Blatt-Temperatur kann dann manchmal 10–15 °C unter der Außentemperatur liegen.

818a Die **Verdunstung geht folgendermaßen vonstatten:** Eine Pflanze verdunstet soviel Wasser, wie sie aus dem Boden aufnehmen kann. Die Epidermiszellen und die Spaltöffnungen geben fast stetig Wasser in der Dampf-Phase an die weniger Wasser enthaltende Luft ab; ebenso die Innenzellen an die Interzellularen. Dadurch verlieren die Zellwände Wasser, das aus dem Protoplasma stammt. Letzteres sättigt sich wieder aus dem Zellsaft der Vakuolen.

Dieser Vorgang setzt sich von Zelle zu Zelle fort bis zu den Leitungs-
819 bahnen der Wurzeln und Stengel. Es entsteht der **Transpirationsstrom** mit seiner saugpumpenähnlichen Wirkung.

Kann das durch Transpiration abgegebene Wasser nicht ersetzt werden, so **welkt** die Pflanze.

Die Menge der Wasserabgabe hängt einmal vom Wassernachschub aus dem Boden ab, zum anderen aber auch von der Beschaffenheit der Kutikula und der Funktion der Spaltöffnungen (Stomata). Daher
820 spricht man auch von **kutikulärer** uns **stomatärer Transpiration.**
821 Stomatär bedingte Abgabe von Wasser als Wasserdampf wird von sehr vielen Pflanzenarten nachts weitgehend eingeschränkt (Spaltöffnungsschluss in der Dunkelheit). Dem Spaltenschluss entgegen wirken Toxine („Welketoxine") einiger phytopathogener Pilzarten. Die Toxine fördern K^+-Ionenaufnahme (unabhängig von der H_2O-Bilanz der Pflanze) im Bereich der Schließzellen, die dann infolge starker Quellung weit geöffnet bleiben und die Pflanze zum Welken bringen.

Die Pflanzen haben vielfältige Einrichtungen zur **Herabsetzung der**
822 **Transpiration:**

1. Die Kutikula ist verdickt,
2. die Epidermisaußenwände sind verdickt,
3. die Epidermiszellen sind verschleimt,
4. die Oberhaut ist mit Harz, Wachs oder Kalk überzogen,
5. die Spaltöffnungen sind verengt,
6. die Spaltöffnungen sind tief in die Epidermis eingesenkt,
7. die Oberhaut ist mit Woll-, Filz-, Stern- oder Schuppenhaaren bedeckt,
8. die Blätter stellen sich in die Vertikalebene (Senkrechte),
9. die verdunstenden Oberflächen werden im Verhältnis zum Wurzelsystem stark verkleinert (keine oder wenige Blätter, gebuchtete oder gefiederte Blätter oder ihre Umwandlungen in Nadeln und Dornen),
10. die Blätter rollen sich zusammen,
11. die Pflanzen lassen die Blätter fallen.

823 Beispiele, welche **Wassermengen** bei der Transpiration einiger Pflanzen errechnet werden:

Eine Sonnenblume von Mannesgröße verdunstet an einem heißen Tag über 1 l Wasser.

Eine Birke mit ca. 200 000 Blättern vermag an einem Sonnentag 60–400 l Wasser zu verdunsten, ein ha Buchenwald 20 000 l; 1/4 ha Kohlpflanzen verdunstet während seiner Kulturzeit (120 Tage) 200 000 l. Auf je 100 g Blattmasse bezogen, verbraucht die Rotbuche in einer Wachstumsperiode 75 l Wasser, die Tanne aber nur 7 l. Im Durchschnitt verdunstet eine Pflanze für jedes Gramm Trockenmasse 250–900 g Wasser. Unter H_2O-Mangel leidende Pflanzen emittieren „Warn"-Geräusche im Ultraschallbereich (Frequenz: etwa 1 MHz). Solche Geräusche entstehen dann durch Reißen der Wassersäulen in den Leitbahnen. Mit Sensoren, speziellen Zählgeräten und EDV-Technik kann man dieses Phänomen nachweisen und gegebenenfalls praktisch nutzen.

824 **Guttation** ist die Ausscheidung von Wasser in Tropfenform. Sie erfolgt
825 durch **Hydathoden,** das sind Drüsenhaare (Trichomhydathoden) oder Wasserdrüsen (Epithemhydathoden), die aktiv tropfbar flüssiges Wasser abgeben, z. B. bei Fuchsie, Kapuzinerkresse, Frauenmantel, *Philodendron.* Diese Absonderung erfolgt, wenn die Transpiration in sehr feuchter Luft gehemmt ist. Ein ausgewachsenes *Colocasien*-Blatt guttiert in der trop. Heimat der Pflanze bis zu 100 ml Wasser in einer Nacht.

826 **Hygrophyten** sind Landpflanzen, die in sehr feuchtem Boden und feuchter Luft leben, z. B. *Ruéllia.* Sie haben Einrichtungen, die eine starke Verdunstung fördern, z. B. emporgehobene Spaltöffnungen.

827 **Xerophyten** sind Pflanzen, die große Trockenheit ihres Standortes, besonders des Bodens, ertragen können. Sie sind **xeromorph,** d. h. in ihrem Aufbau der Trockenheit angepasst. Sie haben außer sehr langen Wurzeln Einrichtungen, die die Wasserabgabe einschränken. Das Wassergewebe ist mehr zentral gelegen und vermag viel Wasser zu speichern. Organe, in denen dieses Gewebe mächtig entwickelt ist, werden dadurch dick und
828 fleischig-saftig. Deshalb nennt man solche Pflanzen **Sukkulenten.** Viele
828a von ihnen sind **CAM-Pflanzen** (Crassulacean Acid Metabolism = Säurestoffwechsel der Crassulaceen). Ihre Stomata sind nur nachts geöffnet. Das dann eindringende CO_2 wird an Säuren gebunden und am Tage photosynthetisch genutzt. Der daraus resultierende diurnale Säurerhythmus (nachts Säurezunahme, tagsüber -abnahme) hat Ähnlichkeit mit Vorgängen in sogenannten **C_4-Pflanzen** (Beispiel: *Zéa mays*). In jenen verlaufen die eben geschilderten Prozesse gleichzeitig, jedoch getrennt in ver-
828b schiedenen Geweben. Der CO_2-Einbau ist bei den C_4-Pflanzen sehr effektiv. So wird das Sättigungsniveau der Photosynthese auch bei hohen Beleuchtungsstärken nicht erreicht. Des weiteren erlaubt der CO_2-Vorrat den C_4-Pflanzen, ihre Spaltöffnungen weniger weit zu öffnen, was wasserökologisch bedeutungsvoll ist. Außerdem hemmt die hohe CO_2-Spannung im Gewebe die „Lichtatmung" und damit den Substanzverlust. Deshalb wird verständlich, dass die Photosynthese-Produktivität der C_4-Pflanzen höher ist als die der sogenannten C_3-Pflanzen, die allerdings vorherrschend sind.

829 Man teilt die **Sukkulenten** in folgende **Gruppen:**

830 **Wurzelsukkulenten** (einige Pelargonien- und *Óxalis*-Arten)

831 **Blattsukkulenten** *(Sédum, Sempervívum, Agáve, Áloe und Mesenbryánthemum)*

832 **Stammsukkulenten** (Kakteen, *Euphorbia*arten, *Stapélia*)

832a **Tropophyten** passen sich den klimatischen Gegebenheiten unserer Breiten an. Der Winter (gefrorenes Wasser im Boden) wird durch rechtzeitigen Laubwurf und Pflanzenruhe überstanden. Im Frühjahr (wieder gesicherte Wasserversorgung und entsprechende Temperatur) erfolgt neuer Austrieb. Einjährige Pflanzen überstehen die winterlichen Unbilden mittels Samen. Arten mit mittlerem Feuchtigkeitsanspruch kann man all-
832b gemein als **Mesophyten** bezeichnen. Hierher gehören u. a. typische Pflan-
832c zenarten des Mittelmeerraumes, während hingegen man unter **Hydro-**
832d **phyten** Wasserpflanzen und unter **Helophyten** Sumpfpflanzen verstehen kann.

833 Die **Tropen** sind die Erdgebiete zwischen dem 23½. Breitengrad südlicher Breite und dem 23½. Breitengrad nördlicher Breite, d. h., sie liegen zwischen dem Wendekreis des Steinbocks und dem Wendekreis des Krebses zu beiden Seiten des Äquators.

Sie werden auch heiße Zone genannt und haben eine mittlere Jahrestemperatur von ca. 25 °C. Am Äquator ist das Klima feuchtheiß, nahe den Wendekreisen herrscht Wüstenklima.

Die meisten Warmhauspflanzen der Gärtner stammen aus den Tropen. Für das Aussehen der Pflanzen und für ihre Lebensansprüche sind aber nicht nur die Zonen der Erdoberfläche maßgebend, sondern vor allem die Lagen, ob sie hohe Gebirgslagen, dürre Steppen oder feuchtwarme Gegenden darstellen.

834 Die **Subtropen** schließen sich nördlich und südlich des Äquators an die Wendekreise an und reichen bis ungefähr zum 45.
835 Breitengrad. In Europa wird diese Zone **mediterran** (Mittelmeerraum) genannt. Sie liegt zwischen der heißen und der gemäßigten Zone mit einer mittleren Jahrestemperatur von 15 °C. Aus dieser Zone stammen vorwiegend die Kalthauspflanzen und die für temperierte Häuser der Gärtnereien geeigneten.

836 Die **gemäßigten Zonen** erstrecken sich auf der nördlichen und südlichen Erdhalbkugel zwischen dem 45. und 62½. Breitengrad und haben eines Jahresdurchschnittstemperatur von 10 °C. Die nördlichen europäischen Länder gehören der gemäßigten Zone an, und hier sind unsere Freilandpflanzen heimisch.

837 Die Nord- und Südpolargebiete, die **Arktis** und **Antarktis**, erstrecken sich vom 62½° nördlicher und südlicher Breite bis zum Nord- bzw. Südpol. Sie sind bei einer Jahresdurchschnittstemperatur von –15 °C vorwiegend mit Eis bedeckt.

838 **Lebensformen** der Höheren Pflanzen ergeben sich aus der Lebensdauer der Sprosse sowie aus Lage und Schutz überdauernder Erneuerungsknospen während der ungünstigen Jahreszeit (Winter). Phanerophyten („Luftpflanzen") haben Erneuerungsknospen höher als 50 cm über dem Erdboden (Bäume und Sträucher des Freilands). Chamaephyten (Zwergsträucher) tragen diese Knospen 10–50 cm über dem Boden (Heidekraut), Hemikryptophyten (Oberflächenpflanzen) dicht an der

Erdoberfläche (Erdbeere). Bei den Kryptophyten oder Geophyten liegen die Erneuerungsknospen im Boden, und die Therophyten überstehen den Winter als Einjährige allein durch ihre Samen.

839 Der **Stoffwechsel** ist die chemische Umsetzung der aufgenommenen Nährsalzionen, ihre Verarbeitung in den Zellen und die Ausscheidung der unbrauchbaren Stoffe. Man nennt die Vorgänge, in deren Verlauf aus anorganischen und organischen Substanzen ein Aufbau weiterer (teil-
840 weise sehr komplexer) Verbindungen erfolgt, den **Baustoffwechsel** und
841 die Vorgänge, die dem Organismus energetisch dienen, den **Betriebsstoff-**
841a **wechsel.** Der gesamte Stoffwechsel **(Metabolismus)** lässt sich auch untergliedern in Anabolismus = Assimilation (aufbauende Vorgänge) und Katabolismus = Dissimilation (Abbau). Der Intermediärstoffwechsel oder Amphibolismus ist Sammelbecken und Basis für Metabolite (Stoffwechselprodukte) der anabolen und katabolen Stoffwechselwege und spielt u. a. eine Rolle im Atmungsgeschehen. Der Grundstoffwechsel der Pflanzenzelle benötigt physiologisch wirksame Stoffe (z. B. Kohlenhydrate). Darüber hinaus kommt es aber auch zum Aufbau sekundärer Pflanzenstoffe, die man als ökologisch wirksame Verbindungen bezeichnet. Das sind z. B. Gifte, Lockstoffe, Gerbstoffe und dergleichen mehr. Das gesamte vielfältige Geschehen wird nach Prof. Matschke wie folgt definiert:

„Mit dem Begriff ‚innere Qualität' sind Leistungsparameter der Pflanzen gemeint, die die spezifischen Stoffwechsel-Leistungen oder -kapazitäten der photosynthetischen Stoffbildung, der assimilatorischen Nitrat- und Sulfatreduktion, der Synthese und Wirkung von Phytohormonen, Substanzen mit Schutzfunktionen und Sekundärstoffen auf Zellebene einschließen. Damit verbunden sind Regulationsphänomene des pflanzlichen Organismus, die durch abiotische und biotische Umwelteinflüsse mehr oder weniger beeinträchtigt werden und sich in der phänotypischen Konstitution widerspiegeln. Ableitend hiervon erklären sich im Zusammenhang mit der pflanzlichen Kompensationsleistung gegenüber belastenden Einflussßgrößen die verkürzten bzw. vereinfachten Termini der ‚inneren' Vitalität oder Qualität."

841b Die **Vitalitätszustandseinschätzung** der Pflanzen ist unter Zugrundelegung ihrer Photosyntheseleistung möglich. Das Fluoreszenzverhalten (Aufleuchten unter Strahleneinwirkung) der Laubblätter wird mittels eines Chlorophyll-Fluoreszenz-Messgeräts ermittelt und erlaubt eine Reihe von wesentlichen Rückschlüssen. Diese Technik wird noch beträchtlich verbessert werden können.

842 Die wichtigsten **Bestandteile** des Stoffwechsels sind das Wasser, die Nährsalze und Kohlenhydrate.

843 Der größte Teil des Frischgewichtes aller Pflanzenteile besteht aus **Wasser** (Blätter 80–90 %, saftige Früchte bis 95 %, trockener Samen 13–14 %).

Wasser verleiht der Pflanze die notwendige Spannung, die hebende Kraft (Turgor, Osmose, Transpiration).

Wasser ist selbst ein wichtiger Baustoff und gleichzeitig Lösungs- und Transportmittel für die Nährsalze.

Es ist ein wesentlicher Faktor bei der Photosynthese (Assimilation).

Ohne Wasser welkt die Pflanze, die Spaltöffnungen schließen sich, und Assimilation und Transpiration sind reduziert. Eigenfeuchte oder homoiohydre Pflanzen haben zahlreiche Einrichtungen zur Konstanz ihres Wassergehalts, wechselfeuchte oder poikilohydre Gewächse (z. B. Flechten) stellen ihr aktives Leben in trockener Luft ein.

844 Die **Luft** ist das die Troposphäre bildende Gasgemisch. Sie besteht aus rund 21 % Sauerstoff; 78 % Stickstoff; 0,03–0,06 % Kohlendioxid; 0,9 % Argon und Spuren von anderen Edelgasen. 1 l Luft wiegt 1,293 g.

845 Der erstaunlich konstante Gehalt der Luft an **Kohlensäure** (CO_2 = Kohlendioxid) ist dadurch zu erklären, dass der in dem jährlichen Zuwachs der Pflanzenwelt gebundene Kohlenstoff durch die laufende Produktion von Atmungskohlendioxid aller Lebewesen ersetzt wird. Allerdings ist diese CO_2-Konstanz nur scheinbar, sofern man einen Langzeitrahmen anlegt. Vor etwa 4 Milliarden Jahren betrug der CO_2-Gehalt 30 %, nahm über Jahrmillionen stetig ab (u. a. auch bedingt durch aufkommende und zunehmende das Kohlendioxid fixierende Photosynthese), verbunden mit ansteigendem O_2-Gehalt. Das bekam vielen Organismen zunächst nicht und könnte entscheidend das Massensterben in der Perm-Zeit bewirkt haben. In unserer Zeit, so meint das Team Inacker und Hämmerle, Tübingen, liege man im entgegengesetzten Vorgang. Das könnte in gar nicht so ferner Zukunft ernste Schwierigkeiten bereiten, vielleicht sogar mehr als ein befürchteter Klimaschock. Bakterien z. B. sind sehr anpassungsfähig. Sie könnten mit ungeahnter Mutanten-Vielfalt aufwarten, schlimme Seuchen auslösen. Eine globale Störung des ökologischen Gleichgewichts ließe dann nicht auf sich warten. So wird man künftig der Luftzusammensetzung gesteigerte Aufmerksamkeit schenken müssen.

846 Als **Kohlendioxidquellen** kommen in Frage: Mensch, Tier und Höhere Pflanzen, ferner die Tätigkeit der Vulkane, die Industrie und vor allem die niederen Organismen, insbesondere die Bodenbakterien, die schätzungsweise auf 1 ha Boden 2–5 kg CO_2 entwickeln.

847 Der **Kohlenstoff** macht ungefähr 50 % des Trockengewichts einer Pflanze aus. In 10 000 l Luft sind durchschnittlich 3 l Kohlendioxid enthalten, sie wiegen 4 g. Davon sind $^8/_{11}$ Sauerstoff (O) und $^3/_{11}$ Kohlenstoff (C), d. h., in 10 000 l Luft sind rund 2 g C. Es muss also ein Baum von 100 Ztr. für sein Trockengewicht (= 50 Ztr. Kohlenstoff) etwa $12^1/_2$ Millionen m^3 Luft verarbeiten, d. h. von Kohlendioxid befreien.

Der CO_2-Gehalt der Luft erreicht dicht über der Erde den höchsten Konzentrationswert. Die Luft im Boden ist allerdings noch CO_2-reicher, denn Kohlendioxid ist schwerer als die übrigen Gasbestandteile eben dieser Luft insgesamt.

848 **Assimilation** ist die aufbauende Umwandlung von anorganischen Stoffen in organische Masse, sie werden der Pflanzensubstanz ähnlich gemacht = assimiliert.

849 Man unterscheidet drei wesentliche **Assimilationsarten:**
1. die P h o t o s y n t h e s e , auch CO_2-Assimilation genannt
2. Die S t i c k s t o f f a s s i m i l a t i o n
3. die P h o s p h o r s ä u r e a s s i m i l a t i o n

Die **„Kohlensäureassimilation"** findet in allen g r ü n e n P f l a n z e n t e i l e n statt, vorwiegend im Palisadengewebe der Blätter. Man bezeich-
850 net sie treffender als **Photosynthese,** weil der ganze Vorgang ohne die Mitwirkung von Lichtenergie nicht ablaufen kann. Die Photosynthese bewirkt aber nicht nur den Kohlenhydratstoffwechsel, sondern ist auch Grundlage für den Eiweiß- und Fettstoffwechsel.

Aus der Luft nimmt die Pflanze durch die Spaltöffnungen Kohlendioxid (CO_2) auf; aus dem Boden das Wasser (H_2O), das durch die Leitungsbahnen in die Blätter geleitet wird. Unter Einwirkung von Lichtenergie entsteht dann infolge der Chloroplastentätigkeit Zucker vom Typ $C_6H_{12}O_6$, gleichzeitig aber auch entweichendes Sauerstoffgas.

851 Die **Grundgleichung der Photosynthese** lässt sich heute folgendermaßen schreiben:

$$6\ CO_2 + 12\ H_2O + 686\ \text{kcal} \rightarrow C_6H_{12}O_6 + 6\ H_2O + 6\ O_2 \uparrow$$

Es wird Strahlungsenergie absorbiert und in die Form einer chemischen
852 Bindung überführt. Im **Grundvorgang** handelt es sich bei der **Photosynthese** um Abspaltung von Wasserstoff aus dem Wasser unter Freisetzung von Sauerstoff. Der Wasserstoff wird auf das Kohlendioxid übertragen und in Form einer metastabilen (zwischenstabilen) Kohlenstoffverbindung aufbereitet. Das Kohlendioxid dient also nur als Empfänger (Akzeptor) für den Wasserstoff. Die Trennung des Wasserstoffs vom Sauerstoff ist als endotherme (endergonische) Reaktion zu werten, bei der genausoviel Energie zugeführt werden muss, wie bei der Wasserbildung aus Wasserstoff und Sauerstoff (Knallgasreaktion) im Laboratorium in Freiheit gesetzt wird. Im Hinblick auf das photosynthetisch unbedingt notwendige
852a Licht ist zu sagen, dass dessen **Blau- und Rotanteile** photosynthetisch besonders wirksam sind und dass bei einer Lichtintensität unter 1000 Lux viele Pflanzenarten unbefriedigend assimilieren.

Es muss hier angemerkt werden, daß „Energiesparfenster" (Sonnen- und Wärmeschutzfenster – letztere heute bei Neubauten Pflicht) nach einem Bericht Silke Hoffmanns, nicht, wie angenommen, Beeinträchtigungen an Pflanzen ergeben. Sonnen- und Wärmeschutzgläser sind für rund 31% im blauen und etwa 30 % im hellroten Bereich durchgängig. Bei herkömmlichem Gewächshausglas sind die Werte vergleichbar (32 % blau, 31 % hellrot).

853 **Lichtreaktionen** sind aber nur zum Teil erforderlich. Viele Prozesse des komplizierten Gesamtablaufs, den die angegebene Bruttogleichung nicht annähernd darstellen kann, finden im Dunkeln statt.

Der osmotisch hochwirksame Zucker, eine Hexose, wird meist nach seiner Entstehung in osmotisch unwirksame Stärke überführt. Das ist ein weiterer Aufbauvorgang, den man mit der Formelgleichung

$$n\ C_6H_{12}O_6 \rightarrow (C_6H_{10}O_5)\ n + n\ H_2O$$

stark vereinfacht und grob zusammengefasst erklären kann.

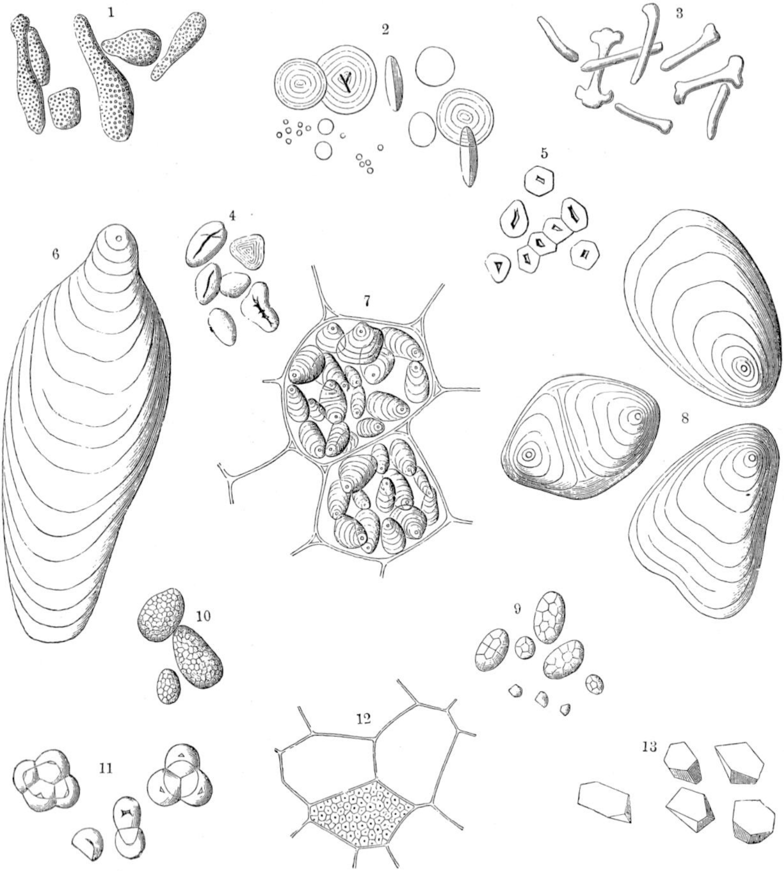

Abb. 93
Verschiedene Formen der Stärke: 1 aus den Samen der Rade (Agrostemma githago); 2 aus einem Weizenkorn; 3 aus der Wolfsmilch; 4 aus einem Bohnensamen; 5 aus einem Maiskorn; 6 aus dem Wurzelstock des Blütenschilfes (Canna); 7 aus der Kartoffelknolle (in Zellen eingeschlossen); 8 aus der Kartoffelknolle (isoliert, sehr stark vergrößert); 9 aus einem Haferkorn; 10 aus dem Samen des Lolches (Lolium temulentum); 11 aus der Knollenzwiebel der Zeitlose (Colchicum antumnale); 12 aus einem Reiskorn; 13 aus einem Hirsekorn. Sehr stark vergrößert.

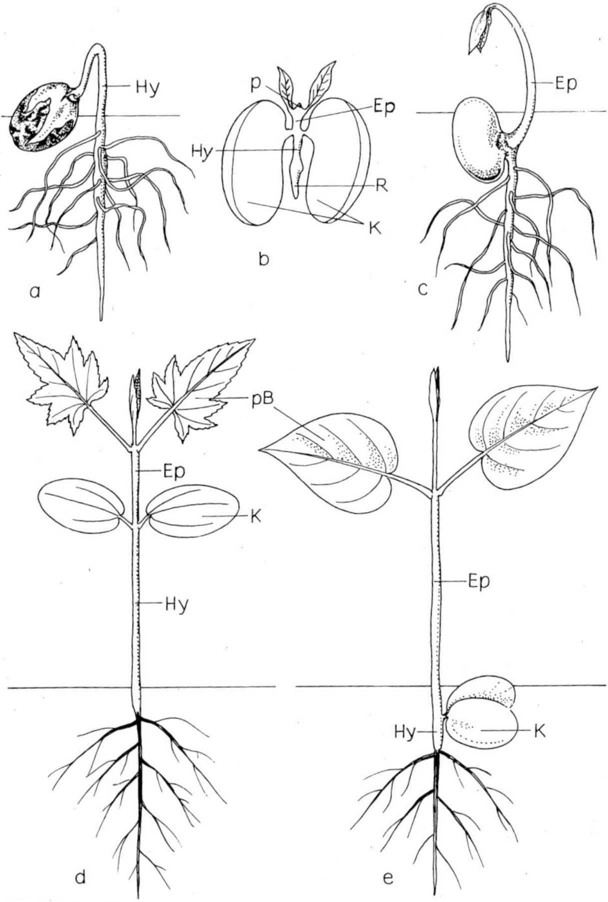

Abb. 94
Epigäische und hypogäische Keimung. a junges, d späteres Keimlingsstadium bei epigäischer Keimung (Ricinus communis); c junges, e späteres Keimlingsstadium bei hypogäischer Keimung (Phaseolus coccineus); b Embryo mit Speicherkotyledonen. Ep Epikotyl, Hy Hypokotyl, K Kotyledonen, P Plumula, pB Primärblätter, R Radicula. – d u. e. Nach Rauh.

Typische Ablagerungsstätten der Stärke sind die Pyrenoide (Stärkeherde) in den Plastiden von sehr vielen Algen.

Schon nach 5-minutiger Belichtung kann Stärkebildung in Chloroplasten durch Jodprobe unter dem Mikroskop erkannt werden. Jodkaliumjodid bewirkt Bläuung (Jod-Stärke-Reaktion).

Die während der Belichtung, also während des Tages, gebildete Assimilationsstärke kann mit Hilfe der Enzyme Amylase und Maltase zumeist während der Nacht in löslichen Traubenzucker verwandelt und aus den Blättern und grünen Teilen zu den Wachstumspunkten und Speicherorganen abgeleitet werden. Man weiß allerdings jetzt, dass in der Pflanze Saccharose (Rohrzucker) bevorzugtes Transport-Kohlenhydrat ist. Morgens sind die Blätter frei von Stärke.

Das Zusammenwirken von 1. Licht, 2. Kohlendioxid, 3. Wasser, 4. Chlorophyll und 5. Wärme sind die Grundbedin-
853a gungen für den grundlegenden **Assimilationsprozess, die Photosynthese.**

Licht, für die Pflanzen so eminent wichtig, ist elektromagnetische Strahlung im Wellenlängenbereich von 380–780 nm und wird nach unserer Augenempfindlichkeit beurteilt und bewertet. Das Auge hat seine höchste Empfindlichkeit bei 550 nm (gelb-grüner Bereich). Der Empfindlichkeitsbereich der Pflanzen hingegen liegt zwischen 400–700 nm, hat eine mehrgipflige Empfindlichkeitskurve und demgemäß einen Strahlungsverlauf, der PAR (engl., übersetzt photosynthetisch wirksame Strahlung) genannt wird. Bei Verabreichung von „Assimilationslicht" kommt es an auf die Beleuchtungsstärke als Maß für die Helligkeit, die eine Lichtquelle auf einer Fläche erzeugt, Lumen/m^2 = Lux (lx). Der Mensch fühlt sich schon bei 300–400 lx wohl, viele Pflanzenarten bekommen unter 1000 lx schon beträchtliche Schwierigkeiten. Die Lichtausbeute, auf die es schließlich auch ankommt, ist ein Maß, das aussagt, wieviel Lichtstrom pro Watt elektrischer Leistung bei diesem Leuchtmittel in Licht umgesetzt wird (Lumen/Watt). Der Lichtstrom selbst ist die richtungsunabhängige Lichtleistung einer Lichtquelle in Lumen (lm).

Es sei noch erwähnt, dass es über die PAR-Strahlung hinaus Strahlungsbereiche gibt, die man Morphologic Active Radiation nennt (MAR-Strahlung), > 700 nm und < 400 nm in der Wellenlänge. Man denke an Photoperiodismus, Längenwachstum und gedrungenen Wuchs.

854 Als **Assimilationsstärke** bezeichnet man die in den belichteten Chloroplasten bei der Photosynthese entstandenen kleinen Körner, die bald nach ihrer Entstehung unter Umwandlung in Zucker aufgelöst und den Reservestoffbehältern zugeführt werden. In den Leukoplasten der Reservestoffbehälter bilden sich dann im Dunkeln die viel größeren Stärke-
855 körner der **Reservestärke.** Die eigentlichen Bildungsorte dazu, also die Stärkeherde, heißen bei Algen Pyrenoide. Ansonsten findet Stärkebildung in den Leukoplasten für Reservezwecke statt.

856 Die **Reservestärke besteht** meist aus flachen oder rundlichen, eiför-
Abb. 93 migen oder kugelrunden Körnern, die von verschiedener Größe
S. 210 (0,002–0,17 mm) und bei vielen Pflanzen bezeichnend gestaltet sind.

Viele Stärkekörner sind exzentrisch geschichtet, d. h., das Schichtungszentrum (Bildungskern) liegt dem einen Rand des Kornes näher als dem anderen (Kartoffelstärke).

Die Stärkekörner der Hülsenfrüchte und Getreidearten sind zentrisch geschichtet, bei der Bohne von radialen Spalten durchzogen.

Stärkekörner lassen sich in Amylopektin (H_2O-unlösliche Hüllschicht) und Amylose (Inneres, in heißem Wasser löslich) zerlegen. Elementares Jod färbt Amylopektin violett und Amylose blau. Nach dem Erklärungsbemühen von Asimov sind die das Stärkemolekül aufbauenden Glukose-Einheiten nicht wie bei Zellulose ... ununu ... (siehe bei Nr. 594) konfiguriert, sondern nur in Form von ... uuuuu ..., was Hydrolyse (Spaltung chem. Verbindungen durch Wasser) ermöglicht. Deshalb ist Stärke für uns verdaulich und bedeutungsvoll für unsere Ernährung.

Kohlenhydrate und Eiweißvorstufen werden als Assimilationsprodukte
857 **Assimilate** oder auch **Bildungsstoffe** genannt. Sie bewegen sich in den Siebröhren des Bastteils abwärts zu den Wurzeln, aber auch zu den Triebspitzen und Blüten sowie zum Kambium, dem Zuwachsgewebe.

Assimilate werden in den Reservestoffbehältern, den Knollen, Zwiebeln, Samen, Knospen, gespeichert.

Der **Austrieb der Gehölze und die Keimung des Samens** erfolgen durch die Assimilatmobilisierung, wobei Wasser, Enzyme und Wärme einleitend und weiterführend wesentliche Faktoren sind.

Die Keimung ist ein Übergang vom Ruhezustand zur Jugendentwicklung bei Samen, Sporen, Knollen oder Zwiebeln. Das neue Individuum im
858 Samen heißt **Keimling.** Nach erfolgtem Auflaufen, also nach der Keimung,
858a wird der Keimling zum **Sämling.**

859 Bei der **hypogäischen** (unterirdischen) **Keimung** bleiben die Keimblätter
Abb. 94 während der Keimung des Samens von der Samenschale umschlossen
S. 211 und u n t e r d e r E r d e verborgen. Das Hypokotyl streckt sich nicht, das erste Organ, das die Erdoberfläche durchbricht, ist das Epikotyl mit den Primärblättern (Eiche, Feuerbohne).

859a Bei der **epigäischen** (oberirdischen) **Keimung** sprengen die Keimblätter
Abb. 94 die Samenschale und erscheinen ü b e r d e r E r d e. Das Hypokotyl
S. 211 streckt sich so stark, dass es gemeinsam mit den Keimblättern die Erdoberfläche durchbricht. Die Keimblätter ergrünen und assimilieren (Buschbohne, Buche).

859b Von **Viviparie („Lebendgeburt")** spricht man nicht gerade korrekt bei den Keimungsverhältnissen einiger Mangroven-Arten. Bereits in der Frucht keimt das Samenkorn, das Hypokotyl hat beträchtliches Längenwachstum und durchstößt die Fruchtwand, während die Keimblätter nur andeutungsweise ausgebildet sind und sich später ablösen, so dass der inzwischen schon recht groß gewordene Keimling endlich abfallen kann.

860 **Kohlenhydrate** sind stickstofffreie Stoffe. Man unterscheidet u. a. M o n o s a c c h a r i d e (Beispiel: Traubenzucker), D i s a c c h a r i d e (Beispiel: Rohrzucker) und P o l y s a c c h a r i d e (Stärke, Zellulose). Es handelt sich in jedem Fall um Polyhydroxycarbonyl-Verbindungen.

Sie fallen neben Eiweiß und Fetten unter den Begriff der Assimilate und enthalten Wasserstoff (H), Sauerstoff (O) und Kohlenstoff (C).

861 **Eiweiß** ist ein Produkt der **Stickstoffassimilation** und besteht aus Stickstoff, Kohlenstoff, Wasserstoff, Sauerstoff und ent-
862 hält oft außerdem Schwefel und Phosphor. Einfache Eiweißstoffe
863 werden **Proteine** genannt, die des Zellkerns sind **Nukleoproteide.**

Die Eiweißkörper bauen in der Hauptsache das Cytoplasma auf. Sie besitzen einen hohen Gehalt an Stickstoff.

Der zum Aufbau der Pflanze nötige Stickstoff entstammt zum größten Teil den organischen und anorganischen Stickstoffverbindungen des Bodens, auch Luftstickstoff wird von einigen Pflanzen verwertet. Der durch die Wurzeln in Form von Nitrat- und Ammoniumionen aufgenommene Stickstoff wird in den Blättern durch Stickstoffassimilation zu Aminosäuren verarbeitet. Letztere sind die eigentlichen Bausteine der Eiweiße. Zunächst verknüpfen sich die Aminosäuren bis zur Stufe von Polypeptiden. Aus diesen wiederum bilden sich die Eiweißmoleküle. Es sind mittlerweile über 200 Aminosäuren bekannt. Von ihnen sind rund 20 proteinogen, am Proteinaufbau beteiligt. Die Strukturformel einer Aminosäure kann man im einfachsten Fall wie folgt darstellen:

```
                      H
                      |
(Seitenkette) R — C — COOH  (Carboxylgruppe)
                      |
                      NH2  (Aminogruppe)
```

Jede Aminosäure kann sich je nach Bedarf wie eine Säure oder wie eine Base verhalten. Verbindungen mit solchen Eigenschaften nennt man Ampholyte. Die Peptidbindung auf dem Weg zum Proteinaufbau erfolgt dergestalt, dass jeweils die COOH-Gruppe einer Aminosäure mit der NH_2-Gruppe einer anderen in Reaktion tritt.

Die Reihenfolge der Aminosäuren im Proteinaufbau wird als Primärstruktur bezeichnet. Die nachfolgend aufgebauten Raumstrukturen (Sekundär- bis Quartärstruktur) sind Ergebnis eines komplizierten Geschehens. In Quartärstruktur organisierte Proteine liegen z. B. bei manchen Enzymen vor.

Die im Blatt gebildeten Eiweißstoffe werden durch die Siebröhren nach den Orten des Verbrauches (Wachstumspunkte) und der Speicherung (Samen) geleitet. Voraussetzung dazu ist ein vorübergehender Wiederabbau bis zur Stufe von Aminosäuren.

864 Die **Phosphorsäureassimilation** dient vor allem dem Aufbau der Nukleoproteide.

Entsprechende Ionen werden aus dem Boden aufgenommen, jedoch in der Pflanzenzelle nicht reduziert, sondern nur in oxydierter Form weiterverwertet. Die Bindungsweise im Verlaufe der verschiedensten Stoffwechselvorgänge ist unter anderem die von Estern mit alkoholischen Gruppen verschiedener organischer Stoffe.

Phosphorverbindungen finden sich in den Nukleinsäuren der Zellkerne, in den Phosphatiden des Cytoplasmas und im Phytin der
865 Samen. Besonders wichtig sind die **Nukleinsäuren.** Sie und auch die unter ihrer entscheidenden Mithilfe gebildeten Nukleoproteide weisen schon im Namen auf ihren eigentlichen Zuständigkeitsbereich hin
865a (Nukleus = Zellkern). Man muss differenzieren zwischen **DNA** (früher
865b DNS genannt), das ist **Desoxyribonukleinsäure,** und **Ribonukleinsäure (RNA),** früher als RNS geführt. A steht für lat. acidum = Säure, engl. acid.

Nukleinsäuren – Ausschnitt. Nach Schlieper.

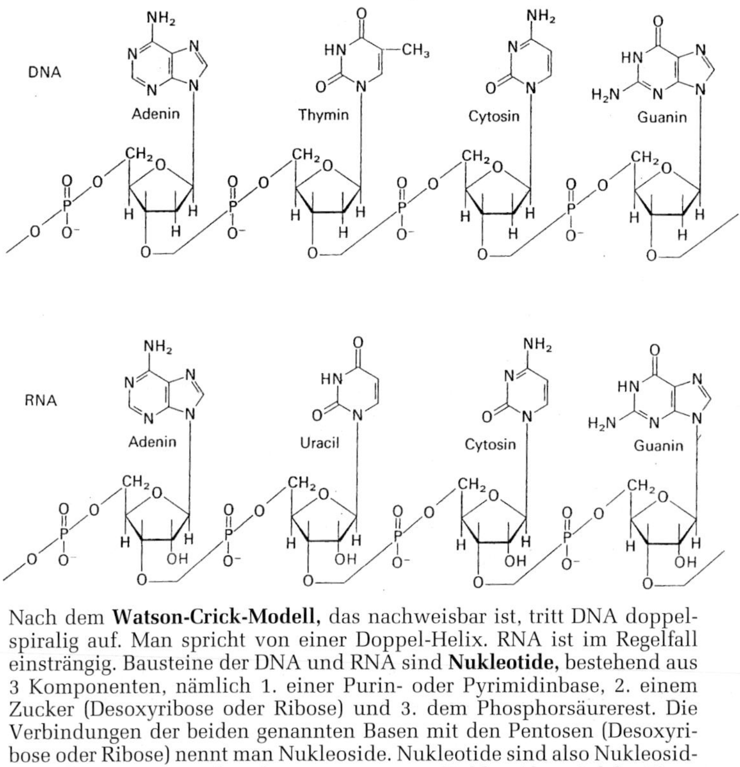

865c Nach dem **Watson-Crick-Modell,** das nachweisbar ist, tritt DNA doppelspiralig auf. Man spricht von einer Doppel-Helix. RNA ist im Regelfall
865d einsträngig. Bausteine der DNA und RNA sind **Nukleotide,** bestehend aus 3 Komponenten, nämlich 1. einer Purin- oder Pyrimidinbase, 2. einem Zucker (Desoxyribose oder Ribose) und 3. dem Phosphorsäurerest. Die Verbindungen der beiden genannten Basen mit den Pentosen (Desoxyribose oder Ribose) nennt man Nukleoside. Nukleotide sind also Nukleosidphosphate, genauer: Phosphorsäureester von Nukleosiden. Solche Phosphorsäureester verbinden sich zu langen Strängen, also zu Polynukleoti-

865e den, deren Sequenzen (Abschnittsfolgen) als **Gene** charakterisiert werden können. Die RNA hat im eigentlichen Sinn nur Realisatorfunktion, wird aus dem Kernbereich in das Zytoplasma geschleust und erhält je nach Ort des Vorkommens oder der Funktion unterschiedliche Buchstaben vor dem R. Es gibt u. a. tRNA (Transfer), rRNA (ribosomal), mRNA (engl. messenger = Bote), scRNA (small cytoplasmic), die mRNA stabilisiert, und sn RNA (small nuclear), die im Zellkern selbst Prozessierung der Primärtranskripte für mRNAs und rRNAs mitbewirkt. Daß es ferner mitochondriale DNA (mtDNA) und Plastiden-DNA (ptDNA) gibt, ist nach dem unter Nr. 132a Gesagten eine logische Folgerung. Der Durchmesser eines DNA-Strangs beträgt über 2 nm, die Länge einer Windung liegt bei 3,4 nm (elektronenmikroskopischer Bereich). Im Gegensatz zu den langen DNA-Spiralen sind RNA-Stränge wesentlich kürzer und enthalten statt Thymin
865f Uracil. Wesentlich ist die **Replikationsfähigkeit** (identische Reduplikation) der DNA, wobei sich die Doppel-Helix trennt. Das Vervielfältigungsprinzip ist vergleichbar etwa mit einer Münzprägung. Umsetzung geneti-
865g scher Information erfolgt in allen Fällen über die Etappen der **Transkription** und der **Translation.** In der Transkription findet Umkopierung der Information eines DNA-Stranges in einsträngige mRNA statt. Die Boten-RNA wandert in das Zytoplasma, kommend vom Zellkern. Translation (Übersetzung) wird dann an den Ribosomen durchgeführt. Die mRNA enthält die Anweisung, Aminosäuren bei der Proteinsynthese am Ribosom in bestimmter Sequenz hintereinander anzuordnen. Der dabei wirksame
865h Übersetzungsschlüssel ist der **genetische Code.** Die Position jeder Aminosäure wird durch Aufeinanderfolge von jeweils drei Nukleotiden,
865i Triplett oder **Codon** genannt, exakt determiniert.

866 In Reaktion mit Zuckerverbindungen übt die Phosphorsäure im Stoffwechsel weitere bedeutsame Funktionen aus.

Die für den Energiestoffwechsel fungierenden **Adenosinphosphate** z. B. sind gleichfalls Nukleotide, ausgehend vom Mononukleosidphosphat mit der Formel

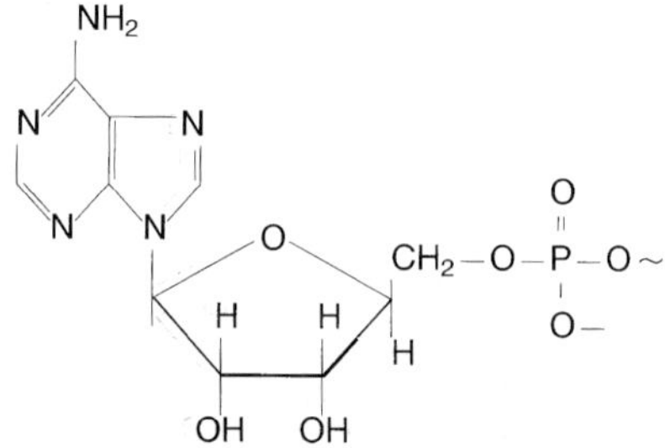

Basis ist Adenosinmonophosphat (AMP). Unter Energieaufwand entstehen nachfolgend Adenosindiphosphat (ADP) und Adenosintriphosphat (ATP). Bei Energiebedarf in der lebenden Zelle wird eine Phosphatgruppe

abgegeben (ADP-Entstehung und Energiefreisetzung von 32 kJ/mol. Beim Abbau von ATP bis zu AMP kommt es sogar zur Freisetzung von 36 kJ/mol. Die Vorgänge sind reversibel (umkehrbar). ATP kann als wichtigste energiereiche Verbindung im lebenden Organismus betrachtet werden, gewissermaßen als „Klein- oder Wechselgeld" in seinem Energiehaushalt.

866a **Atmung** ist die Freilegung von chemischer Energie, die u. a. bei der Photosynthese gebunden wurde, darum bezeichnet man Atmung auch als **Dissimilation,** als **Abbau.**

Von Pflanzen und Tieren wird bei der Atmung das Kohlenstoffassimilat wieder in die Grundbausteine Kohlendioxid (CO_2) und Wasser (H_2O) zerlegt, was einen Verlust bedeutet.

Die Pflanze atmet Tag und Nacht mit allen ihren lebenden Teilen; sie nimmt Sauerstoff auf und gibt neben Wasser Kohlendioxid ab. Das bedeutet einen Abbau an Pflanzenmasse, bei dem
867 Energie frei wird. Man nennt den Vorgang **exotherm** (exergonisch) im Gegensatz zur Energie festlegenden **endothermen** (endergonischen) Photosynthese. Die Tatsache, dass bei Licht O_2-Aufnahme und CO_2-Abgabe
867a um ein Mehrfaches höher sind, wird **Photorespiration** (Lichtatmung) genannt und hat mit dem normalen Atmungsgaswechsel nur formal Ähnlichkeit.

Die Atmung befähigt die Pflanze, die gebundene Energie jederzeit und an allen Orten, wo nicht assimiliert werden kann, zu nutzen.

Das Atmungsgeschehen ist ein sehr komplizierter Vorgang, der in seinem Verlauf u. a. durch eine schrittweise ansetzende Atmungskette bedingt ist. Entscheidender ist dabei die H_2O-, nicht die CO_2-Bildung. Es dürfen nämlich H und O nicht unmittelbar miteinander reagieren (sonst Knallgasreaktion). Manche Autoren sehen daher die Atmung als gesteuerte Knallgasreaktion an. Die Grundgleichung der Atmung lautet summarisch in Umkehrung der Photosynthesegleichung:

$$C_6H_{12}O_6 + 6\ O_2 + 6\ H_2O \rightarrow 6\ CO_2 + 12\ H_2O - 686\ \text{kcal}$$

In der Biochemie schreibt man konventionell die exergonisch freiwerdende Energie mit negativem Vorzeichen. Neuerdings setzt man ferner für Kilokalorien (kcal) Kilojoule (kJ) ein, wobei die Umrechnung 1 kcal = 4,186 kJ gilt. Für die 686 kcal der Atmungs- und auch der Photosynthesegleichung müssten also jeweils 2872 kJ eingesetzt werden. Nur ein Teil der anfallenden Energie wird als Wärme frei, der größere dient vornehmlich zur ATP-Bildung.

868 Vom **Kompensationspunkt** spricht man dann, wenn die CO_2-Ausscheidung (Atmung) genau so groß ist wie die CO_2-Bindung (Photosynthese). Nettophotosynthese (apparente) Photosynthese ist Bruttophotosynthese minus Dissimilation. Im Kompensationspunkt ist die Nettophotosynthese gleich Null. Immer weiter unter den Kompensationspunkt kommen lebende Pflanzenteile (etwa Früchte und Blumenzwiebeln), die über einen längeren Zeitraum gelagert werden müssen oder sollen. Die Cooperative Bloembollencentrale in den Niederlanden testet seit 1992 unter ULO-Bedingungen (ULO = ultra low oxygen, Absenken des Luftsauerstoffgehalts

auf unter 5 %, dadurch geringere Atmungsintensität, sofern gleichzeitig die Lufttemperatur reduziert wird, folglich geringerer Verbrauch an Kohlenhydraten) erfolgreich Blumenzwiebeln in Langlagerung. Anderweitige Verfahren gibt es bei der Obstlagerung.

869 Die **intramolekulare Atmung** setzt ein, wenn die normale Luftsauerstoffatmung verhindert ist, z. B. beim Vergießen von Pflanzen. Die Pflanzenwurzeln verarbeiten dann den Traubenzucker ($C_6H_{12}O_6$), indem sie dessen Sauerstoff nutzen und neben Kohlendioxid z. B. Alkohol (C_2H_5OH) bilden. Die Pflanze vergiftet sich, wenn die Sauerstoffzufuhr für längere Zeit aussetzt. Gärtner der alten Schule arbeiteten mit diesem Begriff. Heute könnte man den Vorgang definieren als einen Notprozess bestimmter Pflanzenteile, in dessen Verlauf eine Umstimmung normaler Atmung zu Gärungsgeschehnissen stattfindet.

870 **Gärung** ist der Abbau organischer Verbindungen unter Einwirkung der Enzyme von Pilzen (Alkohol-Gärung) und Bakterien (Milchsäure-Gärung). Der Abbau ist im Vergleich zur Atmung unvollkommen, der Energiegewinn folglich geringer. Die Essigsäure-Gärung ist, streng genommen, kein Gärvorgang, da zu ihrem Ablauf O_2 benötigt wird.

871 **Wirkstoffe** lösen schon in geringster Menge wichtige Vorgänge im Körper aller Lebewesen aus. Z. B. veranlassen pflanzliche Wirkstoffe chemische Veränderungen (Aufbau und Abbau), die Entwicklungsvorgänge der Zellteilung und das Wachstum.

Unterscheiden lassen sich folgende **Wirkstoffe:**

1. Enzyme oder Fermente,
2. Hormone und Vitamine,
3. Pflanzenfarbstoffe,
4. Antibiotika u. a. Stoffe.

872 Ein **Enzym** (Ferment) ist ein **Katalysator** (Auslöser), der in geringen Mengen vorhanden ist und, ohne sich selbst zu verbrauchen, durch seine bloße Anwesenheit chemische Veränderungen (Reaktionen) auslöst und in Richtung und Geschwindigkeit bestimmt.

873 Enzyme oder Fermente wirken als **Biokatalysatoren** bei allen Lebensvorgängen der Pflanze vom Keimen bis zum Fruchten. Stoffe, die durch Enzyme verändert werden, nennt man Substrate. Es kommt zum Enzym-Substrat-Komplex. Ein Proteidenzym besteht als Holo-Enzym aus dem Apo-Enzym und dem Co-Enzym. Das Apo-Enzym bewirkt die Substratspezifität, bestimmt also, bei welchem Substrat die Enzymwirkung einsetzen soll (Schloss-Schlüssel-Prinzip), das Co-Enzym ist für die Reaktion zuständig. Nicht von Co-Enzymen, sondern von prosthetischen Gruppen spricht man, wenn die Co-Faktoren fest an das Apo-Enzym (Proteinteil) gebunden sind.

Ein Proteinenzym baut sich lediglich aus reinen Eiweißmolekülen und dem aktiven Zentrum, das ein Peptidkomplex ist, auf. Die Benennung der Enzyme (ihre Nomenklatur) richtet sich nach dem jeweiligen Substratnamen, indem man an ihn -ase anhängt (Beispiel: Saccharose wird durch das Enzym Saccharase abgebaut).

874 Hormone der Pflanzen, **Phytohormone,** sind u. a.:

875 **Auxine.** Ihr wichtigster Vertreter ist IAA (Indolo acetic acid = β-Indolylessigsäure). Besonders auffällig ist ihre Wirkung auf das Streckungswachstum. Zellteilung wird gleichfalls gefördert.

876 **Gibberelline** wirken noch betonter auf Streckungswachstum ein, können Parthenokarpie auslösen, Keimung und Blütenbildung fördern, namentlich ♂-Blüten (Auxin fördert ♀-Blüten) und Ersatz für tiefe Temperaturen im Vernalisationsprozess sein. Bei LTP ohne Kältebedürfnis ist durch Gibberelline Lichtersatz möglich.

877 **Cytokinine.** Ihre Wirkung ist gleichfalls vielseitig. Sie regen jedoch hauptsächlich die Zellteilung und den Stoffwechsel an. Nach Prof. Röber sollte im Verlauf einer Pflanzenkultur kein überschüssiges Wasser gegeben werden, um eine negative Beeinflussung der Cytokinin-Bildung in den Wurzeln zu verhindern. Cytokinine fördern auch die Haltbarkeit der Pflanzen (besonders der Schnittblumen) und sind daher neben anderen Phytohormonen in entsprechenden Frischhaltemitteln enthalten.

878 **Abscisinsäure** (ABA) ist im Gegensatz zu den bisher genannten Hormonen ein Hemmer des Stoffwechsels und Wachstums, ein Inhibitor. Das bezieht sich zugleich auf Beschleunigung des Fruchtfalls, gleichfalls des Laubwurfs.

879 **Ethylen** (früher Äthylen geschrieben) ist an sich ein Gas mit der Formel $H_2C = CH_2$ und nicht nur Hormon, sondern auch Pheromon (Botenstoff zwischen Exemplaren einer Art) und darüber hinaus sogar zwischen Exemplaren verschiedener Arten (Förderung des Wachstums bei geringer Ethylen-Konzentration). Andererseits fördert das Gas vehement die Fruchtausreifung, wird ohnehin bei zunehmender Reife vermehrt von der Pflanze produziert und kann Schnittblumen, die gemeinsam mit Obst gelagert werden, zu schnellerem Vergang bringen. Man hat erkannt, dass die Jasmonsäure in Pflanzen wie ein Hormon wirkt und u. a. nicht unwesentlich zur Förderung der Ethylen-Bildung beitragen kann.

Die chemische Verbindung 1-Methylcyclopropen (MCP) ist in der Lage, Gegenspieler von Ethylen zu sein. Sie wirkt ähnlich wie Silberthiosulfat, ist aber einfacher in der Handhabung und hat keine Silberrückstände im Gefolge, lässt sich also zur Haltbarmachung von Schnittblumen gut einsetzen. Niederländischen Gentechnikern gelang es unlängst, die Ethylen-Produktion von Nelken durch Veränderung eines in den Pflanzen vorkommenden natürlichen Proteins erheblich zu verringern, was u. a. langsameres Verblühen bewirkt. Zur Einführung am Markt hat die EU Zulassung erteilt. Die Pflanzen bekamen zusätzlich ein artfremdes Herbizidresistenz-Gen aus Tabakpflanzen, um gegebenenfalls schnell selektieren und isolieren zu können.

880 Neben den Wachstumshormonen bilden sich sekundär sogen. **Blühhormone, Florigene.** Sie sind aber bislang nur postuliert (gefordert) worden. Ihre Existenz muss noch bewiesen werden. Es ist anzunehmen, dass hier Hormongemische im Spiel sind.

880a Auch **Salicylsäure,** die ja in nahezu allen Pflanzen nachweisbar ist, scheint Hormonwirksamkeit zu haben. Sie hat zumindest Signalfunktion zur Wärmeproduktion z. B. im Blütenkolbenbereich der Aronstabgewächse und dürfte ferner bei der Regulation des H_2O-Haushalts und bei der

Minderung von H_2O-Mangel-Stresssituationen eine Rolle spielen. Ihre Rolle bei der Entstehung eines natürlichen Selbstschutzes der Pflanzen gegen pathogene Mikroben im Sinne eines Abwehrverhaltens ist mittlerweile gut bekannt.

Hingewiesen sei noch auf Brassinosteroide, erstmals aus Ethylenextrakten von Rapspollen gewonnen, mit noch ungenügend erforschter Hormonwirkung.

880b **Synthetische Wachstumsregulatoren,** Produkte moderner Chemie, sind in unserer Zeit oft in Anwendung. Mit Indolylbuttersäure (IBS) fördert man Stecklingsbewurzelung. 2,4-Dichlorphenoxyessigsäure (2,4-D) vernichtet dikotyle Unkräuter. In hoher Konzentration war sie im Agent Orange enthalten und führte dann im Vietnamkrieg zur Entlaubung der Bäume. Chlorcholinchlorid (CCC) und Phosphon D hemmen Gibberellin-Produktion in der Pflanze und wirken stauchend.

881 Spezifische Zellteilungshormone sind die **Wundhormone,** von
882 denen das **Traumatin** erwähnt werden soll. Es sorgt für Bildung von
883 **Wundkork** als Abschluss für verletzte Stellen. Die Existenz dieses Hormons ist nicht eindeutig abgesichert.

884 **Vitamine** sind Ergänzungsstoffe, die in geringer Menge für das Leben des Körpers nötig sind. Sie werden von den Pflanzen aufgebaut; nur vereinzelt vermag der tierische Organismus durch Vermittlung der Darmbakterien selbst Vitamine zu bilden. Die Vitamine sind Bestandteile von Enzym-Cofaktoren oder werden direkt für spezifische Aufgaben benötigt.

Fehlen die Vitamine unserer Nahrung, so kommt es zu Mangelkrank-
885 heiten, zu **Avitaminosen.** Das Fehlen kann durch Zubereitung, Lagerung, Zerkleinerung, Erhitzung, Wässerung verursacht sein, da ein Teil der Vitamine hitzeempfindlich und wasserlöslich ist und an der Luft abgebaut wird. Wesentlich häufiger als Avitaminosen sind Hypovitaminosen, die nicht durch regelrechtes Fehlen, sondern durch ± ausgeprägte Mangelzustände gekennzeichnet sind.

886 **Fettlösliche** Vitamine:

Vitamin A, im menschlichen Körper aus Provitamin Carotin (im eigentlichen nur aus β-Carotin der Pflanzen, nicht aus Tomaten-Lycopin) entstehend
Vitamin D_1–D_7 (Calciferole), das pflanzliche Ergosterin ist Provitamin für D_2
Vitamin E (Tocopherole), ausschließlich in Pflanzen gebildet
Vitamin K_1 und K_2 (Phyllochinone), Eigensynthese über Darmflora möglich

887 **Wasserlösliche** Vitamine

Vitamin B_1 (Thiamin), reichlich in Vollkornprodukten enthalten
Vitamin B_2-Komplex (Riboflavin, Niacin, Folsäure, Pantothensäure). Die biologisch aktive Form letzterer ist Bestandteil von Co-Enzym A.
Vitamin B_6 (Pyridoxin)
Vitamin B_{12} (Cobalamine), Kobalt enthaltend, Co-Faktor für zahlreiche Enzym-Reaktionen

Vitamin C (Ascorbinsäure)
Vitamin H (Biotin) ist Bestandteil von Enzymen im intermediären Stoffwechsel.

888 Unter den **Pflanzenfarbstoffen** sind vor allem Chlorophyll und Carotinoide zu nennen. Bei den Carotinoiden unterscheidet man sauerstofffreie Carotine im engeren Sinn und sauerstoffhaltige Xanthophylle. Farbstoffe des Zellsafts kommen hinzu.

889 **Antibiotika** sind sehr spezifische Stoffe, die durch Bakterien, Pilze und
890 höhere Pflanzen gebildet werden. Das **Penicillin** ist z. B. ein bakterienhemmender Stoff des Pilzes *Penicíllium notátum* (Schimmelpilz). Die Antibiotika kann man allgemein als Antivitamine bezeichnen. Sie entfalten im Vergleich zu den Vitaminen biologisch entgegengesetzte Wirksamkeit, in dem sie eine Stoffwechselblockade in bestimmten Organismen auslösen, die dann absterben oder mindest gehemmt werden. Ein experi-
891 mentell interessanter Stoff ist das Alkaloid **Colchicin** der Herbstzeitlose *(Cólchicum autumnále)*, das, richtig gehandthabt, Polyploidie bewirkt.

Gegen Schadorganismen entwickelt die Pflanze postinfektionell Ab-
891a wehrstoffe **(Phytoalexine)**, niedermolekulare Verbindungen mit antimikrobiellen Eigenschaften. Zumeist handelt es sich um niedermolekulare phenolische Verbindungen.

Ferner fiel seit langem auf, dass Wildpflanzen und auch bestimmte Kulturpflanzen widerstandsfähiger gegen Krankheiten und Schädlinge sind. Das Institut für biologischen Pflanzenschutz der Biologischen Bundesanstalt nahm das als Veranlassung, Versuche mit Extrakten aus entsprechenden Pflanzen vorzunehmen. So konnten Gurken, Tomaten und Begonien weitgehend gegen Echten Mehltau widerstandsfähig gemacht werden, wenn sie mit Extrakten aus dem Sachalin-Knöterich besprüht wurden. Sehr wirkungsvoll erwiesen sich ferner Rhabarber und Goldrute, deren Extrakte man gegen Pilzkrankheiten auf etlichen Kulturpflanzen im gemüsebaulichen Bereich einsetzte. Auszüge vom Kriechenden Günsel schreckten Insekten ab und solche von Adler-, Rain- und Wurmfarn zeigten sowohl pilz- wie auch insekteneindämmende Wirkung. Außerdem erzielte man mit aus Braunalgen gewonnenen Präparaten (zu definieren als Pflanzenstärkungsmittel) Erfolge gegen Mehltau. An sich verfügen alle Pflanzen über ein Abwehrverhalten in Form passiver Resistenz (Kutin-, Suberin-, Lignin-, Wachsbildung usw.) und über ein weiteres als aktive Resistenz (Bildung von Stressmetaboliten). Letztere sind u. a. die schon erwähnten Phytoalexine. Für die in diesem Rahmen besonders wirksame Salicylsäure wurde der Begriff systemic acquired resistance, abgekürzt SAR (systemisch erworbene Resistenz), geprägt. Man weiß heute, dass unsachgemäß eingesetzte Pflanzenschutzmittel Abwehrverhalten und natürlichen Selbstschutz der Pflanzen beeinträchtigen können. Das trifft insbesondere für den Herbizid-Einsatz zu.

891b Über das sogenannte **Sickbuilding-Syndrom** hat man dank grundlegender NASA-Forschung in den letzten Jahren viel geredet und gearbeitet. An sich handelte es sich dabei zusätzlich um ein Verkaufsargument. Allerdings sind manche Pflanzenarten tatsächlich in der Lage, Schadstoffe aus der Luft in erstaunlichem Maß aufzunehmen („Raumluftentgiftung"). Nicht oberirdische Organe, sondern die Wurzeln sind meist wirksamer, ganz besonders das dort häufig anzutreffende Bakterium *Azotobacter oxydans*. Bei *Epipremnum* wird das über die Wurzeln aufgenommene Nikotin in die Laubblätter transportiert und dort in den Interzellularen abgelagert. Der Nikotingehalt kann dann höher sein als der von Tabakblättern. Die nachfolgenden Angaben geben weitere Aufschlüsse. Erwähnt werden muss aber noch, dass einige Autoren für den Problemkomplex des Sick-building-Syndroms die passendere Bezeichnung Building related Illness (gebäudebezogene Erkrankung) vorschlagen.

Benzol wird besonders abgebaut von:

Pflanzenname	Abbau in %
Hedera helix (Efeu)	90
Spatiphyllum (Einblatt, Blattfahne)	80
Dracaena marginata (Drachenbaum)	79
Dracaena deremensis 'Janet Craig' (Drachenbaum)	78
Epipremnum pinnatum (Efeutute)	73
Dracaena deremensis 'Warneckii' (Drachenbaum)	70
Sansevieria trifasciata (Bogenhanf)	53
Aglaonema modestum (Kolbenfaden)	48
Topferde Kontrolle	20

Formaldehyd wird besonders gut abgebaut von:

Pflanzenname	Abbau in %
Aloe barbadensis (echte Aloe)	90
Chlorophytum capense (Grünlilie)	88
Philodendron (Baumfreund)	78
Dracaena fragrans 'Massangeana' (Drachenbaum)	70
Epipremnum pinnatum (Efeutute)	67
Syngonium podophyllum	67
Dendranthema	61
Gerbera jamesonii	50
Dracaena deremensis 'Warneckii' (Drachenbaum)	50

Die nachfolgende Abbildung ist bezüglich der „Raumluftentgiftung“ besonders informativ.

891c Eingegangen werden muss ebenfalls noch auf das im Verlauf des Stoffwechsels von pflanzlichen und tierischen Zellen erzeugte Licht, die sogenannten **Biophotonen.** Sie können nur nachgewiesen werden unter Anwendung hochempfindlicher Photodetektoren und werden von Biochemikern als elektromagnetische Begleiterscheinungen des Zellstoffwechsels angesehen. Manche Biophysiker hingegen vermuten hinter dem Phänomen der Biophotonen – ähnlich Lasern in Nachrichtenübermittlungen – Gegebenheiten zur Steuerung biochemischer Prozesse. Bereits 1922 erkannte Gurwitsch an zwei jungen Zwiebelwurzeln, dass die Zellen der einen Wurzel sich an jener Stelle besonders teilten, auf die die Spitze der anderen Wurzel gerichtet war. Das Phänomen blieb aus, wenn UV-absorbierendes Fensterglas dazwischengelegt wurde. Man weiß heute, dass die Biophotonen zu 90 % von der DNA emittiert (ausgestrahlt) werden, steht aber noch vor vielen Unklarheiten. Abseits von der Grundlagenforschung kommt jedoch Biophotonen-Messung schon in der Lebensmittel-Analyse

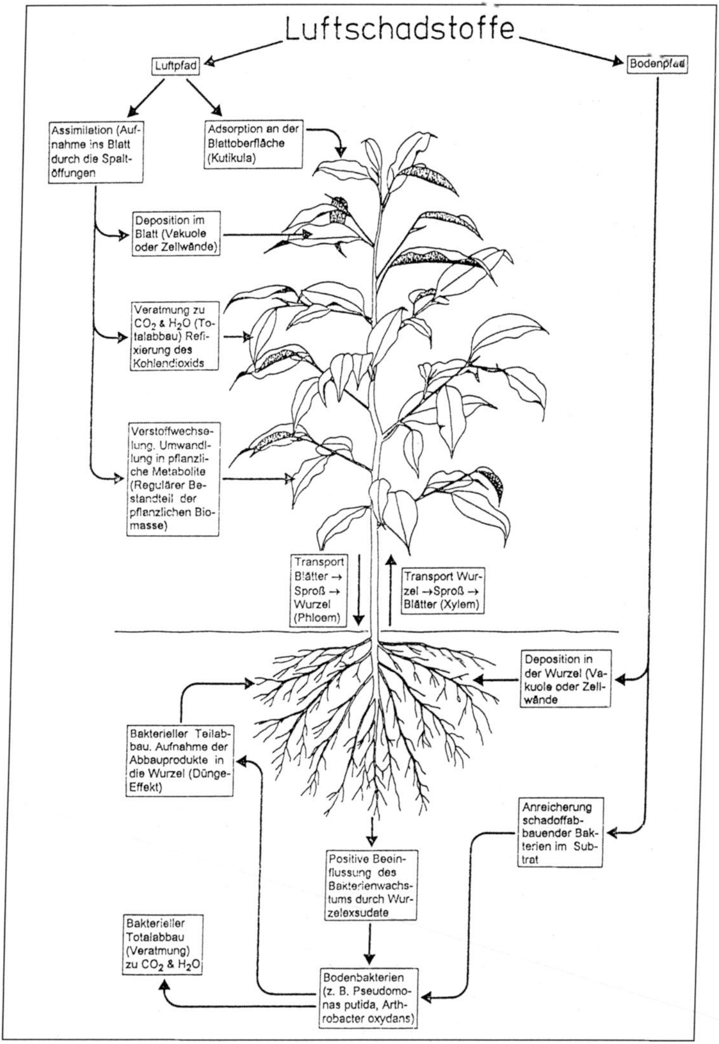

Die verschiedenen Abbauwege bzw. Entgiftungsstrategien für Schadstoffe durch Bodenbakterien und Pflanzen. (Quelle: Dr. M. Weidner)

zum Einsatz. Gesagt sei noch, dass die hier in Rede stehende Lichtemission mit der Biolumineszenz (etwa bei Glühwürmchen, faulendem Holz
891d oder leuchtenden Moosvorkeimen) nichts zu tun hat. **Lumineszenz** ist allerdings gleichfalls eine Leuchterscheinung, die nicht auf hohen Temperaturen der leuchtenden Substanz beruht, also in jedem Fall ein kaltes
891e Leuchten. Von **Fluoreszenz** schließlich spricht man bei Leuchterscheinungen, die nur während der Einwirkung von Licht- oder Elektronenstrahlung auftreten. So leuchtet Chlorophyll z. B. unter Blaulicht rubinrot auf.

892

Die Laubfärbung

Der Baum will seine Blätter vor dem Abfallen „austrinken", denn sie enthalten Nährstoffe. Einige Beispiele in %:

	N	P	K	Ca
Eichenblätter	10	2,1	2,3	21,2
Buchenblätter	10	2	3,5	17,1
Große Tannennadeln	8	1	1,3	4,6
Fichtennadeln	2	2	1,5	16,0

Die organischen Verbindungen werden durch Enzyme mobilisiert, d. h. in eine lösliche Form gebracht, damit sie in die Knospen, in die Triebe, in den Stamm, die Wurzeln und Speicherorgane abwandern können. Die Chromoplasten (Farbstoffträger) und vor allem das Chlorophyll (Blattgrün) werden zum Teil zerlegt und wandern ab, können aber auch pro parte Gerontoplasten (Altersplastiden) werden. Ein Teil der orangeroten Carotine und gelben Xantophylle wird dabei mit Fettsäuren
893 zu Farbwachsen umgewandelt (verestert) und bildet so die **gelbliche Herbstfärbung** der Laubblätter.

894 Die **herbstliche Rotfärbung** beruht außerdem auf einer Rottönung des Zellsaftes durch Anthozyan, das gleichfalls in den Zellen bleibt und nach dem Chlorophyllabbau optisch mehr auffällt.

895 Die **Braunfärbung** der abgestorbenen Blätter ist eine postmortale Erscheinung (nach dem Tode), bei der charakteristische Farbstoffe entstehen. Man lese aber auch bei Nr. 612d nach.

896 Durch den **freiwilligen Laubfall** trifft die Pflanze in verschiedener Hinsicht Vorsorge für den Winter:

1. Sie schafft ihren Knospen in der dunklen Jahreszeit und vor allem im Frühling Licht,
2. sie passt ihren Körper dem Wechsel der Jahreszeiten zweckmäßig an. Unterirdische und oberirdische Teile stehen in einem Gegenseitigkeitsverhältnis bezüglich der Verdunstung und der Temperatur.
3. sie schützt vor Schneedruck, denn Schnee bedeutet für den Baum eine ungeheure Belastung, so drückt z. B. 1 m^3 trockener Neuschnee auf 1 m^2 mit ca. 60 kg,

4. sie reinigt sich und stößt die Schlacken ab, die sich beim Stoffwechsel gebildet haben.

896a Unter **Abscission** versteht man allgemein das Abwerfen von Laubblättern, jedoch auch von Blüten und Früchten. Das steht meist in Zusammenhang mit der Seneszenz (Alterung, Altwerden). Während annuelle Pflanzen Ganzpflanzen-Seneszenz mit abschließendem Vergang zeigen, werden bei der Sproß-Seneszenz nur vereinzelt Zweige abgeworfen. Synchrone Seneszenz der Blätter liegt beim herbstlichen Laubfall vor und sequenzielle Seneszenz ist nichts anderes als die allmähliche Abscission unterer, älterer Blätter.

897 **Blattnarben** geben die Stellen an, an denen früher Blätter gesessen haben. Sie entstehen vor dem Blattfall durch die Bildung einer Trennungsschicht am Grunde des Blattstieles. Innerhalb dieser Schicht löst sich das Blatt durch Verschleimung oder Abrundung der Zellen, der Laubfall tritt ein. Die Gefäße und Siebröhren zerreißen dabei und sind in der Blattnarbe in ihren Querschnitten und Anordnungen zu erkennen. Die Blattnarbe wird durch die Umwandlung äußerer Zellschichten der Wundfläche in Kutingewebe abgeschlossen. Blattnarben stehen immer unter Knospen. Ihre Form ist für die verschiedenen Pflanzenarten ebenso charakteristisch wie die Anzahl der **Gefäßbündelspuren,**
898 auch kurz **Spuren** genannt, die sich deutlich als Punkte, Striche oder besondere Figuren abzeichnen.

In der Dendrologie (Baumkunde) gelten die Blattnarben als wichtige Erkennungs- und Bestimmungsmerkmale für Laubgehölze im
899 winterlichen Zustand. **Blattnarben können sein:** schmal *(Málus),* schmal, stengelumfassend *(Arália),* schmal, knospenumfassend *Phellodéndron),* dreieckig *(Castánea),* oval *(Fícus),* wappenförmig *(Gymnócladus).* (Nach Boerner).

900 Auch **immergrüne Pflanzen** werfen ihre Blätter ab, nur nicht in dem starken, auffallenden Maße, sondern in einzelnen Schüben. Sie behalten ihre Blätter oder Nadeln mehrere Vegetationsperioden (z. B. die Kiefer 5 Jahre, die Fichte bis zu 7 Jahren, die Tanne bis zu 11 Jahren).

901 Ein unerwünschter **Blattfall zu ungewöhnlicher Zeit** kann aus folgenden Gründen eintreten:

1. durch plötzliche Hemmung oder Steigerung der Transpiration, weil die Spaltöffnungen ihre Gestalt nicht entsprechend schnell verändern können,
2. durch Hemmung der Wasseraufnahme, also Vertrocknen, oder durch stagnierende, d. i. beständige Bodennässe (Wurzeln faulen),
3. durch Lichtmangel oder Lichtüberschuss (Absterben des Chlorophylls),
4. durch Frost oder Hitze (Erfrieren oder Verbrennen),
5. durch Emissionsschäden (giftige Abgase, Industriestäube usw.),
6. durch Verletzungen bei Hagelschlag oder Unwetter,
7. durch tierische und pilzliche Schädlinge.

Das Braunwerden und Abwerfen der Nadeln von Fichten, Tannen und Kiefern nach sehr kalten, langen Wintern oder heißen, trockenen
902 Sommern bezeichnet man als **Schütte.** Auch durch Pilze können Schütten hervorgerufen werden, so z. B. bei Kiefernritzenschorf durch den Schüttepilz *Lophodérmium pinástri.*

903 Beim **Gefrieren** wird dem Zytoplasma der Zellen Wasser entzogen, das in den Interzellularen (Zwischenzellräumen) zu Eis wird. Der Zellinhalt gefriert aber zunächst nicht, weil er gelöste Salze enthält. Es bilden sich also zwischen den Zellen Eisdrusen, die bei zunehmender Größe die Gewebe auseinanderdrängen und nach dem Auftauen Lücken hinterlassen. Die Zellen zerreißen noch nicht oder nur in geringfügigem Maße. Trotz der entstandenen Lücken kann die Pflanze weiterleben. Langsames Auftauen lässt die Eiskristalle wieder zu Wasser werden, das von den Zellen bzw. vom Zytoplasma allmählich wieder aufgenommen wird. Schmilzt das Eis in den Zwischenzellräumen aber sehr schnell und das entstehende Wasser kann nicht ebenso schnell wieder aufgenommen werden, dann verdunstet es durch die Spaltöffnungen und geht der Pflanze verloren. Sie vertrocknet dann ebenso wie bei langanhaltendem Frost.

Über die Frage, ob die Grenze zwischen Gefrieren und Erfrieren durch die Art des Auftauens gezogen wird, gehen die Meinungen auseinander. Man nimmt an, dass beim raschen Auftauen durch unregelmäßige Quellung des entwässerten Plasmas dessen feine innere Struktur zerreisst.

904 Unter **Erfrieren** versteht man das Absterben einer Pflanze infolge Frosteinwirkung. Das Wasser kristallisiert innerhalb der Zellen, so dass diese zerreißen.

Dieses Zerreissen hebt die sonst räumliche Trennung des im alkalischen Bereich liegenden Chlorophylls und der sauren Reaktion des Zellsafts auf, nämlich durch Tonoplastdefekte, so dass die Säuren zum Chlorophyllfarbstoff gelangen, ihn verändern und braun färben. Diese Braunfärbung ist ein sicheres Zeichen des Absterbens.

Viele Pflanzen können wochenlang in gefrorenem Zustand verharren, ohne Schaden zu nehmen (*Béllis perénnis,* Stiefmütterchen, Grünkohl). Es ist anzunehmen, dass der Zuckergehalt der Zellsäfte bei der Winterfestigkeit eine große Rolle spielt und dass die winterharten Pflanzen während der kalten Jahreszeit die Stärke in Zucker verwandeln.

In jüngster Vergangenheit hat Kawollek sich mit der unterschiedlichen
904a **Kälteresistenz** der Pflanzen beschäftigt und folgendermaßen definiert:

a) Erkältungsempfindliche Pflanzen (schon bei Temperaturen um 0° ernstliche Schädigung);

b) Gefrierempfindliche Pflanzen (vertragen niedrige Temperaturen, sterben aber, wenn im Gewebe Eisbildung erfolgt);

c) Gefrierbeständige Pflanzen. Das sind die Tropophyten (siehe dort) unserer Breiten.

905 # Die Gewebe

Unter einem **Gewebe** versteht man einen Verband von gleichartig gebauten Zellen, der durch fortschreitende Zellteilung entsteht und eine bestimmte Aufgabe erfüllt. Zellverbände einer gleichen Bauart bilden eine
906 **Gewebeart.** In ihr meist verstreut befindliche Zellen mit anderer Gestalt
906a und Funktion nennt man **Idioblasten** (Beispiel: Spaltöffnungen in der Epidermis).

Mehrere Gewebearten, die in Arbeitsteilung zusammenwirken, sind ein
907 **Gewebesystem.**

908 Die Lehre von den Zellverbänden und Gewebesystemen ist die **Histologie.**

Man unterscheidet:

909 A. **Bildungs-** oder **Teilungsgewebe,** die **Meristeme,** deren Zellen die Aufgabe haben, sich zu vermehren und eventuell in verschiedenartige Dauerzellen zu differenzieren. Sie sind plasmareich und haben nur wenige Vakuolen.

910 B. **Dauergewebe** haben plasmafreie Zellen mit großen Vakuolen. Die Zellen teilen sich nicht mehr und sind tot.

Die Bildungsgewebe sind nach Art ihrer Entstehung und den Or-
911 ten ihres Vorkommens **Urmeristeme,** auch **primäre Meristeme** genannt, oder **sekundäre (Folge-)Meristeme.**

912 **Primäre Meristeme** entstehen durch Zellteilung und befinden sich im Keimling, später in den Vegetationspunkten der Pflanze, den Wurzelspitzen und Knospen der oberirdischen Sprosse.

913 Primären Ursprungs ist die **Endodermis** (Innenhaut). Sie dient als einschichtige Scheide zum Abschluss der Gewebe untereinander im Innern des Körpers. Endodermen finden sich regelmäßig in den Wurzeln und trennen dort die zentralen Leitbündel von der Rinde. Die Zellwände der Endodermis haben partielle Einlagerungen von Substanzen, die dem Suberin ähnlich sind und im Wurzelquerschnitt den (mikroskopisch) er-
913a kennbaren sogenannten **Casparyschen Streifen** bewirken. Er ist zugleich eine Sperre für Ionen, die hier mindest vorübergehend ins Plasma gelangen müssen.

914 Das von der Scheitelregion ausgehende **primäre Dickenwachstum** (Erstarkungswachstum des Vegetationspunktes) ist für die Verstärkung der Sprossachsen besonders wichtig, da bei den Einkeimblätterigen ein sekundäres Dickenwachstum fehlt, abgesehen von Ausnahmen *(Dracǣna, Cordýline, Yucca).*

915 **Sekundäre** oder **Folgemeristeme** entstehen als Neubildungen aus Zellen von primärem Dauergewebe. Zu ihnen gehören die verschiedenen
916 Arten des Kambiums. Eines davon bewirkt das **sekundäre Dickenwachs-**
916a **tum** zweikeimblättriger Pflanzen und Nadelhölzer. Auch **Kallus,** Wundverschlussgewebe, ist eine entsprechende sekundäre Bildung. Den absoluten Rekord im Dickenwachstum hält *Adansónia digitáta,* der Affenbrotbaum. Sein Stammumfang kann bis zu 40 m betragen.

917 Das **sekundäre Dickenwachstum der Wurzeln** erfolgt gleich dem der Sprosse durch ein Kambium, das sich wellenförmig zwischen Siebteil und Gefäßteil ausbreitet. Die Wurzeln der Farne und der Einkeimblättler zeigen kein sekundäres Dickenwachstum.

918 Ein Folgemeristem besonderer Art ist das **Phellogen** oder **Korkkambium.** Es bildet nach außen Korkzellen und nach innen eine Schicht von
919 chlorophyllhaltigen Rindenzellen, die man das **Phelloderm** nennt. Phellogen, Kork und Phelloderm zusammen bilden das **Periderm,** die Außenhaut.

Einige wichtige Gewebearten sind:

920 1. das **Parenchym, Parenchymsystem** oder **Grundgewebe** befindet sich in den meisten Pflanzenorganen. Im Parenchym spielen sich die wichtigsten Lebensvorgänge der Pflanzen ab. Nährstoffaufbereitung, -weiterleitung und -speicherung und ebenso die Atmung. Es dient auch der Wasserspeicherung und gibt dadurch die allgemeine Festigkeit. Alle Gewebe, die nicht Hautgewebe oder Stranggewebe sind, werden zum Grundgewebe gerechnet.

921 2. die **Epidermis,** das **Haut-, Oberhaut-** oder **Abschlussgewebe,** ist ein Schutzgewebe für den ganzen Pflanzenkörper.

922 3. das **Sklerenchym** bzw. **Kollenchym,** das m e c h a n i s c h e oder **Festigkeitsgewebe,** verleiht Druck-, Biegungs-, Zug- und Säulenfestigkeit in allen Pflanzenteilen. Ein Unterschied zwischen Sklerenchym und Kollenchym ist der, dass ersteres tote, letzteres lebende Zellen hat.

923 Abb. 95, S. 230 4. die **Leit-** oder **Stranggewebe, Leitungsbahnen** und **Gefäßbündel** genannt, liegen im Grundgewebe eingebettet. Es gehören zu ihnen

924 a) die **Wasserleitungsbahnen,** die sich hinter dem Kambium im **Xylem,**
925 dem **Holzteil,** befinden und das Bodenwasser mit den gelösten Nährsalzen von unten nach oben führen,

926 b) die **Siebröhren, Milchröhren** oder **Siebstränge,** die sich im **Phloëm,** dem **Bast-** oder **Siebteil,** befinden und die Assimilate oder Bildungsstoffe von oben nach unten leiten.
Die genannten Leitbündel-Begriffe werden von den Autoren teilweise unterschiedlich gehandhabt und decken sich dann mitunter nicht. Deshalb und der besseren Übersicht wegen folgt nun ein **Leitgewebe-**
926a **Schema** (beigefügte Zahlen = Stichworthinweise):

Mestom alter Begriff		Bastfasern (987)	Ploëm (926, 976)	Leitgewebe (923)
	Leptom	Siebröhren (926, 958, 960, 961)		
		Geleitzellen (962)		
		Bastparenchym (988)		
		Holzfasern (948)	Xylem (925, 975)	
	Hadrom	Tracheen (953)		
		TracheÏden (952)		
		Holzparenchym (949)		

927 5. die **Sekretgewebe** oder **Sekretzellen** scheiden Stoffe aus dem Zellinnern aus, die bestimmte Funktionen zu erfüllen haben. Beispiel: Enzyme bei

insektenfressenden Pflanzen. Derartigen Sekreten stehen Exkrete gegenüber, bei denen es sich lediglich um Ballaststoffe oder Stoffwechselschlacken handelt (Beispiel: $CaCO_3$-Ausscheidung einiger Steinbrechgewächse).

928 Abb. 98 S. 231 6. **Drüsengewebe** und **Drüsenzellen** scheiden Schutzstoffe nach außen ab.

929 Abb. 96 S. 230 Bei einem **Blattquerschnitt** unterscheidet man: 1. die Oberhäute, 2. das Grundgewebe, 3. Leitbündel.

Man erkennt: a) Kutikula, b) obere Oberhaut, c) Palisaden- oder Assimilationsgewebe, d) Schwamm- oder Atmungsgewebe, e) Zwischenzellräume, f) Spaltöffnungen mit Atemhöhlen, g) Untere Oberhaut, h) in der Querschnittmitte Leitbündel. Anders als eben dargelegt und auch in Abb. 96 zu sehen ist, zeigt sich der Blattquerschnitt einiger „Lebender Steine“ aus der Fami-
929a lie der Aizoáceae, und zwar in Form sogenannter **Fensterblätter.** Das Palisadengewebe ist in solchen Fällen von H_2O-speicherndem, ganz andersartigem Gewebe unterbrochen, das bis in die obere Epidermis reicht und wie ein Fenster funktioniert. Beim Durchdringen des Wassergewebes wird das Sonnenlicht dermaßen abgeschwächt, dass es in erträglicher Intensität an das Chlorophyll gelangt. So wird das Überleben der Gewächse in extremer Sonnenwärme und Lichtüberangebot gesichert.

930 Die **Epidermis** ist ein manchmal vielschichtiges Dauergewebe, dessen Zellen zur Erhöhung der Festigkeit durch wellige seitliche Umrisse verzahnt sind. Die Epidermiszellen haben zuweilen einen plasmatischen Wandbelag und große Zellsafträume, die mit farblosem oder gefärbtem Zellsaft gefüllt sind. Das Zellplasma enthält Leukoplasten. Die Farne haben in den Epidermen Chloroplasten. Oberirdische Pflanzenteile, mit Ausnahme der Blütenblätter, haben meistens durch Zellulose- und Kutineinlagerung verdichtete Epidermiszellen. Außerdem sind die Epidermiszellen, abgesehen von denen der Wurzel, noch von einem zarten, festen
931 Häutchen, der **Kutikula,** überzogen. In dieses ist oft noch Wachs eingelagert oder das Wachs dringt nach außen und bildet einen hauchdünnen
932 **Wachsüberzug, Reif** genannt (Rotkohl, Weinbeere, Pflaume). Wachs macht die Oberhäute ± wasserundurchlässig. In die Epidermiszellen ist bei einigen Pflanzen Kalk und Kieselsäure zur Festigung eingelagert *(Poáceae* und *Cyperáceae).* Epidermiszellen von Früchten und Samen sind häufig behaart oder verschleimt und fördern dadurch Verbreitung und Haften am Boden. Porenähnliche Bereiche von Blattepidermen heißen Ektodesmen (bessere Durchdringbarkeit von H_2O).

933 Die **Interzellularen** oder **Zwischenzellräume** entstehen durch Auflösung, Spaltung oder Zerreißung von Zellen und sind im Querschnitt Drei- oder Vierecke, im Längsschnitt Röhren, die ein zusammenhängendes System von Kanälen bilden. Alle Zwischenzellräume stehen untereinander in Verbindung und führen endlich über die Atemhöhlen zu den Spaltöffnungen.

934 Die **Aufgabe der Interzellularen** besteht darin, die lebenden Zellen mit Luft (Sauerstoff für die Atmung und Kohlendioxid für die Photosyn-

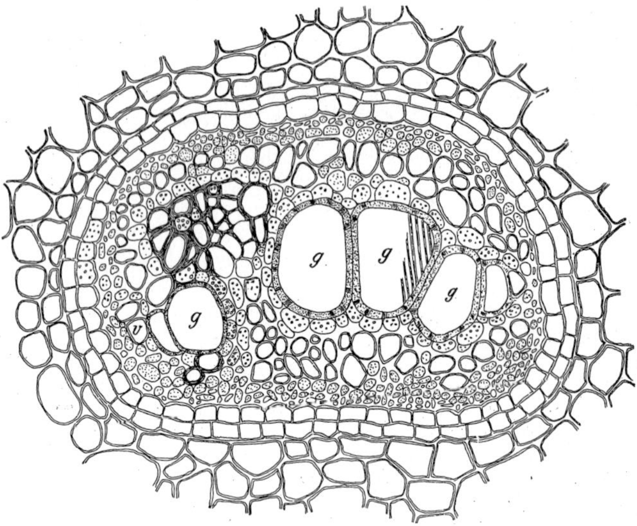

Abb. 95
Leitbündel aus dem Blattstiel des Adlerfarns. Tracheen (g), Siebröhren (v). Nach Strasburger.

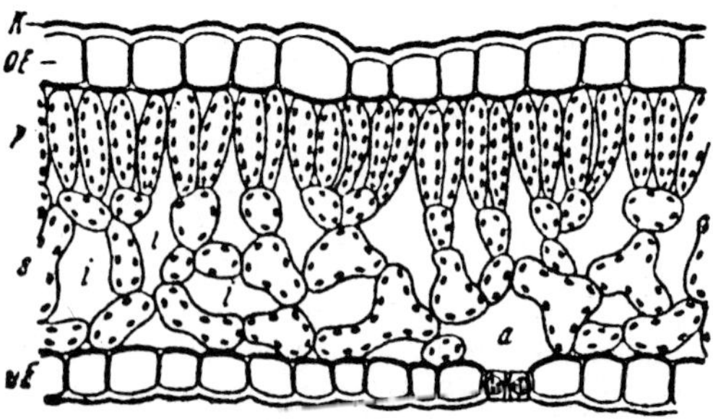

Abb. 96
Querschnitt durch Laubblatt der Rotbuche. oE = obere Epidermis mit Kutikula, p = chlorophyllreiche Zellschicht, s = lockere, schwammige Zellschicht, uE = untere Epidermis mit Spaltöffnung, hinter der a = eine Atemhöhle liegt.

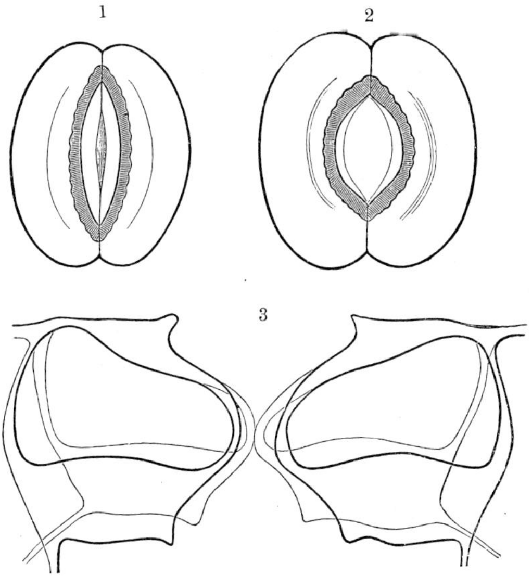

Abb. 97
Spaltöffnungen.
1 u. 2 Aufsicht,
3 Querschnitt.

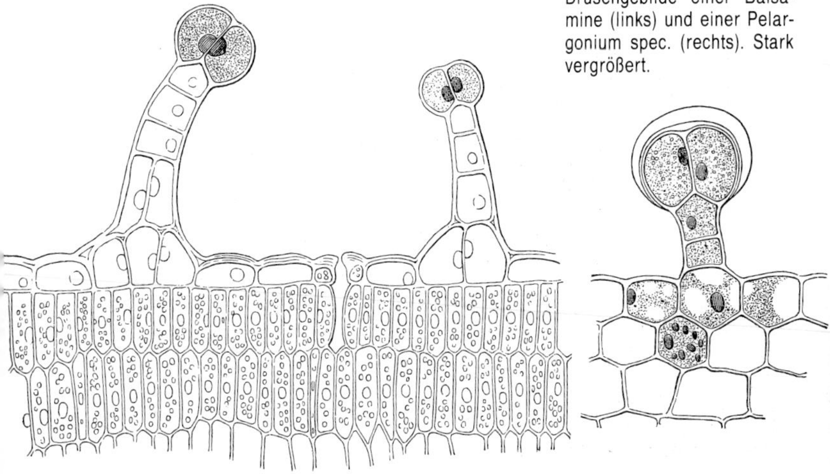

Abb. 98
Drüsengebilde einer Balsamine (links) und einer Pelargonium spec. (rechts). Stark vergrößert.

these) und zum Teil mit Wasser zu versorgen. Andererseits findet auch ein Wasser- und Gasaustausch in umgekehrter Richtung statt. Bei allen Lebensvorgängen spielen die Zwischenzellräume eine wichtige Rolle.

935 Abb. 97 S. 231 Die **Stomata** oder **Spaltöffnungen** befinden sich in den oberirdischen Epidermen grüner Teile, Blätter, Triebe, aber auch an Blüten und Früchten von höher organisierten Pflanzen. Die Spaltöffnungen liegen meistens auf der Blattunterseite (etwa 100–700 auf 1 mm^2), hypostomatische Blätter bei schwimmenden Blättern auf der Blattoberseite (epistomatische Blätter) bei Blättern ohne morphologische Oberseite, wie z. B. bei Iris, liegen sie auf beiden Blattseiten (amphistomatische Blätter). Die dauernd zusammengefalteten Blätter des Schafschwingels haben nur scheinbar keine Spaltöffnungen, da letztere streng epistomatisch angeordnet sind und somit „außen" nicht nachgewiesen werden können. In der Epi-
935a dermis von Wurzeln, der **Rhizodermis,** kommen Spaltöffnungen niemals vor. Die vier möglichen Spaltöffnungstypen heißen: *Helléborus*-Typ (verstärkte Bauchwände der Schließzellen), *Mnium*-Typ (auch Bauchwände der Schließzellen zart, Typ der Moose und Farne), *Gramineen*-Typ (hantelförmige Schließzellen, Typ der Gräser) und *Coniferen*-Typ.

Der Spalt wird durch zwei bohnenförmige Zellen gebildet, die chloro-
936 phyllhaltigen **Schließzellen.** Sie können ihre Gestalt verändern. Bei Licht und wenn sie prall gefüllt sind, biegen sie in der Mitte seitlich aus (Bohnenform) und erweitern dadurch den Spalt. Bei Dunkelheit und Wassermangel erschlaffen sie, legen sich aneinander und schließen den Spalt. Dieser Spalt mündet unter der
937 Oberhaut in einen großen Zwischenzellraum, in die **Atemhöhle,** die die Verbindung mit dem Interzellularsystem herstellt. Die Spaltöffnungen regulieren den Gasaustausch und die Verdunstung.

Die Öffnungen, die der Durchlüftung von Stämmen und Zweigen die-
938 nen, heißen **Lentizellen.** Sie sind mit bloßem Auge sichtbar als mehr oder weniger vorspringende, längs- oder quergestellte, rundliche oder spindelförmige Korkwarzen, die aus abgestorbenem und an Zwischenzellräumen sehr reichem Gewebe bestehen. Sie bilden sich unter Spaltöffnungen, durchbrechen die Epidermis und setzen die Tätigkeit der Spaltöffnungen fort, nehmen folglich auch an der Transpiration teil.

939 Das **Palisaden-** oder **Assimilationsgewebe** befindet sich unter der Epidermis der Blattoberseite und besteht aus mehreren Lagen zylindrischer, schlauchförmiger Zellen. Sie stehen senkrecht zur Oberfläche wie Palisaden (Pfähle) und sind seitlich durch enge Interzellularen voneinander getrennt. Sie bilden durch ihre Anordnung für das Blatt einen Schutz gegen Druck. Da dieses Gewebe sehr reich an Blattgrün und deshalb für die CO_2-Assimilation von großer Bedeutung ist, nennt man es Assimilationsgewebe.

940 Das **Atmungs-** oder **Schwammgewebe** schließt sich an das Palisadengewebe an. Es besteht aus vorwiegend unregelmäßigen, oft bis sternförmigen Zellen, die große Zwischenzellräume aufweisen, wodurch das
941 Gewebe einem Schwamm ähnlich wird. Die Interzellularen dieses **Durchlüftungsgewebes** stehen mit den Spaltöffnungen der Blattunterseite durch

die Atemhöhlen in Verbindung, deshalb führt es die Bezeichnung Atmungsgewebe oder **Aerenchym.**

942 Die mittleren Gewebeschichten eines Blattes, die zwischen Ober und Unterhaut liegen, bilden das **Mesophyll.** Es ist identisch mit Palisaden- und Schwammgewebe.

943 In der Epidermis werden häufig **Drüsenzellen** in Form von **Drüsenhaaren** ausgebildet, z. B. Köpfchenhaare bei *Prímula obcónica,* Drüsenzotten oder Papillen bei *Víola trícolor,* Tentakeln bei *Drósera.*

944 Nach den Ausscheidungsprodukten unterscheidet man: Schleim, Öl-, Harz-, Verdauungs-, Salz-, Wasserdrüsen, letztere **Hydathoden** genannt,
944a die auch spaltenartig ausgebildet sein können, und **Nektarien.** Die Nektarien scheiden zur Anlockung von Insekten zuckerreiche Stoffe aus und sind folglich insbesondere im floralen (Blüten-)Bereich zu finden, mitunter aber auch extrafloral, so z. B. an Laubblatträndern einiger Balsaminengewächse.

945 **Tentakeln** sind Einrichtungen zum Fangen und Festhalten kleiner Tiere. Ihre Drüsenköpfchen sondern klebrige, nach Honig duftende Tröpfchen ab, die Insekten anlocken, festhalten und verdauen. Wir finden sie
946 bei **Karnivoren** und **Insektivoren,** den **„fleischfressenden" Pflanzen,** die außerdem mit grünen Blättern assimilieren, also völlig autotroph leben können.

947 Tentakeln sind (ebenso wie z. B. die Stacheln der Kletterrosen und Brombeeren) **Emergenzen,** d. h. Auswüchse der Oberhaut, an deren Ausbildung aber auch mehr oder weniger tief reichende Teile des darunterliegenden Gewebes mitwirken können.

948 Der **Holzteil** setzt sich aus drei verschiedenen Gewebearten zusammen:

1. aus dem längs verlaufenden Stranggewebe (tote Gefäße),
2. aus den längs verlaufenden Strängen meist toter Sklerenchymfasern, den Holzfasern,
3. aus den längs und in den Markstrahlen radial verlaufenden Strängen
949 von Speicher- und **Leitparenchymzellen,** die das **Holzparenchym** und das **Markstrahlparenchym** bilden.

949a **Das Holz dient**

1. der Wasserleitung,
2. der Festigung der Stämme gegen Druck und Biegung,
3. der Speicherung organischer Substanz.

950 **Gefäße** sind langgestreckte tote Zellen, Röhren, die der Wasserleitung von unten nach oben dienen. Sie sind durch verholzte, leistenartige Wandverdickungen verstärkt, damit sie nicht eingedrückt werden. Sie können leicht in seitlicher Richtung Wasser abgeben. Je nach Art der
951 Leisten nennt man sie: **Ringgefäße, Schraubengefäße, Netzgefäße, Tüpfelgefäße** und **Treppengefäße.** Sie liegen im Holzteil des Grundgewebes eingebettet.

Bei den Gefäßen unterscheidet man Tracheïden und Tracheen.

952 **Tracheïden** sind röhrenförmige enge Einzelzellen, deren Wände reich getüpfelt sind.

953 **Tracheen** sind weite Röhren, die durch Auflösung der Zwischenwände übereinandergelagerter Zellen entstanden sind.

954 Die **Tüpfel** sind die Querschnitte der sog. **Tüpfelkanäle**, die bei dem
955 Dickenwachstum der Zellmembran dadurch entstehen, dass an einigen Stellen der Zellwand keine Anlagerung neuer Zellulose stattfindet. An der entsprechenden Stelle der benachbarten Zelle geschieht das gleiche, so dass beide Zellen nur durch die ursprüngliche feine Zellmembran getrennt sind, die jetzt **Schließhaut** genannt wird.

Die Tüpfel bilden also röhrenförmige Kanäle mit kreisrunden oder elliptischen Querschnitten und dienen dem Stoffaustausch von Zelle zu Zelle.

Die Tüpfelkanäle können sich auch verzweigen, z. B. in den Steinzellen der Birne und der Walnussschale.

956a Im Holz der Koniferen befinden sich die **Hoftüpfel.** Ihre Kanäle erweitern sich trichterförmig nach der Schließhaut hin. Die kreisrunden Hoftüpfel erscheinen in der Aufsicht als zwei konzentrische Kreise: Der kleine Kreis ist die enge Mündungsstelle des Tüpfelkanals im Gefäßraum, der große Kreis ist die weiteste Stelle des Kanals an der Schließhaut und bildet den „Hof".

957 Die Schließhaut ist in der Mitte zum **Torus** verdickt, der bei regen Wasserbewegungen als Klappenventil wirkt.

958 **Siebröhren** entstehen durch Verschmelzung übereinanderstehender lebender Zellen. Sie sind durch schräggestellte, siebartig durchlöcherte
959 Wände, die **Siebplatten,** gegliedert. Die Siebplatten sind großen, durchlöcherten Schließhäuten ähnlich. Siebröhrenzellen haben keine Zellkerne.

960 Die **Siebröhrenglieder enthalten** lebende plasmatische Wandbeläge (ohne Zellkerne) und Leukoplasten, ferner Kohlenhydrate.

Die Siebröhren sind unverholzt und nur während einer Wachstums-
961 periode tätig. Sie **dienen** im Bastteil dem **Transport organischer Stoffe,** der Assimilate, Kohlenhydrate und Aminosäuren, von oben nach unten bis in die Wurzelspitze.

Die Siebröhren treten immer in Strängen oder Bündeln auf. Sie werden
962 bei den Angiospermen durch kleine, sehr plasmareiche **Geleitzellen** geschützt. Anscheinend greifen diese in den Stoffwechsel der kernlosen Siebröhren ein.

963 Das **Sklerenchym** ist ein Festigungsgewebe in ausgewachsenen Pflanzenteilen. Es ist ein Hartgewebe aus toten Zellen und daher nicht mehr imstande, zu wachsen. Es besteht aus Sklerenchymzellen und Sklerenchymfasern.

964 **Sklerenchymzellen, Sklereïden** oder **Steinzellen** sind vielflächige, polyedrische, kleine, sehr stark verholzte Zellen mit vielen röhrenförmigen, verzweigten oder unverzweigten Tüpfeln. Sie befinden sich in

den Schalen von Nüssen und den Steinen der Steinfrüchte. Sie verleihen
965 den Pflanzenteilen die **Druckfestigkeit.**

966 Die **Sklerenchymfasern** sind schmale, langgestreckte und zugespitzte
Zellen mit vieleckigem, polygonalem Querschnitt und mit schräg aufstei-
genden, spaltförmigen Tüpfeln. Ihre Länge beträgt 1–2 mm im Durch-
schnitt, aber beim Lein 2–4 cm, bei der Brennessel 7 cm und bei
Boehméria nívea bis 22 cm.

Die Festigung der einzelnen Zellen beruht auf der Verdickung der
967 Zellenwände durch Zelluloseeinlagerungen. Die **Zerreißfestigkeit** der Ge-
968 webe beruht auf der Verzahnung der Fasern. Sie gibt den Wurzeln die **Zug-**
969 **festigkeit,** den Stämmen die **Säulenfestigkeit** und den Stengeln die
970 **Biegungsfestigkeit.**

971 Das **Kollenchym** ist ein Festigungsgewebe aus lebenden, wachstums-
fähigen Zellen, deren Zellulosemembran und besonders deren Zellecken
verdickt sind. Es ist zerreißfest und u. a. nachweisbar im Stengel der Lip-
penblütler und Doldenblütler.

973 Das **Kambium** ist ein **Bildungs-** oder **Zuwachsgewebe,** das aus teilungs-
fähigen, meristematischen Zellen besteht.

974 Das ringförmig angeordnete Kambium ist in den Stämmen und
Wurzeln der **zwei-** und **mehrkeimblättrigen** Pflanzen zu finden. Aus dem
975 Kambium gehen die Leitbündel hervor, denn nach innen bildet es das
976 **Xylem,** den **Gefäß-** oder **Holzteil,** nach außen das **Phloëm,** den **Sieb-** oder
Bastteil.

977 Man unterscheidet das **Faszikular-** oder **Bündelkambium,** das Gefäß-
978 und Siebteil trennt, und das **Interfaszikular-** oder **Zwischenbündelkam-**
bium, das zwischen den Bündeln liegt. Beide zusammen bilden den
979 **Kambiumring.** Das Bündelkambium bildet nach innen die wasser-
leitenden Gefäßstränge des Holzes und nach außen die assi-
milatleitenden Siebstränge des Bastteils (Siebteil).

980 Das Interfaszikularkambium bildet zunächst die **primären Markstrah-**
len, die eine Querverbindung von Mark und Rinde herstellen. Später
entstehen nach innen und außen **sekundäre Markstrahlen,** die blind im
Holz und Bast enden. Allerdings liegt nur beim sogenannten *Tília*-Typ,
der bei den meisten Holzgewächsen zu beobachten ist, von Anfang an ein
geschlossenes Kambiumrohr vor. Viele Lianen verkörpern den *Ari-*
stolóchia-Typ, der dadurch gekennzeichnet ist, dass erst während des se-
kundären Dickenwachstums das Interfaszikularkambium gebildet wird,
das wiederum beim *Heliánthus*-Typ in seiner Entstehung weitgehend von
kleineren Zwischenleitbündeln abhängig ist.

981 Bei den **einkeimblättrigen Pflanzen** entsteht teilungsfähiges Gewebe
außerhalb der zerstreuten Leitbündel in den inneren Schich-
ten der Rinde. Die wenigen nach außen gebildeten Zellen werden zur **Rin-**
de, die zahlreichen nach innen wachsenden Zellen werden zu Leitbün-
deln im Grundgewebe.

982 Als **Mark** bezeichnet man die von den Leitbündeln umschlossenen Ge-
webe, die aus lebendem oder auch aus frühzeitig absterbendem Paren-

chym bestehen. Es liegt gewöhnlich in der Mitte des Zweiges (konzentrisch), seltener seitlich verlagert (exzentrisch), wie bei der Tamariske.

983 Die **Dicke** oder **Stärke des Markes** wird als sehr eng, eng, normal ($^1/_4$–$^1/_2$ des Zweigdurchmessers), weit und sehr weit bezeichnet.

984 Im **Umriss** entspricht es meist dem Zweigquerschnitt; es kann also sein: rund, kantig, drei-, vier-, fünfeckig und -kantig, aber auch zweischneidig (flach wie bei *Bétula).*

985 Die **Farbe des Markes** kann sein: weiß, weißlich, gelblich, grün und braun.

Es kann gefächert (getreppt) sein.

Das Mark gibt wertvolle Anhaltspunkte zum Bestimmen von Gehölzen.

986 **Bast** ist ein vom Kambium nach außen gebildetes sekundäres Gewebe, das sich aus meist unverholzten Zellen zusammensetzt. Man nennt es auch Bast- oder Siebteil, sekundäre Rinde und Phloëm.

Bast besteht aus drei Gewebearten:

1. aus längs verlaufenden Strängen von Siebröhren,
987 2. aus **Bastfasern,** das sind längs verlaufende, meist tote Sklerenchymfasern.
988 3. längs und in den Markstrahlen radial verlaufende Stränge mit Interzellularen sind das **Bastparenchym.**

989 **Bast** dient dazu, die Assimilate zu leiten und vorübergehend zu speichern, außerdem zur Festigung des Stammes.

990 Der Bast zum Binden stammt von der Bastpalme *Ráphia fariní-fera.* Auch die Linden liefern einen brauchbaren Bast. Aus den Bast-
991 bündeln der Rindenzone werden die wichtigsten **Faserstoffe** gewonnen (Lein, Hanf, Nessel, Ramie).

Das Holz

Das zu Beginn einer Wachstumsperiode entstandene Holz bezeichnet
992 man als **Früh-, Frühlings-** oder **Weitholz.** Es besteht aus vielen großen Zellen und dient der Leitung des Wassers.

Das gegen Ende einer Wachstumsperiode gebildete, aus kleinen Zellen
993 bestehende Holz ist das **Spät-, Sommer-** oder **Engholz** und dient der Festigung.

Im August hört in unseren Breiten die Holzbildung auf, um im Frühjahr wieder mit der Bildung zahlreicher großer Zellen zu beginnen. Dadurch zeichnet sich zwischen Spätholz und Frühholz eine scharfe Grenze ab, ein
994 **Jahresring** ist gebildet. Jahresringe werden von den Bäumen des tropischen Regenwaldes nicht gebildet, weil es dort ausgeprägte temperaturunterschiedliche Jahreszeiten wie bei uns nicht gibt.

995 Die Jahresringe entstehen also durch die periodische Wachstumstätigkeit des Kambiums. Nach ihrer Zahl lässt sich ungefähr das **Alter eines Baumes** feststellen. Die Zahl der Jahresringe kann die Alterszahl übersteigen, wenn Blattverlust durch Spätfröste, Hitze, Raupenfraß und andere schädliche Einflüsse eine Neubelaubung und damit eine nochmalige Frühholzbildung bedingen.

996 **Splintholz** oder **Splint** sind die aus den letzten Jahresringen entstandenen Holzschichten, die noch lebende Zellen haben und Reservestoffe
997 speichern. Das Splintholz hat eine weißlichgelbe Farbe im **Gegensatz** zum dunklen Kernholz.

998 Es gibt auch **Splintbäume** oder Spinthölzer, deren Kernholz sich nicht durch die Farbe vom Splint unterscheidet (Ahorn, Hain- und Rotbuche, Weide, Pappel). Solche Bäume werden im Alter leicht hohl.

999 Das **Kernholz** ist der tote Teil eines Baumes, der nur noch der Festigung dient. Es unterscheidet sich vom hellen Splint meist durch seine dunkle Farbe, die durch Gerbstoffe hervorgerufen wird. Durch Einlagerung verschiedener Stoffe ist es gegen Zersetzung geschützt und bildet dadurch den wertvollsten Teil des Holzes (Eichen- und Ebenholz).

1000 **Lignin** ist die Holzsubstanz, die die Zellen älterer Pflanzenteile druckfester, spröder und weniger quellbar macht. Auch in die Gefäßwände ist Lignin eingelagert, so dass selbst die Leitbündel krautiger Pflanzen verholzt sind. Ungewöhnlich leicht ist das Holz des tropischen Balsabaums *(Ochróma pyramidále).* Es ist sehr ligninarm, rechnet zu den Korkhölzern, ist recht elastisch und wird von Modellbauern gern genutzt.

1001 **Suberin** ist Korkstoff, der sich den Zellwänden anlagert und da-
1001a durch Zellen schützt und festigt. Ein Korkgewebe kann man **Phellem** nennen.

1002 Bei einer Verletzung der Pflanze kommt es zunächst zur **Kallusbildung,** das heißt, zur **Heilung der Wunde** teilen sich die an sie grenzenden Zellen und wuchern aus ihr hervor. Die dadurch entstehende schwierige Überwallung nennt man Kallus. Bei größeren Wunden bilden die äußeren Kallusschichten Kork, die inneren Kambium, das mit dem Stammkambium in Verbindung steht. Die Überwallungswülste vergrößern sich, bis sie allmählich die Wundfläche bedecken und heilen.

Kallus ist also ein Wundgewebe, das durch die Teilung der an die Wunde (Schnittfläche) grenzenden Zellen entsteht. Die Teilung der Zellen
1003 wird gefördert durch **Wundhormone,** Wirkstoffe, die sich bei Verletzung eines Gewebes bilden. Erst wenn der Kallus, anfänglich ein Haufen gleicher Zellen, gebildet ist, setzt in einzelnen Zellen eine Differenzierung nach Spross- und Wurzelvegetationspunkten ein, wie man es bei Gewebekultur beobachten kann.

1004 Bei *Prúnus*arten kommt durch Ernährungsstörung oder Pilzbefall **Gummifluss** vor, d. h. die einzelnen Verdickungsschichten der Zellwände verquellen gummiartig. Auch der Zellinhalt kann sich in Gummi verwandeln, in einen Schleim, der aus Kohlenhydraten besteht.

1005 Die **Borke** ist ein aus sekundärem Gewebe entstandenes Abschlussgewebe. Weil sie durch Korkbildung von der Nahrungs- und Wasserzufuhr abgeschnitten wird, ist sie abgestorben. Die Borke wird von den nach außen liegenden Rindenteilen gebildet. Der Bastmantel bleibt immer dünn. Umfassen die Korkschichten nur begrenzte Teile der Stammoberfläche, so daß schuppenförmige Gewebestücke herausgestoßen werden,
1006 spricht man von **Schuppenborke** (Platane, Eiche, Nadelhölzer, Myrte). Borke, die sich ringsum in Fetzen ablöst, wie bei Kirsche, Birke und
1006a einigen anderen Ziergehölzen, wird **Ringelborke** genannt. **Streifenborke**
1007 haben Wein, Heckenkirsche und Waldrebe.

1007a Das **Dickenwachstum** der **Monokotyledonen** erfolgt durch ein hinter der Rindenschicht gelegenes Teilungsgewebe, das außer dem Grundgewebe auch die verstreut liegenden Leitgefäße erzeugt.

1008 Das **Dickenwachstum** der **Dikotyledonen** und der **Nadelhölzer** kommt durch das Zuwachsgewebe, das Kambium, zustande.

1008a Hingewiesen sei an dieser Stelle noch auf die **Bionik** (Kurzwort aus Biologie und Technik). Bionische Bemühungen gehen dahin, Funktionsweisen von Organen im Hinblick auf Eignung als technische Modelle zu nutzen. Manche Erfolge sind schon erzielt worden.

Beispielsweise erkannte der deutsche Botaniker Barthlott 1977, dass manche Blätter (etwa von Kohlrabi, Kapuzinerkresse und der Lotosblume) deswegen stets sauber aussehen, weil auf ihren Oberflächen in großer Vielzahl vorhandene, aber mikroskopisch kleine Noppen Benetzung weitgehend verhindern und somit Schutz vor Verschmutzung bewirken. Inzwischen liegen entsprechende Patente vor, da Barthlott der treffliche Gedanke kam, man könne das beschriebene Wirksamkeitsgeschehen auch bei Herstellung von Farben, Lacken usw. realisieren.

Die pflanzlichen Haare

1009 Die Gestaltung der **Trichome** oder **pflanzlichen Haare** ist sehr unterschiedlich, sie können einzellig und mehrzellig, verzweigt und unverzweigt sein. Sie haben dünne, weiche Membranen oder stark verdickte, starre, verholzte, verkalkte oder verkieselte Seitenwände und stechende Spitzen.

Die pflanzlichen Haare sind entweder schlauch-, papillen-(warzen-) oder pfriemförmige einzellige Ausstülpungen oder mehrzellige Zellreihen, Zellflächen oder Zellkörper der Epidermis. Sie haben eine allgemeine biologische Bedeutung.

1010 Man kann die **Arten der Haare** in folgende Gruppen zusammenfassen:

1. Sekretionshaare
2. Deckhaare
3. Saughaare
4. Absorptionshaare
5. Kletterhaare, Klimmhaare
6. Empfindungshaare
7. Wurzelhaare

1011 Abb. 98 S. 231 1. Zu den **Sekretionshaaren** rechnet man: Ölhaare, Klebhaare, Gifthaare, Brennhaare, Verdauungshaare, Wasserdrüsenhaare **(Hydathoden).**

1012 a) **Ölhaare** haben Köpfchen oder Kugelform, sie dienen teils der Insektenanlockung; z. B. bei Hanf, Thymian, Eukalyptus.

1013 b) **Klebhaare** sollen mit Hilfe einer harzig-klebrigen Stoffausscheidung aufkriechende Tiere abfangen; z. B. bei *Ríbes, Cúphea, Circaea.* Zu ihnen zählt man auch die Drüsenzotten, die bei den Knospen der Rosskastanie die klebrigen Flächen, bei Pechnelke und Leimkräutern *(Siléne)* die leimigen Stengel verursachen.

1014 c) **Gifthaare** nennt man die ein giftiges Sekret ausscheidenden Haare, das bei vielen Menschen Hautausschläge hervorruft; z. B. bei *Prímula obcónica, Rhus toxicodéndron* (Giftsumach). Bei den Gifthaaren bildet die Endzelle ein Köpfchen, sie ist die Drüsenzelle und lässt besonders bei Sonnenschein das Gift ausfließen.

1015 d) **Brennhaare** sind eine Schutzeinrichtung der Pflanze gegen Tierfraß. Sie haben eine verkieselte Spitze. Das Köpfchen ist schräg aufgesetzt und bricht bei Berührung ab und hinterlässt eine Einstichstelle. Das austretende Gift ist stark hautreizend. Brennhaare haben die Brennessel, *Urtíca spec.,* und *Lapórtea moroídes.* Das Gift letzterer kann starrkrampfähnliche Zustände hervorrufen.

1016 e) **Verdauungshaare** können Köpfchenhaare oder Zellflächen sein. Die fleischfressenden Pflanzen scheiden durch sie eiweißspaltende Enzyme aus.

1017 f) **Wasserdrüsenhaare** oder **Hydathoden,** korrekt Trichomhydathoden, geben tropfbar flüssiges Wasser ab (Guttation).

1018 2. Die **Deckhaare** bedecken die Oberhaut an bestimmten Stellen. Sie sind trocken und haben die Aufgabe, die Pflanze gegen Kälte, Verdunstung und Tierfraß zu schützen. Sie verleihen den Pflanzen, ihren Blüten oder Blättern einen seidigen, samtartigen, filzigen, zottigen oder wolligen Charakter.

Zu den Deckhaaren gehören:

a) die **Sternhaare** der Ölweide

b) die **Schuppenhaare** des Sanddorns

c) die **verzweigten Haare** der Königskerze

d) die **Büschelhaare** des Fingerkrautes

e) die **filzigen Haare** der *Stáchys byzantína*

f) die **Papillen** (Ausstülpungen der Epidermiszellen) der Stiefmütter-
1019 chen. Sie verleihen den Blumenblättern den **Samthauch.**

1020 3. Die **Saughaare,** zu denen man die Wurzelhaare und die **„eigentlichen
1021 Saughaare"** rechnet, nehmen Stoffe für die Pflanze auf. Eigentliche Saughaare sind meist Köpfchenhaare mit quellbarer Zellwand, die imstande sind, den Regen und Tau aufzusaugen. Sie finden sich z. B. bei *Pelargónium, Vríesea* und *Centauréa.*

1022 4. Die **Absorptionshaare** dienen den fleischfressenden Pflanzen zur Aufnahme des durch die Verdauungssekrete gespaltenen Eiweißes.

1023 5. **Kletter-** oder **Klimmhaare** ermöglichen den Pflanzen durch ihre starre Form emporzuklimmen, z. B. bei *Gálium aparíne* (Klebkraut).

1024 6. Die **Empfindungs-** oder **Sinneshaare** sind mit reizbarem Cytoplasma gefüllt, das die Reize rasch weiterleitet. Die klappenden Blattbewegungen der *Dionǣa* (Venusfliegenfalle) oder die ruckweisen Bewegungen an Staubblättern, wie bei *Centauréa,* werden durch sie ausgelöst.

1025 7. Die **Wurzelhaare** befinden sich an der Spitze einer Saugwurzel in der sog. Wurzelhaarzone. Das Wurzelhaar nimmt die Nährionen aus dem Boden auf und gibt sie den anschließenden Zellen weiter, so dass sich ein Nährstrom bis zu den Leitungsbahnen erstreckt.

1026 **Geißeln** sind Bewegungsorganellen von Einzellern, also niederen Lebewesen. Sie werden bei zahlreichem Auftreten auch **Wimpern, Schwimmer** oder **Zilien** genannt. Sie sind fadenförmige, oft die Länge des eigenen Organismus übertreffende Fortsätze des Plasmas, die bei den mit festen Zellwänden ausgestatteten Zellen durch kleine Poren ausgestreckt werden können. Wir finden sie bei Bakterien, Algen, Sporen (Schwärmsporen). Ihre Bewegungen können rotierend wie die einer Schiffsschraube oder ruderartig sein.

Die Bewegungen der Pflanzen

1027 Die **Bewegungen der Pflanzen** sind meist langsam und deshalb nur wenig mit bloßem Auge zu sehen und zu beobachten.

Man kann sie einteilen in:

1. Plasmabewegungen

1028 2. Ortsveränderungen frei beweglicher Organismen, die **Taxien** (sprich Taxíën)

3. hygroskopische Krümmungen toter Gewebe

4. Krümmungsbewegungen lebender Gewebe.

1029 Zu 1: Am bekanntesten ist die Bewegung des Plasmas, die **Plasmaströmung,** bei der man Zirkulation und Rotation unterscheidet, die in der normalen Zelle autonom sind. Die Strömungsgeschwindigkeit liegt bei
1029a 0,2–0,6 mm pro Minute. Von einer **Dinese** spricht man dann, wenn die Plasmaströmung durch äußere Faktoren induziert oder verstärkt wird, und differenziert entsprechend in Photodinese, Chemodinese und Traumatodinese. Letztere kommt durch Wundeinfluss zustande.

1030 Zu 2: Eine **Ortsveränderung,** die durch Licht verschiedener Intensität ausgelöst wird, nehmen die Chloroplasten vor. In gedämpftem Licht lagern sie sich an die quer zu den einfallenden Lichtstrahlen stehenden Zellwände und bieten so dem Licht ihre Fläche. Bei intensivem Licht wandern sie an die parallel zu den Lichtstrahlen stehenden Zellwände und bieten dabei dem Licht ihre Schmalseite. Darum sehen manche Blätter in praller Sonne heller, in zerstreutem Licht dunkler aus. Siehe auch Nr. 1062 und Nr. 1061.

1031 Zu 3: Die **hygroskopischen Bewegungen** sind rein mechanische Vorgänge an toten Organismen, die vom Leben unabhängig sind und nur durch Quellung und Kohäsion zustande kommen, z. B. bei der
1031a **„Rose von Jericho",** *Anastática hierochúntica.* Pflanzen dieser einjährigen Art verholzen und wachsen in Nordafrika. Nach Laubwurf und Absterben krümmen sich die Äste nach innen. Es entstehen kugelige Gebilde, die, vom Winde verwehrt, als „Wüstenroller" unterwegs Samen verlieren und so zur Verbreitung der Art beitragen. Bei Feuchtigkeitseinwirkung findet Wiederausbreitung des längst toten Zweigmaterials statt, die Kugelgestalt geht zurück, die „Auferstehung" ist vollzogen.

1032 **Quellungsmechanismen** finden wir z. B. an den Samenkapseln höherer Pflanzen (Nelkengewächse, Hülsenfrüchtler), an den Grannen der Früchtchen des Reiherschnabels und an den Grannen der Gräser.

Diese Quellungsmechanismen kommen durch Wasseraufnahme und Wasserabgabe zustande und dienen biologisch der Samen- und Sporenverbreitung.

1033 Zu 4: Bei den festgewachsenen Pflanzen können sich Bewegungen nur als **Krümmung** oder Drehen und Winden einzelner Organe äußern.

1034 In Bezug auf den **Anlass der Bewegung** unterscheidet man autonome (auf innere Ursachen beruhende) und induzierte (durch äußere Ursachen und Reize bedingte) Bewegungen.

1035 **Autonome Bewegungen** sind vor allem die **Wachstumsbewegungen** oder **Nutationen. Circumnutationen** heißen sie bei Windepflanzen (meist Rechtsschraube, Linksschraube bei Hopfen und Geißblatt, bei windendem Knöterich kann Winderichtung wechseln).

1036 Autonome Krümmungsbewegungen sind die **Entfaltungsbewegungen** der Sprosse, Blätter und Blüten. Sie werden durch verstärktes Wachstum der einen oder der anderen Seite des Organs bewirkt.

1037 **Variationsbewegungen** werden durch Turgorschwankungen hervorgerufen. Man findet sie vor allem an solchen Laubblättern, die an der Basis ihres Stieles ein Gelenkpolster besitzen (Leguminosen und Sauerklee). Durch hohen Turgordruck wird das Blatt gehoben, bei seiner Verringerung sinkt das Blatt ab.

Diese Bewegungen sind Reaktionen auf die Reizwirkung der
1038 Außenfaktoren Temperatur, Licht, Wasser, Nährstoffe, man nennt sie **induzierte Bewegungen.**

1039 **Auf Reize** reagieren die Pflanzen mit Bewegungen. Bewegungen, die eine Beziehung zur Richtung des Reizes erkennen lassen, heißen
1040 **Richtungs-** oder **Orientierungsbewegungen** oder **Tropismen.**

1041 Wie die Tropismen bilden auch die **Taxien** eine Gruppe der Richtungsreizbewegungen. *Eugléna* beispielsweise reagiert photoaktisch, bestimmte Spermatozoide zeigen Chemotaxis.

Werden aber von Pflanzen Bewegungen ausgeführt, die nicht der Orientierung im Raum dienen, jedoch abhängig von der Reiz-
1042 wirkung erfolgen, so spricht man von einer **Nastie** oder **nastischen Bewegung** (sprich Nastīe, Nastiehn im Plural).

1043 Die wichtigsten **Richtungsreize** sind:

Schwerkraft (Gravitropismus – Wachstumskrümmung der Organe in eine bestimmte Richtung zur Erdbeschleunigung)

Licht (Phototropismus = Heliotropismus – Lichtwendigkeit)

Chemische Stoffe (Chemotropismus)

Berührung (Haptotropismus)

1044 Die wichtigsten **nastischen Reize** sind:

Wärme (Thermonastie)

Licht (Photonastie)

Chemische Stoffe (Chemonastie)

Berührung (Haptonastie)

Erschütterung (Seismonastie).

1045 Beim **Gravitropismus,** der **Erdwendigkeit,** unterscheidet man den positiven, negativen und transversalen (**Gravitropismus** = Geotropismus).

1046 **Positiv gravitrop** sind z. B. die Hauptwurzeln. Sie wachsen dem Reiz der Schwerkraft folgend auf den Erdmittelpunkt zu und versuchen, wenn sie aus der Normallage gebracht werden, immer wieder die Stellung der Lotlinie einzunehmen.

1047 **Negativ gravitrop,** also vom Erdmittelpunkt abgewendet, sind die oberirdischen Hauptachsen, die Stengel von nickenden Knospen nach dem Aufblühen; Seitenzweige von Fichten und Tannen nach dem Kappen des Haupttriebes.

1048 **Transversal gravitrop** sind horizontal wachsende Seitenwurzeln, Seitenzweige, Ausläufer. Agravitrop, nicht dem Einfluss der Schwerkraft unterliegend, sind die Nebenwurzeln zweiter und nachfolgender Ordnung.

1049 **Phototropismus** nennt man das Bestreben der Pflanze, sich dem Lichte zuzuwenden; man bezeichnet ihn auch als **Heliotropismus,** positiven Phototropismus oder **Lichtwendigkeit.**

1050 **Negativ phototrop** sind wenig Pflanzenteile, z. B. Rhizoide und die mit Haftscheiben versehenen Ranken des selbstklimmenden Weins.

Die Blattoberseite ist gewöhnlich dem Licht zugewendet. Einige Pflanzen drehen auch ihre Blattflächen, um ihnen die gewünschte Lichtmenge zu geben, z. B. die Kompasspflanze, *Lactúca serríola.*

Phototropes Reaktionsvermögen findet sich sowohl bei höheren Pflanzen als auch bei Pilzen und Algen.

1051 **Chemotropismus** nennt man die Änderungen einer Wachstumsbewegung durch gasförmige oder wassergelöste chemische Stoffe.

Die Reaktion kann positiv und negativ sein. Pollenschläuche gelangen z. B. durch Chemotropismus zu den Samenanlagen. Dieser Vorgang wird häufig auch als Chemotaxis bezeichnet.

Auch Wurzeln scheinen gewisse chemotrope Befähigungen zu besitzen.

1052 **Haptotropismus** ist die Bewegung in Richtung der Berührung. Viele Pflanzen sind empfindlich gegen Berührungen, d. h., sie beantworten die Berührung einer Seite mit einer positiven Wachstumskrümmung nach dieser Richtung. So können Blattstiele *(Tropaéolum),* Blattspitzen *(Glorióśa),* Luftwurzeln *(Vanílla),* Stengel und Blütenstände nach Berührungsreizen derartige Bewegungen ausführen. Auch die Tentakeln der *Drósera* bewegen sich zum Teil haptotrop.

Wird ein pflanzliches Organ, z. B. eine Wurzelspitze, einseitig verletzt, so führt die Streckungszone der Wurzel eine Krümmung aus, damit die verletzte Flanke die konvexe Seite bildet. Diese Reaktion nennt man
1053 **Traumatotropismus.**

1054 **Thermonastie** ist die durch Änderung der Temperatur hervorgerufene Bewegung. Besonders augenscheinlich ist sie bei den Blättern vieler Blüten, die sich bei Temperaturerhöhung öffnen und bei Temperaturerniedrigung schließen, z. B. bei Krokus und Tulpen. Die Bewegungen kommen dadurch zustande, dass bei steigender Temperatur die Blattoberseite (Innenseite) wächst, die Blüte sich also öffnet, und bei sinkender Temperatur wächst die Blattunterseite (Außenseite), wodurch sich die Blüte schließt. Solche thermonastische Bewegung beobachtet man u. a. auch bei *Óxalis acetosélla.*

1055 Bei der **Photonastie** ist das Licht der Faktor, der Öffnungs- und Schließbewegungen der Blüten veranlasst. Es kann hierbei allerdings gleichzeitig die Wärme mitwirken. Photonastisch reagieren z. B. die Seerosen, Kakteen und viele Kompositen. Schon ein Wolkenschatten kann eine Reaktion auslösen. Licht bewirkt Öffnung, Dunkelheit Schließung. Nachtblüher verhalten sich umgekehrt, z. B. *Siléne*-Arten (Leimkraut, Lichtnelken). Die „Königin der Nacht", *Selenicéreus grandiflórus,* öffnet ihre großen Blüten stets 12 Stunden nach einem Lichtwechsel vom Dunkeln zum Hellen. Tag- und Nachtwechsel rufen bei
1055a vielen Pflanzen Hebungs- und Senkbewegungen hervor, die man als **nyktinastische Bewegungen** bezeichnet (beobachtbar z. B. bei Bohnenlaubblättern).

1056 **Chemonastie** nennt man die durch chemische Reize verursachten Wachstumsbewegungen. Eine scharfe Trennung zwischen Chemonastie und Chemo- bzw. Haptotropismus gibt es kaum.

1057 Chemo- oder **Haptonastie** ist gut zu erkennen bei den Tentakeln des Sonnentaus, die auf chemische und Berührungsreize ansprechen. Sie werden durch die Eiweißstoffe der kleinen tierischen Opfer ausgelöst und bewirken die Krümmungen. Die Epidermiszellwände einiger Ranken (Gur-
1057a ke) sind mit besonderen Tüpfeln ausgestattet, den sog. **Fühltüpfeln.**

1058 **Seismonastie** nennt man die Bewegungen, die durch Turgorveränderungen bestimmter Gewebezonen zustande kommen, also nicht durch Wachstumsbewegungen. Sie werden ausgelöst durch Berührungen oder Stöße. Seismonastische Reaktionen kommen vor bei Staubblättern, bei Narben, bei Insektivoren und vor allem bei der Sinnpflanze *Mimósa pudíca.*

Staubblattbewegungen nach Berührungsreizen erfolgen z. B. bei der Berberitzenblüte, der Zimmerlinde, bei *Heliánthemum* und *Centauréa*-Arten durch ein Pressen der Staubblätter nach innen oder außen.

Reizbare und klappbare Narben haben u. a. *Mímulus*-Arten, *Catálpa* und *Incarvíllea.*

1059 Die auffälligsten seismonastischen Bewegungen zeigt **Mimósa pudíca,** die **Sinnpflanze,** die auf Berührung, Stoß, Erschütterung, Verwundung, oder Reiz durch elektrischen Strom ihren Bewegungsmechanismus auslöst. Die Blattstiele und Fiederblattstiele haben Gelenke, die schnell reagieren. Besonders eindrucksvoll ist der Weg des Reizes: von der Berührungsstelle ausgehend, klappt nacheinander Fiederpaar um Fiederpaar zusammen, danach geht der Reiz weiter vom Fiederblattgelenk zu den benachbarten Fiederblättern, bis in den Blattstiel hinab, auch das Hauptgelenk reagiert. Selbst der Stamm leitet den Reiz nach oben und unten weiter bis auf eine Strecke von 50 cm. Nach kurzer Zeit haben alle Blätter und Blättchen ihre normale Stellung wieder eingenommen.

1060 **Nyktinastische Bewegungen** sind **Schlafbewegungen,** die sich in einem ungefähr 12-stündigen Rhythmus, entsprechend der Tag- und Nachtperiode, vollziehen. Einige Pflanzen senken am Abend die Blätter in ihren Gelenken abwärts und erheben sie am Morgen wieder; z. B. Feuerbohne,

Robínia pseudoacácia, Óxalis acetosélla und *Mimósa pudíca.* Andere schließen sich nach oben, z. B. *Ceratópteris thalictroides.*

1060a **PLMF** (periodic leaf movement factor) wird die Verbindung (Turgorinsäure, ein Abkömmling der Gallussäure) genannt, die für das Geschehen und auch für seismonastische Bewegungen verantwortlich zeichnet. Turgorine sind mit dem Neurotransmitter Acetylcholin in tierischen Organismen vergleichbar.

1061 **Chemotaxis** ist bedingt durch einen richtungweisenden chemischen Reiz auf freibewegliche Organismen. Sie spielt in der Natur eine große Rolle, z. B. bei Bakterien, Algen und Pilzen. Für die Spermatozoiden wird das Auffinden der Sexualzone, also die Vereinigung mit dem Geschlechtspartner, durch Chemotaxis erleichtert.

So vollzieht sich die chemotaktische Anziehung bei Farnen, Schachtelhalmen und Selaginellen durch Apfelsäure; bei den Bärlappgewächsen durch Zitronensäure; bei den Laubmoosen durch Rohrzucker; bei den Lebermoosen durch Eiweiß.

1062 **Phototaxis** nennt man die Richtungsbewegungen beispielsweise grüner Geißelalgen auf einseitig einfallendes Licht, durch die sie sich in eine für die Photosynthese möglichst günstige Position bringen. Man unterscheidet eine positive und eine negative Phototaxis. Letztere kann bei zu starker Belichtung auftreten; die Organismen fliehen dann die Lichtquelle.

1062a **Magnetotaxis** kommt bei manchen im Süß- oder Meerwasser lebenden Bakterien vor. Sie halten N- oder S-Richtung ein, bedingt durch Magnetit- (Fe_3O_4-) Kristalle in ihren Zellen.

Bakterien, Algen und Pilze

In Folgendem sind aus dem Bereich der Schizophyten und der Algen bzw. Pilze einige für das Leben wichtige Gattungen und Arten hervorgehoben worden.

1063 **Bakterien** oder **Spaltpilze** sind meist einzellige Lebewesen von mikroskopischer Kleinheit (Durchmesser oft kleiner als ein µm = 1/1000 mm). Es gibt aber auch „Riesen". So unterhält der an der ostaustralischen Küste lebende Chirurgenfisch in seinem Gedärm eine Bakterienart *(Epulopíscium fishelsónii)*, die über 500 µm (also über einen halben Millimeter) lang werden kann und folglich sogar ohne Lupe sichtbar wird. Bakterien besitzen rundliche sog. **Nukleoíde** (Kernäquivalente). Letztere sind gewissermaßen Zellkerne ohne Kernwand, die trotz Wandlosigkeit bewirken, dass die DNA innerhalb des Bakterienleibes deutlich abgegrenzt lokalisiert ist, nämlich im so genannten Nukleoplasma. Zellen mit solchen wandlosen
1064 Kernen kann man **Protozyten** nennen, die das Hauptkennzeichen der Prokaryoten (siehe Nr. 131–133) darstellen. Bedeutungsvoll sind die **Plasmide** der Bakterien, in deren Leibern sie sich als sehr kleine, ringförmige DNA-Stücke (unabhängig vom „Bakterienchromosom") befinden. Sie haben sich zur Fremderbguteinschleusung bewährt.

Die DNA der Prokarzyten ist im Gegensatz zu den Eukaryoten niemals mit Histonen komplexiert.

Nach ihrer morphologischen Grundform werden unterschieden: Kugel-Bakterien = Kokken; Stäbchen-Bakterien (Zylindergestalt); Spiral-Bakterien (gekrümmter Zylinder).

Viele besitzen zarte Geißeln, einzeln oder in Büscheln, für schnelle Schwimmbewegungen.

1065 Die **Vermehrung** der **Bakterien** erfolgt durch Zweiteilung der Zelle quer zur Längsachse.

Die Teilung der Bakterien bezeichnet man als Spaltung, deshalb der Name Spaltpilze. Eine geschlechtliche Vermehrung ist direkt nicht bekannt, wohl aber sexualähnliche Prozesse durch Aneinanderlegen und Austausch von genetischem Material. Zu dem Zweck entstehen F-Pili (F = Fertilität) von zunächst 0,5–10 µm Länge. Es sind röhrenförmige Proteine, die sich verkürzen, bis sich die Leiber berühren. Der DNA-Transfer erfolgt offenbar (zumindest bei *Escheríchia cóli*) vom „männlichen" Spender zum „weiblichen" Empfänger und nie in entgegengesetzter Richtung.

Man nennt die stäbchenförmigen Bakterien ohne Sporenvermehrung treffend Bakterien; die stäbchenförmigen Bakterien mit Sporenvermehrung Bazillen. Unabhängig davon bleibt das Wort Bakterien als Oberbegriff im weitesten Sinne des Wortes bestehen.

Die Sporen, auch Dauersporen oder Endosporen genannt, sind sehr widerstandsfähig gegen Trockenheit und Temperatureinflüsse. Einige vertragen mehrstündigen Aufenthalt in siedendem Wasser, andere werden bei 60 °C schon nach wenigen Minuten abgetötet.

Manche Bakterien erzeugen selbst große Wärme (Selbstentzündung des Heus), wiederum andere vertragen hohe Temperaturen. Die vor einiger Zeit entdeckte Art *Methanopýrus kándleri* gedeiht auf dem Grund des Mittelmeers in siedenden Quellen von 110 °C.

Das Stützskelett der Bakterienzellwand besteht aus dem Peptidoglykan Murein. Die Kohlenhydratspeicherung im Zellleib findet meist in Form von Glykogen statt.

Phototrophe (das Licht als Energiequelle nutzende) Bakterien sind schwefelfreie Purpurbakterien, Schwefelpurpurbakterien und grüne Schwefelbakterien; die genannten Bakterien sind durch Photosynthesepigmente stark gefärbt (z. B. rot, braun, olivfarben, grün). Teilweise liegen Chlorophyllvorstufen vor (Bacteriochlorophylle a–d).

Mitochondrien sind in Bakterien nicht nachgewiesen worden.

1066 Interessant ist die **Transduktion.** Man versteht darunter die Übertragung von DNA aus Spender- in Empfängerbakterien durch Bakteriopha-
1067 gen. Bei der **Transformation** findet die Genübertragung durch lösliche DNA statt. Hierbei wird die DNA aus dem Spender extrahiert und dem Empfänger injiziert.

1067a Bemerkenswert ist ferner der **Ames-Test** zur Prüfung der Kanzerogenität und Mutagenität chemischer Stoffe an Bakterien. Das Verfahren des Amerikaners Bruce Ames wird mit Hilfe der *Salmonélla typhimúrium* (Mäusetyphus-Erreger) gehandhabt, deren His^--Mutanten allein geeignet sind. Sie können sich nicht mehr selbst die lebenswichtige Aminosäure Histidin aufbauen und werden in entsprechenden (ohne Histidin-Zugabe) Nährmedien unter Hinzufügung der Testsubstand kultiviert. Die Bakterien sterben dann ab, es sei denn, sie mutieren wieder zu His^+-Mutanten (Rückmutation). In letzterem Fall wäre der Hinweis gegeben, dass die getestete Substanz Erbänderungen auslösen kann. Das Verfahren ist nicht absolut sicher, auch nicht beim Test zur Kanzerogenitätsfeststellung, erweist sich aber als preisgünstiger Schnelltest, der außerdem Tierversuche etwas einschränkt.

Die Mehrzahl der Bakterien hat eine saprophytische (Leichenzersetzer) oder parasitische Lebensweise (Krankheitserreger bei Menschen, Tieren und Pflanzen).

1068 Es gibt **aërobe** (luftliebende) und **anaërobe** (luftscheue) Bakterien.
1069 Manche haben wahlweises (fakultatives) Verhalten zur Luft.

Bakterienspezialisten sind u. a. in der Lage,

Ammoniak in salpetrige und Salpetersäure zu verwandeln (Nitrifikation),

Nitratstickstoff in freien Stickstoff zu verwandeln (Denitrifikation),

Gärungen hervorzurufen,

leuchtende Stoffe zu erzeugen.

Bakterien sind in vielen Arten und großer Zahl über die ganze Erde verbreitet, sie leben im Boden, im Wasser, in der Luft, im Staub und auf allen Gegenständen.

Sonnenlicht (UV-Strahlung) ist für sie allgemein schädlich, desgleichen Säure jedweder Art, sofern nicht, wie bei Mycobakterien, Säurefestigkeit vorliegt. Mitunter wird die Widerstandsfähigkeit durch Zellwandumhüllungen (Kapseln oder Schleimschichten) erhöht.

1070 Die Eigenschaft, nach dem von Gram eingeführten Färbeverfahren dunkelviolett gefärbt zu werden oder nicht, die so genannte **Gram-Färbung,** ist ein wichtiges taxonomisches Merkmal. Mit Kristallviolett angefärbte Bakterien werden anschließend mit Jodlösung und Alkohol behandelt. Gram-positive Bakterien behalten dabei den Farbstoff-Jod-Komplex, bleiben also blauviolett, Gram-negative Bakterien verlieren ihn, werden farblos und können mittels Fuchsin rote „Gegenfarbe" bekommen.

1 g Ackererde enthält einige Milliarden Bakterien. Manche Arten vermögen sich in einer Stunde mehrmals zu teilen, so dass innerhalb weniger Stunden Millionen Nachkommen entstehen können.

1071 Die **Verwesung** ist eine Zersetzung organischer Stoffe, die bei Luftzutritt erfolgen kann. Die mitwirkenden Bakterien müssen also hauptsächlich luftliebend (aërob) sein.

1072 Die **Fäulnis** ist gleichfalls eine Zersetzung. Sie spielt sich unter Luftabschluss ab, indem luftscheue (anaërobe) Bakterien das Eiweiß zersetzen; dabei kann Schwefelwasserstoff entstehen (Desulfuration).

1073 Die **denitrifizierenden Bakterien,** *Microcóccus denitríficans* und andere, führen unter anaëroben Bedingungen Nitrat (Salpetersäure) zurück in Nitrit (salpetrige Säure) und weiter zu freiem, aus dem Boden entweichenden Stickstoff.

1074 **Nitrifizierende Bakterien,** *Nitrosomónas europǣa* (Nitridbildner) und *Nitrobácter* (Nitratbildner), verwandeln im Boden den Ammoniakstickstoff in von den Pflanzenwurzeln sofort aufnehmbaren Salpeterstickstoff, und zwar unter aëroben Bedingungen.

1075 Den **Luftstickstoff im Boden** vermag die aërobe Art *Azotobácter chroocóccum* bei neutraler bis schwach alkalischer Reaktion in ihr Eiweiß zu überführen. Ferner bindet den Luftstickstoff das anaërobe *Clostrídíum pasteuriánum.*

1076 Das **Knöllchenbakterium,** *Gattung Rhizóbium,* lebt nicht wie die anderen Bakterien frei im Boden, sondern in den Wurzeln der Schmetterlingsblütler. Diese Bakterien dringen aus dem Boden in die Wurzeln ein und rufen in der Wurzelrinde knöllchenartige Anschwellungen hervor, in denen sie leben und sich vermehren. Die Wirtpflanze liefert den Bakterien die zu ihrer Ernährung nötigen Kohlenhydrate, während die Mikroorganismen u. a. mit Hilfe der dadurch gewonnenen Energie den freien Luftstickstoff binden und zum Aufbau von Eiweiß nutzen. Dieses wird, wenn die Bakterien absterben, von der Wirtpflanze verdaut, die also aus dem Bakterieneiweiß wieder ihren Stickstoffbedarf deckt. Für den Vorgang der Luftstickstoffbindung scheint Kobalt, wenn auch in geringsten Mengen, unabdingbar zu sein.

1077 Der auf diese Weise erzielbare **N-Gewinn** aus der Luft kann bei einem 1 ha großen Erbsen- oder Lupinenfeld etwa 200 kg betragen.

1078 Diese Lebensgemeinschaft der Schmetterlingsblütler und Knöllchenbakterien ist eine **Symbiose** (Miteinanderleben ungleichartiger Organismen).

Ähnliche Symbiosen zwischen autotrophen und heterotrophen Organismen finden wir bei den Flechten, die eine Vereinigung von Pilzen und Algen sind.

1078a Eine eigenartige **zyklische Symbiose** mit Bakterien unterhält *Ardísia crenáta.* In ihren Samen lassen sich in Embryonen-Nähe Bakterien nachweisen, die nach der Samenkeimung auf den Sprossscheitel (Vegetationspunkt) gelangen, für weitere normale Pflanzenentwicklung sorgen, späterhin aber offensichtlich ohne weitere Wirksamkeit an den Laubblatträndern in mit bloßem Auge erkennbaren Höckern leben. Neue Sameninfektion erfolgt über den Blütenbereich. Aus nicht infizierten Samen entstehen nach nicht langer Zeit Pflanzenkrüppel, und zwar einige Monate nach erfolgter Keimung.

1079 **Flechten** sind ein Verband von Pilzfäden (Schlauchpilze) und Algen (Blaualgen und Grünalgen), der zu einer morphologischen und physiologischen Gemeinschaft geworden ist. Diesbezüglich äußerte sich ein Lichenologe (Flechtenforscher) paradox, aber biologisch zutreffend wie folgt: 1 + 1 = 3.

1080 Flechten leben epiphytisch und terrestrisch. Die Algen liefern die Kohlenhydrate, die Pilze Wasser und Nährsalze. Als **Islandmoos** bezeichnet man die Flechten *Cetrária islándica* (hustenstillendes Heilmittel) und *Cladónia rangiférina* sowie *Cladónia alpéstris,* die allesamt gutes Bindematerial für Dauerkränze liefern.

1081 Unter **Mykorrhiza** versteht man eine Pflanzenwurzel-Gemeinschaft mit Wurzelpilzen **(Pilzwurzeln).**

1082 Der Wurzelpilz kann **endotroph** in den Wirtwurzeln leben und Fäden
1083 in den Boden senden, oder er lebt **ektotroph** im Boden und sendet Fäden an die Wirtwurzeln. In beiden Fällen ergeben sich Vorteile durch die
1083a Mykorrhiza. **Ektomykorrhiza,** bei etwa 3 % aller Angiospermen vorkommend, ist besonders an Seitenwurzeln 2. u. 3. Ordnung erkennbar und
1083b bewirkt intensiveres Erschließen des Bodens. **Ekt-endo-Mykorrhiza** ist typisch und überhaupt Voraussetzung für die *Ericaceen*-Verbreitung in Heidegebieten, Hochmooren und Nadelwäldern (Ermöglichung des Gedeihens auf P- und N-armen Böden). Neuartige Waldschäden, gegenwärtig heiß diskutiert, scheinen pro parte auf Beeinträchtigungen einer solchen Mykorrhiza zurückzuführen sein, bedingt durch zu hohen Eintrag von NH_4^+ und NO_3^- als mittelbare Folge von Stickoxiden der Autoabgase.

1083c Die **vesikulär-arbuskuläre Mykorrhiza (VAM)** gehört als weitverbreitete, wenig bekannte Symbiose zur endotrophen Mykorrhiza, kann für sehr viele Angiospermen-Arten zuständig sein, ist aber bei Gymnospermen we-

niger nachweisbar. Dank der VAM scheinen den Pflanzen insbesondere schwermobilisierbare Bodenphosphate leichter zugänglich zu sein. Auch sind Mykorrhiza-Pilze für ihre symbiontischen Partner Barrieren gegen
1083d Schwermetalle und pathogene Pilze. **Endomykorrhiza** findet sich bei fast allen Orchideen. Deren winzige Samen (0,3–1,5 µg schwer, 1 µg = 1 Mikrogramm = 1 millionstel Gramm) kämen in freier Natur ohne die Pilzsymbionten nicht zur Keimung. Auch in erwachsenen Pflanzen sind Pilzhyphen nachweisbar. Bei chlorophyllfreien Orchideen *(Neóttia)* liegt völlige Abhängigkeit der Pflanzen vom Pilz vor. Sie werden von ihm mit allen Nutz- und Wirkstoffen versorgt. Neuerdings gibt es gezielte Einsätze mit Mykorrhiza-Präparaten im Pflanzenbau. Man spricht dann von Mykorrhizierung und sagt dieser Bedeutung u. a. bei der Aufforstung von extremen Standorten und bei der Baumsanierung nach.

Mittlerweile weiß man, dass die Mykorrhiza-Pilze in Funktion und Wirkungsweise viel weitreichender sind, als man bislang annahm. Das kanadisch-amerikanische Forscherteam von Suzanne Simard und auch David Read, England, wiesen 1997 Kontakte zwischen unterschiedlichen Pflanzen infolge Vermittlung dieser Bodenpilze nach („underground connection"). Dank Anwendung radioaktiver Isotope ließen sich sogar die Wege der Assimilate von „besser gestellten" Pflanzen in unter Lichtmangel leidende Bäume verfolgen, ein Tatbestand, der in diesem Fall gegen das Prinzip des „struggle for life" (Kampf ums Dasein) spricht. Ferner scheinen chlorophyllfreie Waldpflanzen (z. B. der Fichtenspargel) Mykorrhiza-Fäden anzapfen zu können.

1083e Abgrenzen von der Mykorrhiza muss man die **Aktinorrhiza**, eine Pflanzenwurzelgemeinschaft mit Strahlenpilzen (Actinomyceten), wie sie z. B. bei Sanddorn, Ölweide und Erle vorkommt und diesen Pflanzen, vergleichbar mit den Leguminosen, Luftstickstoffnutzung ermöglicht.

1084 Die **Cyanophýceae** oder **Spaltalgen** sind blaugrüne Algen, die zu den Schizophyten, den Spaltpflanzen, gehören. Sie sind sehr klein, autotroph, aber von primitiver Organisation. Sie vermehren sich nur durch Zellspaltung (Name!). Wie bei den Bakterien, mit denen Blaualgen etliche Merkmale gemeinsam haben, liegt die Zellorganisation von Protozyten vor. Mithin ist das Kernmaterial nicht von einer Wand umgeben. Allerdings verfügen die Blaualgen bereits über Chlorophyll a, das im Zusammenwirken mit den typischen Farbstoffen Phycocyan und Phycoerythrin für charakteristische Ausfärbung sorgt.

Einzelligkeit und fadenförmige Zellverbände wechseln miteinander ab. Auffallend sind die Kriechbewegungen, das Gleiten also, wie es auch bei manchen Bakterien beobachtbar ist. Taxonomisches s. Nr. 133.

Sie sind auf der ganzen Welt verbreitet als gallertartige oder feinfädige Überzüge auf feuchtem Boden, in Gewässern, auf Baumrinden und Felsen.

Erwähnenswert ist auch die symbiontische Lebensweise von Blaualgen (*Anabǣna*- und *Nóstoc*-Arten) in Pflanzen, beispielsweise in so genannten Korallenwurzeln von *Cýcas*-Arten und in den Blattstielbasen von *Gúnnera*-Blättern. Welche Vorteile das den Partnern bringt, ist nicht einwandfrei geklärt. Das Vorkommen von Blaualgen in Wasserfarnen der Gattung *Azólla* scheint jedoch, bedingt durch Heterocysten (siehe Nr. 133 und S. 72, Abb. 19), die N-Versorgung der *Azollen* (Luftstickstoffnutzung) zu verbessern. *Azollen* kommen in Reiskulturen massenweise vor. Man hat deshalb dort entsprechende Techniken zur Nutzung natürlicher N-Vorräte entwickelt.

1085 Die **„vermoosten"** Töpfe der Gärtner sind auch von Spaltalgen über-
1086 zogen, auf Teichoberflächen bildet sich die **Wasserblüte.**

1087 Die **Algenpilze** sind mikroskopisch kleine, niedere Pilze, sie bilden die Klasse der **Phycomycétes.** Ihre Körper sind oft ein weitverzweigtes, vielkerniges, aber nur e i n z e l l i g e s Fadengeflecht. Wegen der Ähnlichkeit etlicher schon früh bekannter Arten mit einigen Algen nennt man sie A l g e n p i l z e.

Hierher gehört die Familie *Olpidiáceae* mit *Olpídium brássicae,* dem Erreger der Schwarzbeinigkeit bei Kohl. Die so genannten Algenpilze rechnet man heute zur Klasse **Chytridiomycétes.**

1088 **Algen** sind niedere ein- oder mehrzellige Lagerpflanzen (Thallophyten), die meist im Wasser leben und Chlorophyll enthalten. Ihre Gestalt ist sehr verschiedenartig: faden-, band- oder sternförmig.

Sie besitzen weder Gefäße noch Wurzeln und vermehren sich geschlechtlich und ungeschlechtlich.

Diese Algen haben im Hinblick auf ihre Zellen bereits die Organisa-
1089 tionsstufe von **Euzyten,** verfügen also bereits über „echte" Zellkerne mit Kernwänden. Solche Lebewesen bis hinauf zu den hochentwickelten Samenpflanzen einerseits und den Wirbeltieren andererseits gehören dem 2. Überreich der Organismen an, nämlich dem der Eukaryóta. Siehe Seite 68 und 47 bis 49 (Algensystematik).

Algen sind die hauptsächlichste Nahrung der kleinen Wassertiere, mit
1090 denen zusammen sie als das „Schwebende" oder **Plankton** bezeichnet werden.

1090a **Benthos** ist die an den Untergrund eines Gewässers, vor allem auf die Uferzone, beschränkte Lebewelt, die dort festgewachsen ist oder sich kriechend fortbewegt.

1090b Als **Edaphon** bezeichnet man die Gesamtheit der Lebewesen im Boden.

1090c **Tang** nennt man festgewachsene Meeresalgen von oft beträchtlicher Länge.

1091 Die **Myxomycétes** oder **Schleimpilze** bestehen im vegetativen Zustand aus nackten, **amöboid** (wechseltierartig) beweglichen, vielkernigen Proto-
1092 plasmamassen, den sog. **Plasmodien** mit s a p r o p h y t i s c h e r u n d a n i m a l i s c h e r E r n ä h r u n g s w e i s e.

Bestimmte Plasmodien ähneln mit ihren S c h l e i m m a s s e n dem gelben Dotter des Vogeleies. Siedeln sich diese Plasmodien auf Gerberlohe
1093 an, sagt der Gerber: Die **„Lohe blüht".** Es handelt sich um die Art *Fulígo séptica* (várians).

Die s c h w a r z b r a u n e n S p o r e n gleichen Kaffeemehl. Bei Feuchtigkeit entschlüpfen jeder Spore Gebilde, die wie Geißeltierchen (Schwärmer, Flagellaten) aussehen. Sie nehmen nach einiger Zeit durch den Verlust der Geißeln die Gestalt von Wechseltierchen **(Myxamöben)** an. Durch die Vereinigung von je zwei „Wechseltierchen" entstehen größere Körper, und indem mehrere von diesen gleichfalls verschmelzen, wird eine Schleimmasse, das Plasmodium, gebildet.

Schleimpilze bilden also *kein Fadengeflecht*, sondern schleimige Massen, deren Entwicklungsgang mit der Sporenbildung abschließt.

Höhere Pilze

1094 Die **Höheren Pilze,** die **Eumycétes,** leben saprophytisch oder parasitisch und haben ein verzweigtes, mit Querwänden versehenes Myzel. Als Wandsubstanz der Myzelzellwände lässt sich, wie auch bei Krustentieren
1095 und Insekten, **Chitin** nachweisen. Baustein dieses Stoffs ist das N-Acetyl-Glukosamin.

Nach Art der Sporenbildung fallen zwei große Gruppen (Klassen) besonders auf:

1096 1. die **Ascomycétes** oder **Schlauchpilze,** die ihre Sporen zumeist in als Schläuche oder **Ásci** bezeichneten Gebilden entwickeln. Zu den Schlauchpilzen zählen die „echten Mehltaupilze", wie der Mehltau des Weins; der Eichenmehltau; der Stachelbeermehltau; der Mutterkornpilz und der Erreger der Hexenbesenkrankheit sind gleichfalls Schlauchpilze.

1097 2. die **Basidiomycétes** oder **Ständerpilze.** Bei ihnen sitzen die Sporen der Basidie, dem Sockel, auf. Zu Ständerpilzen gehören Rostpilze und Brandpilze.

1098 **Pilze** verfügen nicht über Chromatophoren, wenn auch die höheren in ihren Fruchtkörpern mancherlei Farbstoffe haben. Sie leben saprophytisch oder parasitisch im Wasser und auf dem Land. Ihre Zellen sind meistens mit einer Chitinmembran umgeben. Der Schimmelpilz *Aspergillus flávus* kann auf nicht sehr zuckerhaltigen Lebensmitteln vorkommen und stark karzinogene (krebserzeugende) Mykotoxine
1098a (Pilzgifte), **Aflatoxine,** bilden. Von den Aflatoxinen B, G u. M ist das erstgenannte besonders gefährlich. Entdeckt wurden diese Gifte erst 1960. Das Mykotoxin Patulin, nachgewiesen in Apfelsaft, wurde auch erst vor kurzem identifiziert.

Seit langem bekannt ist die Gilftwirkung anderer Pilze (Knollenblätterpilz, Fliegenpilz usw.).

1099 Die Pilze gliedern sich in zwei **Hauptgruppen zur praktischen Übersicht:**

Fungi, Pilze im weitesten Sinne, und
Fungiimperfecti, unvollkommene Pilze.

1100 Die **Fungi** = Mycophyta lassen sich in willkürlicher Sicht aufteilen in

Organisationstyp Schleimpilze, niedere uneinheitliche Gruppe
Organisationstyp Pilze, „Einfache Pilze" (Zellulose-Zellwände)
Eumycétes, Höhere Pilze (Chitin-Zellwände).

Zu letzteren gehören Ascomyceten und Basidiomyceten althergebrachter Aufgliederung.

1101 Von den **Fúngi imperfécti = Deuteromyceten** sind bis jetzt nur die Konidien bekannt, nicht aber die Asci (Schläuche) bzw. Basidien (Sockel).

Der Wachstumskörper der Pilze besteht aus zahlreichen dünnen Fäden,
1102 den **Hyphen;** die Gesamtheit der Fäden ist das **Myzel** (Mycélium), d. h.,
1103 Geflecht.

1104 Die **Pilzfäden** können verzweigt oder unverzweigt sein, einzel-
1105 lig, **unseptiert** (= ohne Scheidewände) oder mehrzellig, **septiert** (= mit
1106 Scheidewänden), also gegliedert. Sie können sich in den Pflanzengeweben
1107 zwischen den Zellen, **interzellular,** ausbreiten oder auch in den Zellen,
1108 **intrazellular,** leben.

1109 Pilzfäden, die in das pflanzliche Gewebe eindringen, heißen **Haustorien,** gleichgültig, ob sie in die Zellen eindringen oder zwischen ihnen verlaufen (falscher Mehltau). Auch Schmarotzerpflanzen, die nicht Pilze sind, haben Haustorien *(Cuscúta europǣa).*

1109a **Plectenchym** ist ein so genanntes Flechtgewebe. Es entsteht durch Myzelverflechtung und ist unter anderem an den Fruchtkörpern der Pilze erkennbar.

1110 **Appressorien** nennt man die Hyphen, die auf den Geweben verlaufen (echter Mehltau) und die Aufgabe des Festhaftens haben.

1111 **Sklerotien** sind verhärtete, eng miteinander verflochtene, verknorpelte und verdickte Pilzfäden, die innen weiß und außen schwarz sind. Sie dienen der Überwinterung, ja sie können jahrelang lebensfähig sein. Krankheitserreger, die solche Sklerotien ausbilden, sind nicht ausrottbar.

1112 Die **Vermehrung der Pilze** erfolgt ungeschlechtlich und geschlechtlich durch:

1113 a) **Sklerotien,** verhärtete Dauergeflechte von Hyphen,

1114 b) **Oidien,** einzelne Zellen, die durch Zerfallen von Hyphen entstanden sind, und auch Arthrosporen genannt werden,

1115 c) **Zellsprossung:** eine Zelle stülpt sich aus, eine Querwand entsteht und die Zelle trennt sich ab, z. B. bei Bierhefe *(Saccharomýces cerevísiae).*

1116 d) **Sporen,** das sind besonders geartete Zellen, die auf verschiedene Weise entstehen, z. B.

1117 1. **Konidiosporen:** die Endzelle einer Hyphe schwillt an und schnürt
1118 sich **exogen** (= außen erzeugt) als Spore ab, sie wird deshalb auch
1119 **Exospore** genannt.

1120 2. **Chlamydosporen,** konidienähnliche, durch dicke Wände ausgezeichnete **Dauersporen.**

1121 3. **Sporangiosporen,** im Innern, **endogen,** in besonderen Behältnissen,
1122 den **Sporangien,** erzeugte, unbewegliche Sporen, **Endosporen** genannt.

1123 4. **Ascosporen,** die in schlauchförmigen Sporangien, den
1124 Asci, endogen erzeugten (je Ascus 8) Sporen. Daher **Ascomycétes = Schlauchpilze.**

1125 5. **Basidiosporen,** auf einem keulenförmigen Sockel, **Basidie,**
1126 meist vier in der Zahl, durch Sprossung abgegliederte, an kleinen

1127 Stielchen, den **Sterigmen,** sitzende Sporen. Daher **Basidiomycétes = Ständerpilze.**

1128 6. **Oosporen** sind die durch Vereinigung zweier Geschlechtszellen entstandenen Sporen. Die weiblichen, oft tonnenförmigen Geschlechtsorgane, die ihren Inhalt zu Geschlechtszellen entwickeln,
1129 bezeichnet man als **Oogonien.**

1130 7. **Zoosporen** oder **Schwärmsporen** sind bewegliche Sporen von spindeloder birnenförmiger Gestalt, die mit einer oder mehreren Geißeln ausgestattet sind.

1131 8. **Teleutosporen** nennt man die Winter- oder Überwinterungssporen der Rostpilze, sie sind derbwandig und dunkel gefärbt.

1132 9. **Uredosporen** sind die Sommersporen der Rostpilze, die die Ausbreitung im Sommer übernehmen. Sie entstehen in kleinen rundlichen oder strichförmigen rostfarbenen Lagern.

1133 10. **Äzidiosporen** sind rostfarbene Sporen, die in **Äzidien,** becherförmigen
1134 Sporenlagern der Rostpilze, entstanden sind.

1135 11. **Perithezien** sind kugelige, geschlossene Fruchtkörper.

1136 12. **Apothezien** sind offene Schlauchfruchtkörper, die eine Schalen- oder Becherform haben.

1137 13. **Pyknidien** sind pustelartige, krugförmige oder kugelige Gehäuse
1138 mit einem Myzelkörper, der die **Pyknosporen** als elliptische Konidien abgliedert.

1139 Der **Parasit** beschränkt sich gewöhnlich nicht nur auf die Entnahme von Baustoffen aus dem Körper des Wirtes, was wohl nur eine Schwächung bedeuten würde, sondern er scheidet Stoffwechselprodukte aus, die als starke Gifte auf den Wirtsorganismus wirken.

Parasiten oder **Schmarotzer** nennt man jene Lebewesen, die völlig auf
1140 einen oder mehrere lebende **Wirte** oder **Zwischenwirte** angewiesen sind.

1141 Den Entwicklungsgang eines Parasiten auf ein und demselben Organis-
1142 mus nennt man **autözisch,** auf verschiedenen **heterözisch.**

Parasiten an (Ektoparasiten) oder in (Endoparasiten) Pflanzen kann man zusammenfassend als Phytoparasiten bezeichnen. Sie halten sich entweder ständig (stationäre Parasiten) oder zeitweise (temporäre Parasiten) an oder in ihren Wirten auf, und zwar im Regelfall nicht in Einzahl, sondern in Mehrzahl (Gregärparasiten). Wenn verschiedene Parasitenarten einen Wirt befallen (Multiparasitismus), bleibt oft nur eine Art am Leben. Hyperparasitismus liegt dann vor, wenn Parasiten von anderen Parasiten heimgesucht werden.

Die etwa an Kohl fressenden Raupen, Larven des Eichenwicklers, saugende Blattläuse usw., ganz gewiss Parasiten, sind Schädlinge schlechthin. Sie verursachen Schäden. Jedoch Mehltaupilze beispielsweise werden als parasitäre Krankheitserreger bezeichnet. Sie, wie auch manche Protozoen (Malariaerreger, Erreger der Schlafkrankheit usw.), gehören in das Arbeitsgebiet der klassischen Parasitologie und bewirken Krankheiten. Mitunter grenzt man pathogene Bakterien und die Viren (an sich widersinnig) als mikrobielle Krankheitserreger aus und ordnet sie dann ausschließlich den Aufgabenbereichen der Bakteriologen und Virologen zu.

1143 **Halbschmarotzer** sind hinsichtlich ihres Kohlenstoffbedarfes autotrophe, also grüne Pflanzen, die aber Anschluß an die Gefäßbahnen ihrer Wirte haben und ihnen Wasser und Nährsalz-Ionen entnehmen; Beispiele für Halbschmarotzer: Mistel, *Viscum álbum;* Wachtelweizen, *Melampýrum*-Arten.

Pflanzenbiologische Grundstoffe

1144 **Chemie** ist eine exakte Naturwissenschaft. Sie beschäftigt sich mit den Eigenschaften, der Zusammensetzung und Veränderung und vor allem auch mit der synthetischen Herstellung von Stoffen.

1145 Die **organische Chemie** behandelt die Kohlenwasserstoff-Verbindun-
1146 gen; die **anorganische Chemie** befasst sich mit allen übrigen Elementen und deren Verbindungen.

1147 **Organische Produkte** entstammen der belebten Natur, sie werden unmittelbar oder mittelbar von den arbeitenden Teilen, den **Organen** der Lebewesen, aufgebaut. (Der Wissenschaft ist es gelungen, einige dieser Verbindungen synthetisch herzustellen). Sie alle sind verbrennbar. Auch rein synthetisch hergestellte Verbindungen mit einem „Kohlenwasserstoffgrundgerüst" bezeichnet man als organische Verbindungen, obschon sie größtenteils in Organismen gar nicht vorkommen (Beispiele: moderne Farbstoffe und Lacke).

1148 Die **anorganischen Stoffe** sind das Feld der anorganischen Chemie. Es handelt sich um Stoffe, die in erster Linie das Mineralreich ausmachen, um die unverbrennbaren Metalle und Nichtmetalle und ihre Verbindungen; aber auch einige Kohlenstoffverbindungen gehören dazu.

1149 Im Gegensatz zur Chemie beschäftigt sich die **Physik,** die auch eine Naturwissenschaft ist, nicht mit Stoffveränderungen und Verbindungen von Elementen, sondern sie untersucht die Zustände und Zustandsänderungen der Körper.

1150 Die Chemie geht von den **Elementen** aus. Elemente sind Grundstoffe, die sich chemisch nicht weiter zerlegen lassen und aus denen durch unterschiedliche Aneinanderbindung chemische Verbindungen entstehen können.

Bekannt sind etwa 100 Elemente; ihren Eigenschaften nach sind sie in
1151 zwei große Gruppen eingeteilt, in **Metalle** und **Nichtmetalle.** Der Übergang ist jedoch fließend (Arsen, Tellur).

1152 Jedes Element hat ein **chemisches Zeichen** oder **Symbol,** das meist aus dem Anfangsbuchstaben seines Namens und gelegentlich aus weiteren Buchstaben besteht. Die Zeichen ermöglichen die „chemische Formelsprache", durch die die Zusammensetzung der Stoffe und die Art der sich abspielenden Prozesse übersichtlich gekennzeichnet wird.

1153 Von den **Metallen** seien erwähnt:

		chem. Z.	Massenzahl
Aluminium	Aluminium	Al	27
Blei	Plumbum	Pb	207
Eisen	Ferrum	Fe	56
Kalium (Kali)	Kalium	K	39
Kalzium (Kalk)	Calcium	Ca	40
Kupfer	Cuprum	Cu	64
Magnesium	Magnesium	Mg	24
Mangan	Mangan	Mg	55
Natrium	Natrium	Na	23
Quecksilber	Hydrargyrum	Hg	201
Radium	Radium	Ra	226
Uran	Uran	U	238
Zinn	Stannum	Sn	119

1154 Von den **Nichtmetallen** seien erwähnt:

Chlor	Chlor	Cl	35
Kiesel	Silicium	Si	28
Kohlenstoff	Carboneum	C	12
Phosphor	Phosphorum	P	31
Sauerstoff	Oxygenium	O	16
Schwefel	Sulfur	S	32
Stickstoff	Nitrogenium	N	14
Wasserstoff	Hydrogenium	H	1

1155 **Atom** (gr. atomos = unteilbar) ist die Bezeichnung für das kleinste Unteilbare eines Elements vom Standpunkt des Chemikers. Physikalisch gesehen besteht das Atom aus dem Atomkern mit den positiv elektrisch geladenen Protonen und den Neutronen ohne Ladung. Der Kern wird umkreist von den negativ geladenen Elektronen.

1156 **Die Massenzahl** ist die Zahl der Nukleonen im Kern eines Atoms (Nukleonen = Bausteine des jeweiligen Atomkerns, also dessen Protonen + Neutronen).

Zwei oder mehrere Atome können sich durch unterschiedliche Ge-
1157 gebenheiten zu **Molekülen** verbinden. Dabei spielt die „Wertigkeit" eine Rolle. Sie kommt in der Formel durch die dem Symbol beigefügte Zahl zum Ausdruck und gibt also an, in welchem Verhältnis die Elemente in einer Verbindung enthalten sind.

1158a **Die Atommasse,** früher Atomgewicht genannt, wird bezogen auf die Atommasseneinheit 1 Da = $^1/_{12}$ der Masse des Kohlenstoffisotops ^{12}C. Da = Dalton, 1766–1844. 1 Proton = 1,007276 Da (~ 1,0 Da); 1 Neutron = 1,008665 (~ 1,0 Da); 1 Elektron 0,000548 (~ 0,0 Da).

1158b **Die Molekülmasse,** korrekt Molekülmassenzahl, ist die Summe der Atommassen aller im Molekül enthaltenen Atome. Bei der Formelmasse handelt es sich um die Masse des durch die Formel ausgedrückten Atomverbandes. Als relative Molekülmasse (M_r) wird bezeichnet das Verhältnis der Molekülmasse zur atomaren Masseneinheit, die als relative Größe dimensionslos ist.

1159 **Ionen** sind elektrisch geladene Atome oder Atomgruppen, die durch Spaltung von in Wasser gelösten Säuren, Basen und Salzen entstehen.
1159a Diese Verbindungen spalten sich (dissoziieren) in **Kationen** (z. B. Metal-
1159b lionen) und **Anionen** (OH-Ionen und Säurerestionen). Kationen (entstanden nach Elektronenabgabe) sind positiv, Anionen (entstanden nach Elektronenaufnahme) negativ geladen. Als Folge der entgegengesetzten Ladungen entstehen sogenannte Ionenaggregate, die z. B. bei den Düngesalzen begrifflich an die Stelle der Moleküle zu setzen sind.

1160 **Oxid** nennt man die Verbindung eines Elementes mit Sauerstoff; z. B. $C + O_2 \rightarrow CO_2$ (gasförmiges Kohlendioxid).

1161 Eine **Base** oder **Lauge** entsteht durch Verbindung eines Metalloxids mit Wasser; z. B. $CaO + H_2O \rightarrow Ca(OH)_2$ = Calciumhydroxid
Calciumoxid + Wasser → Löschkalk (Kalziumlauge oder -base).

Basen heißen wissenschaftlich Hydroxide.

1162 Eine **anorganische Säure** entsteht durch Verbindung eines Nichtmetalloxids mit Wasser, z. B.

$$CO_2 + H_2O \rightarrow H_2CO_3$$

Kohlendioxid + Wasser → Kohlensäure

1162a **Organische Säuren** haben je Molekül mindestens eine COOH-(Carboxyl-)Gruppe (Beispiel: Essigsäure, CH_3COOH).

Darauf hingewiesen werden muss noch, dass die unter Nr. 1161 und 1162 vorgenommenen Angaben (Base- und Säure-Entstehung) althergebracht den Definitionen von Arrhenius und Oswald folgen, und zwar in dem Sinn, dass die eine OH-Ionen und die andere H-Ionen abzugeben vermag. Nach Brønsted hingegen definiert man Basen als Stoffe, die Protonen (H^+-Ionen) aufnehmen können (Protonenakzeptoren) und Säuren als Protonendonatoren (H^+-Abgabe). Wasser beispielsweise kann demnach sowohl Base ($H_2O + H^+ \rightarrow H_3O^+$) als auch Säure ($H_3O^+ \rightarrow H_2O + H^+$) sein. Man lese zusätzlich bei 1196 nach. Die Brønsted-Definitionen sind nur bei Wasser und anderen protonenhaltigen Lösungsmitteln anwendbar. Auf die Ansichten des Amerikaners Lewis zu diesem Thema kann hier nicht eingegangen werden.

1163 **Salze** können aus Basen und Säuren unter H_2O-Abspaltung entstehen; z. B. $Ca(OH)_2 + H_2CO_3 \rightarrow CaCO_3 + 2\,H_2O$
Kalziumbase + Kohlensäure → kohlensaurer Kalk + Wasser

1164	Salze der Kieselsäure	heißen **Silikate**
1165	Salze der Kohlensäure	heißen **Karbonate**
1166	Salze der Phosphorsäure	heißen **Phosphate**
1167	Salze der Salpetersäure	heißen **Nitrate**
1168	Salze der Chlorwasserstoffsäure	heißen **Chloride**
1169	Salze der Schwefelsäure	heißen **Sulfate**

Für Kohlenstoffdioxid und Kohlenstoffsäure (was ja an sich korrekte, gerechtfertigte Bezeichnungen sind) wurden wieder traditionell Kohlendioxid und Kohlensäure eingesetzt.

1169a Ester (Kurzwort aus Essig und Ether) entstehen, wenn Alkanole (Alkohole) mit organischen oder anorganischen Säuren chemisch reagieren. Es werden „nebenher" H_2O-Moleküle gebildet. Die Fette sind Ester.

1169b **Organische Moleküle** sind kettenförmig (aliphatisch), ringförmig (zyklisch) oder zugleich aliphatisch und zyklisch aufgebaut.

1170 **Lackmus** ist ein organischer Farbstoff, der aus der Krustenflechte *Rocélla tinctória* gewonnen wird. Er ist der oft gebrauchte Indikator (Anzeiger). Bei alkalischen Lösungen reagiert er mit einem Farbumschlag nach Blau, bei Säuren nach Rot.

1171 **Kalium** (K) ist ein sehr wichtiges Metall, das in der Natur nicht frei vorkommt, in seinen Verbindungen, in den sog. „Abraumsalzen", aber reichlich zur Verfügung steht. Es kann von der Pflanze als Kaliumchlorid, -sulfat, -nitrat und -phosphat (die Kalisalze) verwertet werden.

K_2O hat einen besonders hohen prozentualen Anteil an der Asche von Pflanzen. Junge, wachsende Zellen sind reich an Kalium, weil die hauptsächlichste Kaliumaufnahme in den Jugendstadien erfolgt. Das K^+-Ion hat einen besonderen Einfluss auf den Wasserhaushalt der Zellen und die Wasserführung des Plasmas. Das K^+-Ion wirkt quellend. Es ist ein Osmotikum. Auch die Lebhaftigkeit der CO_2-Assimilation wird durch das K^+-Ion beeinflusst, es wirkt also mittelbar mit bei der Bildung von Zucker, Stärke, Zellulose.

Das K^+-Ion macht die Pflanzen widerstandsfähig gegen Trockenheit, Frost und gewisse Pflanzenkrankheiten.

Das K^+-Ion verbessert die Qualität und erhöht die Farbintensität von Obst und Gemüse.

Das K^+-Ion steht in entgegengesetzter Wechselwirkung zum Ca^{2+}-Ion.

Das K^+-Ion ist Cofaktor von Enzymen.

Das K^+-Ion ist bedeutungsvoll für mRNA-Bindung an Ribosomen.

Besonders K^+-haltig sind von den Pflanzengeweben die Embryonen, alle Wachstumszonen, der Bast, das Blattmesophyll und die Speicherorgane (Knollen). In organische Verbindungen wird Kalium aber in der Zelle auf Dauer kaum eingebaut.

1172 **Natrium** (Na) ist ein weiches, weißglänzendes, mit dem Messer schneidbares Metall, das an der Luft begierig Sauerstoff aufnimmt. Seine wichtigste Verbindung ist das Kochsalz (NaCl), das im Meerwasser enthalten ist und bergmännisch als Steinsalz gewonnen wird.

Natrium ist in fast allen Pflanzenaschen enthalten, doch ist seine lebenswichtige Bedeutung umstritten. Man kann annehmen, dass das Na^+-Ion ein Hilfsmittel der Pflanze ist, den osmotischen Wert der Zellen zu schaffen und zu halten. Eventuell hat Na^+ Spurenelementfunktion, z. B. für CAM-Pflanzen, wohl auch für C_4-, nicht aber für C_3-Pflanzen.

1173 **Kalzium** (Ca) ist ein weißes, glänzendes Metall und in seinen Verbindungen von größter Wichtigkeit als Düngemittel und Bodenverbesserungsmittel. Das Vorhandensein des Kalziumhydrogenkarbonats im Was-
1174 ser tritt als sog. **Härte des Wassers** in Erscheinung. Nur die „temporäre" Härte des Wassers stammt aus dieser Kalziumverbindung; die „permanente" dagegen aus Magnesiumsalzen u. a., oft ist die letztere als bleibende ebenso hoch wie die vorübergehende (temporäre) Härte.

Vor dem Gesetz über die Einheiten im Messwesen wurde die Härte des Wassers bei uns in °dH bzw. °d angegeben. 1 °d entspricht 10 mg CaO je Liter Wasser. Bis zu 4 °d spricht man von sehr weichem, von 4–8 °d von Weichem, von 8–18 °d von mittelhartem, von 18–30 °d von hartem und über 30 °d von sehr hartem Wasser. Heute bezieht man sich auf die Einheit mmol (Millimol) der Ca^{2+}- und Mg^{2+}-Ionen pro Liter H_2O. 1 Mol = 1 Gramm-Molekül (siehe auch nach bei Atom- und Molekülmasse). Im Waschmittelgesetz sind jetzt folgende Konzentrationsbereiche festgelegt:

Bereich 1 (weich)	bis 1,3 mmol/l	das sind 7 °d
Bereich 2 (mittelhart)	1,3–2,5 mmol/l	das sind 7–14 °d
Bereich 3 (hart)	2,5–3,8 mmol/l	das sind 14–21 °d
Bereich 4 (sehr hart)	über 3,8 mmol/l	das sind über 21 °d

1175 Das Ca^{2+}-Ion übt mit K^+-Ionen und Mg^{2+}-Ionen eine Wechselwirkung auf die Pflanze aus. Im Gegensatz zu K^+-Ionen hat es eine entquellende Wirkung (Ionenantagonismus). Festlegung oder Freisetzung von Ca^{2+} wird durch das Protein Calmodulin geregelt.

CaO befindet sich in den Aschen aller Pflanzenteile. Ca^{2+} ist ein Baustoff und vom Keimling bis zum Samen unentbehrlich. Ca^{2+}-Mangel hemmt Pollenkeimung und Pollenschlauch-Wachstum und ist am Zellwandaufbau beteiligt. Ca^{2+} gibt dem wachsenden Gewebe und den älteren Zellen eine erhöhte Widerstandskraft gegen ungünstige Einflüsse des Wetters und hat eine entgiftende Wirkung durch Bindung der beim Stoffwechsel entstehenden giftigen Säuren. Bedeutsam ist, dass Calcium-($CaCl_2$-)Spritzungen auf die Blätter Brakteen-Randnekrosen bei *Euphórbia pulchérrima* verhindern können.

1176 Es gibt **„kalkliebende Pflanzen"**, z. B. Rosen, Nelken, Astern, Phlox,
1177 Enzian, Rittersporn u. a., und **„kalkfeindliche" Pflanzen,** z. B. die Moorbeetpflanzen (Heidekraut, Kamelie, Hortensie, Rhododendron) und Orchideen. Kalkfeindliche Pflanzen bedürfen wie die kalkfreundlichen des Kalziums, vertragen aber nicht wie jene einen höheren pH-Wert.

Die kalkliebende und kalkfeindliche Flora gibt gute Hinweise auf den Kalkzustand eines Bodens.

1178 **Magnesium** (Mg) ist ein Metall, das u. a. gebunden im Kainit, Dolomit und Talk vorkommt; es verbrennt mit sehr hellem Licht zu MgO.

1179 **Magnesiumsalze** sind im Erdboden meist als Karbonate vorhanden und wirken in reinen Lösungen stark giftig. Diese Giftwirkung muss durch
1180 Kalkgaben ausgeschaltet werden. Es besteht ein **Magnesium-Kalk-Verhältnis.** Magnesium ist ein wichtiger Baustoff für die Zelle. Vor allem hat sein Vorhandensein einen günstigen Einfluss auf die Chlorophyllbildung. Auch beim Kohlenhydratabbau soll das Magnesium eine gewisse Rolle als Bestandteil von Enzymen spielen. Dadurch ist zu erklären, dass auch nichtgrüne Pflanzen Magnesium benötigen. Es hat dort auch noch weitere Aufgaben.

1181 **Eisen** (Fe) ist in allen Pflanzenaschen vorhanden und ein Baustoff wichtiger Verbindungen, z. B. in Enzymen, die im Atmungsstoffwechsel eine Rolle spielen.

1182 Mangelnde Ausbildung des Chlorophylls, die **Chlorose** oder **Gelbsucht,** kann u. a. auf ungünstige Bodenverhältnisse zurückzuführen sein. Zu hoher pH-Wert legt an sich lösliche Eisenverbindungen des Bodens unaufnehmbar fest. Durch Gegenmaßnahmen (pH-Wert-Senkung und Blattspritzung mit Fe-haltigen Chelaten) kann diese Chlorose behoben werden. Es gibt noch andere Chlorosen (N-Mangel-Chlorose, Mn-Mangel-Chlorose usw.).

Prinzipiell ist zum Eisen noch zu sagen, dass es im Chlorophyll selbst nicht nachweisbar ist, wohl aber indirekt am Bildungsprozess dieses Farbstoffs beteiligt zu sein scheint.

1183 **Chlor** (Cl) kann als gelbgrünes Gas (Cl_2) auftreten, das sehr stark riecht und die Schleimhäute angreift. Cl kommt in der Natur nicht frei, sondern nur gebunden vor. Chlor löst sich in Wasser. Chlor ist ein Bestandteil des Kochsalzes (NaCl). Das Chloridion scheint, wenn auch in unvorstellbar geringen Mengen, für die Photosyntheseprozesse eminent wichtig zu sein. Der Pflanze wird Chlor vorwiegend in Form von Natrium- und Kaliumchlorid geboten.

Das Chloridion hat eine quellungsfördernde Wirkung. Für die Ernährung der salzliebenden Pflanzen kommt ihm besondere Bedeutung zu. Der Einfluss des Natriumchlorids äußert sich auch in der Formbildung dieser Pflanzen, nämlich in der Sukkulenz fast aller Meerstrand- und Salinenpflanzen. Chloride sollen einen günstigen Einfluss auf die Lösung und Wanderung der Stärke ausüben, wodurch das Wachstum beschleunigt wird. Manche Pflanzen (z. B. Stachel- und Johannisbeeren und Gurke) sind gegen größeren Chloridgehalt im Boden empfindlich, wiederum andere (z. B. Kartoffel und Tabak) vertragen zwar diese Chloride, erfahren dann aber Qualitätseinbußen. Durch Streusalzanwendung kommt es gleichfalls zu Chloridschäden. Hierher gehört auch größtenteils das vermeintlich infolge Mg-Mangels vorkommende „Omorikasterben".

1183a **Kiesel, Silicium** (Si) ist in der Form kieselsaurer Salze und des Kieselsäureanhydrids sehr verbreitet, denn ein Viertel unserer festen Erdrinde besteht aus Silicium. Auch in den Panzern kleiner Lebewesen (Diatomeen) wird Kieselsäure, SiO_2, gefunden, sie bilden die großen Ablagerungen von Kieselerde (Kieselgur).

Durch Einlagerung in die Epidermisaußenwände wird die Widerstandskraft, z. B. bei den *Poaceen* und *Cyperaceen* erhöht. Die Verkieselung ist bei einigen Schachtelhalmen so stark, dass man sie zum Polieren
1184 von Zinngefäßen benutzen kann, weshalb diese Pflanzen auch **Zinnkraut** genannt werden. Kieselsäure macht die Zellwand fest und damit widerstandsfähig gegen Angriffe der Bakterien, Pilze u. a., womit wohl auch die nachgewiesene Wirksamkeit von Brennessel- und Schachtelhalmpräparaten der biologisch-dynamischen Wirtschaftsweise ihre Erklärung findet. Bemerkenswert ist ferner das Vorkommen von Kieselsäure in löslicher Form in Boretschgewächsen. Das ist anderweitig nicht bekannt. Der relativ hohe SiO_2-Gehalt des Holzes von *Erica arbórea* (Baumheide) macht es schwer verbrennbar. Deshalb ist die Verwendung dieses Holzes (*Bruyère*-Holz) zur Tabakspfeifen-Herstellung einleuchtend.

1185 Der **Kohlenstoff** (C) ist das wichtigste Aufbauelement der organischen

Verbindungen, der Erforschung dieser Kohlenstoffverbindungen widmet sich die organische Chemie.

Der Kohlenstoff kommt rein in 3 Formen vor:

1. als Diamant, reiner Kohlenstoff, härtestes Mineral,
2. als Graphit, reiner Kohlenstoff, weiches Mineral,
3. in Kohle, Zersetzungsprodukt aus pflanzlichen Stoffen.

1186 Die wichtigste Kohlenstoff-Sauerstoff-Verbindung ist **CO_2**, das **Kohlendioxid.** Es ist ein farb- und geruchloses Gas, das als **Kohlensäure** bezeichnet wird, obwohl es nur das Kohlensäure-Anhydrid ist. Erst nach der Reaktion mit Wasser entsteht die Säure.

Das Kohlendioxid ist die für das Leben wichtigste Verbindung. Da nun aber die Pflanze die gebundene Kohlensäure, wie sie z. B.
1187 in den **Karbonaten** vorliegt, nicht ausnutzen kann, ist sie auf das in der atmosphärischen Luft (0,03 %) und in der Bodenluft vorhandene Kohlendioxid angewiesen. Die Trockenmasse einer Pflanze oder die eines Pflanzenteils besteht etwa zur Hälfte aus Kohlenstoff.

Der Kohlenstoff beschreibt einen Kreislauf: Boden – Pflanzenkörper – Tierkörper – Boden.

1188 **Phosphor** (P) kommt in der Natur nur in Salzform, besonders als phosphorsaurer Kalk (Phosphorite, Apatite) und in organischen Körpern (Eiweißstoffen) sowie Knochen vor.

Phosphor wird der Pflanze als Kalium-, Natrium-, Ammonium-, Kalzium- oder Magnesiumphosphat geboten. Der Gehalt an Phosphorsäure wird bei Düngemitteln in P_2O_5 angegeben. Phosphorsäure findet man in allen Pflanzenteilen, hat sie doch vorwiegende Bedeutung für den Aufbau vieler organischer Verbindungen, z. B. der Zellkernsubstanzen (Nukleoproteide) sowie bei der Wurzel-, Blüten- und Fruchtbildung. Auch beim Atmungsstoffwechsel hat sie bedeutsame Funktionen. Die Pflanze nimmt die entsprechenden Ionen in Form von HPO_4^{2-} und $H_2PO_4^-$ auf.

1189 **Sauerstoff** (O) ist unter allen Elementen das verbreitetste. Es bildet als O_2 einen wesentlichen Bestandteil des Gasgemisches der Luft, nämlich 21 %. Im gebundenen Zustand ist es vor allem im Wasser und außerdem in den Basen und fast allen Säuren und Salzen enthalten.

Sauerstoff ist für die Pflanze ein lebensnotwendiges Element. Sie nimmt ihn auf (Atmung), um mit seiner Hilfe organische Stoffe abzubauen, zu „verbrennen" (Dissimilation). Hierbei wird aber Energie frei für die Erhaltung der Lebensfunktionen.

1190 **Schwefel** (S) kommt in der Natur nur in vulkanischen Gebieten gediegen, d. h., in freiem, ungebundenem Zustand, vor. Es ist in vielen Mineralien und Erzen enthalten. Er besitzt eine gelbe Farbe.

Schwefel wird der Pflanze in Form von Kalium-, Natrium-, Ammonium-, Magnesium- oder Kalziumsulfat verabreicht. Die

Pflanze benötigt Schwefel zum Aufbau von schwefelhaltigen Aminosäuren, somit vor allem von Eiweißstoffen. Auch das Vitamin B_1 und die scharfen Öle von Senf, Knoblauch und Meerrettich enthalten Schwefel.

1191 **Stickstoff** (N) ist u. a. als farbloses, geruchloses und geschmackloses Gas bekannt (N_2), das sich bei tiefen Temperaturen verflüssigen lässt. Die atmosphärische Luft enthält 78 % N_2. Stickstoff hat einen bezeichnenden Namen, weil in reinem Stickstoff die Verbrennung unterbunden wird und jegliches Leben erstickt.

Stickstoff ist das wichtigste Element beim Aufbau der Eiweißverbindungen. Ohne Eiweiß ist kein Leben möglich, deshalb ist jegliches Lebewesen auf die Versorgung mit Stickstoff angewiesen, chlorophyllhaltige Pflanzen sogar zusätzlich, denn sie wären ohne N nicht zur Biosynthese des Blattgrüns befähigt.

1192 Die Pflanzen verwerten den **Stickstoff** meistens nur in gebundener, mineralischer **Form,** d. h., als Ammoniumsalze oder Nitratstickstoff. Nur wenige Pflanzenarten, unter ihnen die Schmetterlingsblütler, vermögen durch das Zusammenleben mit den sog. Knöllchenbakterien den atmosphärischen Stickstoff aufzunehmen und auszunutzen.

Stickstoffmangel und Stickstoffüberschuß wirken sich für Pflanzenkulturen sehr nachteilig aus (mangelndes Wachstum bzw. Mastkultur).

Um den Eintrag von Nitraten in das Grundwasser infolge überhöhter N-Düngung zu vermeiden, bezieht man sich heute auf den N_{min}-Vorrat der Böden, der entweder geschätzt oder analytisch bestimmt wird. Darauf ist dann die Höhe der zu verabreichenden N-Gabe abzustimmen. So wird bewirkt, dass der NO_3-(Nitrat-)Stickstoff nur begrenzt in die Pflanzen gelangt und nicht dessen Protein-Synthesekapazität überschreitet, sie also nicht zuviel Nitrat aufnehmen können. Andernfalls kann es z. B. in Gemüsen (Blattspinat usw.) zu erhöhten Nitratgehalten kommen. Der Verzehr solcher Pflanzen beeinträchtigt den Sauerstofftransport in unserem Blut. Fälle von Erstickungstod bei Säuglingen sind bekannt geworden.

Dessen ungeachtet ist jetzt aber mittels einer speziellen Düngetechnik der gesamte N-Bedarf einer Pflanzenkultur ohne Risiken in einer einmaligen
1192a Gabe verabreichbar. Es handelt sich hier um das **Cultan-Verfahren** (**C**ontrolled **U**ptake **L**ong **T**erm **A**mmonium **N**utrition) von Professor Karl Sommer, Bonn. Eine gesättigte Harnstoff-Ammoniumsulfat-Lösung (etwa 250 g/l), ein Drittel aus NH_4-N, zwei Drittel aus Harnstoff bestehend, wird mit besonderen Pflugscharen (Injektionsscharen) 5–10 cm tief ungefähr 5 cm neben Pflanzenreihen in den Boden gebracht. Bodenbestandteile binden den Ammoniumanteil. Der Harnstoff bedarf zunächst der Umwandlung zu Ammonium-Verbindungen, deren bakteriell bedingte Nitrifikation durch den beigefügten Stoff Didin gehemmt wird. Das Verfahren hat sich im Gemüsebau bereits bestens bewährt. Versuche in geeigneten Zierpflanzenkulturen stehen an.

1193 **Wasserstoff** (H) kann als ein farbloses, geruchloses und geschmackloses Gas vorkommen (H_2). Es ist das leichteste aller Gase, etwa 15-mal leichter als Luft. Infolge seiner Neigung, sich mit Sauerstoff zu verbinden, kommt das Gas nur in sehr geringen Mengen in freiem Zustand vor.

Beim Wasser (H_2O), bei den Säuren (z. B. HNO_3), den Basen sowie in zahlreichen organischen Verbindungen (z. B. in Kohlenhydraten), also auch im Pflanzenreich, ist H ein wesentlicher Bestandteil.

Die Menge der Wasserstoffionen, richtiger Hydronium-Ionen genannt, bestimmt den Säuregrad einer Flüssigkeit.

1194 Als **Spurenelemente** oder **Mikronährstoffe** bezeichnet man Grundstoffe wie Bor, Kupfer, Mangan, Molybdän, Zink u. a., die in kleinsten Mengen wirksame Pflanzenaufbaustoffe sind (Hochleistungselemente).

Obwohl sie nur in Spuren zur Verfügung zu stehen brauchen, löst das Fehlen einzelner Spurenelemente mindere Erträge und Krankheiten aus. Bei Molybdän-Mangel z. B. sind Knöllchenbakterien in der N_2-Fixierung gehemmt. Weihnachtssterne können Blattnekrosen bekommen, Kohlarten (besonders Blumenkohl) Klemmherzigkeit zeigen. Mn-Mangel führt zu charakteristischen Chlorosen. Kupfermangel stört die Ligninbildung. Besonders emfindlich auf Kupfermangel reagiert Portulak. Bioorganische Substanzen und Enzyme mit eingebautem Bor sind unbekannt. In höheren Konzentrationen wirkt Bor toxisch, bei Fehlen jedoch reagieren Futter- und Zuckerrüben mit Herz- und Trockenfäule. Bei Fehlen von Bor im Narbensekret unterbleibt die Pollenkeimung. Zink ist Bestandteil von mehr als 70 Enzymen. Bei Zinkmangel, der selten vorkommt, reagieren die Pflanzen mit Chlorophylldefekten und Wachstumsstörungen (Blattverzwergung, mangelnde Internodienstreckung). Kobalt scheint nur für Pflanzen notwendig zu sein, die zur symbiontischen N_2-Fixierung befähigt sind. Nickel ist u. a. ein Bestandteil des Enzyms Urease. Nickelmangel kann folglich Harnstoffanhäufung mit anschließenden Blattnekrosen herbeiführen.

Diesen unbedingt notwendigen Elementen sind die nützlichen hinzuzufügen, die man teils auch Ballaststoffe nennt, weil ihre Bedeutung unklar ist (Beispiel: Al). Diesbezüglich sind die *Melastomatáceae* erwähnenswert. Sie akkumulieren mit Vorliebe Aluminium. Die betonte Aufnahme von Al-Ionen wird bewiesen durch die Tatsache, dass in der Pflanzenasche dieser Gewächse bis zu 20 % Aluminiumoxid nachweisbar sind.

Nährstoffe sind einfache chemische Verbindungen der Nährelemente und dienen der eigentlichen Ernährung der Pflanzen. Unter Nährstoffen versteht man in der Ernährungslehre für den menschlichen und tierischen Bereich Kohlenhydrate, Fette und Eiweiß. Sie entsprechen in keiner Weise den wasserlöslichen und relativ einfachen anorganischen Verbindungen, aus denen Pflanzen im Verlauf ihrer Mineralstoffernährung benötigte Ionen aufnehmen. Deshalb wäre es berechtigter, wenn man im Pflanzenbau treffender von Nährelementaufnahme in Ionenform sprechen würde. Die mittlerweile in der BRD in Kraft getretene Düngeverordnung soll Richtschnur für eine gezielte, bedarfsorientierte und damit umweltverträgliche Düngung der Kulturpflanzen sein.

Die Verordnung besteht seit dem 1. 7. 1996 und gilt für alle Betriebe, die auf landwirtschaftlich oder gartenbaulich genutzten Flächen wirtschaften, somit auch für

Unterglasflächen. Sie greift nicht für Kulturen in geschlossenen, bodenunabhängigen Systemen. Laut Düngeverordnung müssen Düngebedarfsermittlungen vorgenommen und schriftlich belegt werden. Die Unterlagen sind 9 Jahre aufzubewahren. Als zuständige Fachbehörde, die auch kontrollieren kann, fungieren im Regelfall die Landwirtschaftskammern. Besondere Aufmerksamkeit schenkt man dem Stickstoff, der in seiner Nitratform im Boden sehr mobil und auswaschungsgefährdet ist. Man lese auch nach bei Nr. 1192 und 1192a.

1195 Der **pH-Wert** ist der negative Exponent der Hydroniumionen-Konzentration (**pH** = **P**otenzexponent der **H**ydroniumionen-Konzentration oder **p**otentia **H**ydrogenii = „Wasserstoff-Wirksamkeit").

In den meisten Flüssigkeiten befindet sich Wasser. Es besteht aus zwei Teilen Wasserstoff und einem Teil Sauerstoff.

Häufig spalten sich im gelösten Zustand die Ionenaggregate der Salze ganz oder teilweise in elektrisch geladene Atome oder Atomgruppen, die
1196 **Ionen.** Auch reines, destilliertes Wasser zerfällt in Wasserstoffionen (richtiger Hydroniumionen = H_3O^+) und in den Restbestand des Wassers, die OH-Gruppe = OH^-.

Die Gleichung dafür lautet: $2\ H_2O \rightarrow H_3O^+ + OH^-$.

Ein Hydroniumion entsteht nach Anlagerung eines Protons, also eines so genannten Wasserstoffions, an ein Wassermolekül. Freie Wasserstoffionen gibt es, genaugenommen, nicht, zur Vereinfachung spricht man aber weiterhin von ihnen. Eigentlich sind auch Hydroniumionen bereits Folgegebilde, entstanden durch H_2O-Molekül-Anlagerung an die ursprünglichen H_3O^+, die man primär Oxoniumionen zu nennen pflegt.

1197 Die **Stärke einer Säure** wird bestimmt durch die Menge der abdissoziierten Wasserstoffionen (H-Ionen).

1198 Die Zahl: „Menge Wasserstoffionen in 1 l Flüssigkeit" nennt man **Wasserstoffionenkonzentration,** richtiger Konzentration der Hydroniumionen.

Diese Zahl ist sehr klein und wird immer kleiner, je mehr der Charakter vom Sauren zum Basischen übergeht.

So beträgt z. B. die Menge der in 1 l reinem Wasser befindlichen Hydroniumionen, also die so genannte Wasserstoff-Ionen-Konzentration, bei einer bestimmten Temperatur nur ein Zehnmillionstel dieses Liters, als echter Bruch geschrieben: $^1/_{10000000}$, als Dezimalzahl 0,0000001 = 10^{-7}. Bei dieser Dezimalzahl steht die 1 an siebenter
1199 Stelle hinter dem Komma, deshalb wird eine **neutrale Reaktion** durch die Zahl 7 ausgedrückt, zumal für die entgegengesetzt wirkenden OH-Ionen dann auch 10^{-7} einzusetzen ist. Durch Hinzufügen einer Säure erhält das Wasser einen sauren Charakter, und seine Zahl an Hydroniumionen wird dadurch erhöht, so dass die Zahl hinter dem Komma nach links rückt. Bei Hinzufügen einer Base rückt die Zahl weiter nach rechts vom Komma.

Die Wirkung eines Bodens, genauer eines Bodenauszugs, auf den Indi-
1200 kator bezeichnet man als **Bodenreaktion.**

1200

Die meisten Pflanzen finden nur innerhalb eines bestimmten Reaktionsbereiches ihr optimales Wachstum und Gedeihen.

Die im Gartenbau gebräuchlichen Zahlenwerte für die Bodenreaktion sind folgende:

alkalisch (kalkreich)	über 8,0	pH
schwach alkalisch (kalkhaltig)	7,4–8,0	pH
neutral (kalkgesättigt)	6,4–7,3	pH
schwach sauer (mäßiger Kalkgehalt)	5,4–6,3	pH
sauer (kalkarm)	4,6–5,3	pH
sehr sauer	4,1–4,5	pH
stark sauer	3,5–4,0	pH
sehr stark sauer	unter 3,5	pH

Über die zweckmäßige Kennzeichnung mit Wörtern lässt sich hier streiten, bei den Zahlenangaben nicht. Prinzipiell gilt: > 7 = alkalisch (basisch), 7 = neutral, < 7 = sauer.

Die besten Reaktionsbereiche für unsere Kulturpflanzen sind durch Versuche ermittelt worden:

Obstgarten	
Steinobst	6,5–8,0 pH
Kernobst	6,0–8,0 pH
Erdbeeren	6,0–7,6 pH
Gemüse	
Bohnen	5,0–8,0 pH
Blumenkohl	6,0–7,7 pH
Erbsen	5,5–7,5 pH
Grünkohl	5,6–7,5 pH
Gurken	5,6–7,5 pH
Karotten	6,0–7,4 pH
Kohlrabi	5,6–7,5 pH
Kopfsalat	5,5–7,5 pH
Kürbis	5,6–7,0 pH
Meerrettich	6,0–7,5 pH
Porree	6,5–7,7 pH
Radies	5,6–7,0 pH
Rapünzchen	6,0–7,7 pH
Rettich	5,6–7,0 pH
Rhabarber	5,0–7,0 pH
Rosenkohl	5,6–7,5 pH
Rote Rüben	6,5–7,7 pH
Rotkohl	6,0–7,7 pH
Sellerie	6,3–7,7 pH
Spargel	5,5–7,7 pH
Spinat	5,5–7,0 pH
Tomaten	5,0–7,5 pH
Weißkohl	6,0–7,7 pH
Zuckerrüben	6,5–8,0 pH

Topfpflanzen	
Aspáragus	6,0–7,0 pH
Begonia	5,4–6,6 pH
Buntnessel	4,3–5,0 pH
Calceolária	6,0–6,5 pH
Caméllia	4,0–4,5 pH
Chrysánthemen	5,5–8,0 pH
Crássula	6,5–7,5 pH
Cýclamen	5,0–6,0 pH
Diánthus	6,0–7,5 pH
Eríca grácilis	3,5–5,5 pH
Farne	4,5–7,5 pH
Fúchsia	4,3–5,8 pH
Hydrangéa	4,1–6,5 pH
Hydrangéa (blau)	4,0–4,5 pH
Láthyrus	6,5–7,5 pH
Matthíola	6,5–7,5 pH
Pálmen	5,0–6,2 pH
Pelargónium	4,4–7,0 pH
„Poinséttia"	6,0–6,5 pH
Primula	6,0–7,0 pH
Rhododéndron	3,5–5,5 pH
Rósa	6,6–8,0 pH
Sinníngia	4,5–6,6 pH
Tradescántia	4,2–5,0 pH

Stauden

Adónis	5,4–7,3 pH
Alýssum	6,4–8,0 pH
Anemóne	5,4–7,3 pH
Aquilégia	5,4–7,3 pH
Árabis	6,4–8,0 pH
Arúncus	3,5–5,3 pH
Ásarum	3,5–5,3 pH
Áster	5,4–7,3 pH
Astílbe	4,6–6,3 pH
Aubriéta	6,4–8,0 pH
Brúnnera	5,4–7,8 pH
Cálla	3,5–5,3 pH
Callúna	3,5–5,3 pH
Campánula	6,4–8,0 pH
Cimicífuga	4,6–6,3 pH
Cólchicum	3,5–5,3 pH
Convallária	5,7–7,3 pH
Cypripédium	6,4–8,0 pH
Diánthus	6,4–8,0 pH
Dicéntra	5,4–7,3 pH
Dictámnus	5,4–7,3 pH
Drába	6,4–8,0 pH
Eríca cárnea	6,4–8,0 pH
Eríca tétralix	3,5–5,3 pH
Erýngium	6,4–8,0 pH
Filipéndula	3,5–5,3 pH
Gentiána acaulis	6,4–8,0 pH
Gentiána pneumonánthe	3,5–5,3 pH
Géum	4,6–6,3 pH
Helléborus	6,4–8,0 pH
Hepática	6,4–8,0 pH
Heracléum	4,6–6,3 pH
Heuchera	5,4–7,3 pH
Incarvíllea	4,6–6,3 pH
Íris	3,5–5,3 pH
Láthyrus	5,4–7,3 pH
Leontopódium	6,4–8,0 pH
Limónium	6,4–8,0 pH
Línum	6,4–8,0 pH
Lupínus	4,6–6,3 pH
Lýthrum	3,5–5,3 pH
Monárda	4,6–6,3 pH
Oenothéra	6,4–8,0 pH
Órchis	3,5–7,3 pH
Papáver	5,4–7,3 pH
Phlóx	6,4–8,8 pH
Potentílla	4,6–6,3 pH
Prímula aurícula	6,4–8,0 pH
Prímula elátior	4,6–6,3 pH
Prímula japónica	3,5–5,3 pH
Saxífraga	6,4–8,0 pH
Scabiósa	5,4–7,3 pH
Sempervívum	6,4–8,0 pH
Senécio	3,5–5,3 pH
Tróllius	3,5–5,3 pH
Túnica	6,4–8,0 pH
Týpha	3,5–5,3 pH
Viola calcaráta	6,4–8,0 pH
Viola cornúta	5,4–7,3 pH
Viola (Stiefmütterchen)	7,0–8,2 pH

Damit hängt auch das Problem der sog. kalkliebenden und kalkfeindlichen Pflanzen zusammen.

1201 Die **kalkfeindlichen Pflanzen** bedürfen ebenso wie die kalkliebenden des Nährions Ca^{2+}. Was sie aber nicht vertragen können, ist die alkalische Bodenreaktion, die durch den Kalk, der in der Natur hauptsächlich als $Ca\,CO_3$ vorhanden ist, hervorgerufen wird. Pflanzenphysiologen führen „kalkfeindliche" Pflanzen als acidophile Arten.

1201a Die **kalkliebenden Pflanzen** können dagegen besonders gut bei einer alkalischen Reaktion gedeihen. Außerdem spielen noch durch den Kalk bedingte physikalische Verhältnisse mit. „Kalkliebende" Pflanzen nennt der Pflanzenphysiologe korrekter basiphile Arten. Entsprechend differenziert er dann weiter in acidophil-basitolerante und basiphil-acidotolerante Species.

Die nachstehende Tabelle zeigt, wie die gesamten pH-Zahlen 1–14 zu deuten sind:

Grad der Wasserstoff-Ionen-Konzentration ausgedrückt in		Die „1" steht an ... Stelle hinter d. Komma	ph-Zahl
Bruchzahlen	Dezimalzahlen		
$^{1}/_{10}$	0,1	1	1
$^{1}/_{100}$	0,01	2	2
$^{1}/_{1\,000}$	0,001	3	3
$^{1}/_{10\,000}$	0,000 1	4	4
$^{1}/_{100\,000}$	0,000 01	5	5
$^{1}/_{1\,000\,000}$	0,000 001	6	6
$^{1}/_{10\,000\,000}$	0,000 000 1	7	7
$^{1}/_{100\,000\,000}$	0,000 000 01	8	8
$^{1}/_{1\,000\,000\,000}$	0,000 000 001	9	9
$^{1}/_{10\,000\,000\,000}$	0,000 000 000 1	10	10
$^{1}/_{100\,000\,000\,000}$	0,000 000 000 01	11	11
$^{1}/_{1\,000\,000\,000\,000}$	0,000 000 000 001	12	12
$^{1}/_{10\,000\,000\,000\,000}$	0,000 000 000 000 1	13	13
$^{1}/_{100\,000\,000\,000\,000}$	0,000 000 000 000 01	14	14

In den Bereich moderner Kulturtechniken gehören heute im Gartenbau ständige Messungen und damit Kontrollen der elektrischen Leitfähigkeit von Nährlösungen bzw. Substraten. Über- bzw. Unterschreitungen be-
1201b stimmter Grenzwerte können Qualitätseinbußen bewirken. Der **EC-Wert** (electrical conductivity) ist bedingt durch den Gesamtsalzgehalt. Maßeinheiten für den EC-Wert sind mS/cm x 25° und µS/cm x 25°. Vereinfacht heißt es mS/cm (Millisiemens) oder µS/cm (Mikrosiemens). Der Verband der Landwirtschaftlichen Untersuchungs- und Forschungsanstalten (VdLUFA) gibt den Salzgehalt in g Kaliumchlorid/l Substrat an (gKCl/l), nämlich aus Gründen der Vergleichbarkeit. Es wäre aber empfehlenswert, auch hier eine Umstellung auf EC-Wert-Angaben vorzunehmen, um die Leitfähigkeit der Bodenlösung, die einen unmittelbaren Einfluss auf die Wurzel hat und folglich sehr aussagekräftig ist, erkennbar zu machen.

Fortpflanzung und Vermehrung

1202 Die **Fortpflanzung** bezweckt das Fortbestehen einer Pflanze über ihr Dasein hinaus, indem sie Teilen von sich die Möglichkeit gegeben hat, zu Individuen (Einzelwesen) zu werden. Sind diese Teile ungeschlechtlich, so handelt es sich um Brutkörper; sind die Teile geschlechtlich, dann sind es die männlichen und weiblichen Keimzellen,
1203 die aber erst nach paarweiser Vereinigung, der **Kopulation** oder Befruchtung, zu keimen vermögen. Genau genommen handelt es sich bei der Kopulation um Syngamie, die mit Plasmogamie (Fusion des Plasmas beider Zellen) beginnt und durch Karyogamie (Verschmelzung beider Kerne) beendet wird.

Man sollte zwischen Vermehrung und Fortpflanzung deutlicher unterscheiden. Vermehrung ist gleichzusetzen mit ± deutlicher Individuenzunahme der Arten, die damit in ihrer Ausbreitung (Propagation) gefördert werden. Fortpflanzung ist lediglich Reproduktion. Ein Elternpaar mit nur einem Kind hat sich fortgepflanzt, nicht vermehrt.

Die **geschlechtliche Fortpflanzung** beruht also auf der Vereinigung zweier Sexualzellen, der Gameten, die im Allgemeinen einzeln nicht entwicklungsfähig sind. Das Verschmelzungsprodukt heißt Zygote. Der ♀ Gamet lässt sich aber auch manchmal zur Entwicklung anregen ohne Geschlechsakt (Jungfernzeugung).

Im einfachsten Falle sind die verschmelzenden Gameten gleich groß und ähneln den Zoosporen; sie sind physiologisch, aber nicht morphologisch verschieden. Dann spricht man, wie bei einigen Algen,
1204 von **Isogameten** und **Isogamie.**

Sind die Gameten ungleich groß, so ist der größere der weibliche (Gynogamet), der kleinere der männliche (Androgamet). In diesem Falle
1205 spricht man von **Anisogameten** und **Anisogamie.**

Büßt dann mit zunehmender Entwicklungshöhe der weibliche Gamet
1206 seine aktive Bewegungsfreiheit ein, so heißt er **Ei,** während die zahl-
1207 reichen beweglichen männlichen Gameten **Spermatozoide,** die Vorgänge
1208 der Verschmelzung selbst **Oogamie** genannt werden.

Sind mehrere oder nur ein Ei in einem Behälter, so befinden sie sich
1209 in einem **Oogonium.** Besteht der Eizellen-Behälter aus vielzelligem Ge-
1210 webe, so nennt man ihn **Archegonium.** Die Behälter der männlichen
1211 Sexualzellen heißen **Antheridien.** Das sind für Farne gültige Bezeichnungen.

1212 Unter **Vermehrung** der Pflanzen versteht man alle natürlichen Vorgänge und technischen Maßnahmen, die zum Ziel haben, aus einer Pflanze zwei oder mehrere zu machen, ihr also die Nachkommenschaft zu sichern und ihre Art dadurch zu erhalten. Diese
1213 Nachkommenschaft soll in einer Vielzahl auftreten, wobei das **Individuum,** das Einzelwesen, nicht immer ein getreues Abbild der Mutterpflanze sein muss.

Man unterscheidet die generative oder geschlechtliche und die vegetative oder ungeschlechtliche Vermehrung.

1214 Die **generative, sexuelle** oder **geschlechtliche Vermehrung** geschieht bei den Blütenpflanzen durch die Aussaat von Samen und bei den Sporenpflanzen durch Sporen. Weil die Samen aus der Vereinigung männlicher Gameten mit weiblichen Eizellen hervorgehen, heißt es hier gerechtfertigt geschlechtlich. Bei den Sporenpflanzen findet die Befruchtung auf dem Vorkeim statt. Im strengen Sinne des Wortes ist also eigentlich die Sporenaussaat beispielsweise bei Farnen kein Verfahren zur geschlechtlichen Vermehrung, denn erst im weiteren Verlauf der Sporenkeimung treten ja die erwähnten Vorkeime in sexuelle Funktion.

Bei der geschlechtlichen Vermehrung können durch Kreuzungen neue Sorten entstehen, sie bildet deshalb den Ausgangspunkt für Züchtungen.

Die **geschlechtliche Vermehrung** hat folgende **Vorteile:**

1. Man erhält eine große Anzahl von Pflanzen.
2. 1215 Die Sämlinge bringen gut wurzelnde, widerstandsfähige und wüchsige Pflanzen hervor, die voller Lebenskraft sind.
3. Es können Neuheiten entstehen.
4. Mutterpflanzenquartiere sind nicht erforderlich.
5. Der Virusverbreitung wird entgegengewirkt, denn Samen sind meist virusfrei.

Diesen Vorteilen stehen auch **Nachteile** gegenüber:

1. Die Samen „fallen nicht immer echt", d. h., die Pflanzen sind nicht konstant, wenn das Saatgut nicht rein gezüchtet ist.
2. Die Anzucht dauert oft sehr lange.

1216 Die **vegetative, asexuelle** oder **ungeschlechtliche Vermehrung** geschieht ohne vorherigen Befruchtungsvorgang durch besondere, von der Natur dazu bestimmte Pflanzenteile. Der Einsatz technischer Maßnahmen fördert den Erfolg beträchtlich.

Die **ungeschlechtliche Vermehrung** hat ihre **Vorteile:**

1. Man hat schnell vollwertige Pflanzen,
2. die Stecklinge haben das gleiche Erscheinungsbild und die gleichen Eigenschaften wie die Mutterpflanze,
3. 1217 unfruchtbare Bastarde und Pflanzen, die schwer Samen bringen, lassen sich leicht und sicher vermehren.

Diesen Vorteilen stehen folgende **Nachteile** gegenüber:

1. die Zahl der erhaltenen Pflanzen ist oft gering,
2. Neuheiten treten nicht auf, abgesehen von den selteneren Sports,
3. Die Wüchsigkeit und die Widerstandsfähigkeit lassen nach,
4. unschöne Form- und Farbveränderungen treten im Laufe der Zeit ein,

5. Mutterpflanzenquartiere sind erforderlich,

6. die Gefahr einer zunehmenden Virusverseuchung ist groß.

1218 Die **Arten der ungeschlechtlichen Vermehrung** sind vielfältig. Folgende Pflanzenteile sind von der Natur zur Vermehrung bestimmt: Zwiebeln, Brutzwiebeln, Bulbillen, Scheinbulben, Ausläufer, Schuppenknöllchen, Kindel. Zu den technischen Maßnahmen zählt man die Vermehrung durch Blätter, Stecklinge, Steckholz, Ableger, Absenker, Abrisse, Anhäufeln, Veredelung, Teilung. In allen Fällen handelt es sich um Dividuenbildungen (Selbständigwerden von Pflanzenteilen durch Absterben oder Beseitigung verbindender Teile).

1219 Als **Sport** bezeichnet man eine Pflanze, die ohne vorherige geschlechtliche Vereinigung mit einer anderen Abänderungen zeigt. Diese Abänderungen können sich beziehen auf die Form und Farbe der Blüten, Blätter und Früchte. Sie sind nicht eindeutig vererbbar. Hervorgerufen werden diese Veränderungen durch Einwirkungen auf den Teilungsverlauf körperlicher Zellen. Das kann zumindest den Phaenotyp der Austriebe neugebildeter Knospen ver-
1220 ändern. Daher spricht man bei Sports von **Knospenmutationen,** die z. B. auftreten bei Chrysanthemen, Rosen, Nelken, Erika, Ahorn, Obstarten u. a.

1221 Als **Klon** bezeichnet man die vegetative Nachkommenschaft einer
1222 Auslesepflanze. Diese Nachkommenschaft ist dann **reinklonig.** Durch Sports (Knospenmutation) können Veränderungen verschiedener Art auf-
1223 treten, man spricht dann von einem **Klongemisch.**

Bei manchen Gewächsen bezeichnet man die jungen Pflänzchen,
1224 die vegetativ aus der Stengelbasis hervorgehen, als **Kindel.** Sie setzen Wurzeln an und können dann von der Mutterpflanze gelöst werden, z. B. bei *Agáve americána; Pándanus sánderi* (Schraubenbaum); *Bromeliaceae,* den Ananasgewächsen.

1225 **Ableger** sind die Triebe, die aus dem im Boden steckenden Sten-
Abb. 99 gelgrund hervorgehen und sich freiwillig bewurzeln. Sie werden auch
S. 274 **Bodentriebe** genannt. Ableger bilden Chrysanthemen, Hortensien und
1226 andere.

In der Baumschule versteht man unter Ablegern vorjährige Triebe, die im Frühjahr vor Austrieb in flache Rillen gelegt und mit Erde bedeckt werden, ohne dass Trennung von der Mutterpflanze erfolgte. Die abgelegten Triebe werden im Herbst abgetrennt und ergeben dann selbständige Pflanzen, deren Zahl sich nach den ausgetriebenen Augen je Ableger richtet (Anzucht von Obststräuchern).

Auch an oberirdischen Stellen der Stengel bilden sich oft Wurzeln, wenn sie mit dem feuchten Erdreich in Berührung kommen, z. B. bei *Tradescántia fluminénsis, Selaginélla denticuláta, Oplísmenus hirtéllus, Nephrólepis exaltáta.* Ableger bilden im Gegensatz zu den Absenkern freiwillig Wurzeln.

1227 Abb. 100 S. 274 **Absenker** sind ein- oder zweijährige grundständige Triebe, die rings um die Mutterpflanze in eine humusangereicherte Erde abgesenkt, festgehakt und mit Erde bedeckt werden. Um durch Reizwirkung die Triebe zur Wurzelbildung anzuregen, werden sie an den Biegungsstellen verletzt durch Einschnitte, Aufspalten, Drahtschlingen oder durch Herauslösen von Rindenringen.

1228 Absenker entstehen also durch eine Gewaltmaßnahme, während Ableger durch ein natürliches Bestreben Wurzeln bilden.

1229 **Stecklinge** sind krautige Pflanzenteile, Triebe, Blätter, Augen, Wurzeln, die von der Mutterpflanze getrennt worden sind. Damit sie möglichst schnell Kallus (Wundverschluss) bilden und die fehlenden Organe ersetzen können, werden sie unter den besten Voraussetzungen und unter Berücksichtigung der Polarität in das Substrat gesteckt. Im Gegensatz zu den Ablegern, Absenkern und Abrissen bilden sie die Wurzeln erst nach der Loslösung von der Mutterpflanze.

1230 Als **Steckholz** bezeichnet man verholzte, blattlose Triebe, die möglichst ausgereift, d. h., mit Assimilaten in Rinde, Mark und Markstrahlen ausgefüllt sein sollen.

Einjährige Triebe werden deshalb im Dezember oder Januar in etwa 20 cm lange Stücke zerteilt, gebündelt, frostfrei überwintert und im Frühjahr in die Erde gesteckt. Eine Kuriosität stellen die einige Meter langen Steckhölzer der Wolfsmilchgewächsart *Ricinodéndron heudelótii* in Westafrika dar, die, in den Boden gesteckt, schnell Wurzeln bilden und dann die Funktion von Telegraphenmasten ausüben.

1231 Folgende **Stecklingsarten** werden nach Pflanzenteilen benannt:

1232 **Trieb-** und **Sprossstecklinge** sind krautige, beblätterte Triebe, die aber keine Endknospe haben. Sie können also auch aus der Mitte der Triebe stammen, vorausgesetzt, dass der Härtegrad der richtige ist.

1233 **Kopfstecklinge** sind Triebe mit unverletztem, wachstumsfähigem Gipfelvegetationspunkt, aber im Allgemeinen ohne Blütenknospen.

1234 **Stammstecklinge** sind einmal Stammstücke ohne Blätter, die, mit zwei bis drei Knoten versehen, zur Vermehrung benutzt werden, zum anderen die oberen Stammteile, die durch Absetzen bewurzelt werden.

Stammstücke mit Auge, Knoten und Blatt verwendet man bei *Fícus elástica, Philodéndron und Mónstera.*

Rhizomstücke gelten auch als Stammstecklinge.

1235 **Blattstecklinge** sind Blätter oder auch nur Blatteile, die von ihrer Mutterpflanze losgelöst und in die Erde gesteckt werden. Sie treiben nach unten Wurzeln und nach oben Sprosse; z. B. bei Lorraine- und Rex-Begonie, *Saintpaulia, Sanseviéria* und vielen sukkulenten Pflanzen.

Zu den Blattstecklingen können auch die Zwiebelschuppen der Lilien gerechnet werden.

Bei der Regeneration der Blätter handelt es sich nicht um natürliche blattbürtige Knospen, sondern um die Bildung von Adventivwurzeln und Adventivknospen, die sich durch den Reiz des Loslösens von der Mutterpflanze entwickeln.

1236 **Augenstecklinge** bestehen aus ruhenden Augen (Knospen), die mit ansitzendem Blatt aus dem Trieb herausgeschnitten und in die Vermehrungserde gelegt werden. Diese Methode liefert schwache Pflanzen, darum wird sie nur bei Stecklingsmangel angewandt, z. B. bei Chrysanthemen und Pelargonien. Echten Wein vermehrt man häufig durch Augenstecklinge.

1237 **Wurzelstecklinge** oder **Wurzelschnittlinge** sind 5 cm lange, bleistiftstarke Teile von fleischigen oder holzigen Wurzeln, die durch die Reizwirkung des Schneidens aus Adventivknospen Wurzeln und oberirdische Teile bilden.

Wurzelstecklinge macht man vornehmlich von Stauden, z. B. von *Anemóne-Japónica-Hybriden, Staudenphlox, Echínops rítro,* aber auch von einigen Laubgehölzen, wie *Aesculus parviflóra, Ailánthus altíssima, Rhús týphina,* ferner auch von Brombeeren und Himbeeren.

1238 **Abrissstecklinge, gerissene Stecklinge, Abrisslinge** werden von der Mutterpflanze mit einem kleinen Stammstückchen abgerissen. Man schneidet sie nicht, wie sonst üblich, unter dem Auge zurecht. Die Stecklinge werden gerissen bei: *Eríca grácilis,* Nelken, *Bougainvíllea* und auch bei einigen Gehölzen, Obstunterlagen und Koniferen.

1239 Unter **Absetzen** versteht man bei manchen Kulturpflanzen das Abtrennen des oberen Stammteiles, nachdem er an der Pflanze Wurzeln geschlagen hat. Die Wurzelbildung wird dadurch hervorgerufen, dass der Stamm ringsum eingeritzt und an der Verwundungsstelle mit Sphagnum-Moos oder Watte umwickelt und möglichst feucht und warm gehalten wird („Anmoosen").

Das Absetzen kann durchgeführt werden bei *Cordýline, Dracaena, Fícus, Mónstera, Dieffenbáchia* u. a. Man nennt die abgesetzten Teile auch Stammstecklinge (s. diese).

1240 Das **Anhäufeln** ist eine Vermehrungsart der Baumschulen und wird angewandt bei Laubgehölzen und Obstunterlagen. Es besteht darin, dass diesjährige Jungtriebe von Mutterpflanzen, sobald sie lang genug geworden sind, rundherum mit lockerem humosem Boden einzeln umgeben werden. Im Herbst können die Triebe als bewurzelte Jungpflan-
1241 zen abgenommen werden. Man nennt sie **Abrisse.** Durch Anhäufeln können u. a. vermehrt werden *Aēsculus, Dēutzia, Hydrangéa* und Obstunterlagen wie Äpfel, Pflaumen, Quitten, *Ribes.*

1242 Die **Veredlung** oder **Transplantation** ist ein Vermehrungsverfahren, bei dem ein Reis oder Auge der zu vermehrenden wertvollen
1243 Pflanze mit einer anderen Pflanze, der sog. **Wurzelpflanze** oder **Unterlage,** derart verbunden wird, dass beide miteinander verwachsen. Die neue Pflanzeneinheit zeigt vorwiegend die Eigenschaften der Edelpflanze.

1244 Eine **Veredlung** wird **vorgenommen,** wenn eine andere Methode der Vermehrung unsicher, unwirtschaftlich oder überhaupt undurchführbar ist.

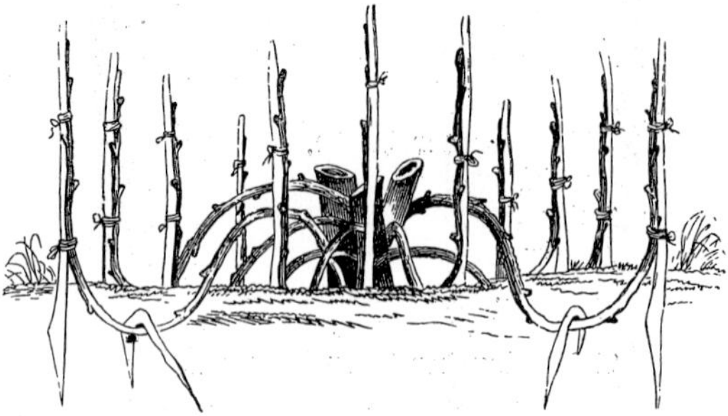

Abb. 99
Ablegen in der Baumschule.

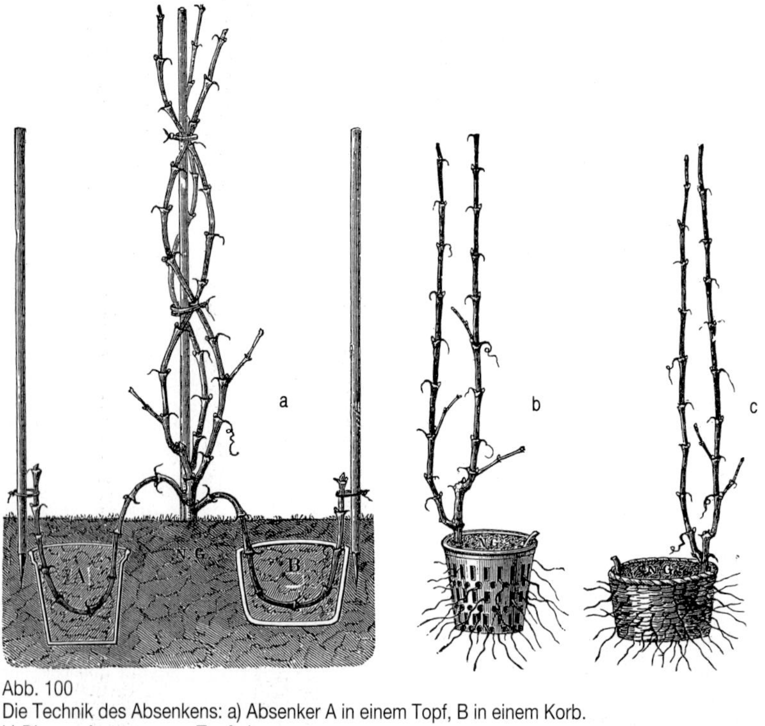

Abb. 100
Die Technik des Absenkens: a) Absenker A in einem Topf, B in einem Korb.
b) Die von A gewonnene Topfrebe.
c) Die von B gewonnene Korbrebe.

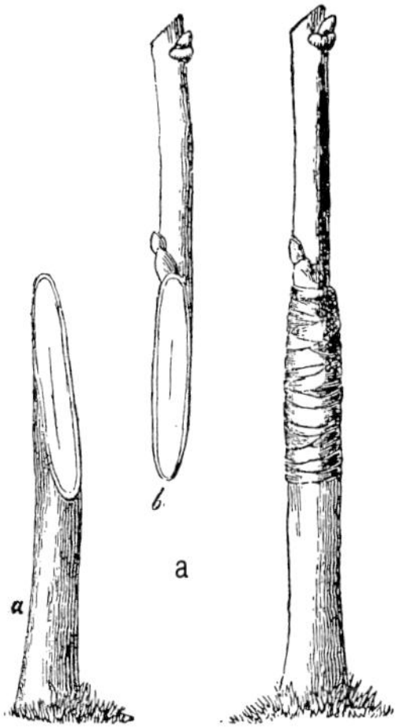

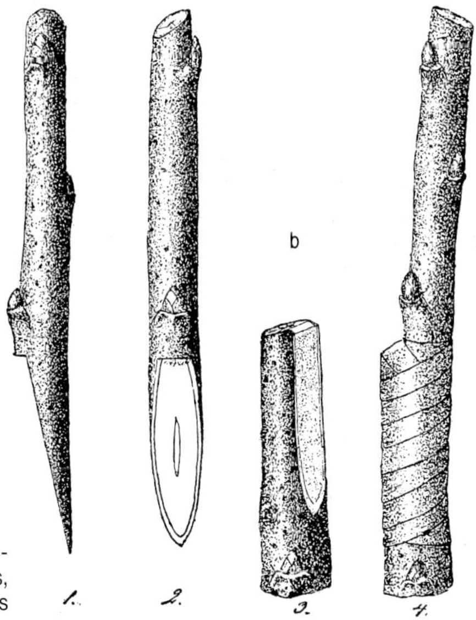

Abb. 101
Pfropfmethoden: a) Kopulieren. b) Anschäften. c) Geißfußpfropfen: A Edelreis, B der angekerbte Stamm, C Ansicht des Pfropfens vor Anlegung des Verbandes. d) Pfropfen in die Rinde: A das Edelreis von der Seite, B von vorn, C Unterlage, D dieselbe mit eingeschobenem Edelreis.

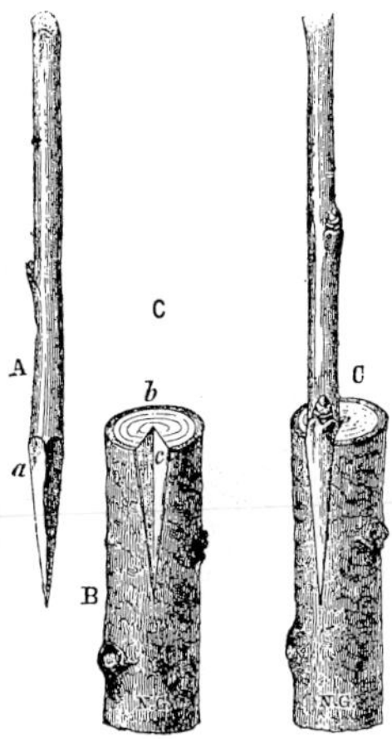

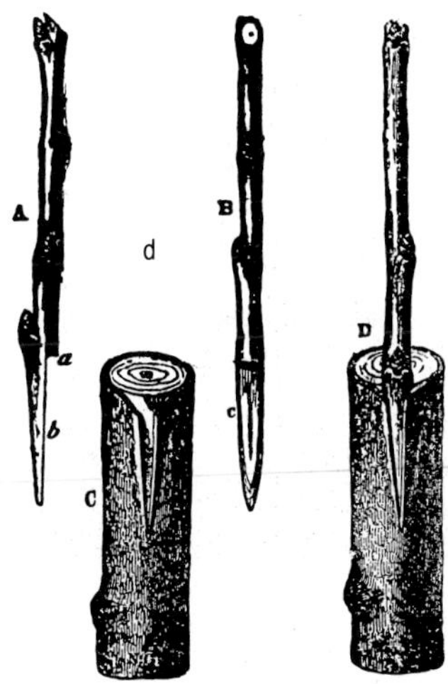

1245 Die üblichen **Veredlungsmethoden** sind:

Äugeln oder die Okulation,
Nicolieren,
Kopulieren,
Anplatten,
Pfropfen (Spaltpfropfen, Pfropfen hinter die Rinde, Geißfußpfropfen),
Ablaktieren,
Handveredlung.

1246 Das **Äugeln** oder die **Okulation** (lat. oculus = Auge). Bei dieser Veredlungsart wird ein edles Auge (Knospe) unter Anwendung eines T-Schnittes auf eine Unterlage gesetzt. Im Sommer, zur Zeit des besten Saftstromes,
1247 veredelt man auf das **„schlafende Auge"**, weil dieses den Winter über noch schläft und erst im Frühjahr austreibt.

1248 Im Frühjahr veredelt man auf das **„treibende Auge"**, das sofort nach dem Anwachsen austreibt.

1249 **Nicolieren** ist ein von P. Nicolin entwickeltes, patentiertes Zwischenveredlungsverfahren, bei dem in einem Arbeitsgang Zwischenveredlungssorte und Edelsorte mit der Unterlage vereinigt werden. Die Anzucht von Gehölzen mit Zwischenveredlung nach Nicolin wird dadurch um ein Jahr verkürzt. Beim Nicolieren wird ein T-Schnitt an der Unterlage angebracht, vom Reis der Zwischenveredlungssorte wird ein Auge wie bei der Okulation geschnitten und verworfen. Von dieser Stelle der Zwischenveredlungssorte wird dann eine 1,5–2 mm starke, länglich-ovale Scheibe geschnitten und in den T-Schnitt eingefügt. Das Auge der Edelsorte wird wie bei der gewöhnlichen Augenveredlung in den T-Schnitt auf die „Nicolier-Scheibe" gesetzt und verbunden.

1250 Das **Kopulieren** ist eines der einfachsten Veredlungsverfahren. Unter-
Abb. 101 lage und Edelreis müssen gleich stark sein und mit ihren mindestens
S. 275 3 cm langen, schrägen Schnittflächen genau aufeinander passen. Die Kopulation wird im zeitigen Frühjahr „auf dem Stand" vorgenommen oder im Winter als Handveredlung im Gewächshaus. (Unter
1251 **Kopulation** versteht man sonst im Allgemeinen die Verschmelzung einer männlichen mit einer weiblichen Keimzelle.)

1252 Bei dem **Anplatten** oder **Anschäften** wird an der Unterlage ein der Schnittfläche des Edelreises entsprechendes Rindenstück derart mit etwas Splintholz herausgelöst, dass beide Schnittflächen aufeinanderpassen. Es wird z. B. bei *Clematis*veredlung als Handveredlung angewandt.

1253 **Pfropfen** ist ein Sammelbegriff für Reiserveredlungen,
Abb. 101 bei denen die Unterlagen stärker sind als die Edel-
S. 275 reiser.

1253a Beim **Spaltpfropfen** wird die Verbindung zwischen der stärkeren Unterlage und dem schwächeren Edelreis besonders fest, weil das Reis in dem Spalt eingeklemmt ist. Hierbei können sich allerdings die großen Lücken, die in der Unterlage entstehen, nachteilig auswirken; darum wendet man bei älteren Bäumen gern das Geißfußpfropfen an.

1254 Beim **Pfropfen hinter die Rinde** wird in die Rinde der stärkeren Unterlage ein Längsschnitt gemacht und unter die abgelösten Rindenflügel das passend zugeschnittene Edelreis geschoben.

Beim einfachen Hinter-die-Rinde-Pfropfen werden beide Flügel
1255 gelöst, beim verbesserten nur ein Flügel, beim sog. **Tittelpfropfen** wird ein schmaler Streifen herausgeschnitten.

1256 Beim **Geißfußpfropfen** oder **Triangulieren** wird aus der sehr viel stärkeren Unterlage (Ast) ein dreieckiges, keilförmiges Stück herausgeschnitten, an dessen Stelle man ein durch zwei Schrägschnitte passend gemachtes Edelreis einsetzt.

1257 **Ablaktieren** bedeutet wörtlich der Milch entwöhnen. Nach Entfernen der Rinde an beiden Pflanzen werden Edelreis und Unterlage aneinandergepresst und verbunden. Das Edelreis bleibt so lange an der Mutterpflanze, bis es angewachsen ist und sich langsam der Mutternahrung entwöhnt hat.

1258 Die **Handveredlung** oder **Winterveredlung** ist keine besondere Veredlungsart, sondern bezeichnet nur die Tatsache, dass sie im Winter im Gewächshaus, „in der Hand" und nicht draußen „auf dem Stand" vorgenommen wird (z. B. bei *Clématis, Caragána, Parthenocíssus, Ailánthus, Catálpa*).

1259 Einen **Pfropfbastard**, also keinen geschlechtlich entstandenen, wirklichen Bastard, nennt der Züchter **Chimäre.** Sie bildet sich am Verwachsungsgewebe, also am Kallus der Pfropfstelle durch Adventivsprosse, an deren Gewebe sowohl Zellen der Unterlage als auch Zellen des Edelreises beteiligt sind.

Wenn etwa die eine Hälfte des Sprosses oder Blattes von der Unterlage, die andere aber vom Gewebe des Edelreises stammt, haben wir eine
1260 **Sektorialchimäre.**

Sind die äußeren Gewebsschichten von der einen Pflanze, die inneren von der anderen Pflanze gebildet worden, z. B. bei + *Laburnocýtisus*
1260a *adámi,* so ist es eine **Periklinalchimäre.** Neuerdings gelingen auch **Proto-**
1260b **plastenfusionen** nach vorhergegangener enzymatischer Membranauflösung. Dadurch kann man Gattungs- und Artschranken weitgehend überwinden und die neuen Pflanzengeschöpfe anschließend u. a. durch Meristemkultur vermehren. Protoplastenfusionen sind parasexuelle Verfahren im Sinn einer somatischen Hybridisierung.

Ferner kann man z. B. Kreuzungsbarrieren überwinden, indem keimfrei kultivierte Samenanlagen in vitro befruchtet werden oder durch embryo rescue (Embryo-Rettung) unvollkommen entwickelte Hybrid-Embryonen doch zur Keimung kommen können.

1261 Die **Meristemvermehrung** hat in den letzten Jahren zugenommen. Bei ihr schneidet man aus Knospen winzig kleine Gewebepartien heraus und geht bei diesem Verfahren des Ausschneidens aus eindeutig meristematischen Vegetationskegeln zum damit verbundenen Folgeschritt, die Ausschnitte unter sehr sorgfältigen Pflegemaßnahmen zu regelrechten Jungpflanzen heranwachsen zu lassen. Das Verfahren ist französischen

Ursprungs, wird heute zum Teil zur Produktion virusfreier Jungpflanzen, z. B. bei Nelken und Chrysanthemen, angewandt und hat auch Eingang in die Orchideenvermehrung gefunden.

1261a Heutzutage wird die Meristemvermehrung unter den Oberbegriff der **Gewebekultur** gestellt. In diesem Sinn ist auch die Vermehrung aus Blatteilen ein Verfahren der Gewebekultur. In diesen Fällen handelt es zumeist sich um In-vitro-Vermehrungen (lat. vitrum = Glas).

Weshalb aus Geweben ganze Pflanzen entstehen können, lässt sich verständlich machen. Alle Zellen einer Pflanze verfügen, sofern sie lebende Zellen sind, über den gesamten genetischen Bauplan dieses Organismus. Es befinden sich aber jeweils nur Teile dieses „Programms" im aktiven Zustand. Wird nun ein Zellverband von der Stammpflanze isoliert, muß das gewählte Kulturmedium die Funktion der Ausgangspflanze übernehmen (Assimilat-, Vitamin-, Nährstoffversorgung usw.), damit das „richtige" genetische Material in den Zellen „angeregt" werden kann.

Weitere kulturtechnische Veränderungen und auch zum Teil veränderte Arbeitsbedingungen dürften auch zukünftig bei fortschreitender Gewebekultur zu erwarten sein. Man verwendet schon jetzt nicht nur Meristeme, sondern auch Blütenböden, Blattstiele usw. Wo die Grenzen der Gewebekultur wirklich liegen, lässt sich jedenfalls gegenwärtig nicht erkennen. Klar ist bereits jetzt, dass Massenvermehrung durch Gewebekultur beträchtliche Vorteile hat. Die Einheitlichkeit so vermehrter Pflanzen ist groß, da es sich bei ihnen um Klone handelt. Oft ist dann auch die Kulturzeit verkürzt. Außerdem können schwer vermehrbare Arten in vitro viel leichter vermehrt werden. Ferner lassen sich selektierte Einzelpflanzen in ihrer Individuenzahl viel rascher vergrößern. Nicht zuletzt ist auch wesentlich weniger Ausgangspflanzenmaterial für Massenvermehrung nötig. Beachtenswert ist ferner die Erzeugung genetischer Variabilität in In-vitro-Kulturen, inbesondere in Kallus-Kulturen.

Beachtliches Interesse finden gegenwärtig Versuche zur Isolierung von Protoplasten aus Einzelzellen (siehe auch Nr. 1260b). Zu dem Zweck werden die Zellen durch enzymatischen oder mechanischen Eingriff von ihren Wänden befreit. Es lassen sich dann die „nackten" Protoplasten weit entfernt verwandter Pflanzen (z. B. Mais und Sojabohne) verschmelzen. Die daraus durch Regenerationsprozesse hervorgehenden somatischen Hybridpflanzen können eventuell zu neuen Wegen in der Pflanzenzüchtung und Pflanzenkultur führen.

Man hüte sich jedoch vor Überschätzungen, insbesondere im Bereich der Gentechnologie (Genetic Engineering), die bereits in eine „rote" (menschlicher und tierischer Sektor) und eine „grüne" (pflanzlicher Sektor) Komponente unterteilt wird.

Es kommen ethische Aspekte hinzu, namentlich angesichts jener eben „rot" genannten Komponente.

Befürworten kann man jedenfalls die gentechnische Möglichkeit, die für Insulin-Bildung verantwortliche Erbanlage, z. B. aus der Ratte, in das Bakterium *Escheríchia cóli* zu übertragen und dort Insulinproduktion auszulösen. Wesentlich preisgünstiger und in der Menge ausreichend werden entsprechende Medikamente auf den Markt kommen. Das ist bereits heute teilweise der Fall. Vielversprechend und ebenfalls zu bejahen sind Versuche, mit Hilfe von Bakterien-Plasmiden Gene für die Luftstickstoffbindung nicht nur auf dazu nicht befähigte andere Bakterienstämme, sondern auch auf Kulturpflanzenarten zu übertragen, die dann mit Schmetterlingsblütlern „gleichziehen" würden. Einsparung an Stickstoffdüngern kann das bedeuten und zugleich geringere Umweltbelastung. Nicht unbedingt zu bejahen sind Verfahren, Pflanzen mit einer ungewöhnlichen, vermeintlich sensationellen Blütenfarbe zu realisieren, so etwa „blaue" Nelken. In Holland wurden solche Nelken auf den Markt gebracht. Man hatte das erreicht, indem zwei Gene aus Petunien und/oder Veilchen transferiert wurden. Allerdings kam dabei ein verwaschenes Lila-Blau heraus, das bei Kunden keinen Anklang fand.

1261b Für den gewünschten Gen-Transfer eignen sich besonders die **Ti-Plasmide** (Ti = Tumor induzierend) des Bodenbakteriums *Agrobactérium tumefáciens.* Eben diese Ti-Wirksamkeit als in der unbeeinflussten Natur vorkommende Gen-Übertragung macht man sich zunutze, „entwaffnet" durch Gen-Manipulation das Bakterium und lässt es dafür beliebig Fremd-Gene in Pflanzen transferieren. Über Plasmide siehe auch Nr. 1064a.

Plasmide können auch Sorgen bereiten. Sie sind ohne unser Zutun in der Lage, Resistenzfaktoren gegen diverse Antibiotika auf ursprünglich nicht resistente Bakterienstämme zu übertragen. Das wird die Bekämpfung pathogener (Krankheiten erzeugender) Mikroben schon heute und künftig nicht gerade erleichtern. Diese von uns nicht gewollte Plasmidübertragung bewerkstelligen die Bakterien, indem sie zu dem Zweck Verbindungsschläuche ausbilden, ein Vorgang, der z. B. auch bei Schraubenalgen bekannt ist und Konjugation genannt wird, dort aber zur Überleitung eines unbegeißelten amöboiden Gameten dient. Siehe auch Nr. 1065.

Gewisse Sorgen bereiten sollten uns ferner die „Eis-minus"-Mutanten von *Pseudomónas syríngae,* einem an sich verbreiteten Bakterium. Diese
1261c Mutanten waren die ersten freigesetzten **GVOs** (gentechnisch veränderte Organismen), verhindern Eiskristallbildung auf Pflanzen und schützen somit vor Frostschäden. Der produktionstechnische Vorteil ist offensichtlich. Unbehagen erweckt dennoch der zu erwartende großflächige Einsatz in den USA.

Bacíllus thuringiénsis bildet einen Giftstoff (BT-Toxin), der vor allem fressende Insekten zu töten vermag. Bislang brachte man entsprechende Bakterienkulturen auf gefährdete Pflanzenarten. Heute ist es möglich, das für BT-Toxin-Bildung verantwortliche Gen aus den Bakterien erfolgreich in die Erbmasse von Kulturpflanzen zu transferieren, die dann gewissermaßen als transgene Gewächse dauerhaft über einen wirksamen Schutz vor Insekten verfügen. Zugeben muss man, dass dann künftig der Insektizid-Einsatz deutlich verringert würde.

Selbst Virus- und Bakterienresistenz lassen sich erzielen. So hat man Pflanzen in die Lage versetzt, Teile viraler Substanz zu produzieren. Dadurch werden Vermehrung und Transport der Viren in der Pflanze erfolgreich unterbunden. Freilandversuche bei Gemüsepflanzen liegen schon vor. Zur Schaffung von Bakterienresistenz sind insbesondere Lysozyme interessant. Das sind Bakterienzellwände auflösende Enzyme. Sie kommen in menschlicher Tränenflüssigkeit vor, in Wildformen von Kartoffeln, aber auch in manchen Bakteriophagen. Das Gen für Lysozym-Synthese des Bakteriophagen T 4 wurde in Kulturkartoffeln eingebaut. Der notwendige Freilandversuch wurde jedoch wegen massiver Proteste der Bevölkerung bei Hamburg zurückgezogen. Im Übrigen dienen auch Bakteriophagen gewissermaßen als „Injektionsspritze" zum Gen-Transfer in Bakterien.

Pilzresistenz wäre zunehmend möglich, sofern man Chitinase-Gene anderer Lebewesen in Kulturpflanzen zu transferieren versuchen würde. Das hätte Auflösung der Chitin-Membranen von in Pflanzen parasitierenden Pilze zur Folge und zugleich das Absterben der Parasiten.

Herbizidresistenzen bei Kulturpflanzen, Beeinflussungen von Inhaltsstoffen und von Pflanzenwachstum und -entwicklung sind gleichfalls im Forschungsprogramm.

1261d **Gentechnische Fachbegriffe** (einige wurden schon erwähnt) sollen nun noch in allerdings kleiner Auswahl folgen:

In ein Vektor-DNA-Molekül eingebaut, „reitet" das Gen, das in eine Wirtszelle eingebracht werden soll, ins Ziel. Dabei muss zunächst das DNA-Ende des Vektors mittels eines Adaptors, z. B. eines kurzen Nukleotidstücks, zu einem sticky end, einem klebrigen Ende, gemacht werden, das sich mit dem anderen DNA-Ende verklebt.

Enzyme Engineering bezweckt das Konstruieren neuer (verbesserter) Enzyme in der „Werkstatt" der Gentechniker. Einige Erfolge gibt es schon.

Ein Episom ist ein ringförmiges DNA-Molekül, das, wie Plasmide, sich frei im Bakterinplasma befinden, jedoch auch ins bakterielle Chromosom eingebaut sein kann. Die Mobilität solcher Erbsubstanz-„Nomaden" ist für Gentechniker sehr interessant.

Ein Fermenter (Bio-Reaktor) ist ein Behälter, in dem z. B. die Herstellung von Human-Insulin in gentechnisch veränderten Bakterien nach gentechnologisch (biotechnologisch) vorgegebenen und festgelegten Abläufen stattfindet.

Eine Gen-Bank ist eine Sammlung von gentechnisch neu kombinierten DNA-Molekülen, die in ihrer Gesamtheit die vollständige Erbinformation der Organismen enthält. Die Aufbewahrung erfolgt in Form von Plasmiden in Bakterienkulturen oder in Bakteriophagen. Im erweiterten Sinn sind Gen-Banken Sammlungen von – in freier Natur immer seltener werdenden – Spielarten tierischer oder pflanzlicher Species. Bestimmte Institute halten sich Gewebeproben oder tiefgekühlte Keimlinge solcher Organismen in Kulturen, um im späteren Bedarfsfall über ein entsprechendes Gen-Material verfügen zu können.

„Gen-Maschinen" sind Synthese-Automaten, mit denen sich Gene oder Oligonukleotide über Programmierung zusammensetzen lassen.

Bei den Ligasen handelt es sich um Enzyme, die DNA-Moleküle aneinanderknüpfen können. Gemeinsam mit Restriktionsenzymen sind sie die „Scheren", um Erbsubstanz-Moleküle neu zu kombinieren.

Schaukelvektoren werden von unterschiedlichen Wirtszell-Arten akzeptiert. Die meisten Vektoren, Trägermoleküle, in denen die einzuschmuggelnde genetische Information sich befindet, sind allerdings streng artspezifisch.

ZKBS ist die Abkürzung für „Zentrale Kommission für die Biologische Sicherheit". Sie hat ihren Sitz in Berlin, überprüft alle gentechnischen Experimente in der BRD auf ihren biologischen Risikograd und registriert alle Gen-Laboratorien und ihre Forschungsvorhaben ab einer bestimmten Risikostufe. Außerdem gibt die ZKBS Richtlinien für Maßnahmen zur Labor- und biologischen Sicherheit heraus.

Das Gentechnik-Gesetz in der BRD (GenTG) vom Juli 1990 ist zuständig für Gentechnikeinsatz und Umgang mit gentechnischen Verfahren, enthält aber keine speziellen Regelungen für Lebensmittel.

So wird u. a. auch das für Käseherstellung erforderliche Labferment nicht mehr allein aus Kälbermägen, sondern darüber hinaus aus zielgerichtet codierten Bakterien gewonnen werden und zum Einsatz kommen.

Für den europäischen Markt wurde von der EG-Kommission eine Verordnung für neuartige Lebensmittel bzw. neuartige Lebensmittelzutaten, die „Novel-Food"-Verordnung, erarbeitet. Sie liegt im Entwurf in der 13. Fassung den nationalen Behörden zur Diskussion vor. Weitere Beratungen haben inzwischen stattgefunden, und die Beschlussfassung (Verabschiedung) ist nun erfolgt. Das hat seine Auswirkungen. Zum Beispiel fällt die lebende Frucht der „Anti-Matsch"-Tomate, bei der ein vorhandenes „Gammel"-Gen blockiert wurde, zwar unter das Gentechnik-Gesetz, der aus solchen Früchten („Techno"-Früchten) hergestelle Brei, Saft oder Ketchup jedoch unter die „Novel-Food"-Verordnung. Sie sah bislang Kennzeichnungspflicht nur vor, wenn in signifikanter Weise Unterschiede zu herkömmlichen Lebensmitteln bestehen. Wie bei fast allen genmanipulierten Organismen ist der genannten Tomatensorte aus Markierungsgründen ein Antibiotika-Resistenzgen eingepflanzt worden. Gentechnik-Kritiker befürchten, verspeiste Früchte könnten im Darm lebenden Krankheitskeimen eine solche Resistenz verschaffen. Wer sich auskennt und reell sein will, muss allerdings erwähnen, dass wir tagtäglich (z. B. mit zerkauten Salatblättern) Millionen von Bodenbakterien zu uns nehmen, die gegen bestimmte Antibiotika resistent sind. „Wer das verhindern will, muss aufhören zu essen", sagt der Molekularbiologe Walter Doerfler, Universität Köln.

Weltweit haben sich Humanmediziner, wenn auch nur vereinzelt, der Gentechnik bemächtigt, um gegen Erkrankungen wie Krebs usw. im Sinne von Heilung oder Linderung vorzugehen (Gentherapie). Dabei handelt es sich wohl in jedem Fall um eine somatische Therapie. Es werden entsprechende Gene in erkrankte Körperzellen eingeschleust. Deutsche Wissenschaftler stehen diesbezüglich noch an den Startlöchern. Bei der Keimbahntherapie bringt man die geeigneten Gene in die Geschlechtszellen ein und muß mit der Gegebenheit erblicher Weitergabe rechnen. Dieses Verfahren lässt das Embryonenschutzgesetz der BRD bei uns ohnehin nicht zu.

Die Sicherheit im gentechnischen Bereich ist gewährleistet, sofern man sich bei uns an die „Richtlinien zum Schutz vor Gefahren durch in vitro (im Reagenzglas) neu kombinierte Nukleinsäuren" von 1978 und 1981 hält. Jeder, der in der BRD Gen-Experimente betreiben will, muss das, je nach Gefährlichkeit des Versuchs, unter voller Beachtung von einer der vier Gen-Labor-Kategorien tun.

Im L1-Labor sind lediglich die Regeln zu beachten, die man in jedem normalen medizinischen Labor befolgt.

Das L2-Labor ist der gängige Gen-Labor-Typ. In ihm muss zusätzlich zu den L1-Bedingungen eine spezielle Arbeitsbank verfügbar sein. In ihr zirkuliert ein Luftstrom, den man durch Schwebstoff-Filter leitet. Vor jedem neuen Einblasen in den Kreislauf ist die Luft dann keimfrei. Ferner ist ein Autoklav erforderlich, in dem jeder Abfall vor Verlassen des Labors in über 100° heißem Wasserdampf sterilisiert wird. Zutritt zum Raum haben nur Experimentierende und Sicherheitsbeauftragte. Während der Arbeit sind die Türen zu schließen. Ein außen angebrachtes Schild mit der Aufschrift „Biohazard" (biologische Gefahr) gibt Warnung.

Im L3-Labor gibt es folgende Einrichtungen extra: zweitürige Schleuse, in ihr Handwaschbecken mit Ellbogen-, Fuß- oder Sensorbedienung. Der Raum muss von seiner Umgebung im Gebäude abgeschirmt sein. Es wird nur in Schutzkleidung gearbeitet. Einweghandschuhe sind Pflicht. Außerdem wird der Raum in leichten Unterdruck gebracht. So strömt ständig ein minimaler Luftzug von außen ein. Folglich wird ein Entweichen von Zellen und Nukleinsäuremolekülen nach draußen verhindert. Obendrein sind Abwasserdesinfektion und Abluftreinigung durch bakteriendichte Filter unerlässlich. Es sollen sich bei Betrieb mindestens zwei Personen im Labor aufhalten.

L4-Laboratorien existieren in der BRD nicht. Das scheint auch nicht notwendig zu sein. Man schätzt heute die von der Gen-Technik ausgehenden Gefahren nach mehr als einem Jahrzehnt Erfahrung nicht mehr so hoch ein als zur Zeit der Richtlinienerstellung.

Wesentlicher sind biologische Vorkehrungen. Man stellt sicher, dass sich neu kombinierte DNA außerhalb des Labors nicht ausbreiten kann, indem z. B. Bakteriophagen-Abkömmlinge genetisch „kastriert" werden (Einbau von Gen-Defekten, die bewirken, dass in freier Natur keine Überlebenschance besteht). Bei gezielten Freilandversuchen wäre dies allerdings von Nachteil. Auch die im Handel befindlichen Wirtszellstämme, überwiegend *Escherichia-coli*-Stämme, sind aus Gründen der Vorsorge mit gewissen „Konstruktionsfehlern" behaftet (Sicherheitsstämme).

Im Übrigen hat man wie bei den Laboratoriumsmaßnahmen Stufen der biologischen Sicherheit festgelegt (B 0–B 2). Selbst solche Vorkehrungen, neben den Laboratoriumseinrichtungen das zweite Standbein der Gen-Sicherheit, schließen ein Restrisiko, mag es auch sehr klein sein, nicht völlig aus. Vergleiche mit einigen Unwägbarkeiten der friedlichen Kernenergie-Nutzung bieten sich hier an.

Anhangsweise soll noch auf das schottische Schaf Dolly eingegangen werden, das seit Anfang 1997 in vieler Leute Mund ist. Vergleiche mit entsprechenden Praktiken und Möglichkeiten der Botanik und des Pflanzenbaus bieten sich an.

Zur „Produktion" des geklonten Schafs waren drei Mütter erforderlich (die Gen-Mutter als Lieferantin einer diploiden Euterzelle, die Ei-Mutter als Spenderin einer Eizelle, deren Erbgut entfernt wurde und dafür das Erbgut der Euterzelle erhielt, und die Leih-Mutter, in deren Uterus die manipulierte Eizelle Unterkommen fand, sich dort entwickelte und als Leibesfrucht ausgetragen wurde).

Man lese nun das bei Nr. 513n und 513o Dargelegte („künstliche" Samen, somatische Embryogenese). Nach erfolgter Information wird man sich des Eindrucks nicht erwehren können, dass bei Pflanzen vergleichbare Handhabungen mit weniger Aufwand durchführbar sind.

Pflanzen wurden ohnehin seit vielen Jahrzehnten geklont. Sie erlaubten uns das dank ihrer potenziell wesentlich größeren Regenerationsfähigkeit in Form von vegetativer Vermehrung und neuerdings spezieller Gewebekulturverfahren, ohne dass dabei viel Aufhebens gemacht wurde, noch wird. Schließlich handelte es sich ja „nur" um Pflanzen und nicht um ein hochentwickeltes Säugetier, wie es Dolly repräsentiert. Hier kommen ethische Gedanken und Probleme ins Spiel, deren Fortführung einem Fachbuch vorliegender Art nicht obliegt. Inzwischen ist man weiterhin bemüht, bestimmte Tierarten zu klonen.

Zeittafel in Kurzfassung

(nach Kleinig und Sitte, teilweise verändert)

Etwa 300 v. Chr. „Naturgeschichte der Gewächse": Theophrastos Eresios

1530 Ältestes „Kräuterbuch": Otto Brunfels

1590 Erfindung des Mikroskops: Johannes und Zacharias Janssen

1665 Entdeckung der Pflanzenzelle: Robert Hooke

1683 Erste Abbildungen von beobachteten Bakterien: Antonius van Leeuwenhoek

1694 „De sexu plantarum epistula" (Entdeckung der pflanzlichen Sexualität): R. J. Camerarius

1753 „Species plantarum": Carolus Linnaeus (Carl von Linné)

Gleichzeitig dabei Anwendung von Trivialnamen. Sie entsprechen weitgehend den heutigen Epitheta der binären Nomenklatur. Ferner Aufstellung eines künstlichen Pflanzensystems mit 24 Klassen

1779 Photosynthese wird erkannt: Jan Ingenhousz

1789 Pflanzenunterscheidung in Acotyledones, Monocotyledones und Dicotyledones: A. L. Jussieu

1790 „Metamorphose der Pflanzen" (Morphologie – Begriff wird geprägt): J. W. von Goethe

1793 Begründung der Blütenökologie: Christian Konrad Sprengel

1805 Begründung der Pflanzengeographie: Alexander von Humboldt

1809 „Philosophie zoologique" (erworbene Eigenschaften sollen erblich sein und im Verlauf der Entwicklung eine Rolle spielen): Jean Lamarck

1813 Unterscheidung der Pflanzen in Vasculares (mit Gefäßbündeln) und Cellulares (ohne solche): A. P. de Candolle

1822 Entdeckung der Osmose: Hans Joachim Dutrochet

1831 Entdeckung des Zellkerns: Robert Brown

1835 Beobachtung von Zellteilung bei Pflanzen: Hugo von Mohl

1838 Feststellung, daß auch Tiere Zellen haben: Theodor Schwann

1840 Mineralstofftheorie (Anbeginn der Pflanzenernährungslehre): Justus von Liebig

1841 Prägung der Begriffe Thallophyta und Cormophyta: Stephan Endlicher

1844 Einführung des Begriffs „Protoplasma": Hugo von Mohl

1855 „Omnis cellula e cellula" (Lehrsatz: Jede Zelle entsteht aus einer Zelle): Rudolf Virchow

1859 „On the origin of species" (Über die Entstehung der Arten, eigentlicher Beginn der Entwicklungs- und Abstammungslehre): Charles Darwin

1860 Kultur von Pflanzen in Wasser: Julius Sachs

1862 Stärke ist ein Photosyntheseprodukt: Julius Sachs

1864 Die Begriffe Bryophyta und Anthophyta kommen zu dem schon existierenden der Cormophyten hinzu: Alexander Braun

1866 „Versuche über Pflanzenhybriden": Gregor Mendel

1867/69 Natur der Flechten wird erkannt: Simon Schwendener

1869 Entdeckung der DNA: Friedrich Miescher

1875 Entdeckung der Kernteilung bei Pflanzen: Eduard Strasburger

1877 Osmotische Untersuchungen: Wilhelm Pfeffer

1883 Plastiden sind reduplikativ, wahrscheinlich Abkömmlinge intrazellulärer Symbionten: A. F. W. Schimper

1884 Entdeckung der Karyogamie beim Befruchtungsvorgang von Blütenpflanzen: Eduard Strasburger

1888 Funktion der Wurzelknöllchen an Schmetterlingsblütlern wird erkannt: H. Hellriegel, H. Wilfahrt, M. W. Beijerinck

1898 Beschreibung eines plasmatischen Systems, das man später Golgi-Apparat nennt: C. Golgi

1898 Entdeckung, dass die Tabakmosaikkrankheit durch einen nichtbakteriellen Erreger verursacht wird, der als Virus bezeichnet wird: M. W. Beijerinck

1900 Wiederentdeckung der Arbeiten Mendels: E. Tschermak, C. Correns, H. de Vries

1901 „Die Mutationstheorie": Hugo de Vries

1902 „Das Pflanzenreich", vielbändiges Werk, erscheint fortlaufend. Es wird ein natürliches Pflanzensystem dargelegt: A. Engler

1907 Konzeptionsversuch eines phylogenetisch orientierten Pflanzensystems: R. v. Wettstein

1909 Plastiden sind Erbfaktorenträger: Carl Correns, Erwin Baur

1913 Aufklärung der Chlorophyllstruktur: Richard Willstätter

1920 Erste Untersuchungen über Photoperiodismus: W. Garner, H. A. Allard

1927 Mutationsauslösung durch Röntgenstrahlen: H. J. Muller

1928 Penicillin-Entdeckung: Alexander Fleming

1931 Photosynthese-O_2 stammt aus dem Wasser: C. van Niel

1931 Erfindung des Elektronenmikroskops: E. Brüche, M. Knoll, E. Ruska,

1935 Kristallisation des Tabakmosaikvirus: W. M. Stanley

1938 Erfindung des Rasterelektronenmikroskops: M. v. Ardenne

1939–41 ATP spielt eine zentrale Rolle im Energiehaushalt der Zelle: F. Lipmann

1943 Nachweis genetischer Wirksamkeit der DNA: O. T. Avery, C. McLeod, McCarty

1952 Festlegung bestimmter Endungen im Rangstufen-Schema (-phyta, -phytina, -opsida usw.)

1952–54 Charakterisierung des Phytochromsystems: H. A. Borthwick, S. B. Hendricks und Mitarbeiter

1953 DNA-Modell: J. D. Watson, F. H. C. Crick

1962 Erforschung der Photorespiration: N. E. Tolbert und Mitarbeiter

1970 Moderne Formulierung der Endocytobiose-Theorie: Lynn Margulis

1970 Pro- und Eukaryoten sind getrennte Organismenreiche: Roger Yves Stanier

1977 Sonderstellung der Archaebakterien: Carl R. Woese

1988 Ca. 50 Freisetzungsexperimente mit gentechnisch veränderten Mikroben und Pflanzen in Europa

1990 Im Mai bei Köln Auspflanzung von 37000 genetisch manipulierten Petunien und nach Abschluss der Vegetationsperiode Auswertung mittels sorgfältiger Laboruntersuchungen

1992 „Der schöpferische Impuls. Eine neue Sicht der Evolution." J. H. Reichholf berichtet über die von Stephen Jay Gould entwickelte Modellvorstellung, dass Emanzipation von der Umwelt zentrales Kennzeichen der Evolution gewesen sei, nicht Anpassung im Sinne des Darwinismus

1993 NASA-Forschungen zur Raumluftentgiftung weisen auch der Innenraumbegrünung (indoor landscaping) neue Wege und Möglichkeiten

1996 Neue, nahezu revolutionäre Möglichkeiten in der Bakteriensystematik zeichnen sich ab

2000 Das Genom des Kreuzblütlers *Arabidópsis thaliána* wird entschlüsselt

1300 Fragen aus der Botanik

(Die Antworten sind im Text bei den auf dem Rande angegebenen Hinweiszahlen zu finden.)

Abbau in der Pflanze	wodurch findet ein – – statt?	866
Abkürzungen	welche botanischen – sind festgelegt?	86
Ablaktieren	welche Veredlungsart nennt man –?	1257
Ableger	was sind –?	1225
Ableger und Absenker	wodurch unterscheiden sich – –?	1228
Abrisse	was versteht man unter –?	1241
Abrißlinge	welche Stecklinge nennt man –?	1238
Abrißstecklinge	welche Stecklinge nennt man –?	1238
Abschlußgewebe	was versteht man unter einem –?	921
Absenker	was sind –?	1227
Absetzen	was versteht man unter – einer Pflanze?	1239
Absorptionshaare	welche Aufgabe haben die –?	1022
Abscisinsäure	wie wirkt –?	878
Abscission	was versteht man unter –?	896a
Abstammungslehre	was lehrt die –?	24
Acantháceae	in welche Ordnung und Unterklasse gehören die –?	220, 235, 235f
Aceráceae	in welche Ordnung und Unterklasse gehören die –?	184c, 207, 207c
Achänen	welche Früchte werden – genannt?	531
Achselknospen	wo entstehen –?	351
Achter-Typus	wann spricht man von einem –?	686
Ackerschachtelhalm	wie ist die Entwicklung des –?	732
Acoráceae	in welche Ordnung unter Unterklasse gehören die –?	243, 243a
Adenosinphosphate	wie fungieren –?	866
Adhäsion	was versteht man unter –?	807
Adventivknospen	wo entstehen –?	352
Adventivwurzeln	welche Wurzeln bezeichnet man als –?	265
Aflatoxine	was müssen wir über – wissen?	1098a
Agamospermie	was bedeutet –?	711
Ähren	welche Arten von – gibt es?	465
Ähre	wie sieht eine – aus?	464
Äquationsteilung	was versteht man unter –?	660, 671
Äquatorialplatte	wann ist die – beobachtbar?	665
Aërenchym	welches Gewebe nennt man –?	941
Ätherische Öle	was sind – – und wo befinden sie sich in der Pflanze?	632
Ätherische Öle	welche Aufgabe haben – –?	632
Äugeln	welche Veredlungsart nennt man –?	1246
Äzidien	was sind –?	1134
Äzidiosporen	was sind –?	1133

Literaturnachweis

„Allgemeine Botanik", 10. Auflage, von W. Nultsch, 1996.

„Allgemeine Cytologie", von E. Grundmann, 1964.

„Allgemeine Mikrobiologie", 3. Auflage, von H. G. Schlegel, 1974.

„An updated angiosperm classification", von G. Dahlgren, 1989.

„Bergey's Manual of determinative Bacteriology", Eighth Edition, von R. F. Buchanan u. N. F. Gibbons, 1974, und Shorter Edition 1977.

„Bergey's Manual of Systematic Bacteriology, Volume 1", von Noel R. Krieg und John G. Holt, Baltimore / London, 1984.

„Botanica", deutsche überarbeitete Auflage, 1998.

„Botanik", 4. Auflage, von F. Jakob, E. J. Jäger, E. Ohmann, 1994.

„Botanisches Wörterbuch", 22. Auflage, von H. Jessen und H. Schulze, 1999.

„Grundfragen der Ernährung", 11. Auflage, von C. A. Schlieper, 1992.

„Handbuch der Protophytenkunde", 2 Bde., von B. Schussnig, 1953 u. 1959.

„Handwörterbuch der Pflanzennamen", 16. Auflage, von Ehrhardt, Götz, Bödeker, Seybold, 2000.

„Der schöpferische Impuls. Eine neue Sicht der Evolution", von J. H. Reichholf, 1992.

„Die Moos- u. Farnpflanzen", 4. Auflage, von H. Gams, 1957.

„Ernährung und Stoffwechsel der Pflanze", 7. Auflage, von K. Mengel, 1991.

„Internationaler Code der botanischen Nomenklatur".

„Internationaler Code der Nomenklatur der Kulturpflanzen", Deutsche Fassung 1969.

„Lehrbuch der Botanik für Hochschulen", 34. neubearbeitete Auflage, 1998 (Strasburger).

„Lexikon der Mykologie" von Dörfelt, 1989.

„Licht und Temperatur im Zierpflanzenbau", 2. Auflage, von W. Rünger, 1964.

„Liste der Gefäßpflanzen Mitteleuropas", von F. Ehrendorfer, 1967.

„Modern Methods in Plant Taxonomy", von V. H. Heywood, 1968.

„Mykologie", 2. Auflage, von E. Müller u. W. Löffler, 1971.

„Natürliche Schöpfungsgeschichte", 10. Auflage, v. E. Haeckel, 1902.

„Origin of Species by means of Natural Selection", von Ch. Darwin, 1859.

„Pareys Blumengärtnerei", 2. neubearbeitete Auflage, 1958–1961.

„Pareys illustriertes Gartenbaulexikon", 5. völlig neubearbeitete Auflage, herausgegeben von R. Maatsch, 1956.

„Praktische Einführung in die Pflanzenmorphologie", Bd. I u. II, von W. Troll, 1954 u. 1957.

„Pflanzen-Enzyklopädie", Herausgeber der deutschen Ausgabe W. Barthlott, 1998.

„Pflanzensystematik", 2. überarbeitete Auflage, von F. Weberling u. H. O. Schwantes, 1975.

„Systematics, evolution and taxonomic categories", von F. Ehrendorfer in Plant. Syst. Evol. 125, 1976.

„Systematik des Pflanzenreichs", 3. Auflage, von D. Frohne u. U. Jensen, 1985.

„Zellbiologie", 2. Auflage, von H. Kleinig u. P. Sitte, 1992.

„Gentechnologie" von Thorwald Ewe, keine Angabe des Jahrs der Erscheinung, eine Sonderproduktion für die Dr. Karl Thomas GmbH, Biberach an der Riss.

„BACTERIAL NOMENCLATURE UP-To-DATE (APPROVED LISTS, VALIDATION LISTS)", January 1996, kompied by DSMZ – Deutsche Sammlung von Mikroorganismen und Zellkulturen GmbH, Braunschweig, 1996.

Quellenverzeichnis

Diese Abbildungen wurden aus folgenden Werken übernommen:

PAPE, Krankheiten und Schädlinge der Zierpflanzen
5. Auflage, Verlag Paul Parey, Hamburg und Berlin, 1964:
Abb. 1, Seite 27,
Abb. 21, Seite 63,
Abb. 22 bis 24, Seite 64.

SCHMEIL/FITSCHEN, Flora von Deutschland
Quelle & Meyer Verlag Heidelberg – Wiesbaden:
Abb. 49, Seite 128,
Abb. 52 bis 55, Seite 131,
Abb. 66, Seite 136,
Abb. 68 und 69, Seite 139.

JAKOB/JÄGER/OHMANN, Botanik
3. Auflage, Gustav Fischer Verlag, Jena:
Abb. 2, Seite 27,
Abb. 4, Seite 28,
Abb. 6 und 7, Seite 29
Abb. 9 bis 12, Seite 49,
Abb. 17 und 18, Seite 61,
Abb. 19, Seite 62,
Abb. 20, Seite 63,
Abb. 28 und 29, Seite 114,
Abb. 33, Seite 117,
Abb. 34 bis 37, Seite 118,
Abb. 38 bis 41, Seite 121,
Abb. 42 und 43, Seite 122,
Abb. 45 und 46, Seite 127,
Abb. 53, Seite 131,
Abb. 67, Seite 136,
Abb. 77, Seite 154,
Abb. 86 und 87, Seite 170,
Abb. 94, Seite 190.

SCHLIEPER, Grundfragen der Ernährung
11. Auflage, Verlag Dr. Felix Büchner – Handwerk und Technik, Hamburg:
Seite 115

Notizen

Notizen

Notizen

Notizen

Notizen

Notizen

Notizen

Notizen

Notizen

Notizen